# ADVANCED TOPICS IN LED TECHNOLOGY

# ADVANCED TOPICS IN LED TECHNOLOGY

박성주 외 8인

# 머리말

1990년 초 청색 LED가 발명되고, 2014년 3인의 일본 과학기술자들이 노벨물리학상을 수상할 때에는 이미 대부분의 기초연구가 완성되어 다양한 응용 분야에서 LED가 활발하게 이용되고 있었다. 소재에서 시작하여 소자 및 응용 분야의 기술발전이 긴밀하게 연계되어 매우 빠른 시일 내에 노벨상을 받게 되었고 산업화에도 크게 성공한 몇 안 되는 과학·기술 분야의 업적이라 생각한다.

LED가 상용화된 이후에도 소자의 효율 향상 및 새로운 응용 분야로의 확장에 대한 필요성이 꾸준히 제기되고 있다. 특히 최근에는 제품의 부가가치를 높이기 위해 다양한 기능을 갖는 LED 융합기술의 필요성이 크게 대두되고, 인공지능 기술 등의 발달로 LED와 관련된 다양한 응용제품의 구현을 위한 참신한 아이디어가 계속 제안되고 있어서 이를 구현하기 위한 핵심기술들이 기업, 학교 및 연구소에서 활발하게 연구 개발되고 있다. 또한 학계의 연구자들과 산업계 종사자들의 호기심을 자극하고 제품 개발에 대한 동기를 부여할 필요성도 대두되고 있다.

그동안 프레드 슈버트E. Fred Schubert 교수가 2006년에 출간한 《Light-Emitting Diodes》가 LED 분야의 기본적인 참고서로서 가장 많이 활용되었고 LED 기술 발전과 인력 양성에 크게 기여해왔다. 하지만 이후 여러 기술 분야들과 융합을 통하여 다양하고 폭넓은 응용기술의 발전이 급격하게 이루어졌음에도 불구하고 이를 한눈에 조감할 수 있는 기술서적을 발견하기가 쉽지 않았다. 따라서 이 책의 저자들은 LED의 최근 주요 기술의 발전을 폭넓게 조감할 수 있는 저서가 있으면 좋겠다는 아쉬움을 가지고 있었다.

이 책에서는 LED 성능 및 효율 향상과 관련된 우수하고 독특한 기술들을 파악하고자 하였고 새롭게 개척되고 있는 LED 응용 분야도 소개하고자 하였다. LED에 관련한 기초적이고 전반적인 지식들을 이 책의 초반에 먼저 소개하였고, 각 장에서는 연구 주제의 이해를 돕기 위한 최소한의 기반 지식을 추가로 도입하여 전문가는 물론 LED에 관한 기본 지식이 많지 않은 일반 독자들도 연구주제를 좀 더 쉽게 이해하고 접근할 수 있도록 하였다.

1부part 1에서는 다양한 분야의 응용 기술을 심도 있게 연구하는 대학원생 및 연구자들을 위해 LED의 역사와 물리학적 원리를 상술(詳述)한 서론을 시작으로 현재까지 개발된 고효율 LED 소자들과 관련된 다양한 기술들을 뒤이어 소개하여 연구 동향을 한눈에 파악할 수 있는 기회를 제공하고자 하였다. 기술적인 내용으로는 발광 다이오드 기술 개요에 이어서, 나노구조를 이용한 LED 광 추출효율 향상, 표면 플라즈몬을 이용한 발광 다이오드, 양자점 발광 다이오드, 자외선 발광 다이오드, efficiency droop의 발생 원인 및 개선 방향에 대한 내용들로 구성하였다.

2부part 2에서는 탐색적exploratory이고 흥미 있는 아이디어들을 정리하여 LED가 발전할 수 있는 새로운 가능성을 살펴보고자 하였다. 주요 내용은 자기장과 발광 다이오드, 파장 가변 LED 기술 및 응용, 나노기공성 GaN을 이용한 LED 효율 향상, ZnO 기반 LED 순으로 구성되어 있다.

이 책에 소개된 최신 기술들이나 아이디어들이 LED의 보다 깊은 지식을 연구하고자 하는 대학원생 및 과학기술자, 혹은 산업계 분야에서 LED를 융합하고자 하는 사람들에게 관련 연구의 동향을 파악할 수 있는 기회를 제공하고 새로운 영감까지도 가져다줄 수 있는 계기가 되기를 희망한다.

이 책을 집필하면서 많은 후원자들의 도움을 받았다. 그분들의 도움이 없었다면 지금의 책으로 빛을 보기 어려웠을 것이다. 우선 이 책의 출간에 적극적인 성원을 보내주신 광주과학기술원 문승현 총장님께 감사의 말씀을 올린다. 아울러 책의 전체적인 디자인과 디테일한 마무리까지 도움을 주신 GIST PRESS와 도서출판 씨아이알에 커다란 감사의 마음을 전한다. 끝으로 저술 기간 동안 필자들에게 아낌없는 지지와 격려를 보내준 사랑하는 가족들에게도 고마움을 전한다.

2018년 12월

대표 저자 **박성주** (GIST 석좌교수)

# CONTENTS

# PART 2 _ 탐색적 LED 기술

## CHAPTER 07
자기장과 발광 다이오드



## CHAPTER 08
파장 가변 LED 기술 및 응용



## CHAPTER 09
나노기공성 GaN을 이용한 LED 효율 향상



## CHAPTER 10
ZnO 기반 LED

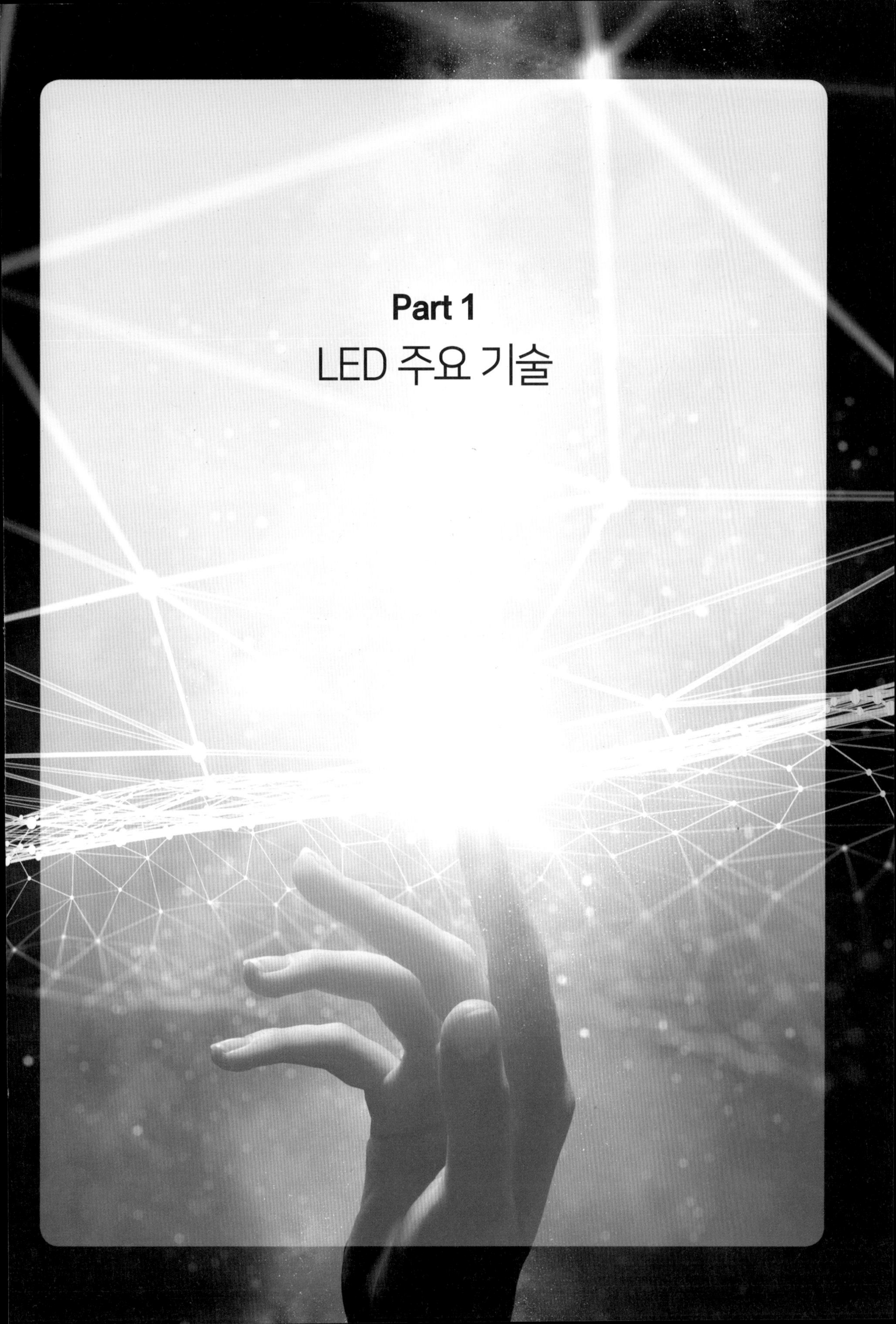

# Part 1
# LED 주요 기술

CHAPTER

# 01 발광 다이오드 기술 개요

## 1.1 왜 발광 다이오드 조명인가?

기름을 이용하는 등불이나 남포등을 이용하던 그 시절, 1879년 토마스 에디슨Thomas Edison 은 세계 최초로 전기를 이용한 광원인 백열등incandescent lamp을 개발하였다. 그리고 100년이 지난 2000년 초까지 많은 대중들은 이 백열등을 사용하였다. 그러나 이러한 백열등은 에너지 효율이 매우 낮아 전기를 사용하기 위하여 더 많은 양의 화석 연료를 태워야 하며, 결과적으로 $CO_2$의 배출량을 증가시킨다. 때문에 지구 온난화 원인 중 하나로 지목되어 2012년부터 순차적으로 세계 각국에서 강제 퇴출되었고, 지금은 우리의 일상에서 거의 사라지게 되었다. 또한 현재 우리가 주로 사용하고 있는 형광등은 1898년 니콜라 테슬라Nikola Tesla가 최초 발명한 저압 방전등으로 국가 차원에서 관리하다가 40년 후인 1938년 미국의 제너럴 일렉트릭사GE에서 군사용 목적으로 개발하였으며 전쟁이 끝난 후 민간용으로 사용되기 시작하였다. 국내에서 저압 방전등이 형광등으로 불리게 된 것은 1957년 지철근 박사의 도움으로 신광전기라는 회사에서 개발하면서부터이다. 형광등은 백열등에 비해 수명이 길고 높은 효율과 고휘도, 고색재현성을 가져 그 수요가 매우 증가하였다. 하지만 형광등은 구동 과정에서 수은을 사용하게 되는데, 장기간 노출 시 중추신경계, 간, 신장에 치명적인 손상을 주는 위험한 물질이다. 이에 국제사회에서는 수은 관리 방안을 만들기 위한 논의를 지속해왔고, 2013

년 10월 유엔환경계획UNEP이 '미나마타 협약'을 채택함으로써 2020년까지 단계적으로 수은 제조 및 수출입이 금지된다. 따라서 형광등보다 우수한 에너지 효율뿐만 아니라, 고휘도, 고색재현성을 갖는 환경 친화적인 차세대 광원의 개발이 필요하다. 발광 다이오드Light-Emitting Diode, LED는 형광등 대비 60% 이상의 에너지 절감 효과와 $CO_2$ 감소 및 무수은 광원으로 친환경적이며 평균 5만 시간의 장수명을 갖고 신뢰성과 색재현성도 높다[표 1-1].[1]

| | LED | 백열등 | 형광등 | 비고 |
|---|---|---|---|---|
| 특징 | 점광원 | 점광원 | 선광원 | |
| 광원 효율 | 100lm/W | 20lm/W | 100lm/W | 높을수록 좋음 |
| 연색성 (Color Rendering, Ra) | 80+ | 90+ | 80+ | 100에 가까울수록 자연광에 가까움 |
| 수명(시간) | 80,000Hr | 1,000Hr | 20,000Hr | 길수록 좋음 |
| 소비 전력(W) | 5.4 | 60 | 20 | 낮을수록 좋음 |
| 스위칭 속도 | 빠름 | | | |
| 디밍(Dimming) | 가능→에너지 효율 증가 | 가능→에너지 효율 매우 감소 | 가능→에너지 효율 감소 | |
| 안전성 | 매우 뜨거움 | 매우 뜨거움 | 수은(Hg) 포함 | |
| 노이즈(Noise) | 없음 | 없음 | 있음 | |
| 단가($/Klm) | 150 | 0.6 | 0.73 | |
| 다색성 | 가능 | 불가능 | 부분적 가능 | |

주: LED 조명은 본격적으로 제품이 출시될 것으로 예상되는 2~3년 이후 LED 업계가 제시한 예상치를 반영한 반면 단가는 2009년도 단가이다. 따라서 업계의 예측과 의지에 따라 기존 자료와 다소 차이를 보일 수 있다.

**표 1-1** 발광 다이오드 광원과 기존 광원 비교[1]

그러나 발광 다이오드는 백열등이나 형광등보다 초기 투자비가 크다. 백열등과 비교하면 수십 배, 형광등과 비교하면 수 배 가까이 초기 투자비가 소요된다. 형광등과 초기 설치비 차이를 없애기 위해서 백색 발광 다이오드는 150~200lm/W의 효율을 달성해야 한다. 따라서 현시점에서 백색 발광 다이오드는 경제적인 측면에서 아직 형광등을 따라가지 못하고 있어 지속적인 기술 개발이 필요하다. 그림 1-1은 시대별 등기구의 변화 및 장점에 대해 소개하였다. 유엔은 2015년을 '빛의 해International Year of Light, 2015'로 선언하였다. 이는 에너지, 교육, 농업 및 의료 분야 등 인류 문명의 발전에 빛을 다루는 광 기술의 지대한 공헌이 있었다고 인정하는 것을 의미한다[그림 1-1].

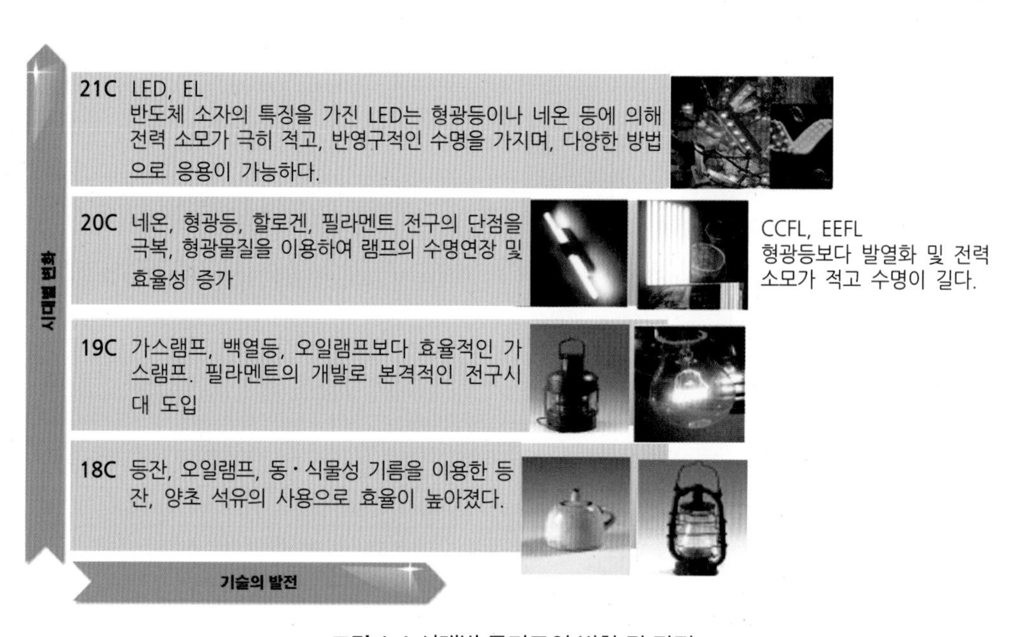


**그림 1-1** 시대별 등기구의 변화 및 장점

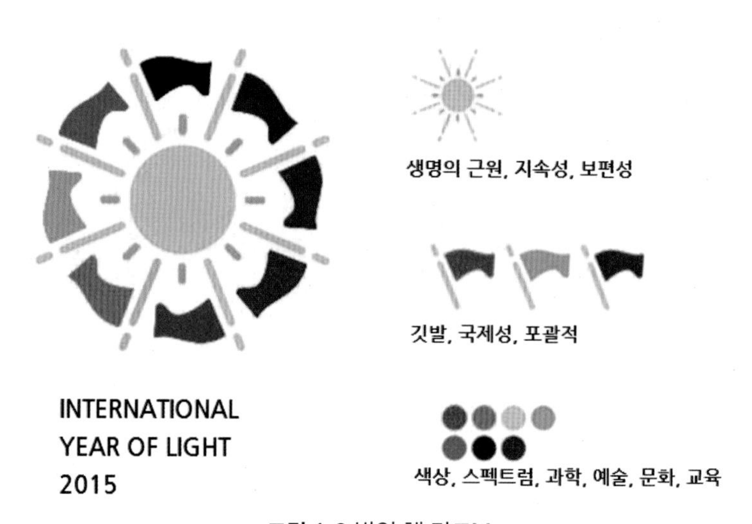


**그림 1-2** 빛의 해 마크[2]

## 1.2 발광 다이오드의 역사

화합물 반도체로 구성된 차세대 광원인 발광 다이오드는 1907년 영국의 라디오 엔지니어 헨리 조셉 라운드Henry Joseph Round에 의해 최초 개발되었다. 그는 금속-반도체 탄화규소SiC 정류기의 전기적 특성을 조사하던 중 우연히 고체상의 재료에서 빛이 방출되는 현상을 발견하였다. 그림 1-3과 같이 헨리 조셉 라운드는 이러한 전자발광Electroluminescence 현상을 두 문단의 짧은 글로 《Electrical World》 저널에 발표하였다.

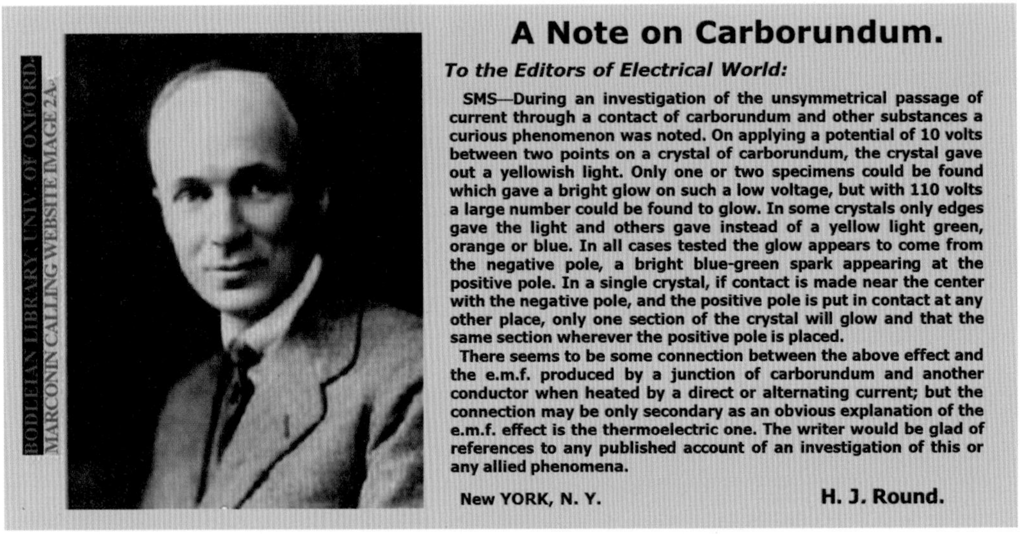

**A Note on Carborundum.**

***To the Editors of Electrical World:***

**SMS—During an investigation of the unsymmetrical passage of current through a contact of carborundum and other substances a curious phenomenon was noted. On applying a potential of 10 volts between two points on a crystal of carborundum, the crystal gave out a yellowish light. Only one or two specimens could be found which gave a bright glow on such a low voltage, but with 110 volts a large number could be found to glow. In some crystals only edges gave the light and others gave instead of a yellow light green, orange or blue. In all cases tested the glow appears to come from the negative pole, a bright blue-green spark appearing at the positive pole. In a single crystal, if contact is made near the center with the negative pole, and the positive pole is put in contact at any other place, only one section of the crystal will glow and that the same section wherever the positive pole is placed.**

**There seems to be some connection between the above effect and the e.m.f. produced by a junction of carborundum and another conductor when heated by a direct or alternating current; but the connection may be only secondary as an obvious explanation of the e.m.f. effect is the thermoelectric one. The writer would be glad of references to any published account of an investigation of this or any allied phenomena.**

**New YORK, N. Y.** **H. J. Round.**

**그림 1-3** 《Electrical World》 저널에 실린 헨리 조셉 라운드의 연구[3]

그 후 발광 다이오드는 소자 내부에서 많은 광자를 생성해내고 그 광자를 가능한 많이 외부로 방출하는 것을 목표로 기술 개발이 진행되었다. 또한 화합물 반도체의 밴드갭 에너지 차이에 의해 발광되는 빛의 색이 달라짐을 확인하여 적색에서 노란색의 장파장에 대한 연구가 우선적으로 활발히 진행되었다. 그림 1-4의 닉 홀로낙Nick Holonyak Jr.은 갈륨인비소$Ga(As_{1-x}P_x)$ 기반 화합물 반도체를 통한 가시광선 영역의 발광 소자를 실현하는 데 집중하여 1962년 적색 발광 다이오드 개발에 성공하였다. 이는 최초의 실용적인 발광 다이오드로 인정받고 있다. 그림 1-5에서 시대별 발광 다이오드의 발전 현황에 대해 도표로 설명하였다.

**그림 1-4** 발광 다이오드 최초 개발자 닉 홀로냑[4]

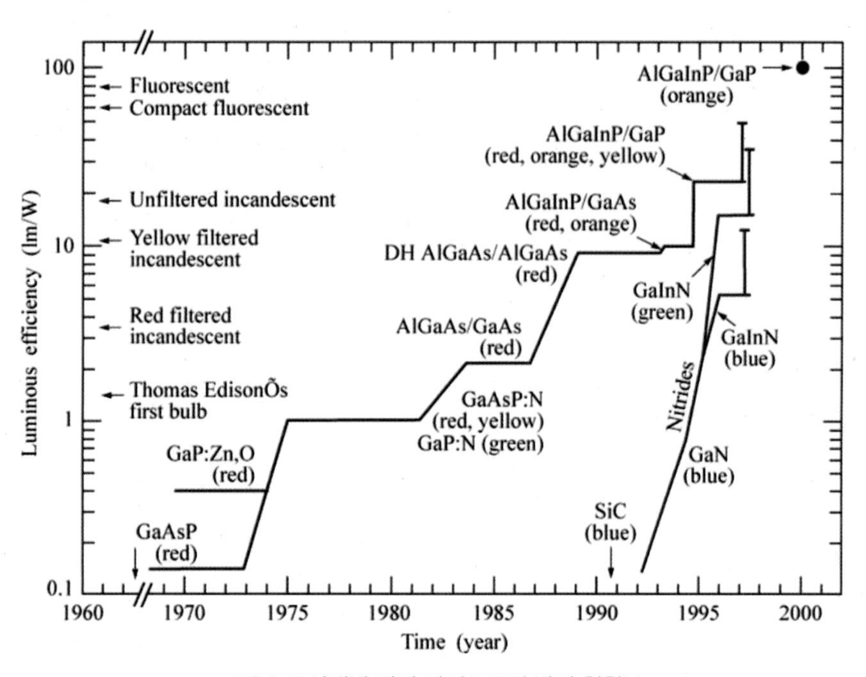


**그림 1-5** 시대별 발광 다이오드의 발전 현황[5]

그 이후 백색광 구현을 위한 청색광 발광 다이오드는 무려 30년이 지난 1992년 이후 나고야 대학교 이사무 아카사키Isamu Akasaki 교수와 당시 제자였던 나고야 대학교 히로시 아마노Hiroshi Amano 교수가 저에너지 전자빔 조사low-energy electron-beam irradiation를 통한 마그네슘Magnesium, Mg

억셉터 활성화를 통해 최초로 $p$형 질화갈륨GaN을 얻었다. 또한 캘리포니아 주립 대학 산타바바라 캠퍼스University of California, Santa Babara, UCSB 슈지 나카무라Shuji Nakamura 교수는 니치아Nichia 화학 연구개발실 재직 시절인 1990년에 질화갈륨 버퍼층을 사용한 고품질 질화갈륨 박막 성장법 및 고온 열처리annealing를 통한 마그네슘이 도핑doping된 질화갈륨의 활성화 기술을 개발함으로써 청색 발광 다이오드의 안정된 발광이 가능해지고 백색 발광 다이오드 구현이 실용적인 수준에서 가능함을 보였다. 그림 1-6은 2014년 노벨 물리학상 수상자들의 사진이다. 이들은 2014년 '빛의 혁명Bright revolution'을 이룩한 공로로 노벨 물리학상을 수상하였다.

**그림 1-6** 2014년 노벨 물리학상 수상자. 왼쪽부터 이사무 아카사키, 히로시 아마노, 슈지 나카무라[6]

## 1.3 발광 다이오드의 효율 향상

발광 다이오드를 제조하는 대표적인 물질인 질화갈륨 및 갈륨비소GaAs를 비롯한 III-V족 반도체는 직접천이형direct 밴드갭band gap을 갖는 반도체 물질로서 가시광에서 자외선 영역까지의 광소자 응용에 적합하다. 또한 열적, 구조적, 전기적 특성이 우수하여 광·전 소자 재료로 부각되어 많은 연구가 이루어지고 있다. 그림 1-7은 격자상수에 따른 질화갈륨 및 질화비소 계열의 화합물의 조합에 따른 밴드갭 에너지를 보여주는 그래프이다.[7] 그림 1-8은 발광 다이오드의 기본구조이다.[8] 발광 다이오드는 반도체 다이die를 리드 프레임lead frame에 연결하여 와이어 본딩wire bonding을 통해 와이어를 형성한 후 에폭시epoxy를 씌운 후 최종적으로 와이어가 연결된 양극anode, 음극cathode 단자에 전류를 주입하여 발광하는 원리이다. 발광 다이오드의 발광 효율은 하이츠의 법칙Haitz' law으로 소개된 것과 같이, 18~24개월 만에 2배가 된다고 할 만큼 지속적으로 증가되어왔다.

(a)

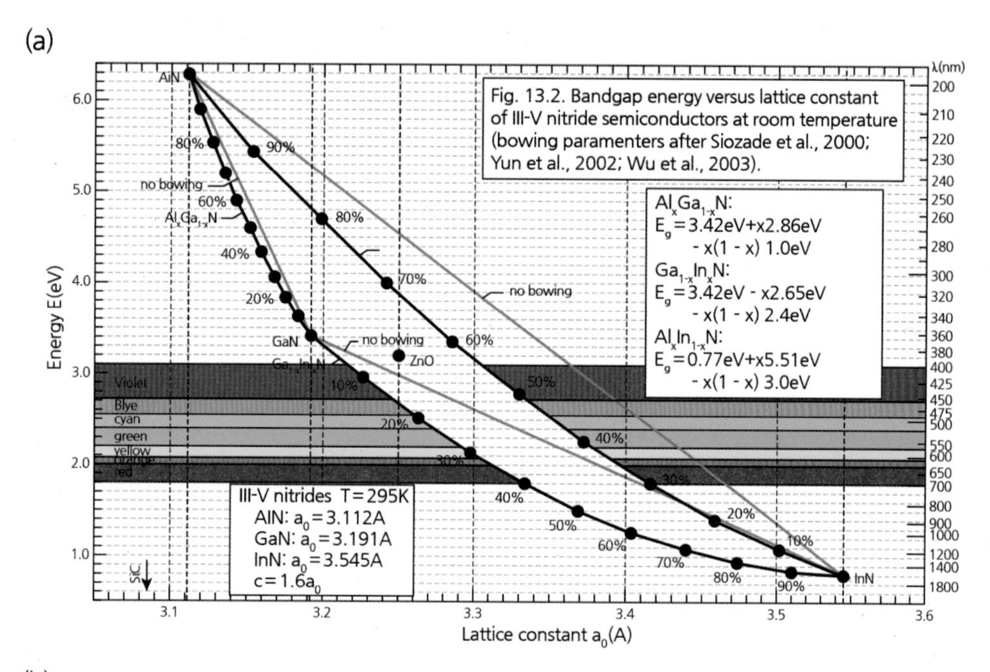


(b)

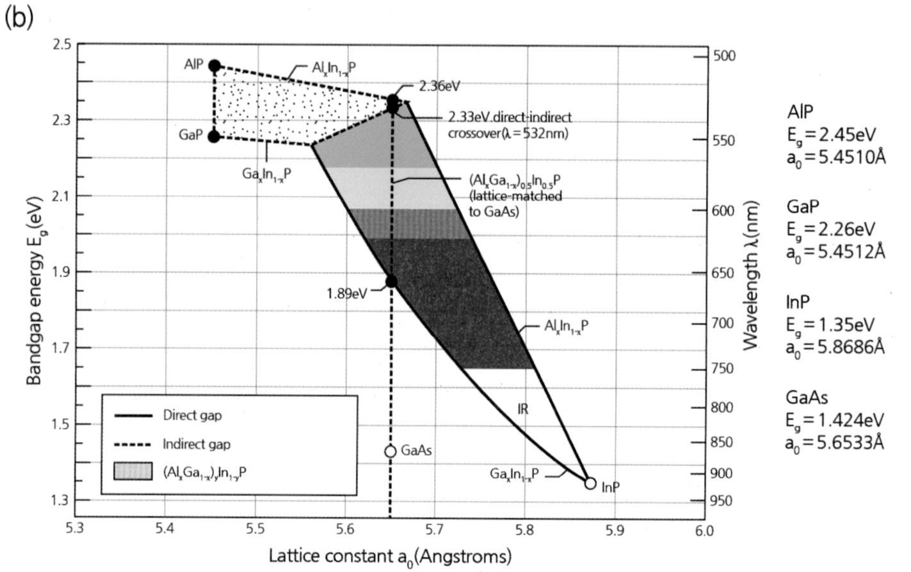


**그림 1-7** 격자상수별 화합물 조성 및 그에 따른 파장 (a) 질화갈륨 화합물 (b) 갈륨비소 화합물[7]

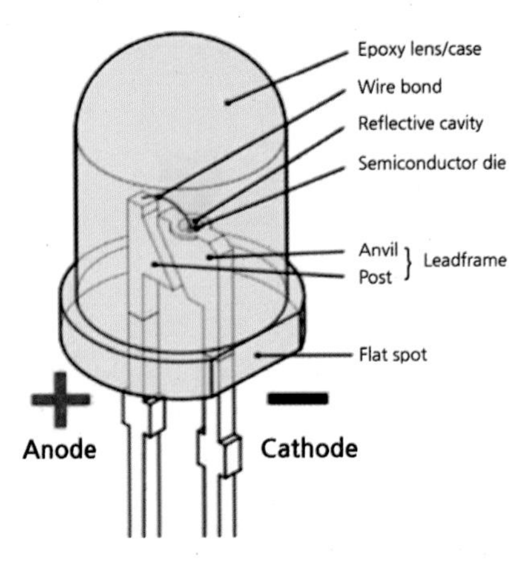


**그림 1-8** 발광 다이오드의 기본 구조[8]

발광 다이오드의 광 효율은 크게 내부양자효율internal quantum efficiency, $\eta_{int}$, 광 추출효율light extraction efficiency, $\eta_{extraction}$, 전류주입효율injection efficiency, $\eta_{inj}$, 전기 효율electrical efficiency, $\eta_{elect}$로 나타낼 수 있다.

$$\eta_{int} = \frac{\text{초당 활성 영역에서 방출되는 광자 수}}{\text{초당 LED 내로 주입된 전자 수}} = \frac{P_{int}/(h\nu)}{I/e}$$

$$\eta_{extraction} = \frac{\text{초당 자유공간으로 방출되는 광자 수}}{\text{초당 활성 영역에서 방출되는 광자 수}} = \frac{P/(h\nu)}{P_{int}/(h\nu)}$$

$$\eta_{inj} = \frac{\text{발광층 주입 전류}}{\text{외부 주입 전류}} = \frac{I_{active}/e}{I_{applied}/e}$$

$$\eta_{elect} = \frac{\text{출력된 유효 광 출력}}{\text{주입 전력}} = \frac{P_{output}}{P_{\in put}}$$

여기서 $P$는 광 출력을 의미하며, $I$는 주입 전류, $e$는 전자의 전하를 의미한다. 이상적인 발광 다이오드의 활성층active layer 영역은 주입된 전자 하나당 하나의 광자를 방출한다. 따라서 이상적인 활성층 영역에서는 100%의 내부양자효율을 갖는다. 내부양자효율은 반도체 재료의 물성, 기판과의 결정성과 소자구조 등에 의해 결정되며 광 추출효율과 함께 발광 다이오드의 외부양자효율external quantum efficiency, $\eta_{EQE}$을 정의한다.

$$\eta_{\mathrm{EQE}} = \frac{\text{초당 자유공간으로 방출되는 광자 수}}{\text{초당 LED 내로 주입되는 전자 수}} = \frac{P/(h\nu)}{I/e} = \eta_{\mathrm{int}}\eta_{\mathrm{extraction}}$$

이상적인 발광 다이오드의 경우에 활성층에서 방출된 모든 광자들은 자유공간으로 방출될 것이다. 이 경우 발광 다이오드는 100%의 추출효율을 갖는다. 그러나 실제 발광 다이오드에서는 활성층으로부터 방출된 모든 광자가 자유공간으로 방출되지 못한다.

벽면 플러그 효율Wall Plug Efficiency, WPE은 주입되는 전기적 출력에 대한 광 출력으로 변환하는 효율을 나타내며, 발광 다이오드에서 효율을 정의하는 핵심 용어이다.

$$\eta_{\mathrm{WPE}} = \frac{\text{광 출력}}{\text{전기적 출력}} = \frac{P}{IV}$$

따라서 이러한 각각의 효율을 극대화시키기 위한 내부양자효율, 광 추출효율 및 전기 효율을 개선하기 위한 요소 기술의 개발이 중요하다.[9-17]

### 1.3.1 내부양자효율(Internal Quantum Efficiency, IQE)

고휘도 발광 다이오드는 금속유기화학기상증착법을 이용한 원자층 단위의 반도체 박막성장제어기술과 다중양자우물구조Multiple Quantum Well, MQW를 갖는 소자 구조의 개발을 통해 구현할 수 있다. 발광 다이오드의 내부양자효율 개선을 위한 연구의 핵심은 III-V족 질화물 반도체의 에피층epi-layer 성장기술이다. 일반적으로 질화갈륨과의 격자부정합과 열팽창 계수의 차이가 큰 사파이어$Al_2O_3$를 질화갈륨 기반 발광 다이오드 제조를 위한 기판으로 사용하고 있어 기판 위에 성장되는 에피층은 매우 높은 전위dislocation 및 결함 밀도defect density를 갖는다. 이러한 이종 물질의 기판을 이용한 박막 성장은 전위나 결함을 발생시키며 이는 비방사 재결합 센터나 전하 누설의 통로를 만들어 소자의 수명과 효율을 떨어뜨리는 역할을 하기 때문에 고성능의 발광 다이오드 소자를 제작하기 위해서는 전위밀도가 낮은 고품위의 에피층 성장기술의 확보가 기본적인 원천기술이라 할 수 있다. 고성능 발광 다이오드 소자 제작을 위하여 사파이어 기판과 $n$형n-type 질화갈륨층 사이의 격자 부정합을 완화시키기 위한 저온 버퍼층low-temperature buffer layer 성장기술,[17] 그림 1-9와 같이 $p$형 질화갈륨층 내에서의 원활한 홀 주입을 위한 질화인듐갈륨/질화갈륨 초격자구조Superlattice, SL 기술,[18] 사파이어 기판과 $n$형 질화갈륨층 사이의 격자상수 차이에 의한 박막 품질 저하를 개선하고, 고품위의 박막 성장을 위한 수평 에피 성장Epitaxial Lateral Overgrowth, ELOG을 통한 질화갈륨 버퍼층 성장기술,[19]

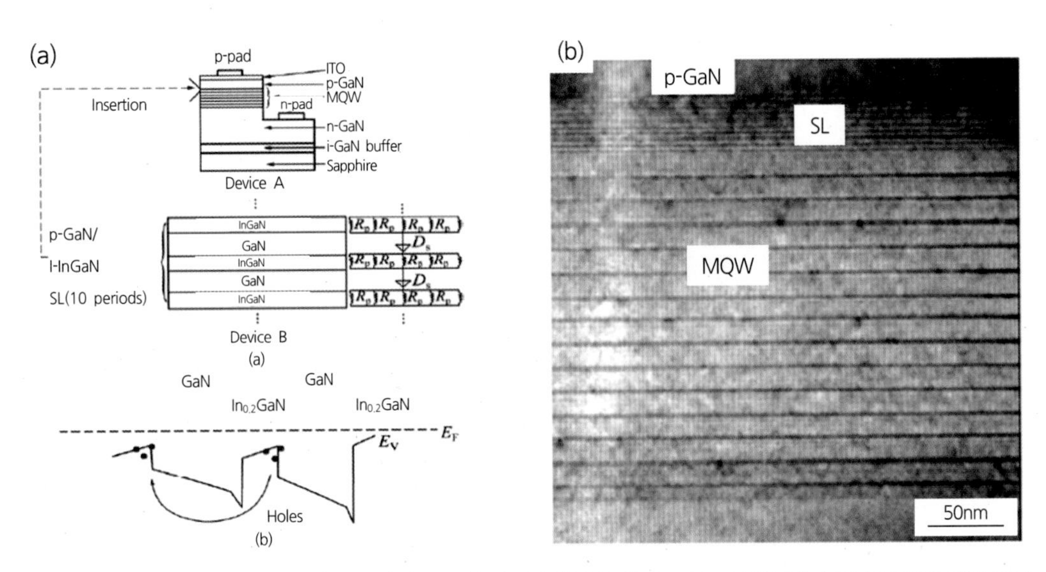


**그림 1-9** (a) 인듐질화갈륨/질화갈륨 초격자 구조가 적용된 발광 다이오드 구조도 및 (b) 초격자 구조의 단면 투과 전자현미경(Transmission Electron Microscope, TEM)[18]

수평 및 수직 성장을 동시에 진행하여 그림 1-10과 같이 관통전위Threading Dislocation, TD를 억제시킴으로써 별도의 마스크가 필요 없이 고품위 박막을 성장할 수 있는 Pendeo EpitaxyPE 기술,[20] 마스크를 통해 패턴을 형성하여 성장 부분 옆면으로 면지수가 작은 결정면으로 된 간면facet이 나타나게 성장하는 방식인 간면 에피 수평 성장facet-initiated epitaxial lateral overgrowth 기술,[21] 그림 1-11과 같이 사파이어 기판을 패턴한 후 패턴된 면을 따라 박막이 성장되게 하는 방법인 패턴된 사파이어 기판상에 수평 에피 성장Lateral epitaxy on a patterned sapphire substrate, PSS 기술,[22]

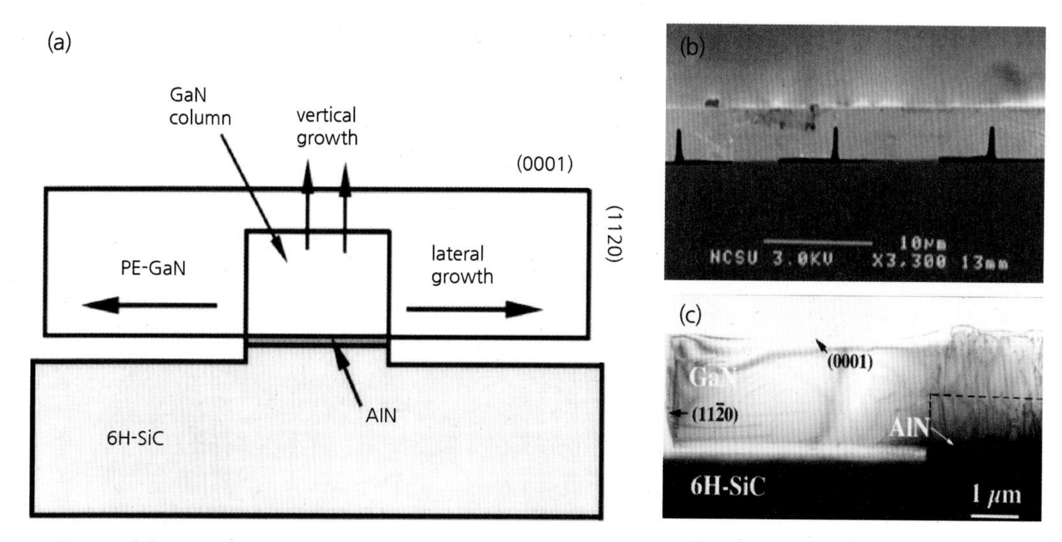


**그림 1-10** (a) Pendeo Epitaxy 모식도 및 (b) 실제 성장된 질화갈륨 박막의 단면 주사전자현미경(Scanning electron microscope, SEM) 이미지 (c) 음극선 발광장치(Cathodo Luminescence, CL) 이미지[20]

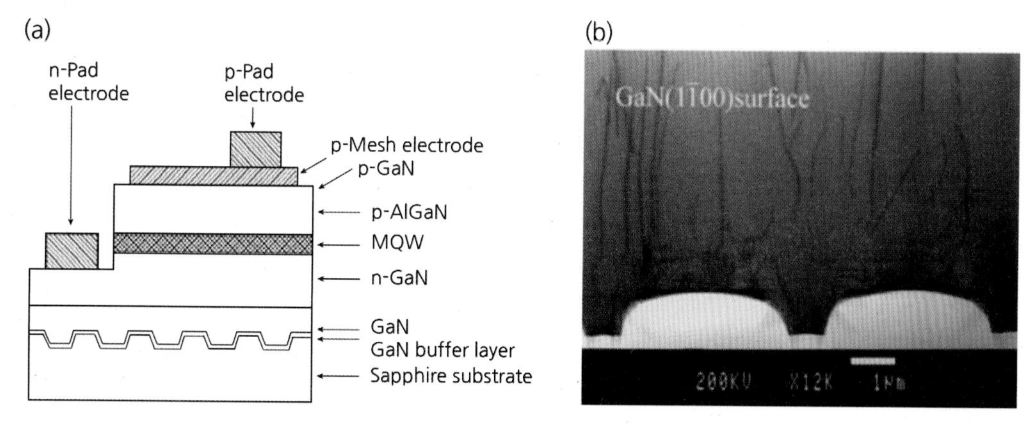


**그림 1-11** (a) 패턴된 사파이어 기판이 적용된 발광 다이오드 구조도 및 (b) 패턴된 사파이어 기판이 적용된 질화갈륨 박막의 단면 음극선 발광장치 이미지[22]

그림 1-12와 같이 티타늄Titanium, Ti 나노파티클 및 마스크를 사용한 나노입자 및 패턴을 이용한 선택 영역 성장selective area growth 기술[23] 등의 다양한 고품위 에피 성장법들이 연구 및 개발되었다.

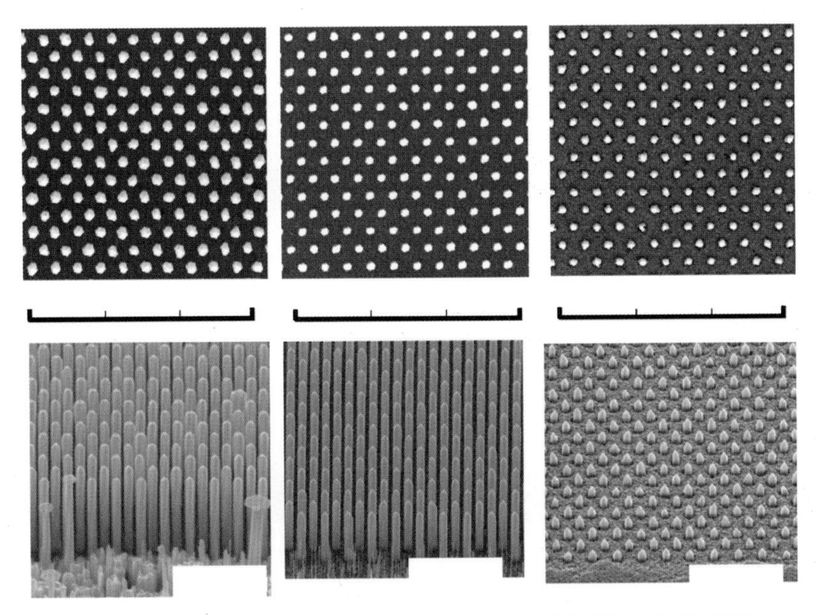

**그림 1-12** 티타늄 마스크를 사용하여 선택 영역 성장을 한 질화갈륨 나노막대[23]

또한 전자와 정공의 결합효율을 증대시키기 위한 방법으로 매우 얇은 활성층과 장벽층을 교대로 적층한 다중양자우물구조를 성장해야 하는데, 이러한 활성층에서는 압전piezoelectric 효과에 의해 전기장이 형성되어 공간적으로 전자와 정공이 분리되는 문제점을 갖는다. 기존 반도체 물질의 경우 이러한 격자결함이나 결정 내 전기장 등의 특성들 때문에 발광 효율이 매우 낮은 데 반해 질화물 반도체 광소자는 매우 높은 발광 효율을 보여주고 있다. 이는 활성층으로 사용되고 있는 인듐질화갈륨 에피층에서 형성되는 In-rich 양자점이나 인듐농도의 불균일로 인해 형성되는 국부적인 양자우물 영역localized potential well들이 운반자carrier들을 강하게 국부화localization시켜 전위나 전기장의 영향을 크게 줄여주기 때문인 것으로 알려져 있다.

최근 인듐질화갈륨/질화갈륨 양자우물구조를 갖는 청색 발광 다이오드의 경우 내부양자효율이 95% 이상에 도달하는 수준이고 녹색 발광 다이오드는 60% 이상의 수준으로 보고되며, 알루미늄갈륨인듐인AlGaInP계 적색 발광 다이오드는 90%를 능가한다.[24] 일반적으로 내부양자효율은 주입 전류밀도가 증가하거나 접합 온도가 증가할 경우 감소하게 된다. 질화인듐갈륨/질화갈륨 발광 다이오드의 내부양자효율을 저하시키는 주된 요소로는 $\sim 1\times10^{8}\text{cm}^{-2}$ 수준의 높은 관통 전위밀도, 높은 인듐조성을 가지는 질화인듐갈륨 성장을 위한 저온성장에 따른 높은 점결함point defect 밀도 및 전자와 정공의 파동함수를 분리시켜 방사 재결합 수명 radiative recombination lifetime, $T_{rad}$을 증가시키는 내부전기장 효과 등이 있다. 그밖에도 내부양자효율 개선을 위한 방법으로 기존의 반도체 물질과는 다른 높은 특성을 갖는 $p$형 반도체 물질 선택, 그림 1-13과 같이 V-pit 구조가 적용된 $p$형 질화갈륨층,[25]

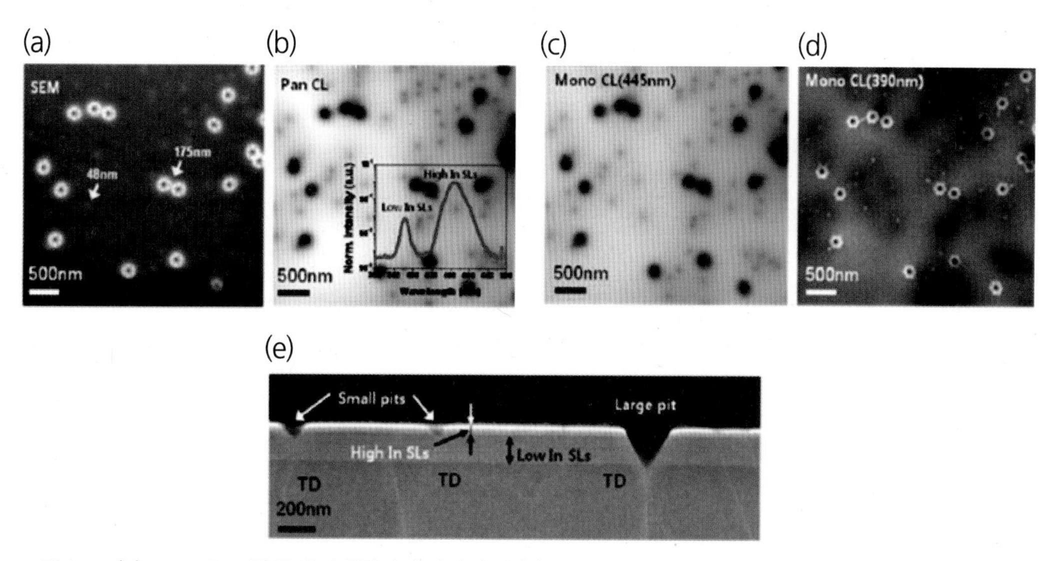


**그림 1-13** (a) V-pit 구조의 주사전자현미경 이미지 및 (b) 감광 음극선 발광장치 이미지 (c) 단색 445nm CL 이미지 및 (d) 단색 390nm 이미지 (e) 단면 투과 전자현미경 이미지[25]

그림 1-14와 같이 격자불일치로 인해 발생하는 스트레인의 조절, 양자 구속 스타크 효과 Quantum Confined Stark Effect, QCSE를 줄이기 위한 비극성 에피 성장 등에 대한 연구가 많이 이루어지고 있다.[26] 이 외에도 그림 1-15와 같이 표면 플라즈몬 효과surface plasmon effect에 의한 내부양자효율 향상 연구도 최근 활발히 진행되고 있다.[27]

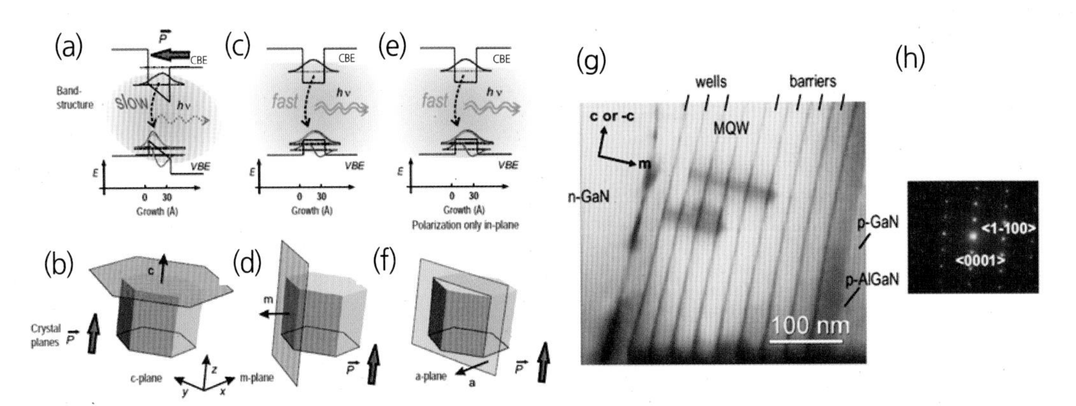


**그림 1-14** (a), (c), (e) 다른 결정축을 갖는 질화갈륨/질화인듐 양자우물층 밴드 구조 모식도 및 (b), (d), (f) 각각의 양자우물층 단면도. (a), (b) c-축 (c), (d) m-축 및 (e), (f) a-축 (g) m-축으로 성장된 다중양자우물층의 단면 투과전자현미경 이미지 및 (h) 전자 회절(electron diffraction) 패턴[26]

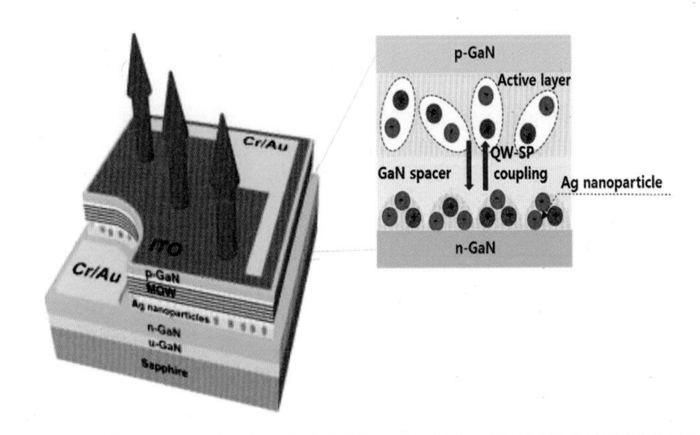


**그림 1-15** 은(Silver, Ag) 파티클을 통한 표면 플라즈몬 효과가 적용된 LED[27]

## 1.3.2 광 추출효율(Light Extraction Efficiency, LEE)

활성층에서의 효율적인 광자생성 및 생성된 광자를 발광 다이오드 칩 외부로 추출하고 추출된 빛의 배광분포 및 세기를 제어하는 기술은 발광 다이오드의 전체적인 광 효율을 향상시키기 위한 매우 중요한 기술 중 하나이다. 질화갈륨 기반 발광 다이오드는 공기의 굴절률($n_{air}=1$) 및 외부 봉지재encapsulant($n_{encapsulant}\sim1.5$)에 비해 상대적으로 높은 질화갈륨 반도체의 굴절률($n_{GaN}\sim2.4-3.5$)로 인하여 내부전반사Total Internal Reflection, TIR 현상이 일어나 빛이 외부로 방출되지 못하고 발광 다이오드 칩 내부에 갇혀 광 추출효율이 매우 낮아지게 된다.

그림 1-16과 같이 발광 다이오드의 구조는 크게 상부발광top-emission을 하는 lateral type, 하부발광Bottom-emission을 하는 flip chip type, 하부발광을 하지만 상하부면으로 전류를 인가하는 vertical type의 종류로 구성되어 있다.[28]

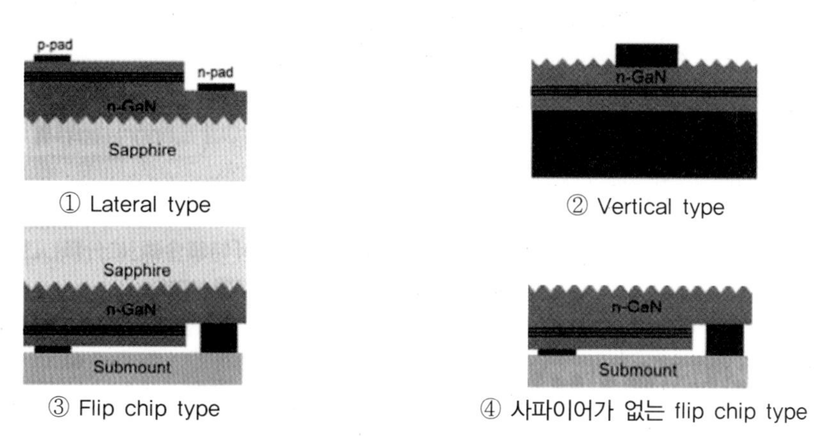


**그림 1-16** 각각의 칩 구조별 발광 다이오드의 모양[28]

이를 해결하기 위해 각각의 칩 형태에서의 다양한 광 추출 기술들이 적용되었으며 크게는 광선광학ray-optics 기반기술과 파동광학wave-optics 기반기술로 구분할 수 있다. 광선광학 기반기술로는 발광 다이오드 구조에 불규칙적인 산란지점으로 작용하는 난반사 형태의 구조를 의도적으로 삽입하는 것이 포함된다. 반구형과 그림 1-17과 같이 나노로드nanorods를 상부에 형성하거나,[29] 다면체 형상shaping을 이용하여 칩을 제조하는 것을 비롯하여, 발광 다이오드 표면을

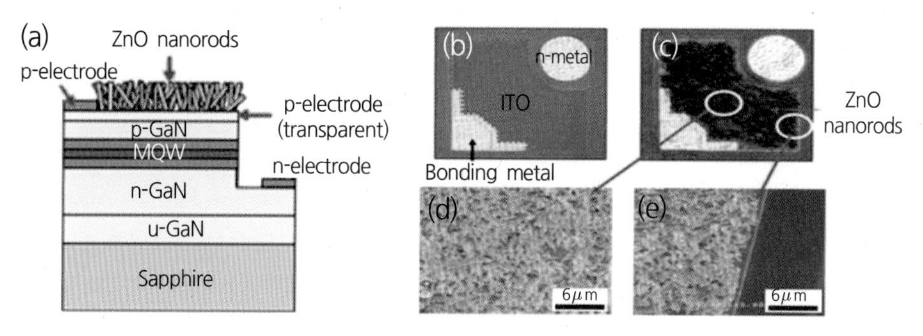


**그림 1-17** (a) 산화아연 나노로드가 적용된 질화갈륨 기반 발광 다이오드 구조도 및 (b) 일반적인 소자의 전극 광학현미경(Optical Microscope, OM) 이미지 (c) 산화아연 나노로드가 형성된 광학현미경 이미지 및 (d), (e) 산화아연 나노로드가 형성된 주사전자현미경 이미지[29]

거칠게 하여 광의 진행방향을 불규칙화하는 것인데, 습식 또는 건식 식각을 이용하여 표면을 거칠게 할 경우 50% 이상의 광 추출효율 향상 효과가 있음이 입증되었다.[30] 대표적으로는 건식 식각을 통하여 패턴된 사파이어 기판 구조를 사용하는 것이며, 패턴된 사파이어 기판을 사용하여 발광 다이오드 에피구조를 성장하는 것은 광 추출효율의 증가뿐 아니라 질화갈륨 에피 박막층 성장 시 기판에서부터 전파되어오는 관통전위의 방향을 변경시켜 발광 다이오드 구조의 $n$형 박막층 및 양자우물층으로 전파되는 전위의 밀도를 감소시킴으로써 결정성을 향상시키는 효과도 있어 실제 양산에 널리 적용되고 있다. 최근 공정이 간단하고 공정단가가 저렴한 습식 식각을 통한 광 추출 구조 연구도 보고되고 있다. 에피택셜 발광 다이오드층을 리프트 오프lift-off함과 동시에 또 다른 이종기판에 접합시키는 웨이퍼본딩 기법[그림 1-18]은 기판을 제거하여 상부 방향으로의 광 추출효율을 증대시킬 수 있는 기술 중 하나이다.[31]

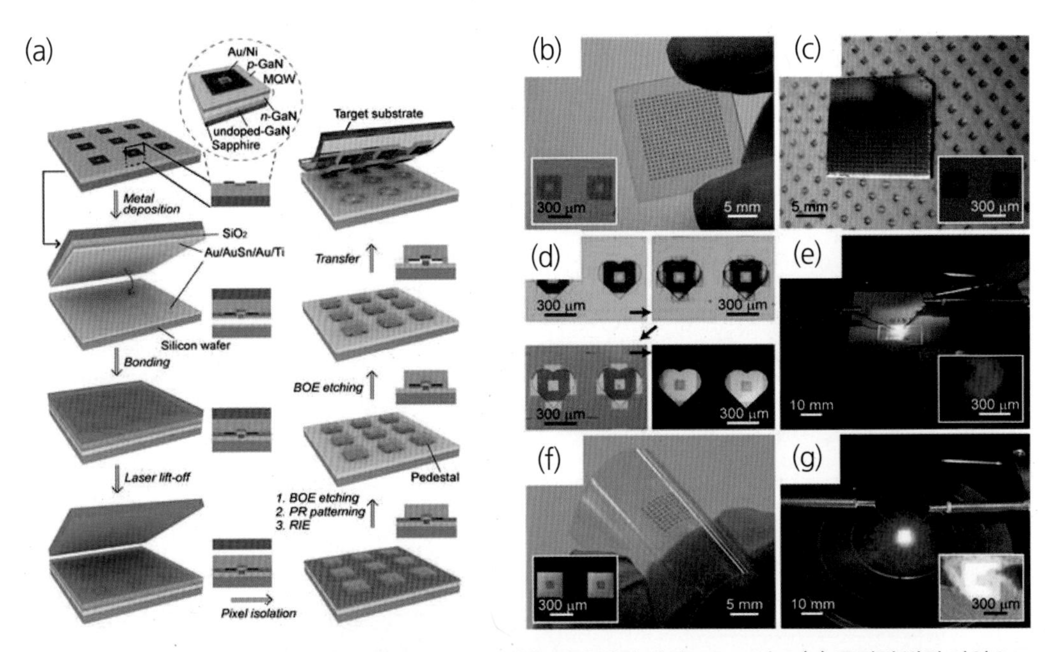


**그림 1-18** (a) 레이저 리프트 오프 공정이 적용된 질화갈륨 기반 발광 다이오드 모식도 (b) 공정된 발광 다이오드 다이 (c) 금속 기판에 접합된 발광 다이오드 다이 (d) 패턴 이미지 및 (e) 발광 다이오드 칩 (f) 유연 기판에 전사된 발광 다이오드 다이 및 (g) 발광 이미지[31]

광을 한곳으로 모으거나 광의 진행 방향을 전환하는 등의 제어가 가능한 파동광학 기반기술을 응용하기 위해서는 서브마이크로sub-micrometer 크기를 이용한 주기적인 굴절률 변화를 구현해야 한다. 그러나 서브마이크로 구조의 구현에는 광선광학 기반기술을 적용하는 것에 비해 구조가 더욱 미세하기 때문에 패턴 제작 공정에 많은 비용이 든다. 파동광학 기반의 대표적인 기술로는 그림 1-19와 같이 공진 공동 발광 다이오드resonant-cavity LED가 있는데, 이것은 상부와 바닥에 있는 반사경에 의해 형성된 광 공진기optical cavity로부터 형성되는 공진모드cavity mode에 기인한 자발발광spontaneous emission을 강화시키는 것이다.[32]

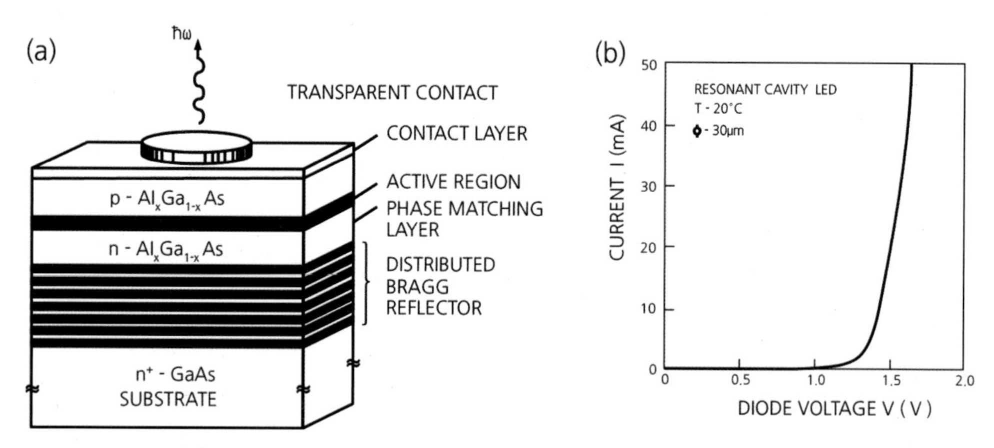


**그림 1-19** (a) 공진 공동 구조를 갖는 발광 다이오드 모식도 및 (b) I-V(전류 – 전압) 특성[32]

광결정photonic crystal은 주기적으로 패턴된 이종의 굴절률을 가지기 때문에 전자기파의 전파를 조정할 수 있으며 결과적으로 발광 다이오드 박막 내부에서 측면 방향을 따라가는 도파모드guided mode를 제거함으로써 광 추출효율의 개선이 가능하다. 빛의 특성 제어가 가능한 파동광학 기반기술은 특히 프로젝터용 고방향성 고발광 광원이나 디스플레이 응용을 위한 분극제어 광원과 같은 특별한 응용 분야에서 활용가치가 높다고 할 수 있다.[33] 또한 분산 브래그 반사전극Distributed Bragg Reflector, DBR, 전방향 반사전극Omnidirectional Reflector, ODR과 같이 반사전극을 이용한 광 추출 구조도 다양한 파장의 발광 다이오드에서 효율적으로 광 효율을 향상시키는 구조이다.[34] 광 추출효율에 관련된 기술은 2장에서 좀 더 다루고자 한다.

### 1.3.3 열 및 전기전도도(Thermal and Electrical Conductivity)

발광 다이오드 구동 시 생성되는 열은 소자의 내부양자효율, 광 출력 및 발광 다이오드의 신뢰성에 영향을 미치는 요소 중 하나이다. 이러한 발열문제는 발광 다이오드 소자 내에서의 접합 온도junction temperature로 정량화될 수 있다. 열은 발광 다이오드 소자의 전극 부분, 클래딩층 및 활성 영역에서 생성된다. 일반적으로 저전류 수준에서의 주요한 열원은 비방사 재결합이 발생하는 활성 영역이고 고전류 수준에서는 줄Joule 열이 $RI^2$(R: 저항, I: 전류)에 의존하기 때문에 기생저항이 큰 전극과 클래딩층과 같은 부분이 주요한 열원이 된다. 따라서 발열문제를 근본적으로 해결하기 위해서는 내부양자효율의 향상 및 전극과 클래딩층에서의 전기저항을 감소시키는 것이 중요하다. 또한 소자의 전기적 저항은 전도효율을 결정하는 요소이므로 소자의 벽플러그 효율을 향상시키기 위해서도 저항을 감소시켜야 한다. 발광 다이오드 소자에서 저항을 크게 차지하는 것은 $p$형 전극의 높은 접촉저항 성분인데 이는 $p$형 전극과 $p$형 질화갈륨 물질 간의 일함수work function 차이가 커서 높은 쇼트키 장벽Schottky barrier을 형성할 뿐만 아니라 정공의 농도가 상대적으로 낮기 때문에 오믹접촉Ohmic contact 형성이 쉽지 않기 때문이다. 그동안 여러 가지 방법들이 연구되어왔는데, $p$형 저저항 오믹전극을 형성하기 위해 그림 1-20과 같이 $p$형 질화갈륨 박막성장 측면에서는 마그네슘 도핑 및 열처리annealing 온도를 최적화하는 방법,[35] 질화인듐갈륨계 스트레인층 적용을 통한 소자 내에서의

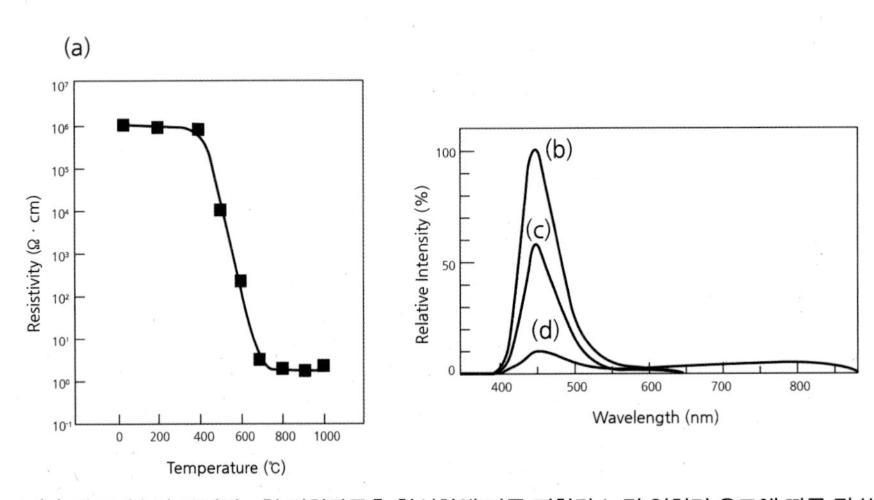


**그림 1-20** (a) 마그네슘이 도핑된 $p$형 질화갈륨층 활성화에 따른 저항감소 및 열처리 온도에 따른 광 발광 결과 (b) 700°C (c) 800°C (d) 상온(room temperature)[35]

스트레인을 완화시키는 방법,[36] 원활한 정공hole 주입을 위해 인듐질화갈륨/질화갈륨 초격자를 사용하는 방법,[37] 그림 1-21과 같이 $n$형, $n^+$형, $p$형 및 $p^+$형 구조를 갖는 터널 접합층,[38] 적용과 같은 다양한 시도가 이루어졌다. 이 외에도 효과적인 전류주입을 위한 전극공정 측면에서는 다양한 화학적 표면처리, 열처리 온도 및 분위기 최적화, 레이저 표면처리, 이온 임플란트, 나노입자 등이 연구되었다.

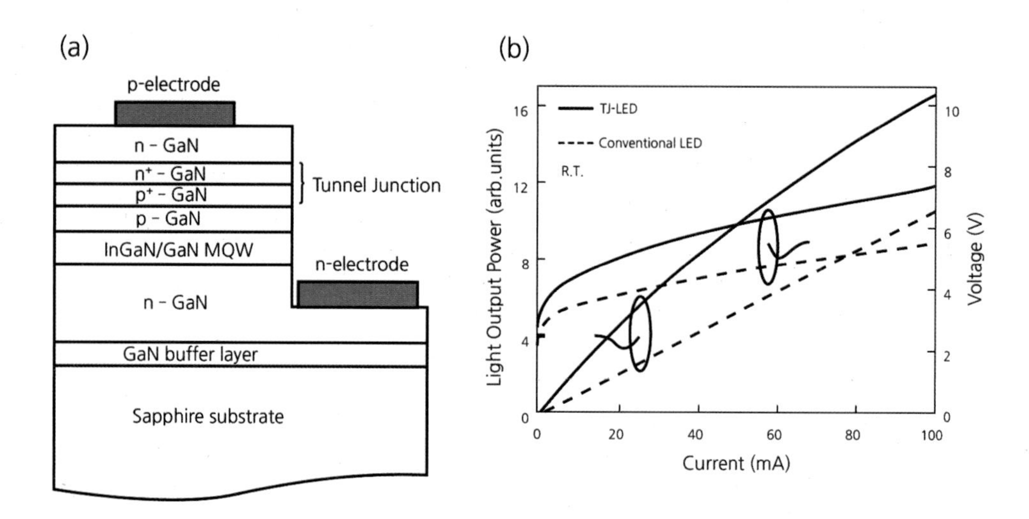


**그림 1-21** (a) $p$형 질화갈륨 터널접합층이 삽입된 발광 다이오드 구조도 및 (b) L-I-V(전류 – 전압 – 광 출력) 특성 분석 결과

현재 양산과정에는 $p$형 반도체 오믹전극으로 인듐주석산화물ITO 투명전극 및 은, 알루미늄을 이용한 고반사막 전극을 적용한 후 열처리 최적화를 통한 저저항 오믹전극을 사용하고 있다.[39] 소자의 발열을 완전히 제어하는 것은 어렵지만 발생된 열을 효과적으로 전달 및 제거하는 것은 광소자의 신뢰성 측면에서 매우 중요하다. 이를 위해 열저항이 낮은 패키지 재료 및 구조 설계에 대한 연구가 많이 수행되어왔으며 최근에는 발광 다이오드 칩 수준에서 열을 효과적으로 분산·방출시키기 위한 노력도 시도되고 있다.[40]

## [참고문헌]


1. http://m.e2news.com/news/articleView.html?idxno=29809
2. http://www.light2015.org/Home.html
3. http://www.electricalworld.com.au
4. http://www.ecomagination.com
5. https://www.ecse.rpi.edu/~schubert
6. http://www.fnnews.com/news/201410072152562758
7. https://www.ecse.rpi.edu/~schubert
8. https://en.wikipedia.org/wiki/Light-emitting_diode#/media/File:LED,_5mm,_green_(en).svg
9. "Light Emitting Diodes (LEDs) for Generating Illumination," OIDA Technology Road Map Update 2002 (2002).
10. J. Y. Tsao, H. D. Saunders, J. R. Creighton, M. E. Coltrin and J. A. Simmons, *J. Phys. D: Appl. Phys*. **43**, 354001 (2010).
11. Y. Narukawa, M. Ichikawa, D. Sanga, M. Sano and T. Mukai, *J. Phys. D: Appl. Phys*.. **43**, 354002 (2010).
12. J. Gan, S. Ramakrishnan and F. Y. Yeoh, *Rev. Adv. Mater. Sci.* **42**, 92-101 (2015).
13. M.-H. Chang, D. Das, P. V. Varde, and M. Pecht, *Microelectron. Reliab.* **52**, 762-782 (2012).
14. A. S. Panahi, *SPIE*, **8368**, 83680T-1 (2012).
15. H. Amano, N. Sawaki and I. Akasaki, *Appl. Phys. Lett.* **48**, 353 (1986).
16. S. Nakamura, T. Mukai, and M. Senoh, *Appl. Phys. Lett.* **64**, 1687 (1994).
17. H. Hirayama, M. Ainoya, A. Kinoshita, A. Hirata, and Y. Aoyagi, *Appl. Phys. Lett.* **80**, 2057 (2002).
18. Y. J. Liu, C. C. Huang, T. Y. Chen, C. S. Hsu, S. Y. Cheng, K. W. Lin, J. K. Liou, and W. C. Liu, *Prog. Nat. Sci-Mater*. **20**, 70-75 (2010).
19. K. Hiramatsu, K. Nishiyama, A. Morogaito, H. Miyake, Y. Iyechika and T. Maeda, *Phys. stat. sol. (a)* **176**, 535 (1999).
20. T. S. Zheleva, S. A. Smith, D. B. Thomson, K. J. Linthicum, P. Rajagopal, and R. F. Davis, *J. Electron. Mater.* **28**, 4 (1999).
21. K. Hiramatsu, K. Nishiyama, M. Onishi, H. Mizutani, M. Narukawa, A. Motogaito, H. Miyake, Y. Iyechika, T. Maeda, *J. Cryst. Growth* **221**, 316-326 (2000).
22. M. Yamada, T. Mitani, Y. Narukawa, S. Shioji, I. Niki, S. Sonobe, K. Deguchi, M. Sano and T.

Mukai, *Jpn. J. Appl. Phys.* **41**, L1431-L1433 (2002).

23. K. Kishino, S. Hiroto, K. Akihiro, *J. Cryst. Growth* **311**, 2063-2068 (2009).
24. J. L. Liu, J. L. Zhang, G. X. Wang, C. L. Mo, L. Q. Xu, J. Ding, Z. J. Quan, X. L. Wang, S. Pan, C. D. Zheng, *Chin. Phys. B* **24**(6), 067804 (2015).
25. J. Kim, Y. H. Cho, D. S. Ko, X. S. Li, J. Y. Won, E. Lee, S. H. Park, J. Y. Kim, and S. Kim, *Opt. Express* **22**(S3), A857-A866 (2014).
26. C. Wetzel, M. Zhu, J. Senawiratne, T. Detchprohm, P.D. Persans, L. Liu, E.A. Preble, and D. Hanser, *J. Cryst. Growth* **310**, 3987-3991 (2008).
27. M. K. Kwon, J. Y. Kim, B. H. Kim, I. K. Park, C. Y. Cho, C. C. Byeon, and S. J. Park, *Adv. Mater.* **20**, 1253-1257 (2008).
28. http://www.semieri.co.kr/news/view.php?no=559
29. K. K. Kim S. d. Lee, H. Kim, J. C. Park, S. N. Lee, Y. Park, S. J. Park and S. W. Kim, *Appl. Phys. Lett.* **94**, 071118 (2009).
30. T. Fujii, Y. Gao, R. Sharma, E. L. Hu, S. P. DenBaars and S. Nakamura, *Appl. Phys. Lett.* **84**, 855 (2004).
31. J. Chun, Y. Hwang, Y. S. Choi, T. Jeong, J. H. Baek, H. C. Ko and S. J. Park, *IEEE Photon. Technol. Lett.* **24**, 23 (2012).
32. E. F. Schubert, A. M. Vredenberg, N. E. J. Hunt, Y. H. Wong, P. C. Becker, J. M. Poate, D. C. Jacobson, L. C. Feldman and G. J. Zydzik, *Appl. Phys. Lett.* **60**, 8 (1992).
33. J. J. Wierer Jr, A. David and M. M. Megens, *Nat. Photon.* **3** (2009).
34. J. K. Kim, J. Q. Xi and E. F. Schubert, *SPIE* **6134**, 61340D-1-61340D-12 (2006).
35. S. Nakamura, *Jpn. J. Appl. Phys.* **31**, L139-L142 (1992).
36. A. D. Bykhovski B. L. Gelmont, and M. S. Shur, *J. Appl. Phys.* **81**(9), 6332-6338 (1997).
37. J. K. Sheu, J. M. Tsai, S. C. Shei, W. C. Lai, T. C. Wen, C. H. Kou, Y. K. Su, S.J. Chang G. C. Chi, *IEEE Electron. Device Lett.* **22**, 10 (2001).
38. S. R. Jeon, Y. H. Song, H. J. Jang and G. M. Yang *Appl. Phys. Lett.* **78**, 21 (2001).
39. S. Oh, K J. Lee, H. J. Lee, S. J. Kim, J. Han, N. W. Kang, J. S. Kwon, H. Kim, K. K. Kim, and S. J. Park, *Scr. Mater.* **146**, 41-45 (2018).
40. N. Han, T. V. Cuong, M. Han, B. Ryu, S. Chandramohan, J. B. Park, J. H. Kang, Y. J. Park, K. B. Ko, H. Y. Kim, H. K. Kim, J. H. Ryu, Y. S. Katharria, C. J. Choi and C. H. Hong, *Nat. Comm.* **4**, 1452 (2013).

CHAPTER

# 02 마이크로 및 나노구조를 이용한 LED 광 추출효율 향상

## 2.1 LED 광 추출효율 향상 기술의 개요

LED의 광 효율을 향상시키기 위하여 정교한 반도체 성장기술을 통해 에피택시 박막층의 결함을 줄이고 고품위 박막을 성장하거나 또는 밴드갭 엔지니어링band gap engineering 기술을 도입하여 내부양자효율internal quantum efficiency을 향상시키는 연구결과들이 많이 보고되고 있다. 그러나 LED 활성층에서 발생한 대부분의 빛은 LED 외부로 방출되지 못하고 내부에 갇히기 때문에 LED 밖으로 방출되는 빛은 생성된 빛의 극히 일부분에 지나지 않는다. 이는 질화갈륨(n=2.4)과 공기(n=1)의 굴절률refractive index, n 차이로 인해 빛이 빠져나올 수 있는 임계각critical angle이 약 23°에 불과하기 때문이다[그림 2-1]. 따라서 LED 소자 내에서 발생하는 빛을 외부로 더 많이 추출하기 위한 외부 광 추출효율light extraction efficiency을 향상시키는 기술은 전체 광 효율의 증가 면에서 매우 중요한 기술이다.[1]

이러한 LED의 광 추출효율을 높이기 위해 다양한 기술들이 보고되고 있으나, 본 장에서는 소자 표면을 건식 또는 습식 에칭하여 마이크로 및 나노요철구조를 만드는 텍스처링texturing 기술과, 주기적인 패턴으로 가공된 사파이어 기판Patterned Sapphire Substrate, PSS을 이용하여 굴절률 차이에 의해 전반사되어 소멸되는 빛을 추출하는 기술을 소개하고자 한다. 이어서 LED 표면에 다양한 나노구조체를 형성하거나, 주기적인 광결정photonic crystal 구조가 적용된 LED 기술을 소개하고, 마지막으로 자연 모사기술을 모티브로 하는 계층형 구조체가 형성된 LED 기술에 대해 소개한다.

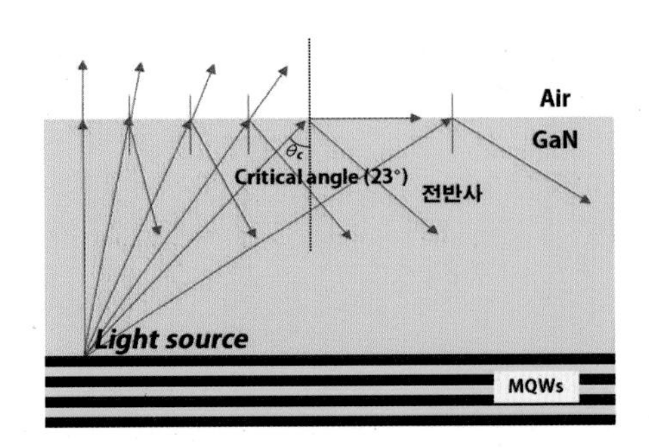


**그림 2-1** LED 내부에서 발생한 빛의 진행 경로와 전반사 현상[1]

## 2.2 표면 텍스처링 기술이 적용된 LED

LED 소자의 표면상에 마이크로 및 나노미터 크기의 기하학적 요철 구조를 만드는 텍스처링 기술은 더 많은 빛을 외부로 추출할 수 있는 아주 효과적이고 간단한 방법이다. LED의 거친 표면은 빛이 소자 내부로 다시 반사되는 것을 줄여줄 뿐만 아니라, LED 표면에서 빛을 산란scattering시킬 수 있다.[2] 그림 2-2(a)는 포톤photon이 평평한 표면의 GaN LED와 공기 사이의 계면에서 외부로 빠져나올 수 있는 확률이 표면 텍스처링된 LED에 비해 현저히 작은 것을 보여준다. 표면이 텍스처링된 LED의 경우[그림 2-2(b)], 표면 산란으로 인해 포톤이 LED 밖으로 빠져나올 수 있는 확률은 증가하고 결과적으로 광 추출효율이 향상된다.[3]

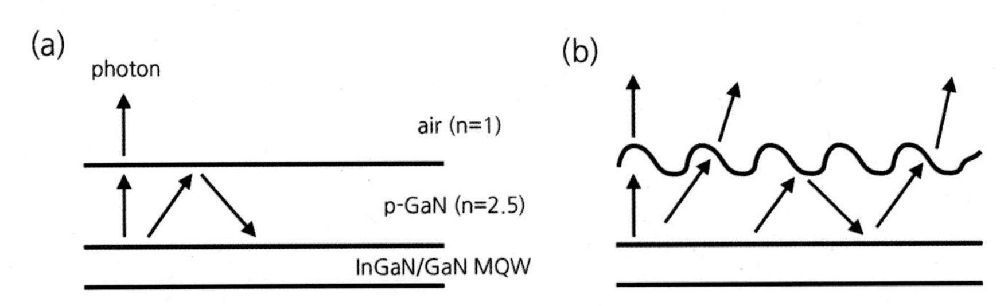


**그림 2-2** $p$-GaN 표면과 공기 사이의 계면에서 포톤이 빠져나올 수 있는 경로[3]

LED 표면을 텍스처링하기 위해 물리적/화학적으로 에칭etching하거나, 에피 성장 시 성장 조건을 조절함으로써 거친 표면을 갖는 LED를 제작할 수 있으나, 이번 장에서는 주로 물리적/화학적 에칭을 통해 GaN LED 표면을 텍스처링하는 기술 및 그 결과들에 대해 소개하고자 한다.

그림 2-3(a)는 $n$-GaN 표면에 지름이 410nm인 원뿔형 나노구조체를 갖는 수직형 LED의 모식도를 나타내며, 그림 2-3(b), (c)는 원뿔 구조의 측면각side-wall angle을 변화시킴에 따라 광 출력의 변화를 보여주는 시뮬레이션 결과이다.[4] 그림 2-3(c)에서 알 수 있듯이, 23.4°에서 가장

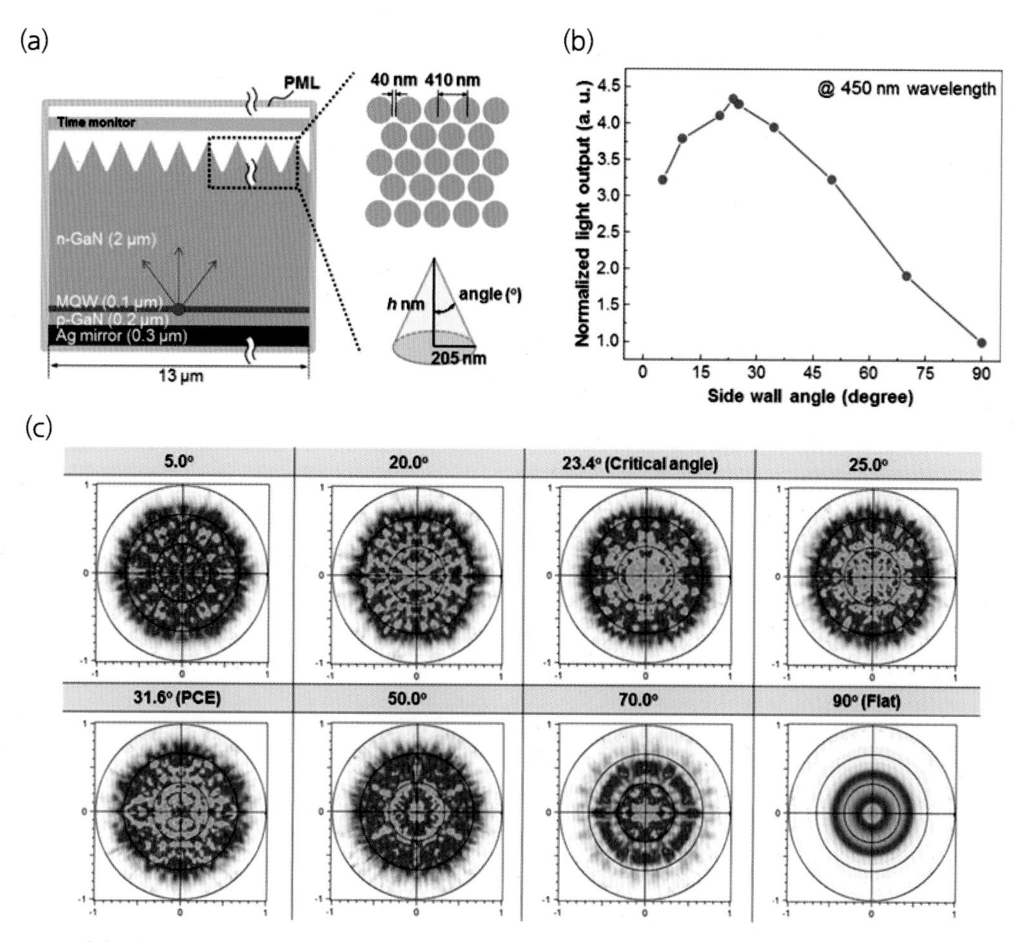


**그림 2-3** (a) 원뿔형 나노구조체를 갖는 수직형 LED의 모식도 (b) 측면각의 변화에 따른 수직형 LED의 광 출력 계산값 및 (c) far-field 세기[4]

큰 광 출력 증가를 보이는데, 이것은 GaN과 공기의 계면에서 내부전반사를 완전히 없앴기 때문이다. 만약 측면각이 임계각보다 더 작아져서 0°에 이르면 원뿔모양이던 구조체는 나노로드nanorod로 변하게 되는데, 이때 나노로드 내부에서 웨이브 가이드 모드wave-guided modes에 의해 광 추출 특성은 향상되나, 임계각을 갖는 원뿔 구조체의 경우보다는 그 향상 정도가 작다. 또한 평평한 표면(측면각이 90°일 때)을 갖는 LED의 경우 원거리 방사 패턴far-field radiation pattern은 완벽히 원형의 형태를 보이고 빛이 빠져나오는 각도도 아주 작은 반면, 원뿔형 나노구조체를 LED 표면에 도입한 경우 측면각에 상관없이 불규칙하고 산발적인 발광 패턴을 가지며, 빛의 분포 또한 넓게 퍼져 있는 것을 알 수 있다.

원뿔형 나노구조체는 $SiO_2$ 나노스피어 리소그래피nanosphere lithography를 통해 이를 에칭 마스크로 이용하여 형성할 수 있다[그림 2-4(a)]. 그림 2-4(b)에서와 같이 에칭시간이 증가함에 따라 측면각은 증가하며, 광화학적 에칭Photochemical Etching, PCE을 통해서는 측면각이 거의 30.5°를 갖는 비주기적인 육각형의 피라미드 구조가 형성됨에 비해, 나노스피어 리소그래피를 이용한 건식 에칭 방법은 에칭 시간을 조절함으로써 측면각을 쉽게 제어할 수 있는 장점이 있다.

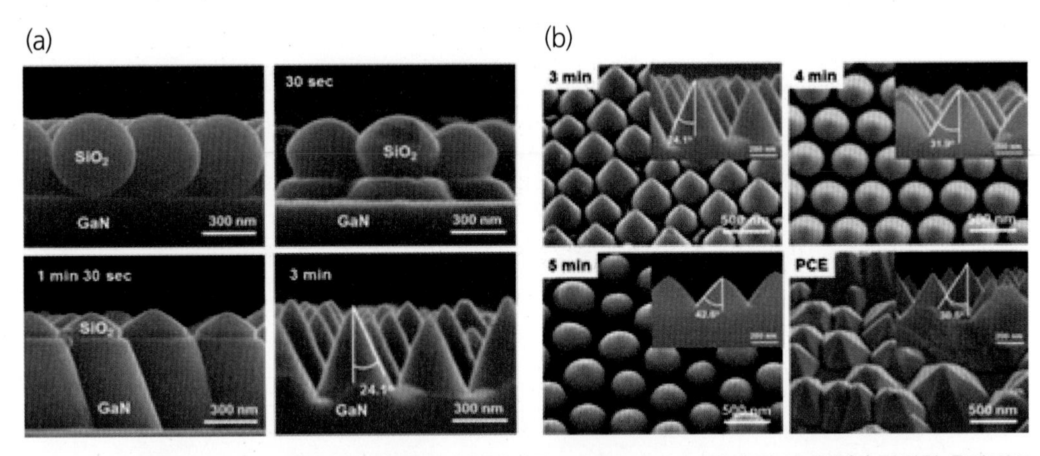


**그림 2-4** (a) 원뿔형 나노구조체를 형성 시 에칭 시간에 따른 N-face $n$-GaN의 측면 이미지 (b) 다양한 측면 각도(side-wall angle)를 갖는 원뿔형 나노구조체의 주사 현미경 이미지[4]

표면 텍스처링된 LED의 효과적인 광 추출을 위해서는 전기적, 광학적 특성의 저하 없이 적절한 표면 형태morphology를 갖는 것이 중요하다. 그림 2-5(a)는 주입 전류가 350mA일 때 원뿔형 나노구조체의 측면각이 임계각에 가까운 24.1°에서 LED의 전계발광Electroluminescence, EL 세기가 가장 높은 것을 보여준다. 이 LED는 평평한 표면을 갖는 LED($SiO_2$ − 90.0° Flat) 대비 광 출력이 222% 증가했고, 광화학적 에칭을 이용한 LED(PCE − 30.5°) 대비 광 출력은 대략 6% 증가했다. 그림 2-5(b)의 전류 − 전압 곡선에서도 나노스피어 리소그래피 및 광화학 에칭 방법을 이용한 텍스처링 LED 모두 누설전류 및 순전압forward voltage이 텍스처링이 없는 평평한 표면의 LED와 큰 차이를 보이지 않아, 텍스처링에 의한 전기적 특성의 손실 없이도 광 출력이 크게 향상되는 결과를 얻을 수 있다.

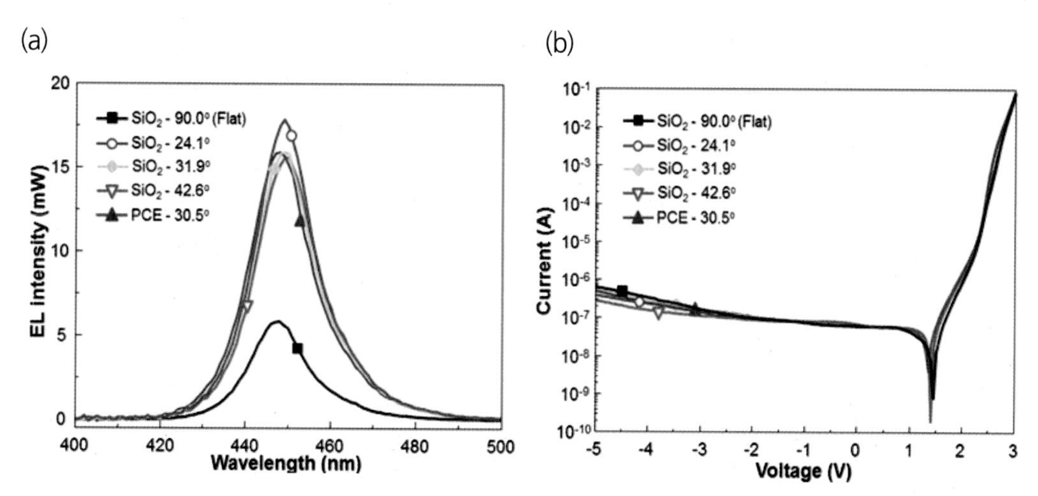


**그림 2-5** 주입 전류가 350mA일 때 서로 다른 표면 구조체를 갖는 수직형 LED의 (a) 전계발광 스펙트라 및 (b) 전류 − 전압(I−V) 곡선[4]

그림 2-6은 앞서 소개했던 나노스피어 리소그래피를 이용하여 GaN LED 표면을 텍스처링하는 모식도를 보여준다.[5] 용매에 분산된 나노스피어를 스핀코팅한 후, Inductively Coupled Plasma-Reactive Ion EtchingICP-RIE의 에칭 조건을 조절하여 에칭함으로써 원뿔 모양의 구조체가 아닌 나노로드 형태로도 표면을 텍스처링할 수 있다.

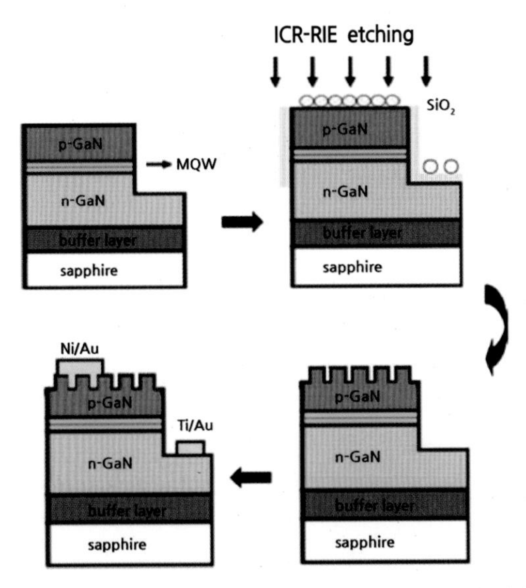


**그림 2-6** 나노스피어 리소그래피를 이용한 표면 텍스처링 LED의 제작방법 모식도[5]

이렇게 나노스피어 리소그래피를 이용하여 텍스처링된 LED는 측면각에 상관없이 텍스처링이 되지 않은 기존의 LED 대비 모두 증가된 광 출력 특성을 가지며, 나노스피어의 크기에 따라서도 LED의 광 출력이 변하는 것을 알 수 있다[그림 2-7(a)]. 또한 주입 전류가 20mA일 때 LED의 EL 세기는 텍스처링에 사용된 나노스피어의 크기가 커질수록 증가하고 청색 편이 blue shift하는 경향을 보인다. 이것은 $p$-GaN층의 텍스처링으로 인해 내부에 존재하던 스트레인이 줄어들고, 이에 따라 내부 압전장piezoelectric field이 감소하였기 때문이다.

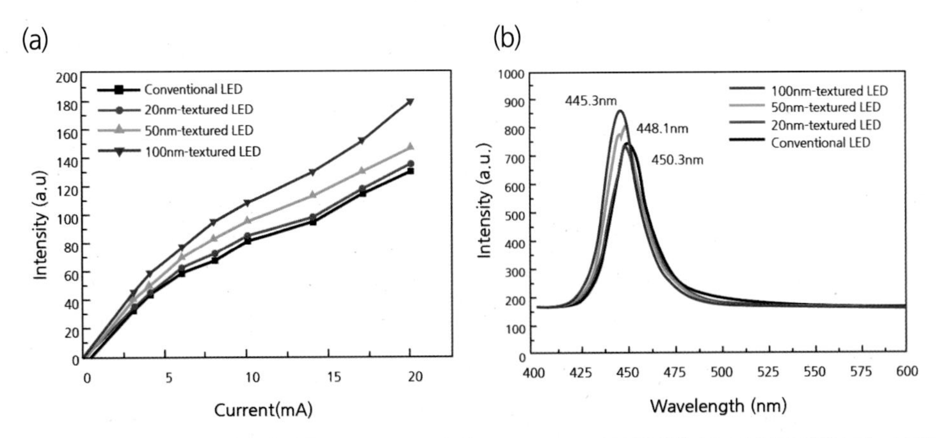


**그림 2-7** 나노스피어의 크기 변화에 따른 textured LED와 conventional LED의 (a) L－I 특성 및 (b) EL 스펙트라[5]

그림 2-8은 LED 소자 내에서 마이크로 피라미드 구조체 어레이array의 측면각을 변화시킴에 따라 광 추출효율이 변하는 것을 보여주는 Monte Carlo ray tracing 시뮬레이션 결과이며, 피라미드의 측면각이 20°에서 70° 사이를 가질 때 높은 광 추출효율을 갖는 것을 알 수 있다.[6] 이렇게 네 개의 면facet을 갖는 피라미드 구조체를 이용한 시뮬레이션 결과를 통해, 실제 표면 텍스처링을 하게 되면 GaN LED에서 얻을 수 있는 전형적인 여섯 개의 면을 갖는 피라미드 구조에서도 유사한 경향으로 광 추출이 향상되는 것을 기대할 수 있다.

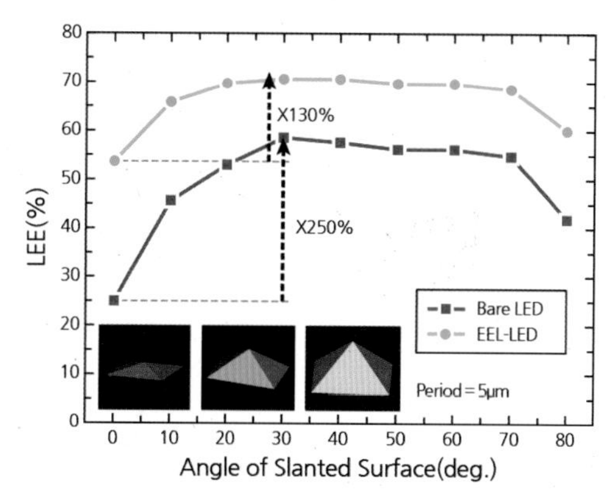


**그림 2-8** 피라미드 구조체의 측면 각도 변화에 따른 광 추출효율[6]

습식 에칭wet etching을 이용하여 LED 표면을 텍스처링하게 되면, 건식 에칭dry etching에 비하여 소자 표면의 물리적 손상을 최소화할 수 있으므로 화학 용액을 이용해 GaN LED 표면을 텍스처링하여 광 추출을 향상시키는 연구 결과들이 다수 발표된 바 있다. 예를 들어, 다양한 금속 클러스터cluster를 에칭 마스크로 사용하여 에칭함으로써 GaN 표면상에 나노구조체를 형성하거나, 선택적selective 습식 에칭 방법을 통해 $p$-GaN 표면을 텍스처링할 수 있다.[3, 7] 특히 마스크가 없어도 고온의 강한 산성 또는 염기성 용액을 이용하면 GaN의 결함 영역에서 선택적인 용해dissolution로 인한 etch pits을 형성함으로써 표면 텍스처링이 가능하다.[7] 또한 광화학적 에칭법을 이용해서 수직형 LED의 N-face GaN 표면을 텍스처링하는 것은 LED의 광 추출효율을 극대화할 수 있는 방법 중 하나로 잘 알려져 있고, 더 나아가 광전기화학적 Photoelectrochemical, PEC 에칭 방법은 넓은 면적에서 수직형 이방성의 형태vertical anisotropic profile를 갖는 표면을 제작할 수 있는 장점이 있다.[8]

그림 2-9는 KOH와 $K_2S_2O_8$ 용액을 이용하여 PEC 방법을 통해 에칭된 $p$-type GaN의 윗면과, mesa 측면 및 $n$-type GaN LED의 주사 현미경 이미지를 보여준다.[9] 그림 2-10(a)의 주사 현미경 이미지를 통해 측면에도 나노로드 모양의 요철이 형성된 것을 알 수 있는데, 이렇게 GaN 표면뿐만 아니라 측면에도 텍스처링되면 LED의 escape cone에 의해 LED 외부로 빠져나올 수 있는 포톤의 양은 크게 증가될 수 있다. 특히 측면의 가운데 부분이 불룩한 모양을 갖게 되면 광 출력이 크게 증가할 뿐만 아니라 광 출력 패턴light output pattern이 넓게 퍼지는 것을 알 수 있다[그림 2-10(c)].

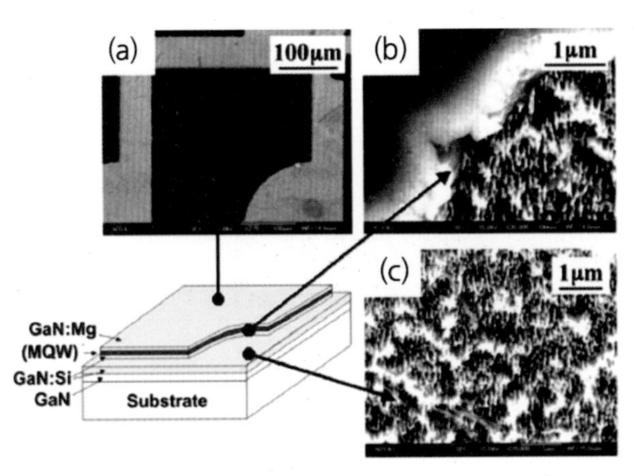


**그림 2-9** 광전기화학적 에칭을 통한 p-s-n roughened LED의 (a) $p$-type (b) mesa 측면 (c) $n$-type GaN 부분의 주사 현미경 이미지[9]

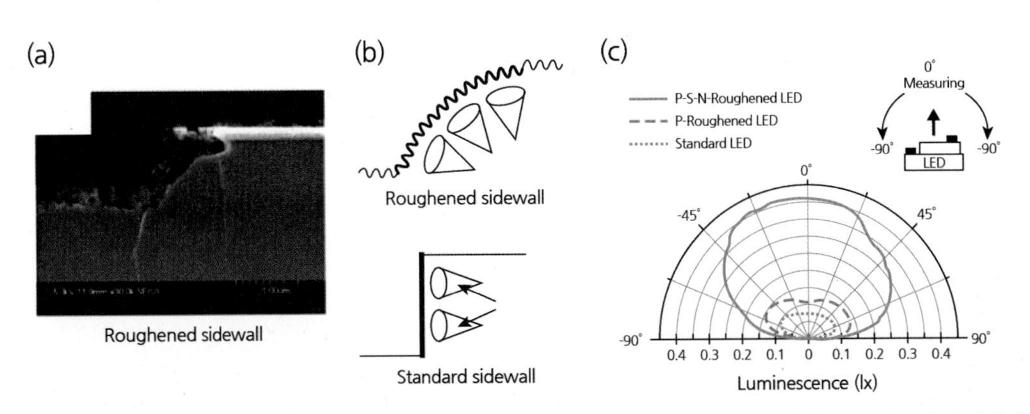


**그림 2-10** 광전기화학적 에칭을 통해 형성된 rough한 측면(side wall)을 갖는 LED의 (a) 주사 현미경 이미지와 (b) rough한 LED 및 standard LED의 escape cone의 모식도 및 (c) 주입 전류가 20mA일 때의 텍스처링된 LED 및 standard LED의 광 출력 패턴[9]

이러한 광전기화학적 에칭 방법과 레이저 리프트 오프Laser Lift-Off, LLO 방법을 결합한 표면 텍스처링 기술도 있다. 248nm 파장의 KrF 레이저를 성장 기판인 투명한 사파이어 기판에 조사시키면, GaN와 사파이어 계면에서 큰 흡수 에너지 차이로 인하여 분리가 일어난다. 전사된 GaN 표면에 남아 있는 Ga droplet은 염산용액을 이용하여 제거하고, $n$-GaN을 노출시킨 후에 KOH용액과 Xe램프를 전해질electrolyte과 광원 소스로 사용하여 PEC 습식 에칭을 하게 되면, 그림 2-11(a), (b)와 같이 에칭 시간에 따라 N-face GaN 표면에 원뿔 모양의 요철의 크기를 조절할 수 있다.[2] 에칭 시간이 길어질수록 나노미터 크기의 요철들이 점차 마이크로미터 크기로 증가하며, 주입 전류가 50mA일 때, 광 출력 특성은 10분간 PEC 에칭을 통해 텍스처링된 LED가 평평한 표면을 갖는 LED보다 약 2.3배 증가한 것을 알 수 있다[그림 2-11(c)].

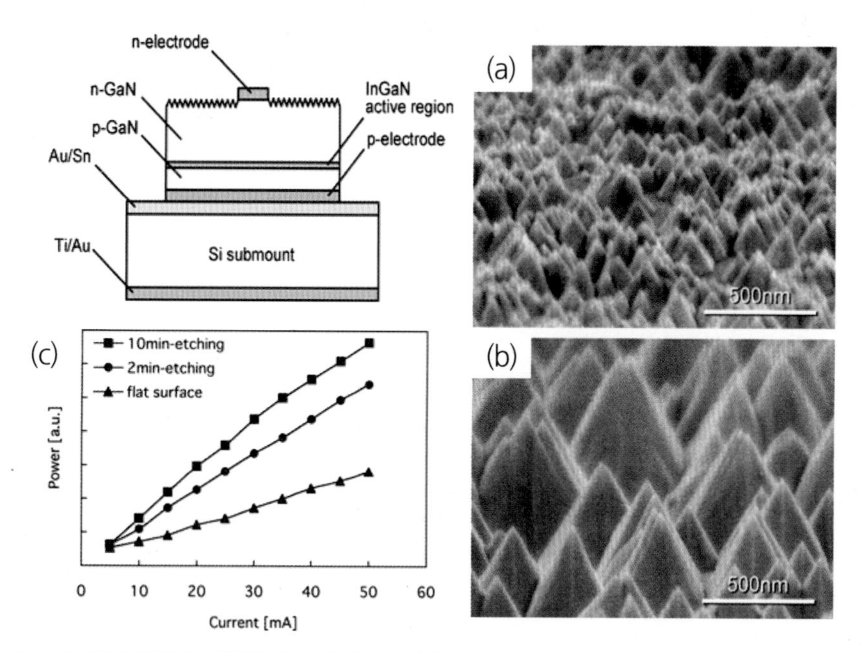


**그림 2-11** LLO와 PEC 에칭을 결합하여 표면 텍스처링한 LED의 모식도와 PEC 에칭 시간이 (a) 2분 (b) 10분일 때 원뿔 모양의 요철을 갖는 $n$-GaN 표면의 주사 현미경 이미지와 (c) 주입 전류가 50mA일 때 각 LED의 광 출력 그래프[2]

그러나 만약 GaN을 사파이어 기판이 아닌 GaN 기판에 성장하게 되면 GaN 기판과 GaN 에피층은 거의 동일한 흡수 에너지를 갖기 때문에 일반적인 레이저 리프트 오프 방법으로는 두 층을 분리하는 것이 불가능하다. 최근 낮은 전위 밀도dislocation density를 갖는 고품질의

GaN 기판을 채택하여 비방사 재결합nonradiative recombination 확률을 줄여줌으로써 우수한 내부 양자효율을 갖는 UV-A LED를 제작한 후, 기판을 제거함으로써 내부 흡수에 의한 빛의 손실을 줄여주고 텍스처링 효과에 의해 외부 광 추출효율을 높인 결과가 보고되었다.[10] 그림 2-12는 에피 성장 중 InGaN의 열분해thermal decomposition에 의한 In droplet층을 형성하고 LLO 공정 및 에칭을 통해 표면 텍스처링된 LED의 제작 모식도를 나타낸다. In droplet층은 표면 플라즈몬 공명surface plasmon resonance에 의해 가시광선과 적외선 파장의 빛을 흡수하므로 532nm 파장의 YAG 레이저 빛을 조사시킴으로써 GaN 에피층과 GaN 기판을 분리시킬 수 있고, KOH 용액을 이용하여 표면 텍스처링이 가능하다. 그림 2-13(a)에서와 같이 LLO를 통해 기판을 분리시킨 LLO LED와 기판이 있는 control LED의 EL 스펙트라를 비교했을 때 LLO LED의 경우 $n$-AlGaN 에피층 결정질crystalline quality의 저하로 인한 내부양자효율이 감소했음에도 불구하고 더욱 증가된 광 출력 특성을 보였다. 또한 EL peak이 383nm에서 380nm로 청색 편이되었으며 LLO LED는 deep level recombination의 yellow luminescence가 줄어들었다. 광 출력은 50mA에서 LLO LED가 control LED 대비 1.7배 증가하였는데, I-V 곡선은 두 LED가 큰 차이 없이 비슷한 결과를 보여줌으로써, GaN 기판에 성장된 LED를 분리시킬 수 있는 새로운 LLO 기술 및 에칭을 통한 텍스처링 기술을 융합하여 광 추출효율을 증가시킬 수 있는 방법을 제시했다.

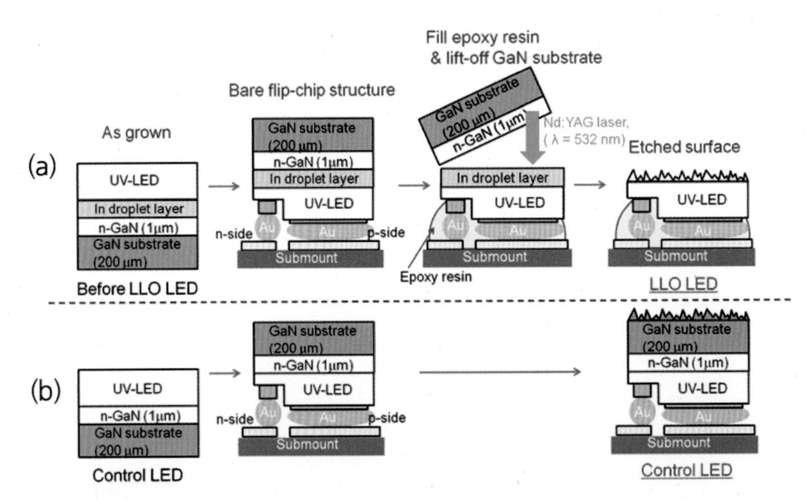


**그림 2-12** In droplet층의 (a) 유 (b) 무에 따른 GaN 기판에 성장된 UV-A GaN LED의 LLO 공정 및 에칭 공정 모식도[10]

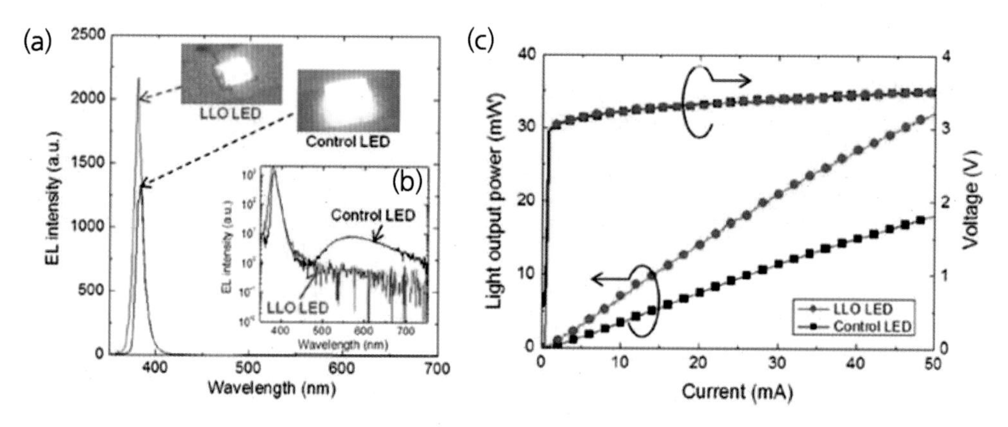


**그림 2-13** LLO LED와 control LED의 (a) EL 스펙트라와 (b) EL 스펙트라(주입 전류 50mA) (c) LLO LED와 control LED의 L-I 및 I-V 곡선[10]

## 2.3 Patterned Sapphire Substrate(PSS) 기술이 적용된 LED

앞서 언급한 대로 GaN(n=2.5)는 공기(n=1)에 비해 상대적으로 높은 굴절률을 가지고 있기 때문에, 스넬의 법칙에 의하여 23°의 임계각 내부에 있는 빛만 GaN 표면에서 공기로 빠져나갈 수 있다. 또한 활성층에서 생성된 빛은 전극층에 의해 흡수되거나 반사되고 내부전반사total internal reflection로 인하여 소멸되는 문제가 있다. 이러한 문제를 해결하기 위해 사파이어 기판상에 마이크로 및 나노미터 크기의 패턴을 형성함으로써, LED에서 발생된 빛이 사파이어의 패턴 계면에서 난반사되어 내부에서 소멸될 빛의 경로를 변화시킬 수 있고 빛이 소자 밖으로 더 잘 빠져나올 수 있게 한다[그림 2-14].[11] 뿐만 아니라, 마이크로 및 나노미터 크기로 패턴된 사파이어 기판상에 에피 성장 시 전위 등의 내부 결함을 줄여줘 에피택시 박막의 품질을 높이는 데 기여할 수 있어 내부양자효율의 증대 효과도 얻을 수 있는 장점도 있다. 특히 패턴의 모양과 크기에 따라 광 추출효과를 극대화시킬 수 있기 때문에 이를 최적화하기 위한 다양한 연구가 진행되고 있으며 마이크로 패턴 대신 나노패턴을 형성할 경우 난반사 효과 및 에피 성장 시 고품위 박막을 얻을 수 있다는 연구 결과가 보고된 바 있다.[12]

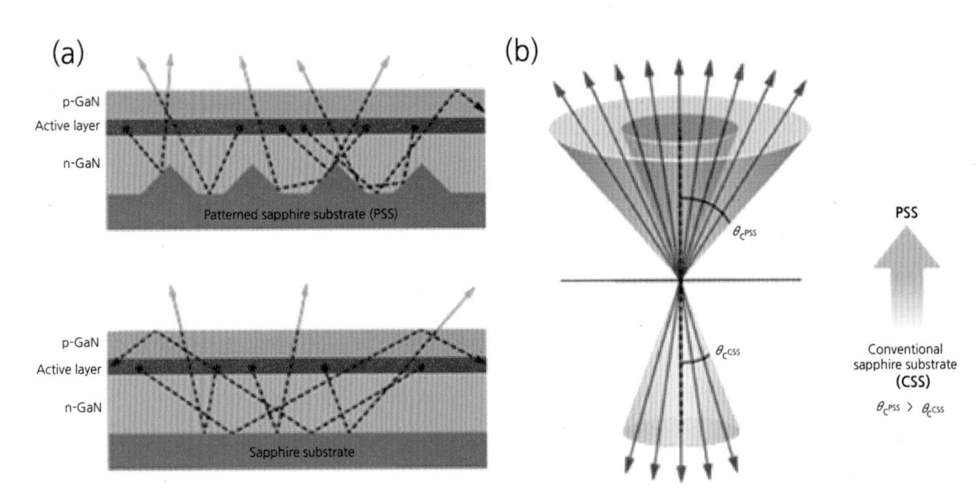


**그림 2-14** (a) PSS 기술이 적용된 LED 내부 빛의 진행 경로와 (b) 증가된 임계각으로 인한 광 추출 향상 모습[11]

일반적으로 Patterned Sapphire SubstratePSS는 c-plane의 사파이어 기판 위에 $SiO_2$ 또는 포토레지스트photoresist를 증착하고 포토리소그래피를 통해 패턴을 형성한 후, 이를 마스크로 이용하여 ICP 또는 RIE 공정을 통해 형성할 수 있다[그림 2-15(a), (b)].[13, 14] 또는 습식 에칭을 통해 PSS를 형성하기도 하는데, 그림 2-15(c)는 사파이어 기판 위에 에칭 마스크로써 $SiO_2$를 증착하고 포토리소그래피를 통해 홀hole 패턴을 형성 후, 인산($H_3PO_4$) 기반 용액으로 에칭하여 패턴을 형성시킨 PSS의 단면 이미지를 보여준다.[15]

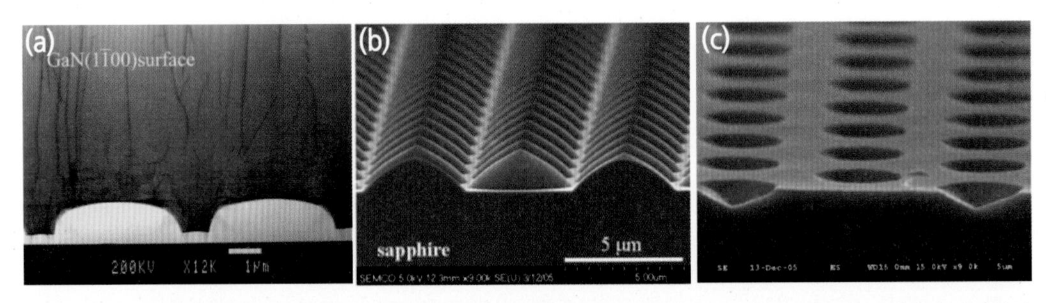


**그림 2-15** (a) PSS 기판상에 성장된 GaN층의 전자투과현미경(TEM) 이미지 (b) 반구형으로 패턴된 사파이어 기판의 전자현미경 이미지 및 (c) 습식 식각을 통해 홀 패턴이 형성된 사파이어 기판의 전자 현미경 이미지[13-15]

그림 2-15(c)와 같이 습식 에칭을 통해 형성된 홀 패턴의 내부는 57°로 기울어진 {1-102}

r-plane의 세 면facet을 갖는 삼각형 모양의 움푹 패인 형태로 에칭될 수 있으며, 에칭 면의 기울기는 에칭 시간 및 온도에 따라 조절이 가능하다. 보통 이 에칭된 면의 기울기가 클수록 광 추출이 용이하다고 알려져 있다.[15, 16]

그림 2-16은 습식 에칭을 통해 마이크로미터 크기로 패턴된 사파이어 기판Micro-Patterned Sapphire Substrate, MPSS 및 나노미터 크기로 패턴된 사파이어 기판Nano-Patterned Sapphire Substrate, NPSS을 제작하는 과정을 보여준다.[17] MPSS의 경우, 사파이어 기판상에 PECVD를 통해 $SiO_2$를 증착하고 지름과 간격이 각각 3$\mu$m인 원형 패턴을 포토리소그래피를 통해 형성한 후에, 이 $SiO_2$ 패턴을 마스크로 이용하여 사파이어 기판을 $H_2SO_4$와 $H_3PO_4$이 섞인 용액에 담그면 그림 2-16(a)의 주사 현미경 이미지에서와 같이 삼각형 모양의 피라미드 패턴을 형성할 수 있다. 또한, NPSS는 사파이어 기판 위에 $SiO_2$와 니켈Ni 금속층을 증착한 후, 열처리를 통해 자기조립self-assemble된 나노미터 크기의 니켈 island를 에칭 마스크로 사용하여 사파이어 기판을 습식 에칭함으로써 형성할 수 있다.

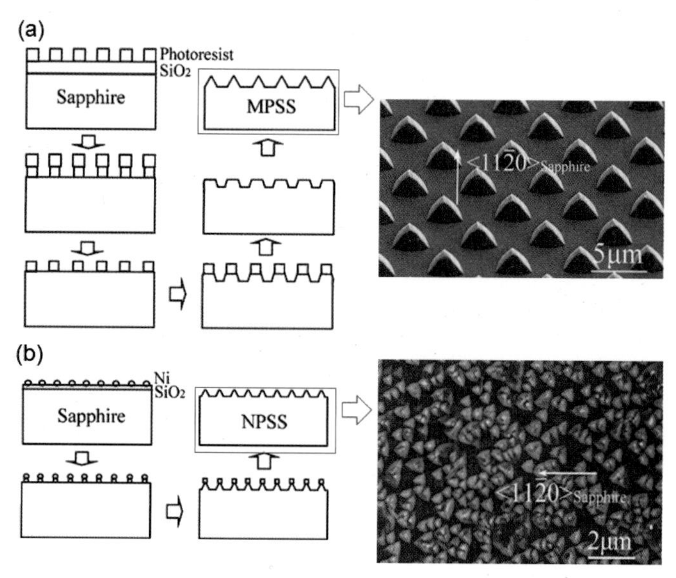


**그림 2-16** 습식 에칭을 통해 (a) 마이크로미터 크기의 MPSS 제작 공정 모식도 및 주사 현미경 이미지와 (b) 나노미터 크기의 NPSS 제작 공정 모식도 및 주사 현미경 이미지[17]

NPSS의 경우, 비주기적인 에칭 마스크로 인해 MPSS와 같이 주기적이지는 않으나 나노미터 크기의 피라미드 구조체가 잘 형성된 것을 볼 수 있다[그림 2-16(b)]. NPSS에 성장된 LED의 광 출력은 planar LED와 비교했을 때 주입 전류 20mA에서 48% 증가하였으며, MPSS상에 성장된 LED의 경우 29% 증가한 결과를 보였다.[17] 동일한 면적의 사파이어 기판 내에 패턴의 사이즈를 줄여서 그 개수를 증가시키면 빛의 산란을 증가시킬 수 있기 때문에 광 추출에 있어 유리하다.

이 방법 외에도 그림 2-17과 같이 나노스피어 리소그래피를 이용하여 NPSS를 제작할 수 있는데, 이 경우 기존의 LED와 MPSS상에 성장된 LED보다 광 출력이 20mA에서 각각 30%, 11% 증가됐다.[18] 이 결과는 나노패턴을 통해 빛이 LED 밖으로 더욱 효과적으로 추출될 수 있게 산란되어 광 추출효율을 높였을 뿐만 아니라, NPSS로 인하여 관통 전위가 줄어들었기 때문이다. 그러나 GaN과 NPSS 계면에서 작은 void가 형성됨으로써 발열 문제가 발생하여 높은 주입 전류에서는 광 출력이 포화되는 경향을 보이기도 한다. PSS 응용기술로써, PSS에 성장된 LED를 레이저 리프트 오프 공정을 통해 수직형 LED로 제작하여 광 추출효율을

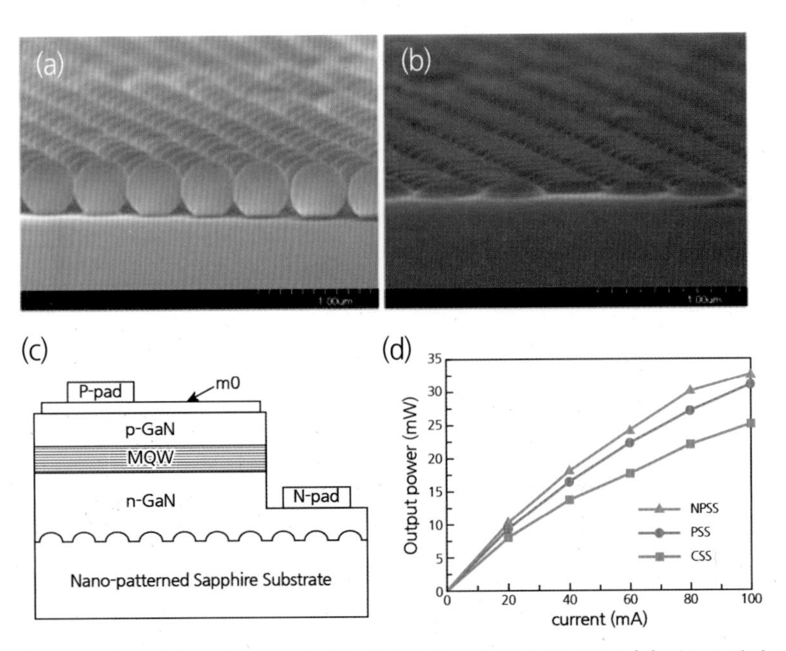


**그림 2-17** (a) 사파이어 기판 위에 코팅된 나노스피어 단면의 주사 현미경 이미지와 (b) 나노스피어 리소그래피를 이용한 PSS 주사 현미경 이미지 (c) NPSS가 구비된 LED 소자 모식도 및 (d) 각 소자의 광 출력 특성 비교 그래프[18]

향상시킬 수 있다. 그림 2-18에서와 같이 레이저 리프트 오프 공정 이후 사파이어가 떨어져 나가 오목하게 들어간 표면은 내부전반사를 줄여줄 뿐만 아니라, 표면 텍스처링과 같은 효과를 가져 빛이 LED의 외부로 방출될 때 빛을 효과적으로 산란 시키는 효과를 갖는다.[14] KOH 용액을 이용하여 습식 에칭 시간을 조절함에 따라 GaN의 에칭된 표면 거칠기를 조절할 수 있으며[그림 2-18(c)], 이렇게 표면의 거칠기를 조절함으로써 최적화시킨 LED의 광 출력은 평평한 표면을 갖는 LED보다 최대 2.64배 증가되었다. 이러한 증가는 오목하게 들어간 표면에서 빛이 산란되면서 빛이 외부로 빠져나올 수 있는 확률을 높여주었기 때문이다.

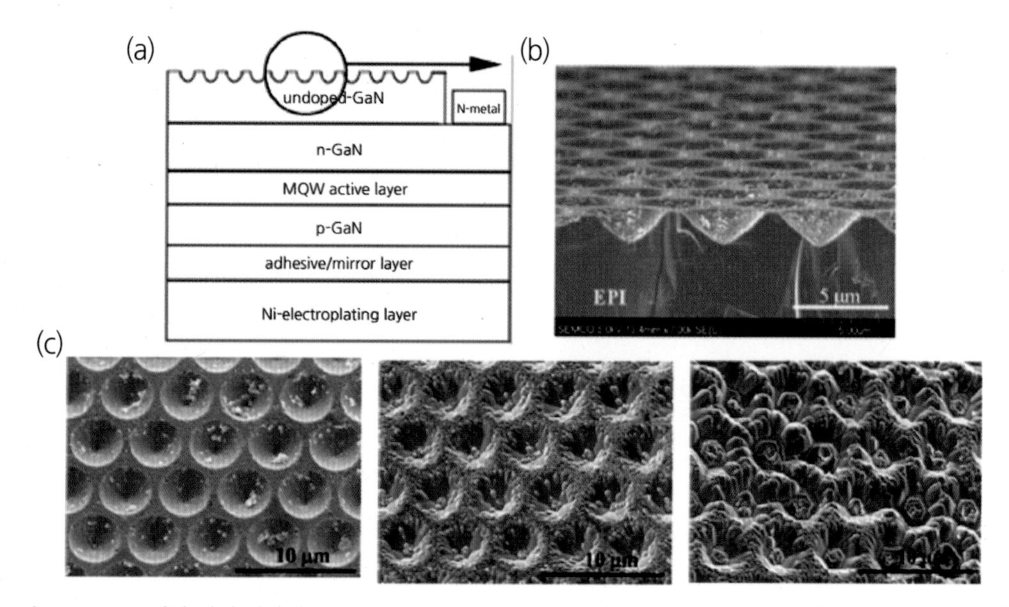


**그림 2-18** PSS 기판 위에 성장된 GaN LED를 LLO공정을 통해 기판을 분리시킨 후 수직형 LED로 제작한 (a) 소자 모식도와 (b) 그 단면의 주사 현미경 이미지 (c) 습식 에칭 조절에 따른 표면의 거칠기 변화를 보여주는 주사 현미경 이미지[14]

최근에는 GaN와 사파이어 기판 사이의 계면에서 주기적으로 패턴된 공진기 어레이를 제작하고 그에 따른 광 추출효율 향상에 관한 연구 결과가 보고되었다.[19] 그림 2-19는 Cavity Engineered Sapphire Substrate^CES^를 제작하는 과정을 보여주며, 사파이어 기판상에 포토레지스트를 패터닝하고 photoresist^PR^ reflow 공정을 통해 반구형 패턴으로 만든 다음 원자층 증착Atomic Layer Deposition, ALD 장비를 이용하여 알루미나$Al_2O_3$층을 증착한다. ALD 공정은 110°C의 상대적으로 낮은 온도에서 진행되기 때문에 PR 패턴의 모양이 유지될 수 있다. 반복된 증착 공정을 통해 알루미나 필름의 두께가 약 80nm가 되면 1,100°C에서 10시간 동안 열처리를 진행하는데, 이 과정에서 PR은 제거되고 알루미나 쉘shell과 빈 구멍이 기판상에 형성된다. 이때 metastable $\gamma$-phase로 결정화되었던 비정질의 알루미나층이 단결정 사파이어 기판의 phase인 $\alpha$-phase로 변하는데, 이 결정화 과정은 CES가 기판으로써 역할을 하기 때문에 이후 GaN층 성장을 위해 아주 중요하다. 그림 2-19(b)는 ALD로 증착된 알루미나층이 PR 패턴 위뿐만 아니라 사파이어 기판 표면에도 일정하게 증착된 것을 보여주며, 성장시간이 지남에 따라 cavity 패턴 사이의 공간을 다 채우고 평평한 표면을 갖게 됨을 알 수 있다. 이때 CES상에 성장된 GaN는 lateral overgrowth로 인한 edge 전위 및 관통 전위 밀도가 감소했고, cavity로 인해 GaN층의 스트레스가 약 30% 감소했다.

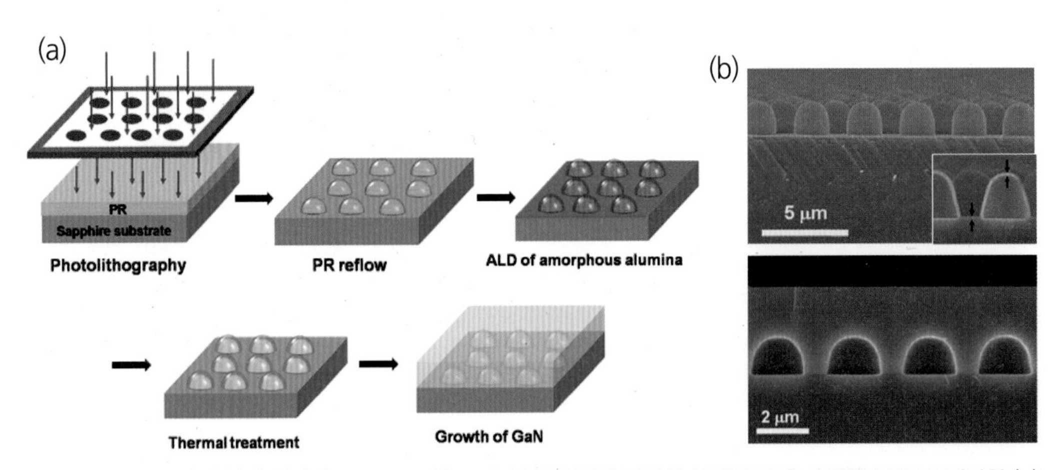


**그림 2-18** PSS 기판 위에 성장된 GaN LED를 LLO 공정을 통해 기판을 분리시킨 후 수직형 LED로 제작한 (a) 소자 모식도와 (b) 그 단면의 주사 현미경 이미지 (c) 습식 에칭 조절에 따른 표면의 거칠기 변화를 보여주는 주사 현미경 이미지[14]

그림 2-20(a)는 각각 CES와 PSS상에 성장된 두 LED의 광 출력 변화를 비교한 결과이다. 주입 전류가 240mA일 때 CES상에 성장된 LEDCES LED는 PSS상에 성장된 LEDPSS LED 대비 벽플러그 효율wall plug efficiency이 약 39% 증가했고, 전류-전압 그래프에서도 CES LED의 경우 전기적 특성의 저하 없이 안정적인 결과를 보였다[그림2-20(a)].[20] Finite-Difference Time-DomainFDTD

시뮬레이션을 통해 air cavity의 부피 변화에 따른 광 추출효율을 비교하면, air cavity의 부피가 증가할수록 광 추출효율이 증가하고, pitch 간격보다 패턴의 굴절률 차이refractive index contrast가 광 추출에 더 큰 영향을 주는 것을 알 수 있다[그림 2-20(b)]. 이렇게 사파이어 기판상에 새로운 air cavity 구조를 도입함에 따라 기존의 PSS LED보다 향상된 광 추출효율을 얻을 수 있는데, cavity의 모양과 크기, 분포는 PR 패턴에 따라 조절이 가능하고 이러한 구조체들의 최적화에 따라 LED 효율 증가의 극대화를 기대할 수 있다.

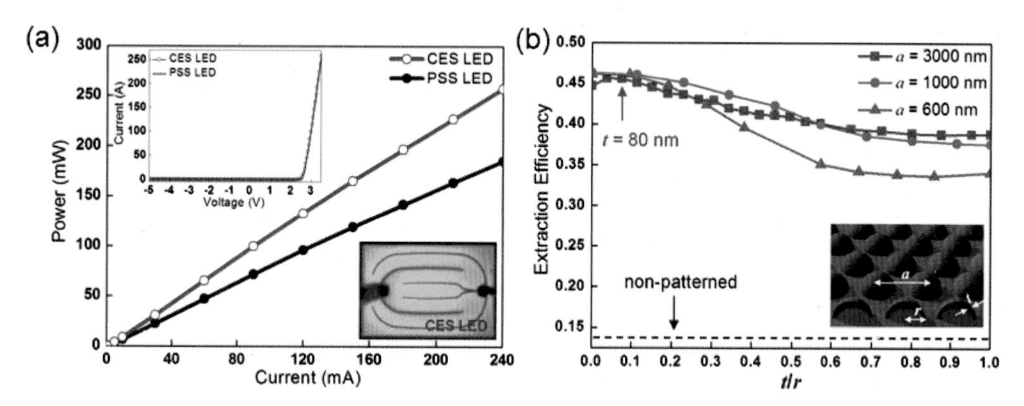


**그림 2-20** (a) CES LED와 PSS LED의 광 출력 비교 그래프 (b) air cavity의 부피 변화에 따른 광 추출효율을 계산한 시뮬레이션 결과[20]

## 2.4 1차원 나노구조체가 적용된 LED

LED 상에 1차원 나노구조체를 형성함으로써 광 추출효율을 향상시키는 연구들이 활발히 보고되고 있다. 앞 장에서 소개했던 표면 텍스처링 및 PSS 기술 등은 보통 전기적 특성을 저하시키는 에칭 공정이 수반되고, 리소그래피 기술의 한계로 넓은 면적의 공정 시 어려움이 있다. 따라서 이번 장에서는 LED상에 보다 간단하고, 낮은 온도에서 공정의 확장이 가능한 1차원 나노구조체 형성 기술 및 이러한 나노구조체들이 광 추출효율 향상에 어떻게 영향을 주는지에 대해 살펴보고자 한다.

그림 2-21은 GaN 기반 LED상에 ZnO 나노구조체를 형성하여 광 추출효율 향상을 보고한 소자들의 모식도를 보여준다. 그림 2-21(a)는 Ga이 도핑된 ZnO 투명전극 상부에 ZnO 나노팁

nanotip이 성장된 LED 소자로, 광 출력이 기존의 LED 대비 20mA에서 1.7배 향상된 결과를 보였다.[21] 그러나 이 경우는 ZnO 나노팁을 400~500°C의 고온에서 MOCVD를 통해 성장하기 때문에, $p$-전극 손상에 의한 전기적 특성의 저하가 불가피하다. 이러한 관점에서, 상대적으로 저온에서 GaN LED상에 ZnO 나노구조체를 성장시킬 수 있다면, 고온에서 나노구조체를 형성 시 발생될 수 있는 전기적 특성 저하 문제를 해결하고 광 추출효율을 향상시킬 수 있다.

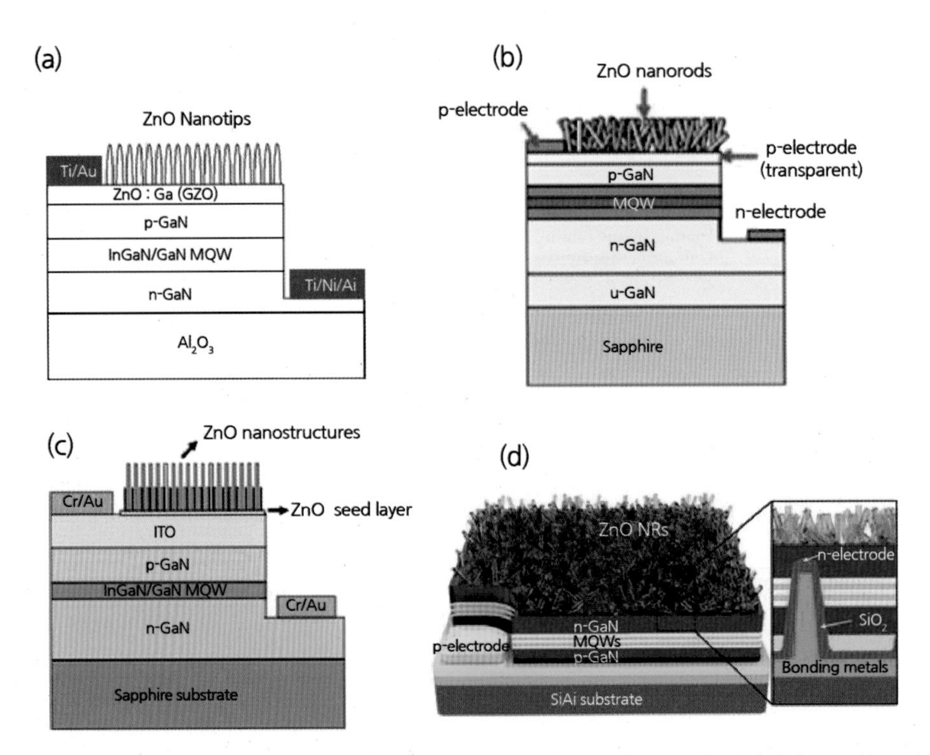


**그림 2-21** (a) Ga 도핑된 ZnO 투명전극 및 (b) ITO 투명전극상에 ZnO 나노로드를 성장시킨 LED의 모식도 (c) ZnO 나노로드의 무반사층이 적용된 LED의 모식도 (d) N-face GaN상에 ZnO 나노로드를 성장시킨 수직형 LED의 모식도[21-24]

그림 2-21(b)는 90°C에서 수열합성법을 통해 ITO 전극상에 ZnO 나노로드를 성장시킨 GaN LED 소자를 보여주며, 주입 전류 20mA에서 ZnO 나노로드가 없는 기존 LED 대비 광 추출효율이 57% 향상된 결과를 보였다.[22] 이 결과는 LED 내부 활성층에서 형성된 포톤들이 수많은 ZnO 나노로드의 측면 및 거친 표면에 의해 산란됨에 따라 기존의 LED보다 더 많은 포톤

들이 소자 외부로 빠져나올 수 있게 되었기 때문이다. 또한 ZnO 나노로드에 의해 GaN 및 ITO와 공기의 급격한 굴절률 차이가 완화되기 때문에 프레넬 반사Fresnel reflection는 줄어들고 광 추출효율은 향상될 수 있다. 특히 ZnO 나노로드의 밀도가 증가하면 밀도가 낮을 때보다 광 출력이 증가하기 때문에 성장 조건을 변화시킴에 따라 ZnO 나노로드의 밀도를 최적화함으로써 광 추출효율을 극대화시킬 수 있다.

그림 2-21(c)는 ZnO 나노로드를 무반사antireflection층으로 하여 광 추출효율을 향상시킨 GaN LED 소자의 모식도를 보여준다.[23] 무반사층은 주로 특정 파장의 빛이 프레넬 반사되는 것을 줄이기 위해 사용되며, 무반사층의 두께는 특정 파장의 1/4을 갖고, 무반사층의 굴절률($n_{AR}$)은 $n_{AR} = \sqrt{n_{semiconductor} \times n_{air}}$을 만족해야 한다. 그러나 이러한 굴절률 조건을 만족시키는 재료의 선택이 어렵기 때문에, 이를 해결하기 위해 빛의 파장보다 작은 subwavelength 구조체를 형성하여 이의 부피 비율volume fraction 변화에 따른 굴절률을 변화시키는 연구들이 보고되고 있다. 그림 2-21(c)에서와 같이 높이가 서로 다른 ZnO 나노로드의 이중층을 형성하게 되면 이 ZnO 나노로드는 step gradient한 굴절률을 갖게 되는데, 이렇게 ZnO 나노로드의 무반사층으로 인해 프레넬 반사가 감소됨에 따라 주입 전류 20mA에서 광 출력은 기존 LED 대비 42.9% 증가되는 결과를 보였다.

그림 2-21(d)는 $n$-GaN상에 ZnO 나노로드가 형성된 수직형 LED의 모식도를 나타낸다.[24] 이때 수직형 LED의 N-face GaN 표면상에 ZnO seed층 없이 ZnO 나노로드를 수열합성법으로 성장하는 것은 굉장히 어려운데, 이것은 Ga-face GaN 표면에 성장하는 것 대비 강한 표면 극성 의존성surface polarity dependence을 갖기 때문이다.[25] 표면 극성의 효과를 줄이고 보다 쉽게 ZnO 나노로드를 성장하기 위해 ZnO seed층을 증착한 연구 결과도 보고되고 있으나, 이 경우 ZnO seed층과 GaN 에피층 사이에서 급작스러운 굴절률 변화로 인한 내부전반사가 일어나기 때문에 광 출력이 증가하는 데 한계가 있다. 따라서 간단한 산소 플라즈마 전처리oxygen plasma pretreatment를 통해 N-face GaN 위에 ZnO seed층 없이 고밀도의 ZnO 나노로드를 성장하는 기술을 적용함으로써 수직형 LED의 내부전반사를 줄이고 높은 광 추출효율을 얻을 수 있다. 플라즈마 전처리를 통해 ZnO 나노로드가 성장된 LED의 경우, 기존 planar LED 대비 350mA에서 광 출력이 3.5배 높았으며, 이러한 광 출력 증가 결과는 ZnO 나노로드를

통해 빛이 전파될 뿐만 아니라, 고밀도의 ZnO 나노로드의 유효 굴절률effective refractive index이 점차 줄어들었기 때문이다.

그림 2-22(a)에서 ZnO 나노로드와 공기를 포함하는 임의의 체적은 유효 굴절률을 갖는 유효 매질로 간주할 수 있고, ZnO 나노로드의 유효 굴절률$n_{eff}$은 유효 매질 이론effective medium theory에 의해 $n_{eff} = [n_{\mathrm{ZnO}}^2 f_{\mathrm{ZnO}} + n_{air}^2(1 - f_{\mathrm{ZnO}})]^{\frac{1}{2}}$ 와 같은 식으로 계산할 수 있으며, 이때 $n_{ZnO}$와 $n_{air}$는 ZnO와 공기의 굴절률이고, $f_{\mathrm{ZnO}}$는 ZnO의 부피 비율을 말한다.[26] 450nm 파장에서 GaN와 ITO, ZnO의 굴절률은 대략 2.49, 2.04, 2.11이며, ZnO 나노로드의 비균일한 길이에 의해 부피 비율이 변화됨에 따라 ZnO 나노로드층에서의 유효 굴절률은 1.85~1.00로 변하게 된다[그림 2-22(b)]. 결과적으로 ZnO 나노로드층으로 인해 GaN에서 공기에 이르기까지 각층의 굴절률은 점차 줄어드는 경향을 보이며, 이로 인해 기존의 LED에서는 ITO와 공기 사이의 굴절률 차이가 1.04로 컸다면, ZnO 나노로드가 성장된 LED의 경우 ZnO 나노로드와 공기로 구성된 유효 매질의 유효 굴절률로 인해 굴절률의 차이는 줄어들게 된다. LED의 상부층과 공기 사이의 작은 굴절률 차이는 포톤의 escape cone angle 및 표면에서의 투과도가 증가하게 되므로 보다 향상된 광 추출효율을 얻을 수 있다.

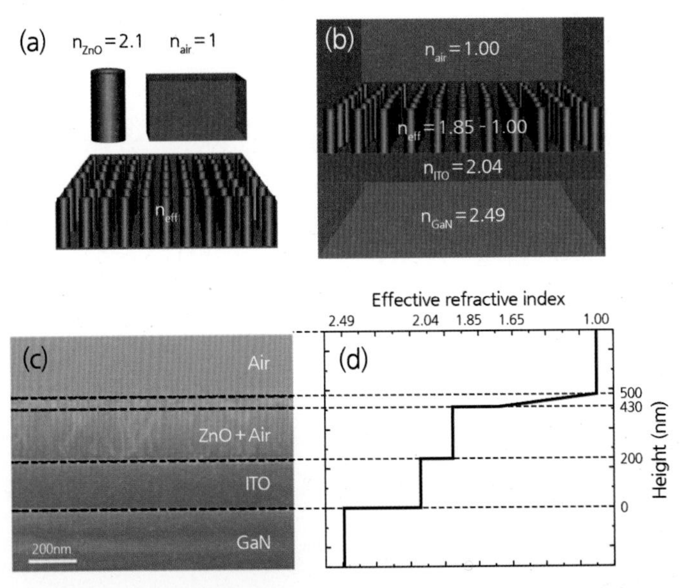


**그림 2-22** (a) ZnO 나노로드와 공기로 구성된 유효매질의 모식도, ZnO 나노로드가 성장된 GaN 기반 LED 소자의 (b) 각 층에 해당하는 굴절률 및 (c) 주사 현미경 이미지와 (d) 계산된 유효 굴절률 프로필[26]

그림 2-22(c)는 ITO층 위에 ZnO 나노로드가 성장된 GaN LED의 주사 현미경 이미지를 보여주며, 그림 2-22(d)는 LED의 높이에 따른 유효 굴절률 변화를 계산한 프로필을 나타낸다. 이때 ZnO 나노로드는 길이 편차를 갖기 때문에 ZnO 나노로드층을 두 층으로 나누어 생각할 수 있는데, 우선 ZnO 나노로드가 200~430nm 길이를 갖는 첫 번째 층은 유효 굴절률이 1.85로 80%의 일정한 부피 비율을 갖는다. 그러나 ZnO 나노로드가 430~500nm 길이를 갖는 두 번째 층은 ZnO 나노로드의 부피 비율이 50%에서 0%로 점차 감소한다고 가정할 수 있고, 이로 인한 점진적인 굴절률의 변화는 소자 내의 포톤이 더 쉽게 빠져나올 수 있음을 의미한다.

그림 2-23은 ZnO 나노로드가 성장된 GaN LED의 빛 방출 메커니즘을 분석하기 위해 공초점 스캐닝 전계 발광 분광 현미경Confocal Scanning Electroluminescence Spectroscopy, CSEM을 이용해 서로 다른 초점면focal plane에서 EL 세기 분포를 살펴본 결과이다.[27] 그림 2-23(a)는 LED상에 성장된 ZnO 나노로드의 주사 현미경 이미지이며, 그림 2-23(b)와 그림 2-23(c)는 각각 ZnO 나노로드의 위쪽과 아래쪽에서 얻은 서로 다른 초점면의 CSEM이미지를 보여준다. 반면 그림 2-23(d)는 ZnO 나노로드가 없는 GaN LED 표면의 주사 현미경 이미지이며, 그림 2-23(e)와 그림 2-23(f) 역시 두 영역에서 얻은 서로 다른 초점면의 CSEM 이미지를 보여준다. 각각의 초점면에서 EL 세기 분포의 차이를 확인할 수 있는데, ITO층과 ZnO 나노로드가 접합된 표면에서

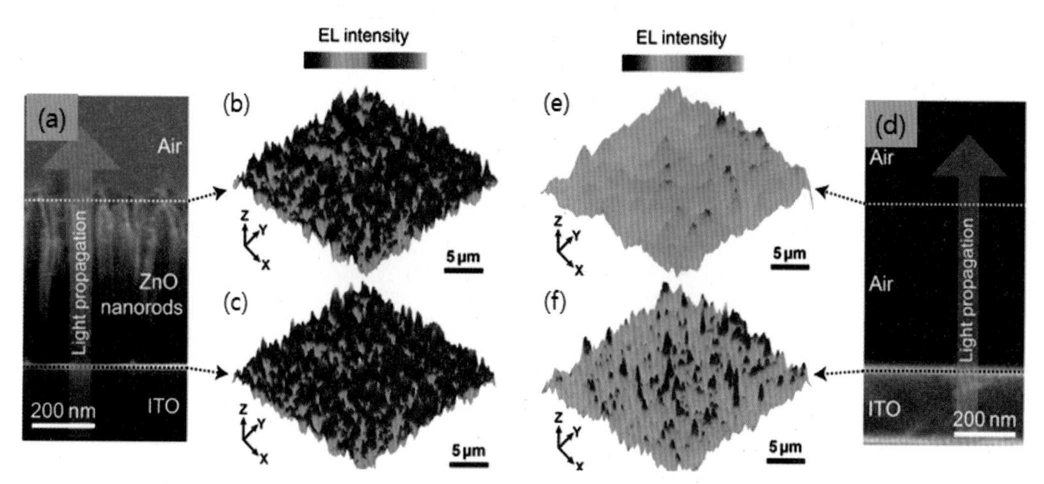


**그림 2-23** ITO 전극 위에 ZnO 나노로드가 성장된 GaN LED의 (a) 주사 현미경 단면 이미지와 (b)-(c) 서로 다른 초점면에서의 EL 세기 분포를 보여주는 CSEM 이미지, ZnO 나노로드가 없는 기존의 GaN LED의 (d) 주사 현미경 단면 이미지와 (e)-(f) 서로 다른 초점면에서의 EL 세기 분포를 보여주는 CSEM 이미지[27]

CSEM 이미지의 EL 세기[그림 2-23(c)]는 ZnO 나노로드가 없는 ITO층과 공기가 바로 만나는 표면에서의 EL 세기[그림 2-23(f)]보다 더 강하다. 이것은 유효 굴절률을 갖는 ZnO 나노로드 층에 의해 LED와 ZnO 나노로드의 굴절률 차이가 작아져 LED와 공기 사이의 계면에서 프레넬 반사가 줄어들었기 때문이다.

ZnO 나노로드 위쪽에서 CSEM 이미지의 EL 세기 분포[그림 2-23(b)]는 ZnO 나노로드 아래쪽에서의 EL 세기와 거의 동일한 반면, ZnO 나노로드가 없는 기존의 LED를 ITO 표면으로부터 500nm 거리에서 초점면을 스캔하게 되면 EL 세기가 상당히 감소하는 것[그림 2-23(e)]을 볼 수 있다. 이 결과를 통해 LED에서 생성된 빛이 ZnO 나노로드에 의해 쉽게 추출될 수 있으며, 광 출력을 향상시킬 수 있음을 알 수 있다.

이 외에도 그림 2-24(a)와 같이 나노구조체의 형태를 변화시켜 끝이 뾰족한 주사기 모양의 ZnO 나노로드를 형성하게 되면 기존 ZnO 나노로드가 형성된 LED보다 20mA에서 10.5% 더 증가된 광 추출효율을 얻을 수 있다.[28]

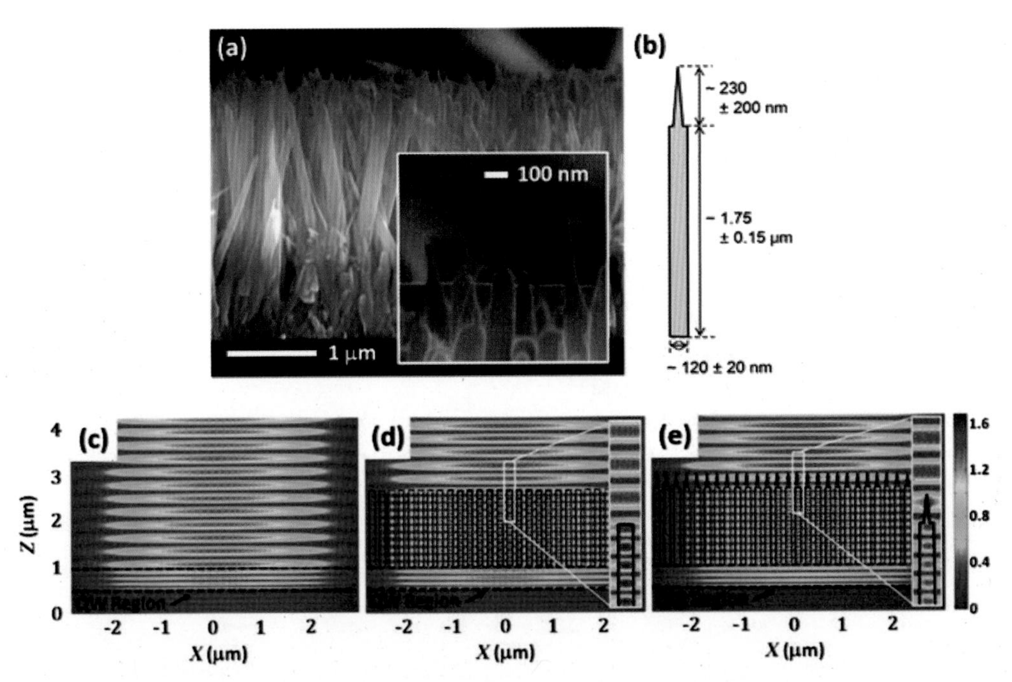


**그림 2-24** 끝이 뾰족한 주사기 모양의 ZnO 나노로드의 (a) 주사 현미경 이미지 및 (b) 모식도, (c)-(e) 서로 다른 표면 구조체를 갖는 GaN LED 표면의 normalized TE field 분포[28]

이때 끝이 뾰족한 주사기 모양의 ZnO 나노로드가 성장된 LED의 우수한 광 추출효율 및 평행한 방사형 패턴collimated radiation pattern이 증가하는 원인은 ZnO 나노로드의 도파관 효과waveguiding effect와 나노로드 끝이 점점 가늘어짐으로써 급격한 굴절률의 변화가 완화되었기 때문이다. 그림 2-24(c)-(e)는 ZnO 나노로드의 유무 및 구조체 형태에 따른 내부 횡 전계 세기Transverse Electric field, TE 분포를 나타내며, LED 표면에 ZnO 나노로드가 있는 경우 더 강한 전계 세기를 보인다. ZnO 나노로드가 없는 LED의 경우[그림 2-24(c)] LED와 공기 사이의 표면에서 급격한 굴절률 차이로 인해 소자 내로 강한 반사가 일어나는 반면, ZnO 나노로드가 적용된 LED의 경우 계면의 광학적 임피던스를 매칭시켜줌으로써 LED 내부로 빛이 반사되는 것을 줄여주고, 빛이 소자 밖으로 잘 빠져나올 수 있다. ZnO 나노로드 끝이 평평한 경우[그림 2-24(d)], 끝이 뾰족한 ZnO 나노로드[그림 2-24(e)]에 비해 나노구조체 내부의 전계 세기가 더 강한 이유는 나노로드 끝의 평평한 표면에서 다시 반사가 일어나 빛이 나노구조체 내부에 갇히기 때문이다. 그러나 소자 외부의 전계 세기를 살펴보면 ZnO 나노로드 끝이 뾰족한 경우 끝이 평평한 ZnO 나노로드에 비해 더 강한 전계 세기 분포를 갖는 것을 알 수 있다. LED 활성층으로부터 방출된 포톤의 상당 부분은 잘 매칭된 ZnO와 ITO의 굴절률(ZnO: ~2.04, ITO: ~2.06) 덕분에 ITO를 지나 ZnO 나노로드로 쉽게 주입될 수 있고 ZnO 나노로드 내부의 포톤들은 도파관 현상에 의해 이동하게 된다. 이때 끝이 뾰족한 ZnO 나노로드는 수직방향으로 갈수록 점차 나노로드의 지름이 줄어들게 되는데, 이것은 끝으로 갈수록 공기함유량이 증가하여 점진적으로 변하는 굴절률을 갖는 유효 매질로써 볼 수 있기 때문에 끝이 평평한 ZnO 나노로드보다 포톤이 더 잘 빠져나올 수 있게 되어 광 추출효율에 있어서 유리하다.

또한 그림 2-25(a)와 같이 ZnO 나노로드에 ZnO보다 굴절률이 작고 공기보다 굴절률이 큰 $SiO_2$(n=1.55)를 코팅하여 프레넬 반사를 줄여줌으로써 광 추출효율을 향상시킬 수 있다.[29] ZnO 나노로드가 적용된 LED의 경우 주입 전류가 20mA일 때 기존의 LED 대비 광 출력이 15% 향상된 반면, $SiO_2$가 코팅된 ZnO 나노로드의 경우 동일 주입 전류에서 21% 향상됐고, 이는 $SiO_2$ 코팅층으로 인해 프레넬 반사를 더욱 감소시킬 수 있음을 보여주는 결과이다.

그림 2-25(b)-(c)는 ZnO 나노로드가 성장된 수직형 GaN LED의 wave-guided mode와 국소 표면 플라즈몬 공명localized surface plasmon resonance 효과를 함께 결합하여 외부양자효율을 증가시킨 결과를 보여준다.[30] ZnO 나노로드에 Ag 나노입자를 드랍 캐스팅drop casting시켜 국소

표면 플라즈몬 공명 소스로 사용했다. ZnO 나노로드 내부에 갇힌 포톤과 Ag 나노입자의 상호작용으로 국소 표면 플라즈몬 공명 커플링 효과가 나타나게 되며, wave-guided mode의 빛 에너지는 국소 플라즈몬 공명으로 전환되어 효율적으로 빛을 산란시켜줌으로써 LED의 외부양자효율을 증가시킬 수 있는 원리이다[그림 2-25(b)]. FDTD 시뮬레이션을 통해 Ag 나노입자 유무에 따른 전계 분포($E_z$)를 살펴보면[그림 2-25(c)], 주로 Ag 나노입자 표면 근처에서 국부적으로 전계 세기가 증가됨을 알 수 있고, 이것은 Ag 나노입자가 LED의 활성층과 멀리 떨어져 있음에도 불구하고 포톤과 국소 표면 플라즈몬 결합에 의해 효과적으로 외부양자효율을 증가시킬 수 있음을 보여주는 결과이다.

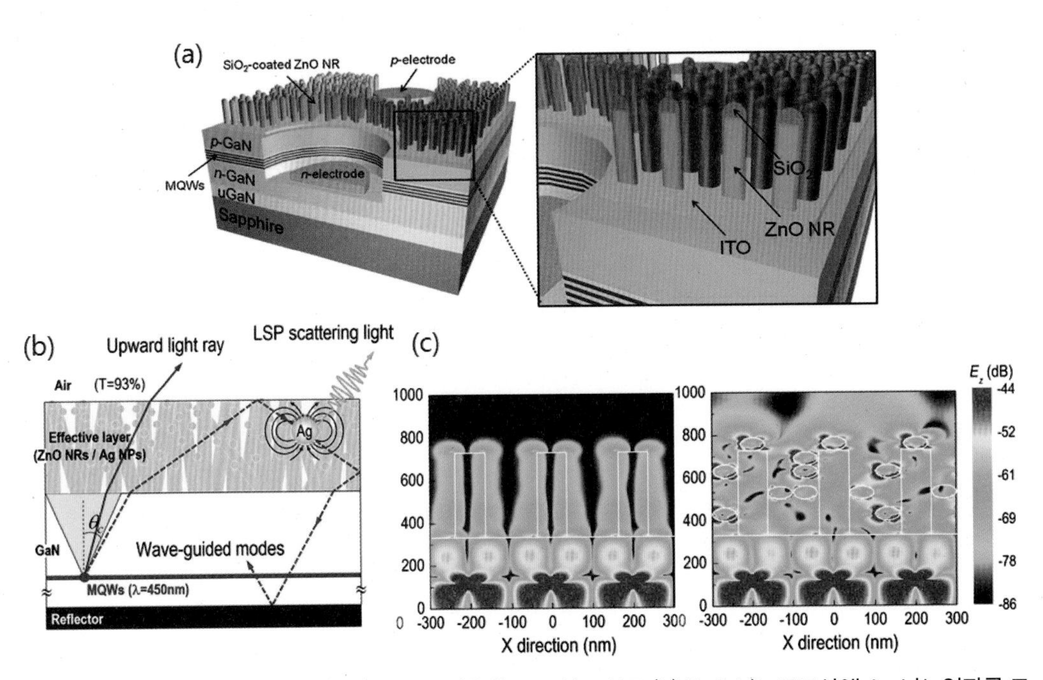


**그림 2-25** (a) $SiO_2$가 코팅된 ZnO 나노로드를 적용한 LED의 모식도 (b) ZnO 나노로드상에 Ag 나노입자를 드랍 캐스팅시켜 국소 표면 플라즈몬 공명 효과를 결합한 LED의 모식도와 (c) Ag 나노입자 유무에 따른 전계 분포 FDTD 시뮬레이션 결과[29-30]

1차원 ZnO 나노구조체는 격자 정합이나 표면 화학 특성과 상관없이 어떤 기판에서든 쉽게 성장할 수 있고, 특히 저온의 수열합성법에 의해 성장 조건을 쉽게 조절할 수 있는 장점을 갖기 때문에, 앞서 소개한 것과 같이 LED상에 1차원 ZnO 나노구조체를 형성함으로써 빛의 산란을 증가시키거나, 무반사층으로써 프레넬 반사를 줄여주거나, 유효 굴절률을 변화시켜 광 추출효율을 향상시키는 등의 많은 연구 결과들이 보고되고 있다. 특히, 이러한 ZnO 나노구조체를 템플릿으로 이용하여 $TiO_2$ 나노튜브를 수직형 LED 위에 형성시킬 경우, 광 출력이 ZnO 나노로드가 성장된 LED와 기존의 평평한 LED 대비 각각 23%, 189%로 크게 증가하는 결과를 얻을 수 있다. 그림 2-26은 다양한 1차원 나노구조체를 갖는 수직형 LED의 전계 세기를 시뮬레이션한 결과를 보여준다.[31] ZnO 나노로드가 성장된 LED는 GaN, ZnO, 공기의 각 층의 굴절률이 급격히 변하기 때문에 ZnO/GaN 경계면과 ZnO/air 경계면에서 반사되는 빛의 보강 간섭constructive interference에 의해 나노구조체 내부에서 가장 높은 전계 세기를 나타낸다[그림 2-26(b)]. 반면 $TiO_2$ 나노로드의 내부전계는 $TiO_2$와 GaN의 굴절률 매칭에 의해 두 물질의 경계에서 반사가 줄어들어 상대적으로 전계 세기가 약한 것을 알 수 있다[그림 2-26(c)]. 그러나 $TiO_2$의 형태가 나노로드에서 나노튜브로 변하게 되면 빛이 공기로 더 효과적으로 방출될 수 있는데, 그림 2-26(d)에서와 같이 나노튜브의 쉘 두께가 변함에 따라 전계

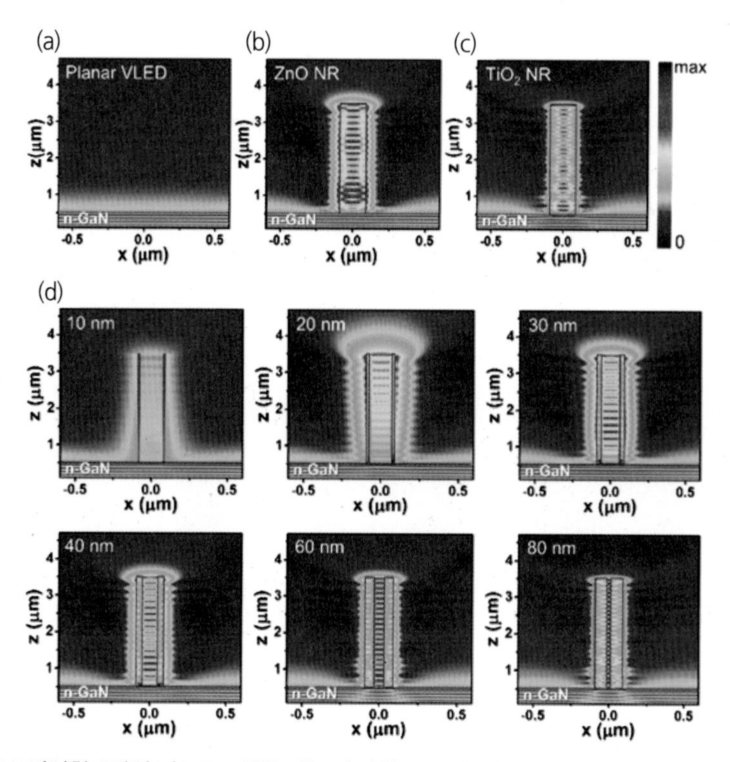


**그림 2-26** 다양한 1차원 나노구조체를 갖는 수직형 LED의 전계 세기 분포 시뮬레이션 결과[31]

세기 분포는 달라진다. 쉘 두께가 감소할수록 fundamental mode가 $TiO_2$에 한정되기 어려워지고 $TiO_2$ 나노튜브의 쉘 두께가 20nm일 때 GaN에서 주입된 빛은 가장 효과적으로 빠져나갈 수 있다. 단, 20nm 이하에서는 GaN에서 $TiO_2$로 빛의 주입이 잘 되지 않기 때문에 결과적으로 광 출력은 작아지게 된다. 이렇게 LED 표면에 다양한 1차원 나노구조체를 형성하고, 굴절률 매칭과 기하학적 구조 변화를 통해 GaN와 공기 사이의 계면에서 내부전반사를 줄임으로써 LED의 광 출력을 향상시킬 수 있으므로, 다양한 나노재료 및 구조체의 광학적 설계를 통해 보다 극적으로 광 추출효율을 향상시킬 수 있을 것으로 기대할 수 있다.

## 2.5 광결정이 적용된 LED

몰포Morpho나비의 날개에는 파란색소가 없으나 날개 표면의 독특한 기하학적 구조에 의해 특정 파장의 빛만 반사되고 나머지 빛은 통과하므로 아름다운 파란색을 띄게 된다[그림 2-27(a)]. 이러한 기하학적 형태를 광구조photonic structure라 부르며, 자연계에는 몰포나비 외에도 반짝이는 녹색 겉날개를 가진 딱정벌레류나 몇몇 새의 깃털뿐만 아니라 무지개빛으로 현란하게 빛나는 보석 오팔opal에서도 광구조를 발견할 수 있다[그림 2-27(b)]. 오팔의 경우 전자현미경으로 들여다보면 작은 구슬들이 규칙적으로 배치된 3차원 구조체를 갖는 것을 알 수 있으며[그림 2-27(c)], 이 형태가 마치 결정과 비슷해 광결정photonic crystal이라 부른다.

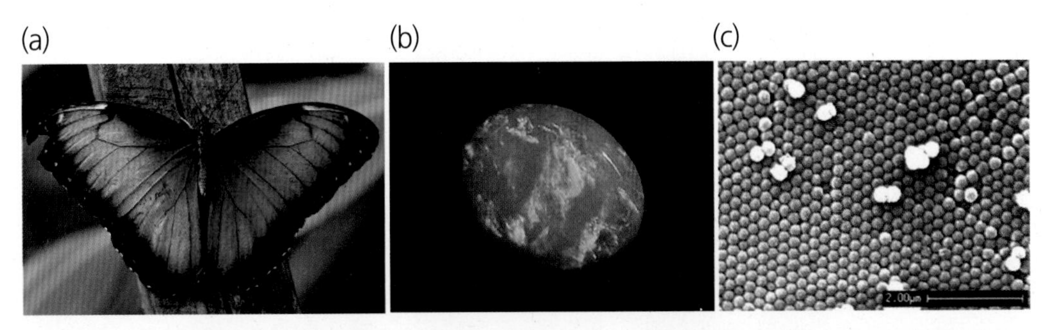


**그림 2-27** (a) 날개에 광구조를 갖는 몰포나비와 (b) 광결정을 갖는 오팔의 사진 (c) 오팔의 주사 현미경 이미지[32]

광결정이란 두 가지 이상의 유전체로 구성된 일정한 주기를 가지고 공간적으로 반복되는 격자구조를 말한다. 유전체가 주기적인 간격을 가지고 배열되어 있을 때, 유전체를 통과한 빛은 브래그반사 법칙에 의해 그 주기에 해당되는 파장의 빛이 반사되며, 똑같은 주기가 계속적으로 반복되기 때문에 통과한 빛 중 특정한 파장의 빛은 유전체를 통과할 때마다 반사되어 결국 주기에 해당되는 파장은 유전체 내부에 존재하지 못하고 모두 반사된다. 반도체에서 전자가 존재하지 않는 전자 밴드갭electronic band gap과 유사한 개념으로써, 물질의 유전상수가 주기적으로 변하면 특정 주파수대역의 전자기파가 전달되지 않는 광 밴드갭photonic band gap이 존재하게 되는데, 이러한 광 밴드갭에서는 특정 주파수에 해당하는 파장의 빛이 존재할 수 없게 된다. 본 절에서는 광결정 구조체 및 광 밴드갭을 이용하여 LED의 효율을 향상시킨 기술에 대해 소개하고자 한다.

광결정 내에서 주기적으로 변하는 굴절률을 갖는 격자lattices에 의해 포톤이 다중 산란multiple scattering되면 특정 파장의 전자기파가 전달되지 않는 광 밴드갭을 형성한다. 이상적인 광 밴드갭은 3차원의 주기성을 통해 달성될 수 있으나, LED의 광 추출을 위해서는 2차원의 광결정을 사용하여 수평면horizontal plane내에서 빛이 전달되는 것을 없애주는 것만으로도 충분하다. 그림 2-28(a)는 460nm 파장의 청색 LED와 340nm 파장의 UV LED상에 전자빔electron-beam 리소그래피 및 ICP 에칭을 통해 300nm 크기의 지름과 700nm의 주기를 갖는 광결정 구조를 형성한 후 1mA 전류를 주입하면서 측정한 광학현미경 사진을 보여준다.[33] 광결정이 형성된 LED가 동일 주입 전류에서 더 밝게 빛나는 것을 확인할 수 있다. 그러나 청색 및 UV LED 모두 광결정을 형성함으로써 순전압forward voltage, $V_f$이 증가하는 것을 알 수 있는데, 이는 전체 활성층과 $p$-type 컨택 영역이 감소했기 때문이다. 그럼에도 불구하고 청색 및 UV LED 모두 광 출력은 각각 20mA에서 63%, 95% 증가했으며, 2차원 광결정을 이용한 광 추출의 증가는 다음의 두 가지 가능성으로 설명 가능하다. 첫째는 만약 광결정의 격자 크기lattice dimension가 정확하게 파장의 1/2과 일치하면, 주기적으로 변하는 굴절률의 격자에 의한 포톤의 다중 산란의 결과로 광 밴드갭이 생성되기 때문으로 예상된다. 밴드갭 영역에서 발생된 빛은 밴드갭에서 guide mode의 횡 방향 전파lateral propagation가 금지되므로 외부로만 방출될 수 있고, 결과적으로 광 추출효율이 향상되는 것이다. 광 추출 증가의 두 번째 가능성은 굴절률의 주기성이 guided mode에 대한 cutoff frequency를 형성한다는 사실로 설명할 수 있다. 광결정은 빛이

parasitic 흡수에 의해 소멸되기 전에 빠져나가는 짧은 길이를 제공하여 광 출력 효율을 향상시키는 반면 무작위로 텍스처링된 표면으로부터의 산란은 LED의 parasitic 흡수를 일으킬 수도 있다.

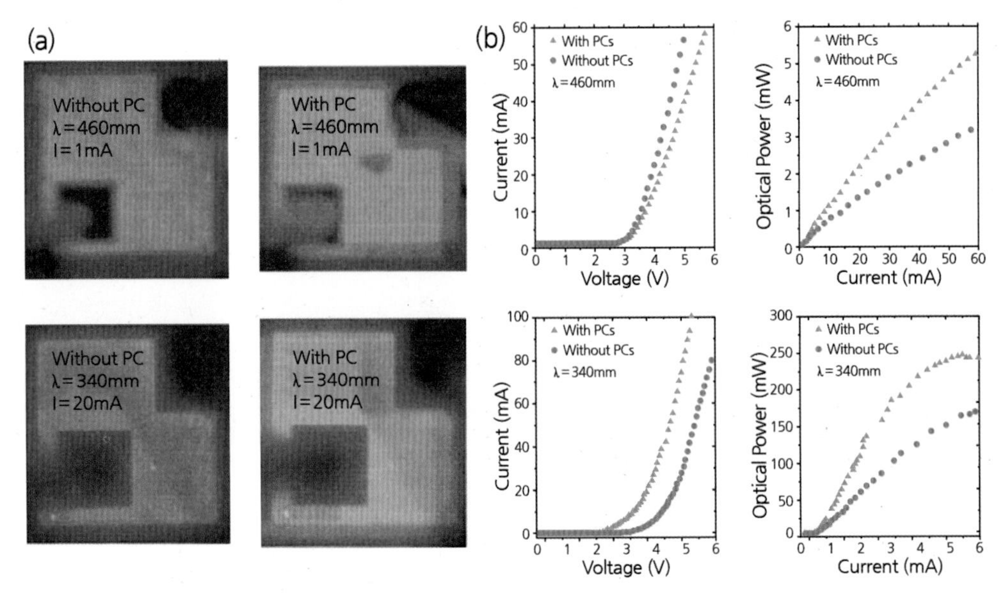


**그림 2-28** 광결정 구조 유무에 따른 청색 LED와 UV LED의 (a) 광학현미경 사진 (b) I-V 및 광 출력 특성 그래프[33]

그림 2-29(a), (b)는 레이저 홀로그래피laser holography 방법을 통해 일정한 주기를 갖는 2차원 광결정이 형성된 LED의 모식도와 주사 현미경 이미지를 보여주며, 앞서 언급한 전자빔 리소그래피와 비교해서 홀로그래피 방법은 대면적에 패턴을 형성할 수 있는 장점을 갖는다.[34] 격자상수lattice constant를 300nm에서 700nm까지 변화시킴에 따라 광결정이 형성된 LED의 광 출력은 현저하게 향상된 결과를 보였다[그림 2-29(c)]. 특히, 광결정의 격자상수가 500nm인 경우, reference LED 대비 2.1배의 가장 큰 증가폭을 보였으나 전류-전압 특성의 기울기가 감소한 것을 알 수 있다. 이것은 2차원으로 에칭된 격자 구조에 의해 옴 접촉Ohmic contact 면적이 줄어들어 소자의 직렬저항이 증가했기 때문이다. 이러한 광결정이 형성된 LED의 전기적 특성 저하 문제는 선택적인 영역에서 광결정을 형성함으로써 해결할 수 있고 이를 통해 높은 광추출효율을 얻을 수 있다.

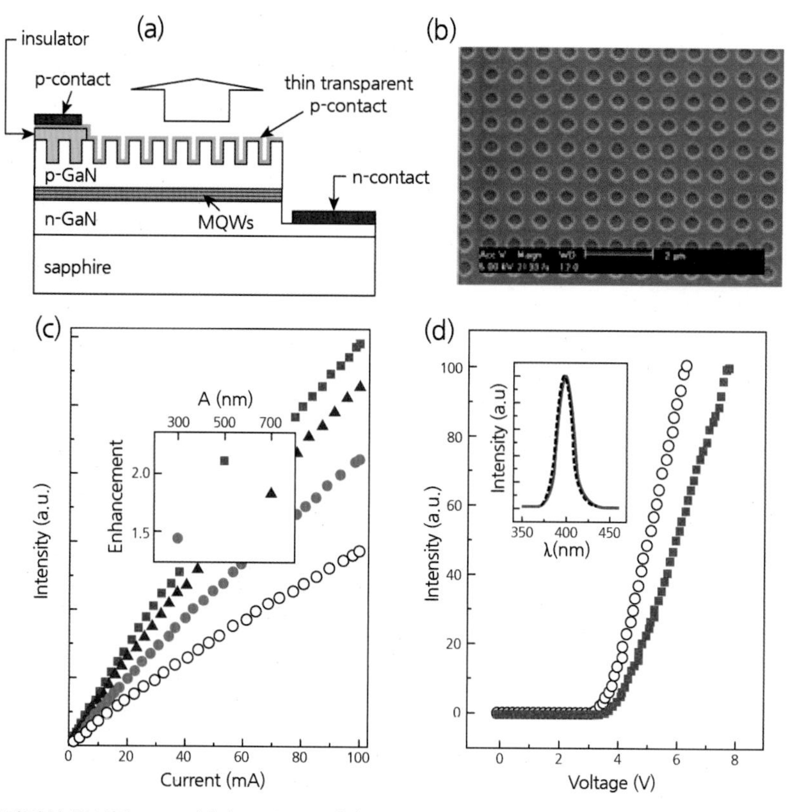


**그림 2-29** 광결정이 형성된 LED의 (a) 모식도 및 (b) 주사 현미경 이미지 (c) 광결정의 격자상수 변화에 따른 광 출력 특성 그래프와 (d) 500nm의 격자상수를 갖는 LED와 reference LED의 L-V 특성 그래프[34]

그림 2-30(a)는 reference LED와 $p$-GaN의 전면에 광결정이 형성된 LED 및 $p$-bonding 전극을 제외한 영역에 선택적으로 광결정이 형성된 LED의 모식도를 보여준다.[35] 이때 leaky mode의 큰 밀도를 갖는 정사각형 격자의 광결정 구조를 제작했으며, 정사각형 격자는 삼각형 격자와 비교하여 저렴하고, 쉽고 빠르게 제작할 수 있다.

광 밴드갭은 preconditioned conjugated-gradient plane-wave expansion 방법을 기반으로 하는 시뮬레이션 프로그램을 이용하여 계산할 수 있으며, 기존에 InGaN/GaN 기반 LED에서 TE 편광이 지배적이라고 보고되었기 때문에 LED의 slab에 평행하게 빛이 전파되는 특징을 갖는 TE-like mode band에 초점을 맞추었다.[36] 525nm 파장의 녹색 LED에서 최적화된 2차원 광결정 구조를 위해 0.63의 주파수와 0.28의 ratio(r/a)를 사용했으며, 이러한 정보를 바탕으로 air hole의 최적화된 반지름(r) 및 주기(a)는 각각 92.6nm, 330.8nm로 예측되었다. 그림 2-30(b)-(d)

는 광결정이 형성된 LED의 주사 현미경 이미지를 보여주며, 광결정의 주기(a)와 홀의 반지름(r)은 각각 328±5nm, 93±5nm를 갖는다.

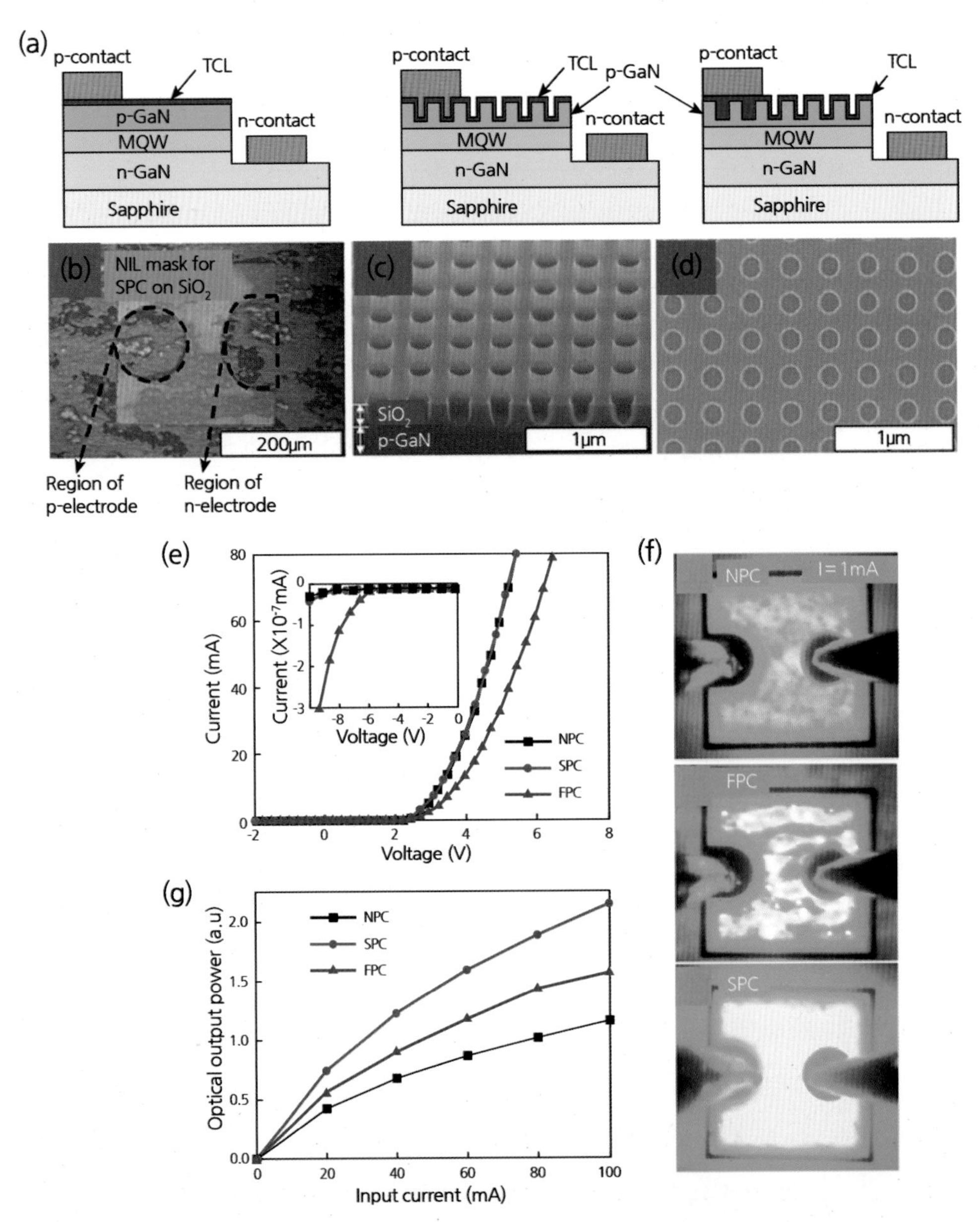


**그림 2-30** (a) Reference LED와 $p$-GaN의 전면에 광결정이 형성된 LED 및 $p$-bonding 전극을 제외한 영역에 선택적으로 광결정이 형성된 LED의 모식도, (b)-(d) 선택적으로 광결정이 형성된 LED의 주사 현미경 이미지. 각 LED의 (e) I-V 특성 및 (f) 1mA가 주입될 때 LED의 전계발광 방출이미지와 (g) L-I 특성 그래프[35]

Reference LED와 $p$-GaN의 전면에 광결정이 형성된 LED 및 $p$-전극을 제외한 영역에서 선택적으로 광결정이 형성된 LED의 주입 전류가 20mA일 때 순전압은 각각 3.7V, 4.35V, 3.71V이고, 직렬저항은 각각 15Ω, 18Ω, 15Ω이다[그림 2-30(e)]. 이를 통해 전면적에 광결정이 형성된 LED의 경우 플라즈마 에칭에 의한 표면 결함으로 인해 전류 주입이 줄어들어 특성이 크게 감소하였으나, 선택적인 영역에 광결정이 형성된 LED의 순전압 및 직렬 저항은 reference LED와 비슷한 특성을 갖는 것을 알 수 있다. 그림 2-30(f)는 1mA의 낮은 주입 전류에서 각 LED의 전계발광 이미지를 보여주며, 이때 선택적인 영역에 광결정이 형성된 LED(SPC)가 가장 밝고 균일하게 빛을 방출하는 것을 볼 수 있다. 또한 주입 전류가 20mA일 때 ref LED 대비 전면적에 광결정이 형성된 LED와 선택적인 영역에 광결정이 형성된 LED의 광 출력은 각각 29%, 78% 증가했다[그림 2-30(g)]. 따라서 높은 광 추출효율을 얻기 위해서는 광결정 형성 시 플라즈마 에칭에 의한 손상을 최소화하고, 전류주입 및 전류 퍼짐spreading이 효율적으로 되어야 한다.

LED의 광 추출효율 향상을 위해 간단하게는 2차원의 광결정 구조의 hole의 반지름(r)과 격자상수(a)lattice constant를 최적화하는 방법으로 접근할 수 있으나, 근본적으로는 광 밴드갭의 유무에 따라 광결정 구조를 갖는 LED의 광학적 특성을 이해할 필요가 있다.

그림 2-31은 광 밴드갭 내의 $p$-GaN 광결정층을 갖는 LED와 광 밴드갭 외부의 $p$-GaN 광결정층을 갖는 LED의 특성을 비교한 결과이다.[37] 그림 2-31(a)는 각각 100nm 깊이와 0.31의 ratio(r/a), 65nm 깊이와 0.28의 ratio를 갖는 정사각형 격자 구조에 대한 GaN slab의 광 밴드 다이어그램을 보여준다. 에너지 밴드 다이어그램은 light line 위의 radiation mode의 연속체continuum인 light cone 영역(회색 영역)과 light line 아래의 transverse-electricTE, transverse-mageneticTM like guide mode 및 광 밴드갭을 포함한 영역으로 구성되어 있다. 여기서 guided mode의 방출을 억제하고 trap된 빛을 radiated mode로 변경함으로써 광 추출효율을 향상시킬 수 있기 때문에, LED의 slab에 평행하게 빛이 전파되는 TE-like 광 밴드갭에 집중하기로 한다. LED의 광 추출에 대한 광결정 효과를 살펴보기 위해, 그림 2-31(a)의 광밴드 다이어그램에서 화살표로 표시된 3가지 광결정 구조 – 광 밴드갭에 위치한 광결정 구조PCWG, 고주파 영역에 위치한 광결정 구조PCHG, 저주파 영역에 위치한 광결정 구조PCLG – 를 선택하여 LED상에 형성 후, 검출 각도에 따른 PL 스펙트라를 측정했다.

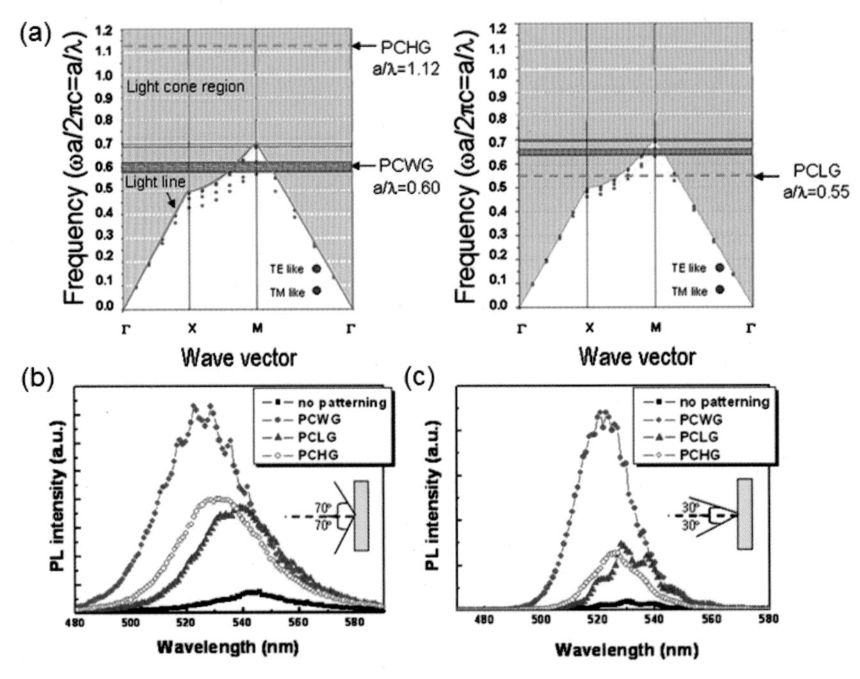


**그림 2-31** (a) (왼쪽) 100nm 깊이와 0.31의 ratio(r/a), (오른쪽) 65nm 깊이와 0.28의 ratio(r/a)를 갖는 정사각형 격자 구조에 대한 GaN slab의 광 밴드 다이어그램 (b) 140° detection angle에 따른 각 LED의 PL 스펙트라 (c) 60° detection angle에 따른 각 LED의 PL 스펙트라[37]

그림 2-31(b)에서와 같이 각도가 140°일 때 PL peak 세기는 아무런 구조체가 없는 reference LED 대비 PCWG를 갖는 LED 경우 9배, PCHG를 갖는 LED의 경우 4.6배, PCLG를 갖는 LED의 경우 4배가 증가되었다. 이 결과는 PCWG를 갖는 LED의 PL emission 세기가 PCHG와 PCLG를 갖는 LED보다 약 2배 정도 강한 반면 PCHG와 PCLG를 갖는 LED의 PL emission은 거의 동일한 것을 보여준다. 따라서 광 밴드갭 내에 위치한 광결정 구조PCWG를 갖는 것이 높은 광 추출효율을 구현하기 위해 중요한 요소임을 알 수 있다. 또한 그림 2-31(c)에서와 같이 각도가 60°일 때 PL peak 세기는 아무런 구조체가 없는 reference LED 대비 광 밴드갭에 위치한 광결정 구조PCWG를 갖는 LED의 경우 25배, 고주파 영역에 위치한 광결정 구조PCHG를 갖는 LED의 경우 5.6배, 저주파 영역에 위치한 광결정 구조PCLG를 갖는 LED의 경우 6배가 증가했다. 그림 2-31(b), (c)는 검출 각도가 140°에서 60°로 줄어듦에 따라 PCHG 또는 PCLG를 갖는 LED의 PL 세기는 크게 변하지 않는데 반해서 PCWG를 갖는 LED의 PL 세기가 2배 이상 증가한 것을 보여준다. 이 결과를 통해 PCHG 또는 PCLG를 갖는 LED와 비교하여

PCWG를 갖는 LED의 경우 PL emission의 세기가 더 강하고 수직형의 방향을 갖는 것을 알 수 있는데, 이는 PCWG를 갖는 LED에서 빛의 방향이 측면의 guided mode에서 수직의 radiated mode로 변했기 때문이다.

지금까지는 $p$-GaN층을 에칭하여 광결정 구조를 형성한 결과에 대해 소개했으나, 광결정을 LED 내부에 형성함으로써 광 추출효율 향상을 보고한 결과도 있다. 그림 2-32(a)는 $n$-GaN층 내부에 GaN과 굴절률이 다른 주기적인 $SiO_2$ pillar array의 광결정이 삽입된 청색 LED를 만드는 모식도를 나타낸다.[38] 광 추출효율과 광결정 구조를 통해 양자우물에서 방출되는 빛의 전파를 예측하기 위해 주기적인 경계 조건을 가진 genetic algorithm에 기반을 둔 FDTD 시뮬레이션을 사용했다. 그림 2-32(b)는 소자 내부에 광결정이 삽입된 LED의 양자우물에서 방출되는 빛이 광결정이 삽입되지 않은 LED에 비해 수직방향으로 전파되는 것을 분명히 보여준다.

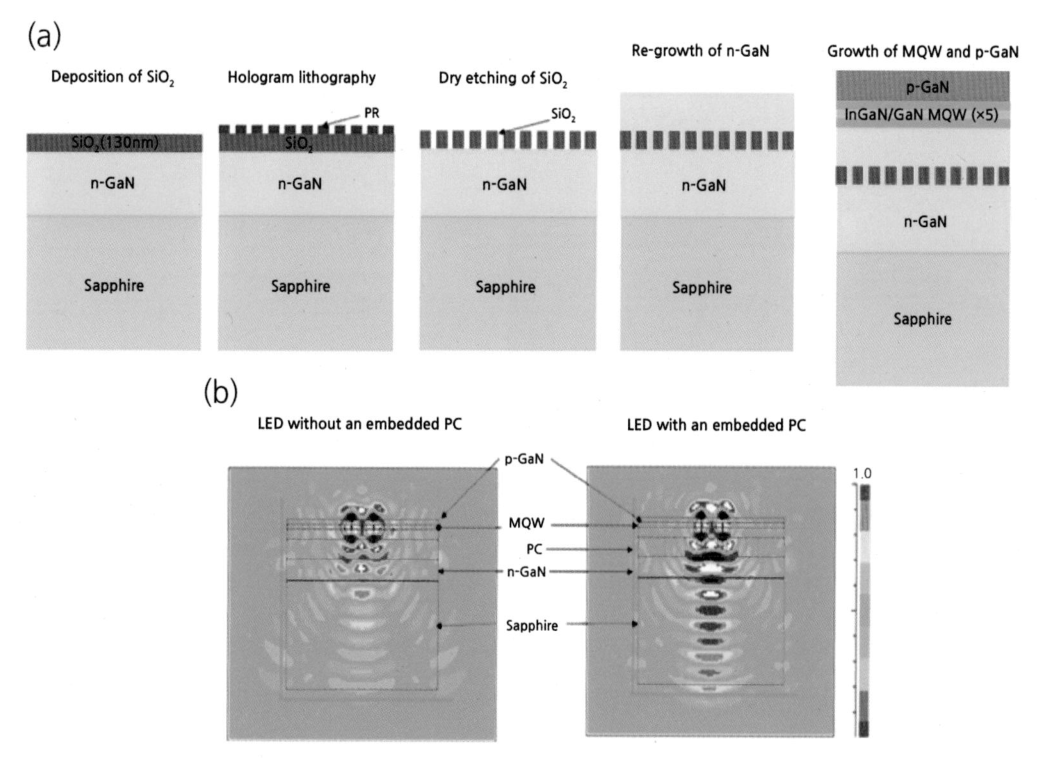


**그림 2-32** (a) $n$-GaN층 내부에 $SiO_2$ pillar array의 광결정이 삽입된 LED 제작 모식도와 (b) 광결정 유무에 따른 LED의 빛의 전파를 보여주는 FDTD 시뮬레이션 결과[38]

이것은 LED 내부에 삽입된 광결정이 광 밴드갭을 형성해서 LED의 수직방향으로 추출 효율이 향상되었기 때문이다.

또한 그림 2-33(a)-(d)에서와 같이 $SiO_2$ nanopillar를 $p$-GaN층에 형성 후 GaN을 재성장하여 광결정층을 소자 내부에 삽입할 수 있다.[39] 이 경우에도 그림 2-33(e)의 FDTD 시뮬레이션 결과에서 보여주는 것과 같이, 광결정 구조가 삽입된 LED의 MQW에서 방출된 빛이 광결정 구조가 없는 LED와 비교하여 더 수직방향으로 전파되는 것을 알 수 있으며, 이 결과는 광 밴드갭 내의 주파수를 갖는 포톤이 전파되지 않고 수직방향의 공기 중에 빠져나오는 것에 기인한다. 주입 전류가 20mA일 때, 광결정 구조가 삽입된 LED의 광 출력은 reference LED 대비 70% 증가한 것을 확인했으며, 이러한 광 출력 향상은 guided modes의 방출을 억제하고 trap된 빛을 radiated mode로 변경하는 광결정 효과에 의한 광 추출효율 증가의 결과라 볼 수 있다[그림 2-33(f)].

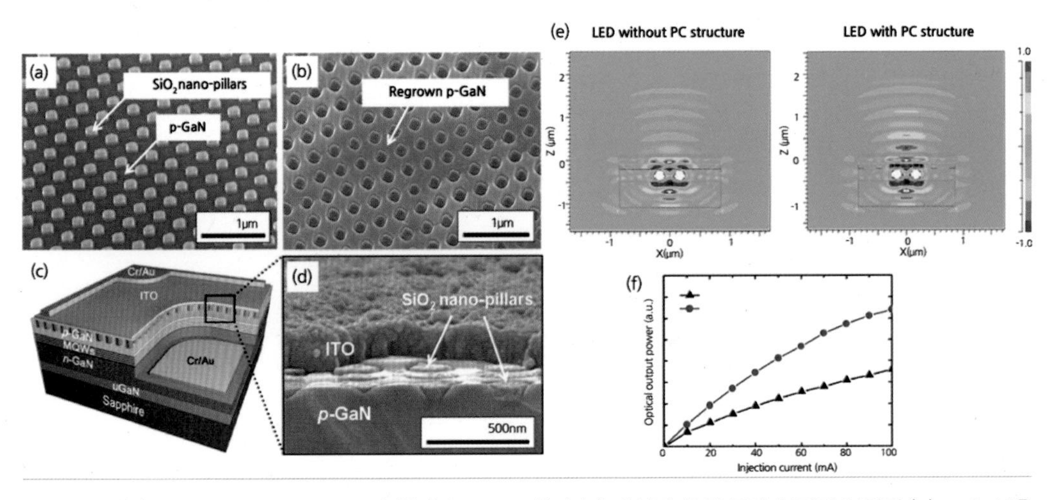


**그림 2-33** (a) $SiO_2$ nanopillar array가 형성된 $p$-GaN층과 (b) 재성장 후의 주사 현미경 이미지 (c) $p$-GaN층 내부에 $SiO_2$ nanopillar array가 삽입된 LED의 모식도 및 (d) 단면 주사 현미경 이미지 (e) 광결정 유무에 따른 LED의 FDTD 시뮬레이션 결과 및 (f) 광 출력 특성 그래프[39]

이렇게 소자 내부에 광결정을 형성함으로써, 광결정 효과에 의한 광 추출효율을 증가시킬 뿐만 아니라 에피텍셜 측면 성장 공정epitaxial lateral over growth process으로 인해 GaN층의 전위 밀도가 줄어들어 내부양자효율을 증가시키는 효과도 기대할 수 있다.

광결정 구조체는 LED의 광 추출효율 향상 기술 외에도 광 스위치, 저손실 도파관 등 다양한 광전자소자 기술 개발 전반에 유용하게 응용될 수 있고, 빛을 손실 없이 제어함으로써 광집적회로 및 차세대 광자컴퓨터 개발에 활용할 수 있다.

## 2.6 자연 모사 계층형 구조를 갖는 LED

최근에는 자연의 현상 또는 살아 있는 생명체를 모사하는 자연 모사기술nature inspired technology을 광학과 융합시켜 광 추출효율을 높여 고효율 LED를 개발하는 연구가 진행되고 있다.

흥미로운 점은 이런 자연의 구조에는 마이크로micro부터 나노nano에 이르기까지 주기적으로 배열된 계층형 구조의 형태가 많다는 것이다. 예를 들어, 그림 2-34와 같이 나방 눈moth eye의 표면을 살펴보면 마이크로 및 나노미터 크기의 돌기들이 배열되어 있는데, 이 돌기들은 빛의 파장보다 크기가 작아 빛이 나방 눈으로 들어갈 때 마치 굴절률이 점진적으로 커지는 얇은 막들이 여러 층 쌓여 있는 것과 같은 효과가 있다. 이는 굴절률이 연속적으로 늘어나 빛의 반사를 크게 줄일 수 있어, 이러한 원리로 밤에 눈이 빛나지 않게 하여 적에게 잡아먹히지 않을 수 있게 된다.

**그림 2-34** 주기적이고 계층적 구조를 갖는 나방 눈의 주사 현미경 이미지[40]

앞서 언급했듯이, GaN과 공기의 굴절률 차이가 크기 때문에 서로 다른 굴절률을 갖는 두 개의 매질의 경계에서 입사되는 빛이 다시 반사되는 현상, 즉 프레넬 반사는 피할 수 없으며,

빛의 입사 각도가 임계각보다 크면 GaN LED와 공기 사이의 경계에서 빛은 모두 전반사된다. 따라서 본 챕터에서는 마이크로 및 나노미터 크기의 계층형hierarchical 구조를 LED에 적용함으로써 굴절률을 점진적으로 작아지게 하여 활성층에서 발생된 포톤이 소자 밖으로 더 쉽게 빠져나올 수 있도록 하는 기술을 소개하고자 한다.

계층형 구조의 요철 크기에 따라서 두 가지로 그 기능을 나눌 수 있다.[41] 첫째로 이 기하학적 구조체가 입사되는 빛의 파장보다 크거나 그와 견줄 만한 크기면 이 구조체에서 다중 반사되기 때문에 LED로부터 빛이 빠져나갈 수 있는 확률은 증가한다. 둘째로 구조체의 모양이 입사된 빛의 파장보다 작을 경우 반도체에서 공기로 가면서 점진적인 굴절률을 갖는 유효매질effective medium로써 작용하기 때문에 광 추출효율을 높일 수 있다. 따라서 이렇게 서로 다른 크기의 구조체가 결합된 계층형 구조체를 LED에 적용하면 높은 광 추출효율을 기대할 수 있으며, 이러한 계층형 구조체는 이미 에칭된 마이크로 사이즈의 기판상에 나노구조체를 형성하거나 수직방향으로 서로 다른 크기를 갖는 표면의 형태를 조절함으로써 구현 가능하다.

그림 2-35는 수직형 LED의 $n$-GaN상에 끝이 잘려진 원뿔 모양의 마이크로돔truncated microdome과 그 위에 나노패턴을 형성함으로써 광 출력을 향상시킨 결과를 보여준다.[42] 용매에 분산된 $SiO_2$ 나노입자를 LED상에 스핀코팅 후 건식 에칭을 통해 100nm 크기의 나노패턴을 형성할 수 있으며, 기존의 포토리소그래피를 이용한 포토레지스트 thermal-reflow 방법을 통해 마이크로돔 구조를 형성할 수 있다[그림 2-35(b)]. 그림 2-35(c)에서와 같이 LED상에 서로 다른 표면의 구조체를 형성함에 따라, LED 내부의 활성층에서 형성된 포톤이 표면의 구조체와 상호작용하여 여러 각도로 방출되는 radiation profile 및 각도에 따른 광 출력 증가 정도가 변한다[그림 2-35(d)-(e)].

마이크로돔이 형성된 LEDVLED-B는 비스듬한 측면에 의해 포톤이 LED 밖으로 더 잘 빠져나갈 수 있게 도와 평평한 LEDVLED-A 대비 광 출력이 크게 향상되었고, 특히 마이크로돔과 나노패턴이 모두 형성된 LEDVLED-D의 경우 전 방향에서 가장 높은 광 출력을 보였다.

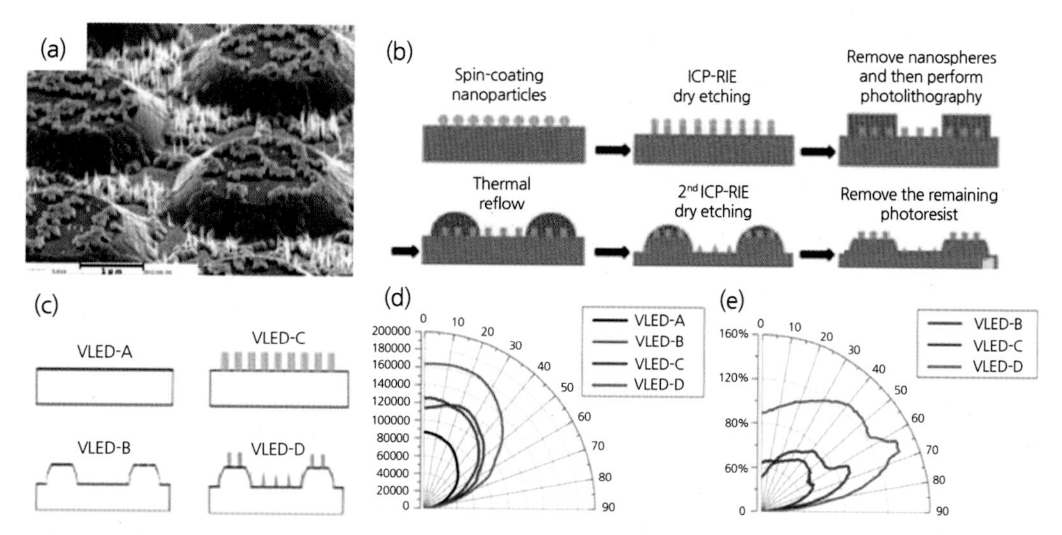


**그림 2-35** (a) 마이크로돔 및 나노패턴의 계층구조를 갖는 수직형 LED의 주사 현미경 이미지 (b) LED상에 마이크로 및 나노패턴의 계층구조 표면 제작과정 모식도 (c) 평평한 표면의 LED(VLED-A), 3.4$\mu$m 주기를 갖는 마이크로돔이 형성된 LED(VLED-B), 비주기적으로 형성된 100nm 크기의 나노패턴을 갖는 LED(VLED-C), 마이크로돔과 나노패턴이 동시에 존재하는 LED(VLED-D)의 모식도. 주입 전류가 20mA일 때, 각 소자의 각도에 따른 (d) radiation profile 및 (e) 광 추출 증가도[42]

그림 2-36은 곤충의 인공 겹눈에서 영감을 받아 AlGaInP 기반 LED상에 육각형으로 패턴된 마이크로 구조와 anti-reflective subwavelength 구조를 형성함으로써, 기존 LED 대비 광 출력이 70% 이상 증가된 결과를 보여준다.[43] 여기서 subwavelength 구조체는 굴절률이 점진적으로 변하는 동일 매질homogeneous medium로 표면에서의 프레넬 반사를 줄여주는 역할을 한다.

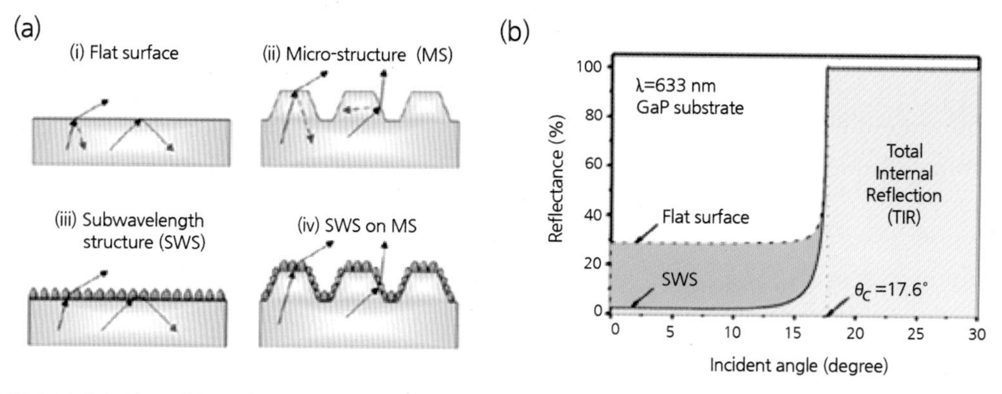


**그림 2-36** (a) 서로 다른 표면 구조를 갖는 모식도 (b) subwavelength 구조의 유무에 따라 입사각의 변화에 따른 GaP 기판의 내부 반사도 변화 그래프[43]

일반적으로 AlGaInP 기반 LED는 GaP와 공기의 굴절률 차이가 크기 때문에 외부양자효율이 낮다. 그림 2-36(a)의 (i)와 같이 평평한 표면을 갖는 LED의 경우, LED와 공기 사이의 경계면에서 29%의 내부 프레넬 반사가 일어난다. 빛이 입사되는 입사각incident angle이 임계각(~17.6°)보다 커지면, 프레넬 반사가 100% 일어나 소자의 광 출력 특성이 저하되는데, 마이크로 구조체를 표면에 형성함으로써 평평한 표면을 갖는 LED 대비 내부전반사를 최소 29% 정도 줄일 수 있다. 그러나 그림 2-36(b)에서와 같이 임계각보다 작은 입사각을 갖는 경우라 하더라도 빛은 여전히 LED 내부로 반사될 수 있으며, 그림 2-36(a)의 (iii)과 같이 표면에 subwavelength 구조를 형성함으로써 임계각보다 작은 각도에서도 프레넬 반사를 효과적으로 줄일 수 있다. 입사각이 15°보다 작을 때 subwavelength 구조가 형성된 GaP 기판은 매우 낮은 반사도(<5%)를 유지하나, 임계각보다 큰 영역에서는 여전히 내부전반사가 일어난다.

그림 2-37은 GaP 기판상에 마이크로 및 subwavelength 계층 구조를 형성하는 모식도와 주사 현미경 이미지를 보여준다. 포토레지스트 thermal reflow 방법을 사용하여 주기적인 마이크로 구조의 에칭 마스크를 형성한 후, 비스듬한 경사를 갖는 마이크로 구조를 형성하고[그림 2-37(a)], 얇은 Ag 박막을 증착한 후 thermal dewetting 과정을 통해 이를 에칭 마스크로 사용하여 subwavelength 구조를 형성한다[그림 2-37(b)의 (ii)]. 이러한 마이크로구조 및 subwavelength 계층구조를 635nm 파장의 적색 AlGaInP LED에 제작하고 표면 구조가 서로 다른 LED의 광 출력 및 전기적 특성을 비교하였다[그림 2-37(c)]. 100mA일 때 순전압이 2.24V에서 2.45V까지 변하는데, 이것은 에칭으로 인해 표면이 손상을 입었기 때문이다. 광 출력은 평평한 표면의 기존 LED를 기준으로 주입 전류가 100mA일 때 마이크로 구조, subwavelength 구조, 마이크로 및 subwavelength 계층형 구조가 각각 35.91%, 32.82%, 72.47% 증가하였다. 이러한 광 추출 향상은 subwavelength 구조체에 의해 프레넬 반사가 없어지고 마이크로 구조체에 의해 내부전반사가 감소하였기 때문이다. 이 논문에서 보고한 나노패턴의 경우, Ag를 얇게 증착하고 thermal dewetting 과정을 통해 subwavelength 구조를 형성하였으나, self-masked 건식 에칭 과정을 통해 subwavelength 구조체 형성도 가능하다.

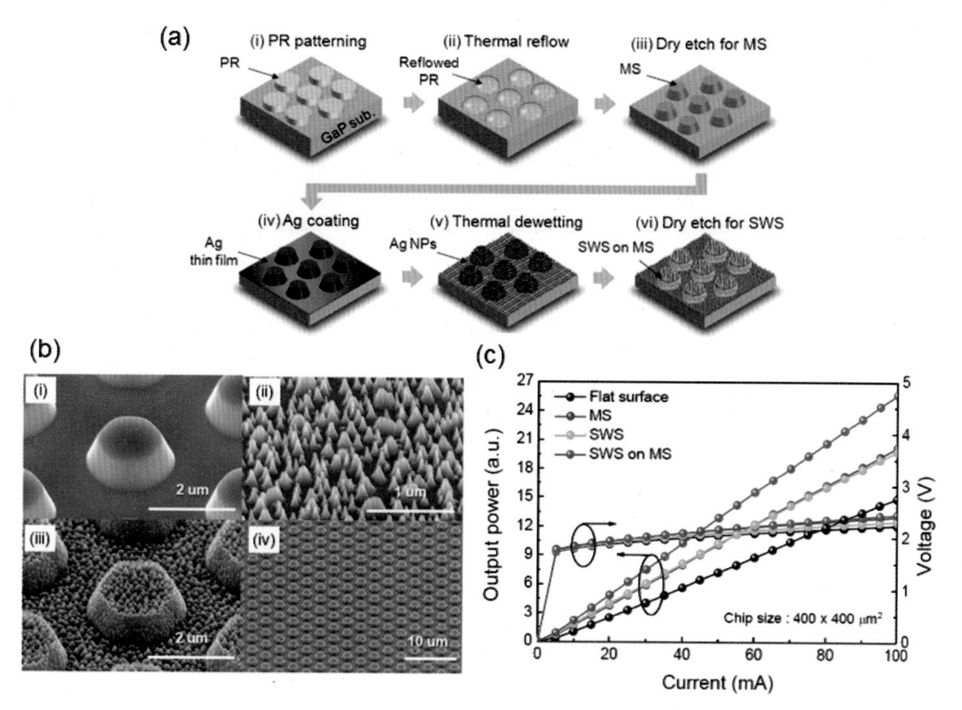


**그림 2-37** (a) 마이크로 및 subwavelength 구조 계층형 구조 형성 과정을 나타내는 모식도 (b) GaP 기판상에 형성된 (i) 마이크로 구조 (ii) subwavelength 구조 (iii), (iv) 마이크로 및 subwavelength 계층형 구조의 주사 현미경 이미지 (c) AlGaInP LED상에 형성된 서로 다른 표면 구조를 갖는 LED의 L-I-V 곡선[43]

그림 2-38(a)는 GaN 기반 수직형 LED상에 마이크로 및 subwavelength 구조체를 형성하는 과정을 보여주는 모식도이다.[44] 수직형 LED를 제작하기 위해 웨이퍼 본딩 시스템을 통해 $p$-Si 기판상에 본딩 후 LLO 공정을 통해 기판을 분리시킨다. undoped-GaN을 제거하고 그 위에 PR 패터닝 후 thermal reflow 공정을 진행하면 반구 형태의 마이크로돔 구조체를 형성할 수 있고 이를 마스크로 이용하여 건식 에칭하면 등근 마이크로미터 크기의 원뿔형 구조체를 형성할 수 있으며[그림 2-38(b)], ICP-RIE 챔버 내의 최적화된 조건을 통해 마이크로 구조체 위에 self-generated $GaCl_x$ 나노크러스터마스크를 이용하여 균일하고 높은 밀도를 갖는 subwavelength 구조체를 형성할 수 있다[그림 2-38(c)].

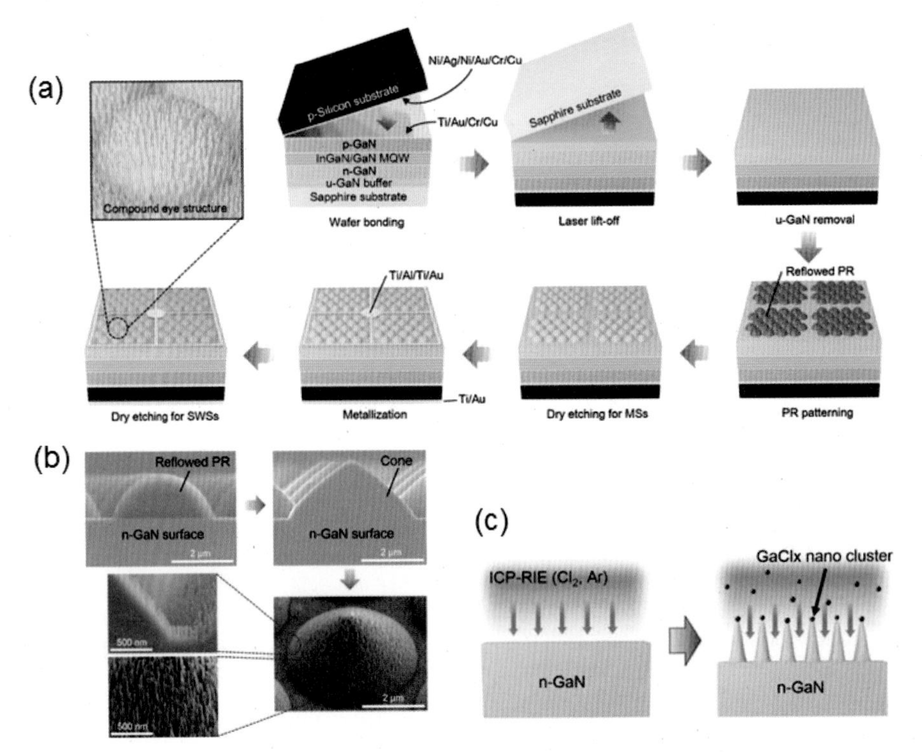


**그림 2-38** GaN 수직형 LED상에 thermal reflow 및 self-masked dry etching(SMDE) 공정을 통해 계층형 구조체를 형성하는 (a) 모식도와 (b) 관련 주사 현미경 이미지 및 (c) $GaCl_x$ 나노크러스터를 이용해 에칭하는 과정의 모식도[44]

그림 2-39(a)는 서로 다른 표면 구조체를 갖는 LED의 L-I-V 곡선을 보여주며, 평평한 표면을 갖는 flat LED(5.36mW/sr)보다 표면에 마이크로와 subwavelength 구조체를 갖는 LED(MSs LED: 15.19mW/sr, SWSs LED: 6.49mW/sr)들의 경우 광 출력 특성이 모두 증가한 것을 알 수 있다. 이 결과는 마이크로 및 subwavelength 구조체 모두 내부전반사 및 프레넬 반사를 효과적으로 줄일 수 있음을 나타내며, 두 구조체가 결합된 계층형 구조체가 형성된 LED$^{HSs\ LED}$의 경우 16.20mW/sr로 가장 높은 광 출력값을 보였다. 평평한 LED와 계층형 LED의 휘도를 비교한 이미지에서도 알 수 있듯 주입 전류가 50mA로 동일할 때 계층형 구조가 삽입된 LED의 경우 빛의 세기가 더 증가하였다[그림 2-39(b)].

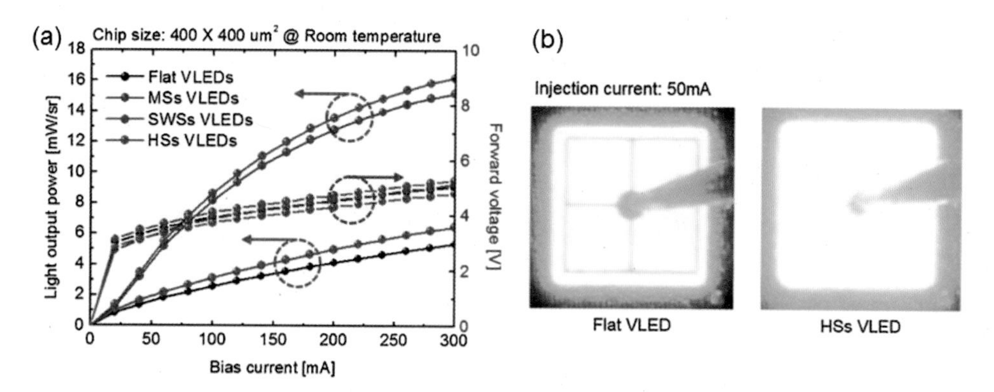


**그림 2-39** (a) 서로 다른 구조체를 갖는 LED의 L-I-V 곡선 및 (b) flat LED와 계층형 LED의 휘도 비교 이미지[44]

그림 2-40(a)는 GaN LED의 표면 구조체에 따른 광 추출효율을 계산한 결과를 보여준다.[45] 원뿔형 구조체가 형성된 LEDLED A와 LED 표면을 반구 형태로 돌출LED B시키거나 또는 움푹 파이게 한 LEDLED C의 경우 광 추출효율이 거의 비슷하나 구조체가 없는 reference LED 대비 모두 크게 향상된 광 추출효율을 얻을 수 있고, 반구 형태로 돌출되거나 움푹 파인 LED 표면을 에칭하여 계층형 구조체를 형성하게 되면LED D, LED E 보다 높은 광 추출효율을 갖게 된다. 그림 2-40(b)는 나노미터 크기의 원뿔형 구조체가 형성된 LED A, 그림 2-40(c)는 기존의 포토리소그래피 및 ICP-RIE를 통해 반구 형태로 돌출된 구조체를 형성 후 습식 에칭을 통해 계층형 구조체를 형성한 LED D, 그림 2-40(d)는 LLO 공정을 통해 반구 형태로 표면을 움푹 파이게 만든 후 습식 에칭을 통해 계층형 구조체를 형성한 LED E의 주사 현미경 이미지를 보여준다. 시뮬레이션 계산 결과 reference LED 대비 LED A, B, C, D, E의 광 추출효율은 각기 2.04, 2.09, 2.06, 2.40, 2.34배씩 증가하였다. 돌출된 표면에 습식 에칭을 통해 계층형 구조체를 형성한 LED D와 움푹 파인 표면에 습식 에칭을 통해 계층형 구조체를 형성한 LED E가 높은 향상도를 보인 것은 마이크로 및 나노미터의 계층형 구조에 의한 표면 텍스처링에 의해 빛의 산란이 증가했기 때문이다. LED 표면 자체를 에칭하여 계층형 구조를 형성하기도 하지만 마이크로미터 크기의 $p$-GaN 상에 $SiO_2$ 나노로드를 형성하여 계층형 구조를 구현함으로써 GaN LED의 광 추출효율을 향상시키는 보고도 있다.

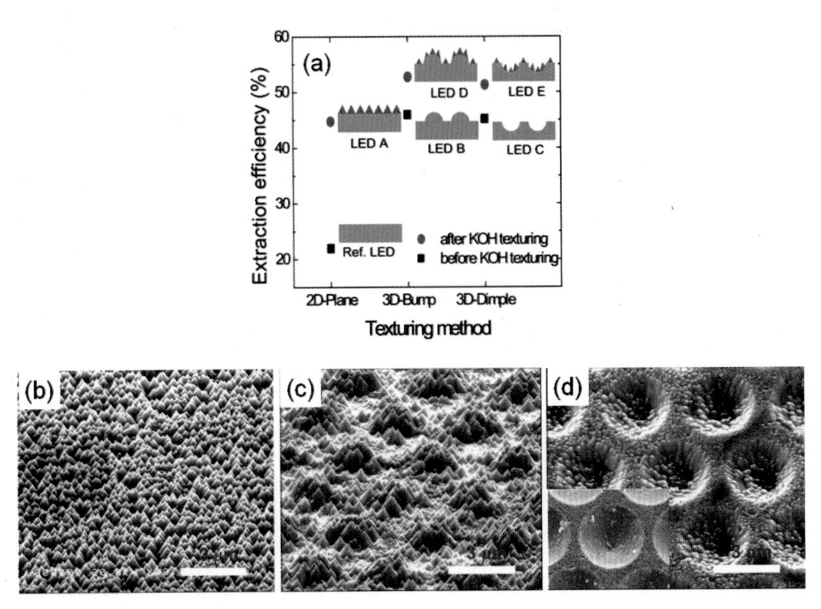


**그림 2-40** (a) LED 표면 구조체에 따른 광 추출효율 (b) LED A (c) LED D (d) LED E의 주사 현미경 이미지[45]

그림 2-41(a)와 같이 GaN 에피 성장 시 기판의 온도와 가스 유량을 조절함으로써 거친 $p$-GaN 표면을 형성할 수 있고, 이 위에 $SiO_2$와 Ag를 증착한 후 열처리를 통해 Ag 나노입자를 형성하고 이를 에칭 마스크로 사용하여 건식 에칭하면 그림 2-41(b)와 같은 $SiO_2$ 나노로드를 형성할 수 있다.[41] 그림 2-41(c)는 평평한 표면을 갖는 LED, $p$-GaN 표면이 마이크로돔으로 형성된 LED, 마이크로돔 위에 $SiO_2$ 나노로드가 형성된 계층형 구조 LED의 I-V 특성 곡선을 보여준다. 마이크로돔 구조를 갖는 LED나 계층형 구조를 갖는 LED 모두 평평한 표면을 갖는 LED 대비 20mA에서의 순전압이 감소하는데, 이는 거칠어진 표면에 의해 컨택 면적이 증가한 것으로 설명할 수 있다. 그림 2-41(d)는 주입 전류가 20mA일 때 서로 다른 표면을 갖는 세 LED의 EL 스펙트라를 나타내며 마이크로돔 구조체를 형성하면서 스트레인이 완화됨에 따라 청색 천이하는 경향을 보이는 것을 알 수 있다. 또한 마이크로돔 구조체는 내부전반사를 줄여주고 다중 반사를 증가시켜 주입 전류가 20mA일 때 16.7%의 광 출력 향상을 보였고, 불규칙한 경사면을 갖는 $SiO_2$ 나노로드가 도입됨에 따라 GaN와 공기 사이의 급작스러운 굴절률 변화를 완화시켜줌으로써 내부전반사 및 프레넬 반사가 더욱 줄어들게 되어 광 출력은 36.8%까지 향상됐다[그림 2-41(e)].

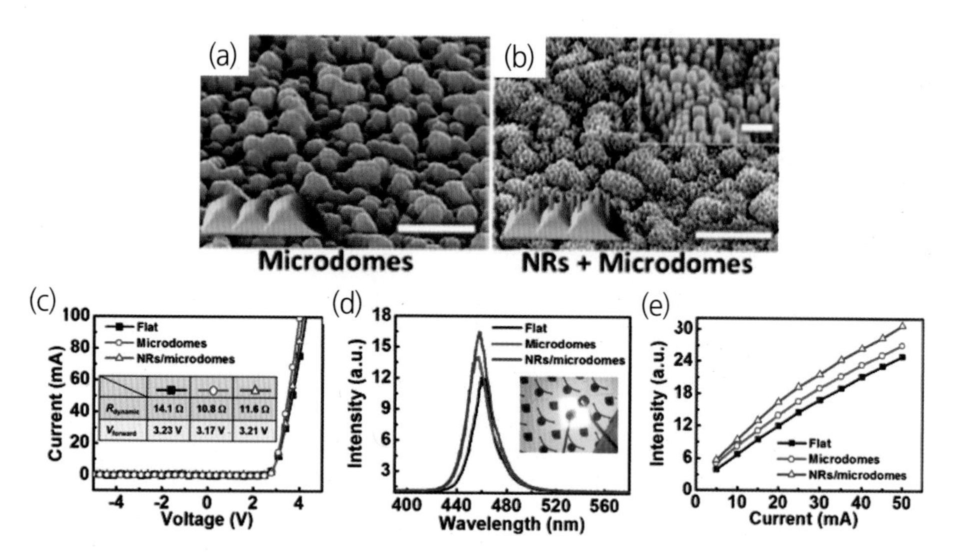


**그림 2-41** (a) 마이크로돔 구조체 및 (b) 계층형 구조체가 형성된 GaN LED 표면의 주사 현미경 이미지. 서로 다른 표면 구조체를 갖는 LED의 (c) I-V 곡선 (d) EL 스펙트라 및 (e) L-I 곡선[41]

LED상에 계층형 구조를 제작함으로써 LED와 공기의 계면에서 산란을 야기하는 마이크로 구조체와 LED의 표면에서 굴절률의 점진적인 변화를 야기하는 나노구조체의 시너지 효과를 통해 광 추출효율을 증가시킬 수 있다. 그러나 현재까지 보고된 연구결과에서는 대부분의 나노구조체가 비주기적으로 형성되어 있으며, 특히 굴곡이 있는 비평면 구조 위에 정렬된 주기적 나노구조체를 형성하는 기술은 현재 부재한 상황이다. 계층형 구조체의 표면에 결함이나 결점이 존재하더라도 그 기능을 유지하지만, 그럼에도 불구하고 생체 모방의 특정 기능성은 패턴의 정확성에 크게 의존한다. 따라서 자연의 형태를 효과적으로 모방한 잘 정렬된 계층형 구조의 제작은 우수한 광학적 특성을 갖는 고성능 LED 소자의 개발을 위해 매우 중요한 과제이다.

따라서 박성주 그룹은 이러한 문제점을 극복하기 위해 수직형 GaN 기반 LED 상에 주기적인 계층형 구조를 형성함으로써 광 추출효율을 극대화시켰으며, 오염방지 효과를 위한 초소수성과 초발유성 특성을 동시에 갖도록 설계하였다.[46]

그림 2-42는 수직형 GaN LED상에 주기적이고 계층적인 마이크로 및 나노구조체를 형성하는 모식도를 나타낸다. 사파이어 기판을 산소 플라즈마 처리oxygen plasma treatment한 후, 100nm의 지름을 갖는 실리카 나노스피어를 단일층으로 형성한다. 이 나노스피어는 에칭 마스크로 사용하기 위하여 나노패터닝 전사 방법을 통해 수직형 LED 표면의 마이크로돔 구조 위에 육방밀

집 구조로 균일하게 증착시킨다. 열 박리 테이프를 이용하여 일정한 열과 압력을 인가하면 비평면 구조인 마이크로돔 구조의 경사면에도 주기적인 나노패턴을 형성할 수 있다. ICP 에칭을 통해 수직형 LED상에 주기적이고 계층적인 마이크로 및 나노구조체를 형성할 수 있다.

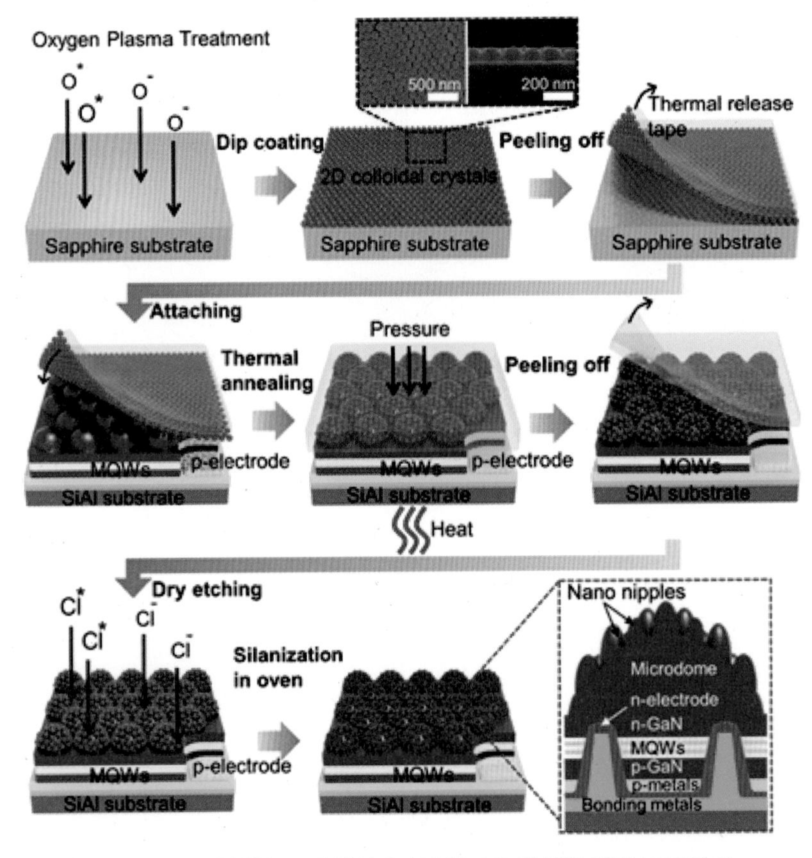


**그림 2-42** 계층형 구조가 형성된 수직형 LED의 제작 과정 모식도[46]

그림 2-43은 수직형 LED상에 제작된 계층형구조의 주사 현미경 이미지를 보여주며, 육방 밀집구조로 배열된 마이크로돔의 지름과 높이는 각각 3, 1.5$\mu$m이고 나노구조체의 지름과 높이는 각각 100, 300nm이다[그림 2-43(a)]. 에칭 시간이 늘어남에 따라 마이크로돔 구조 위에 코팅된 실리카 나노스피어가 점점 돌기 모양으로 변하는 것을 볼 수 있다[그림 2-43(b)].

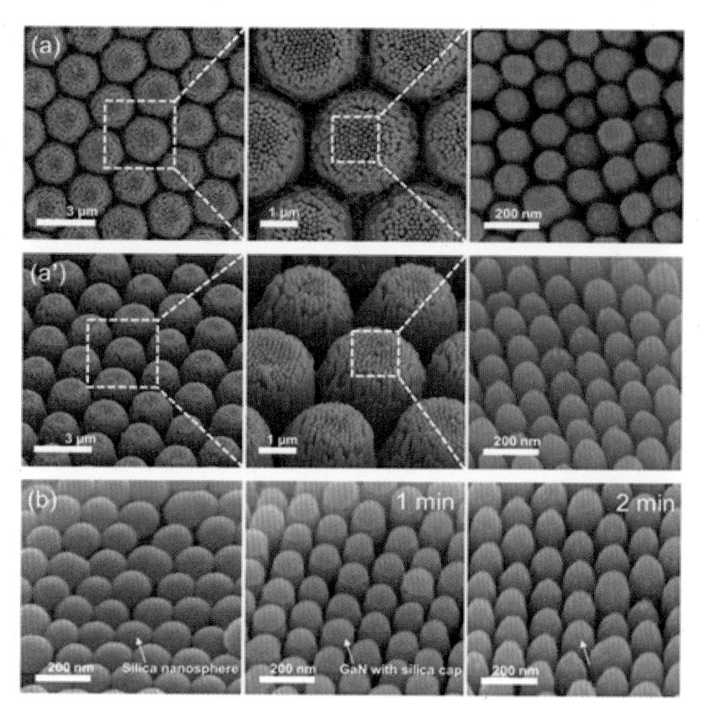


**그림 2-43** 나노스피어 리소그래피와 플라즈마 에칭을 통해 얻어진 수직형 LED상에 제작된 계층형 구조의 (a) top-view와 (a') 45° 기울어진 각도에서의 주사 현미경 이미지 (b) 실리카 나노스피어를 에칭 마스크로 하여 에칭시간의 변화에 따른 GaN 나노구조체의 이미지[46]

평평한 표면의 LED, 마이크로돔 구조체가 있는 LED 그리고 마이크로돔 및 나노구조체가 있는 계층형 LED의 I-V 특성은 순전압이 3.39~3.40V로 거의 같고 저항 역시 1.9~2.0Ω으로 비슷하며, 이를 통해 ICP 에칭 과정이 LED의 전기적 특성에 큰 영향을 주지 않는 것을 확인할 수 있다[그림 2-44(a)]. 주입 전류가 350mA일 때, EL 스펙트라의 세기는 계층성이 증가할수록 증가하는 것을 보여주며, 어떠한 peak 변화도 관측되지 않았다[그림 2-44(b)].

이 결과는 GaN상에 형성된 마이크로 및 나노구조체가 LED의 활성층 내에서 광학적 손실 없이 광 추출효율을 증가시켰음을 보여준다. 또한 주입 전류변화에 따른 광 출력 결과를 확인하였는데, 350mA의 주입 전류에서 평평한 LED 대비 마이크로돔 LED는 2.7배, 계층형 LED는 3.16배 높음을 알 수 있다[그림 2-44(c)]. 이러한 광 출력 증가 원인을 분석하기 위하여 구조별 EL 측정 중, 단면 공초점 스캐닝 전계발광 분광 현미경Confocal Scanning Electroluminescence Microscopy, CSEM을 이용한 표면 분석을 그림 2-44(d)와 같이 진행하였다. 계층형 구조가 형성된 LED의 EL

세기[그림 2-44(e)]는 마이크로돔 구조체만 형성된 LED[그림 2-44(d)]보다 상당히 높은 것을 보여준다.

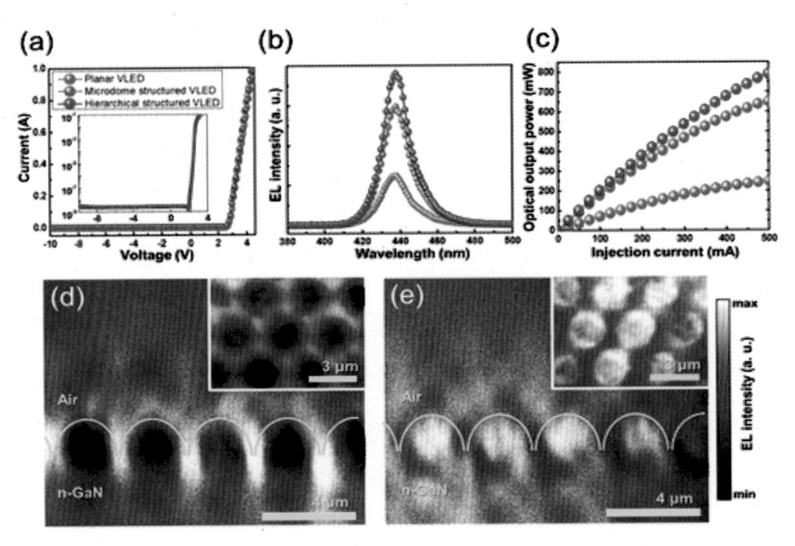


**그림 2-44** 계층형 구조를 갖는 LED의 전기적, 전계발광(EL) 특성과 planar LED, 마이크로 돔 구조를 갖는 LED와의 비교. (a) 서로 다른 표면 구조를 갖는 LED의 I-V 특성 (b) 주입 전류가 350mA일 때, 상온에서 LED의 전계발광 특성 (c) 주입 전류가 변함에 따라 LED의 광 출력 특성 (d) 마이크로 돔 구조 및 (e) 계층형 구조를 갖는 LED의 측면에서의 CSEM 이미지[46]

특히 그림 2-44(e)에서 계층형 구조체의 중심 부분에서 EL 세기가 가장 강한 것으로 보이는데, 이는 이곳에서 내부전반사가 더욱 감소되었기 때문이다. 마이크로돔 위에 형성된 나노구조체 간의 거리가 LED의 파장보다 짧기 때문에 유효매질 이론effective medium theory에 의하여 이 나노구조체는 점진적으로 변하는 굴절률을 갖는 매질로 생각할 수 있다. 따라서 GaN와 공기 계면에서의 굴절률의 점진적인 변화는 GaN에서 공기로 빠져나오는 빛의 투과율을 현저하게 증가시킬 수 있고, 이것은 계층형 구조의 표면에서 광 추출이 증가하는 결과를 가져온다.

다양한 각도에서 빛의 반사를 최소화할 수 있는 나방 눈의 겹눈 구조가 초소수성superhydrophobicity을 갖는 모기 눈mosquito eyes이나 연꽃잎 구조와 유사한 것에 주목하면, 광소자의 효율 향상뿐만 아니라 초소수/초발유 특성으로 인한 오염방지기능antifouling effect을 동시에 갖는 다기능 소자로 활용이 가능하다. 따라서 계층형 구조가 형성된 LED 표면의 습윤성을 관측하기 위하여 낮은 표면장력을 갖는 액체를 포함한 다양한 액체와의 접촉각contact angle을 측정하였다.

그림 2-45는 평면, 마이크로돔, 계층형 구조의 LED상에서 관측한 물방울과 옥수수기름 방울의 이미지이다. 표면 장력의 세기가 변함에 따라 각 LED와 접촉각이 달라지는데, 특히 높은 표면 장력을 갖는 물의 경우(72mN/m) LED의 표면 구조체 유무와 상관없이 모두 90° 이상의 접촉각을 갖는 것을 확인했다. 특히 표면 장력이 작은 $n$-hexadecane(27.5mN/m)의 경우, 마이크로돔이 형성된 LED에서의 접촉각이 평평한 표면의 LED 대비 38° 증가해 90° 이상이 됐고, 계층형 구조를 형성할수록 접촉각이 점차 증가하는 것을 보여준다. 이는 표면 장력이 작은 $n$-hexadecane의 선천적인 친유 특성oleophilic wetting behavior(<90°)이 마이크로돔 구조로 인해 발유 특성oleophobic behavior(>90°)으로 전환되었기 때문이다. 이 결과는 액체 아래의 마이크로돔 사이에서 에어 포켓이 형성되었고, 에어 포켓이 액체 방울의 접촉각을 증가시킬 수 있다는 Cassie-Baxter model로 설명할 수 있다.[47-48] 계층형 구조의 LED가 평면 또는 마이크로돔 구조가 있는 LED보다 에어 포켓이 더 많이 형성될 수 있는 구조이기 때문에, 어떠한 액체든지 구조체 표면에서 쉽게 제거가 가능한, 오염방지 기능에 적합하다.

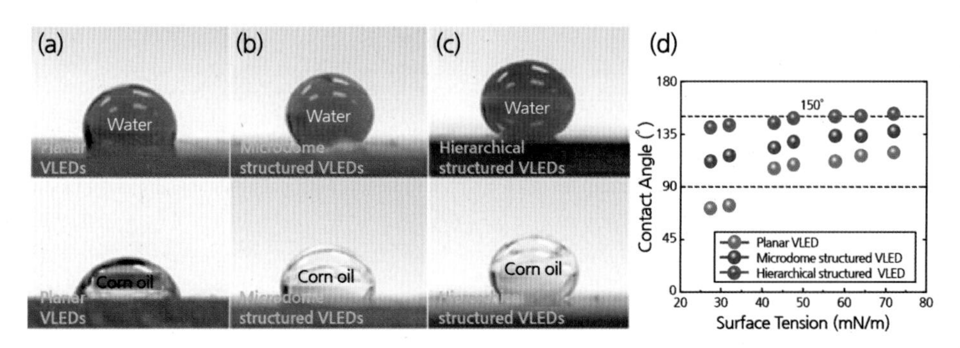


**그림 2-45** 서로 다른 구조를 갖는 LED 표면의 습윤 특성. (a) 평면 LED, (b) 마이크로돔 구조체가 있는 LED, (c) 마이크로돔 및 나노구조체가 있는 계층형 LED 표면에서의 물방울과 옥수수기름 방울의 접촉각 이미지 (d) 표면 장력이 변함에 따라 각 LED 표면에서의 접촉각 그래프[46]

이 결과는 마이크로 및 나노미터 크기의 계층형 구조체를 LED상에 형성함으로써 광 추출 효율을 향상시킬 뿐만 아니라, 오염방지 기능을 갖는 초소수성 및 초발유성의 추가적인 표면 특성을 부가함으로써 실외 전광판, 가로등, 옥외 조명 또는 지문 저항 표면finger-print resistant surface을 갖는 휴대폰이나 터치 패널 등 다양한 분야에서 기능성 광전 소자로 응용이 가능함을 시사한다. 더 나아가, 인체 내부에서 신경 조직이나 종양 조직에 국부적이고 일시적으로 정확한 빛을 비추어야 하는 광유전학 신경조절optogenetic neuromodulation 및 광역학요법photodynamic therapy과 같은 의료 분야에서도 이러한 다기능성 LED는 아주 중요한 광원 소스로 활용이 가능하다.

## 〔참고문헌〕


1. 박성주, 물리학과 첨단기술, November 13-15 (2008).
2. T. Fujii, Y. Gao, R. Sharma, E. L. Hu, S. P. DenBaars, and S. Nakamura, *Appl. Phys. Lett.* **84**, 855-857 (2004).
3. C. Huh, K.-S. Lee, E.-J. Kang, and S.-J. Park, *J. Appl. Phys.* **93**, 9383-9385 (2003).
4. J. H. Son, J. U. Kim, Y. H. Song, B. J. Kim, C. J. Ryu, and J.-L. Lee, *Adv. Mater.* **24**, 2259 (2012).
5. M. Y. Ke, C. Y. Wang, L. Y. Chen, H. H. Chen, H. L. Chiang, Y. W. Cheng, M. Y. Hsieh, C. P. Chen, and J. Huang, *IEEE J. Sel. Top. Quantum Electro.* **15**, 1242-1249 (2009).
6. T.-X. Lee, K.-F. Gao, W.-T. Chien, and C.-C. Sun, *Opt. Express* **15**, 6670-6676 (2007).
7. S. I. Na, G. Y. Ha, D. S. Han, S. S. Kim, J. Y. Kim, J. H. Lim, D. J. Kim, K. I. Min, and S. J. Park, *IEEE Photonics Technol. Lett.* **18**, 1512-1514 (2006).
8. J. M. Hwang, K. Y. Ho, Z. H. Hwang, W. H. Hung, K. M. Lau, and H. L. Hwang, *Superlattices Microstruct.* **35**, 45-57 (2004).
9. S. C. Hsu, C. Y. Lee, J. M. Hwang, J. Y. Su, D. S. Wuu, and R. H. Horng, *IEEE Photonics Technol. Lett.* **18**, 2472-2474 (2006).
10. D. Iida, S. Kawai, N. Ema, T. Tsuchiya, M. Iwaya, T. Takeuchi, S. Kamiyama, and I. Akasaki, *Appl. Phys. Lett.* 105, 072101 (2014).
11. http://www.ledsmagazine.com/articles/print/volume-11/issue-6/features/patterned-wafers/patterned-substrates-enhance-led-light-extraction.html
12. H.-J. Kang, H.-Y. Song, and M.-Y. Jeong, *Journal of Microelectronics & Packaging Society.* **18**, 91-95 (2011).
13. Y. Motokazu, M. Tomotsugu, N. Yukio, S. Shuji, N. Isamu, S. Shinya, D. Kouichiro, S. Masahiko, and M. Takashi, *Jpn. J. Appl. Phys* .**41**, L1431 (2002).
14. J. H. Lee, J. T. Oh, S. B. Choi, Y. C. Kim, and H. I. Cho, *IEEE Photonics Technology Letters* 2008, *20*, 345-347.
15. Y. J. Lee, J. M. Hwang, T. C. Hsu, M. H. Hsieh, M. J. Jou, B. J. Lee, T. C. Lu, H. C. Kuo, and S. C. Wang, *IEEE Photonics Technol. Lett.* **18**, 1152-1154 (2006).
16. Y. J. Lee, J. M. Hwang, T. C. Hsu, M. H. Hsieh, M. J. Jou, B. J. Lee, T. C. Lu, H. C. Kuo,

and S. C. Wang, *IEEE Photonics Technol. Lett.* **18**, 724-726 (2006).

17. H. Gao, F. Yan, Y. Zhang, J. Li, Y. Zeng, and G. Wang, *J. Appl. Phys.* **103**, 014314 (2008).
18. J. J. Chen, Y. K. Su, C. L. Lin, S. M. Chen, W. L. Li, and C. C. Kao, *IEEE Photonics Technol. Lett.* **20**, 1193-1195 (2008).
19. J. Jang, D. Moon, H.-J. Lee, D. Lee, D. Choi, D. Bae, H. Yuh, Y. Moon, Y. Park, and E. Yoon, *J. Cryst. Growth* **430**, 41-45 (2015).
20. Y.-J. Moon, D. Moon, J. Jang, J.-Y. Na, J.-H. Song, M.-K. Seo, S. Kim, D. Bae, E. H. Park, Y. Park, S.-K. Kim, and E. Yoon, *Nano Lett.* **16**, 3301-3308 (2016).
21. J. Zhong, H. Chen, G. Saraf, Y. Lu, C. K. Choi, J. J. Song, D. M. Mackie, and H. Shen, *Appl. Phys. Lett.* **90**, 203515 (2007).
22. K.-K. Kim, S.-d. Lee, H. Kim, J.-C. Park, S.-N. Lee, Y. Park, S.-J. Park, and S.-W. Kim, *Appl. Phys. Lett.* **94**, 071118 (2009).
23. J.-W. Kang, M.-S. Oh, Y.-S. Choi, C.-Y. Cho, T.-Y. Park, C. W. and Tu, S.-J. *Electrochem. Solid State Lett.* **14**, H120-H123 (2011).
24. Y.-C. Leem, N.-Y. Kim, W. Lim, S.-T. Kim, and S.-J. Park, *Nanoscale* **6**, 10187-10192 (2014).
25. B.-U. Ye, B. J. Kim, Y. H. Song, J. H. Son, H. k. Yu, M. H. Kim, J.-L. Lee, and J. M. Baik, *Adv. Func. Mater.* **22**, 632-639 (2012).
26. H. Jeong, D. J. Park, H. S. Lee, Y. H. Ko, J. S. Yu, S.-B. Choi, D.-S. Lee, E.-K. Suh, and M. S. Jeong, *Nanoscale* **6**, 4371-4378 (2014).
27. H. Jeong, and M. S. Jeong, *J. Alloy. Compd.* **660**, 480-485 (2016).
28. Y.-H. Hsiao, C.-Y. Chen, L.-C. Huang, G.-J. Lin, D.-H. Lien, J.-J. Huang, J.-H. He, *Nanoscale* **6**, 2624-2628 (2014).
29. C. Y. Cho, N. Y. Kim, J. W. Kang, Y. C. Lee, S. H. Hong, W. Lim, S. T. Kim, and S. J. Park, *Appl. Phys. Express* 6, 042102 (2013).
30. Y.-C. Yao, J.-M. Hwang, Z.-P. Yang, J.-Y. Haung, C.-C. Lin, W.-C. Shen, C.-Y. Chou, M.-T. Wang, C.-Y. Huang, C.-Y. Chen, M.-T. Tsai, T.-N. Lin, J.-L. Shen, and Y.-J. Lee, *Sci Rep* **6**, 22659 (2016).
31. Y.-C. Leem, O. Seo, Y.-R. Jo, J. H. Kim, J. Chun, B.-J. Kim, D. Y. Noh, W. Lim, Y.-I. Kim, and S.-J. Park, *Nanoscale* **8**, 10138-10144 (2016).
32. https://upload.wikimedia.org/wikipedia/commons/thumb/d/d7/Blue_Morpho.jpg/1200px-Blue_Morpho.jpg, http://soft-matter.seas.harvard.edu/images/thumb/e/e2/Opal.jpg/300px-Opal.jpg,

https://www.tf.uni-kiel.de/matwis/amat/iss/kap_6/illustr/opal_kristall_small.jpg

33. T. N. Oder, K. H. Kim, J. Y. Lin, and H. X. Jiang, *Appl. Phys. Lett.* **84**, 466-468 (2004).
34. D.-H. Kim, C.-O. Cho, Y.-G. Roh, H. Jeon, Y. S. Park, J. Cho, J. S. Im, C. Sone, Y. Park, W. J. Choi, and Q.-H. Park, *Appl. Phys. Lett.* **87**, 203508 (2005).
35. J.-Y. Kim, M.-K. Kwon, S.-J. Park, S. H. Kim, and K.-D. Lee, *Appl. Phys. Lett.* **96**, 251103 (2010).
36. S. Fan, P. R. Villeneuve, J. D. Joannopoulos, and E. F. Schubert, *Phys. Rev. Lett.* **78**, 3294-3297 (1997).
37. J.-Y. Kim, M.-K. Kwon, K.-S. Lee, S.-J. Park, S. H. Kim, and K.-D. Lee, *Appl. Phys. Lett.* **91**, 181109 (2007).
38. M.-K. Kwon, J.-Y. Kim, I.-K. Park, K. S. Kim, G.-Y. Jung, S.-J. Park, J. W. Kim, and Y. C. Kim, *Appl. Phys. Lett.* **92**, 251110 (2008).
39. C.-Y. Cho, S.-E. Kang, K. S. Kim, S.-J. Lee, Y.-S. Choi, S.-H. Han, G.-Y. Jung, and S.-J. Park, *Appl. Phys. Lett.* **96**, 181110 (2010).
40. http://www.hellodd.com/?md=news&mt=view&pid=39922
41. C.-H. Ho, Y.-H. Hsiao, D.-H. Lien, M. S. Tsai, D. Chang, K.-Y. Lai, C.-C. Sun, and J.-H. He, *Appl. Phys. Lett.* **103**, 161104 (2013).
42. Y. T. Wang, Y. Chou, L. Y. Chen, Y. F. Yin, Y. C. Lin, and J. J. Huang, *IEEE J. Quantum Electron.* **49**, 11-16 (2013).
43. Y. M. Song, G. C. Park, S. J. Jang, J. H. Ha, J. S. Yu, and Y. T. Lee, *Opt. Express* **19**, A157-A165 (2011).
44. E. K. Kang, E. Kwon, J. W. Min, Y. M. Song, and Y. T. Lee, *Jpn. J. Appl. Phys.* **54**, 06FH02 (2015).
45. H. Kim, K. K. Choi, K. K. Kim, J. Cho, S. N. Lee, Y. Park, J. S. Kwak, and T. Y. Seong, *Opt. Lett.* **33**, 1273-1275 (2008).
46. Y.-C. Leem, J. S. Park, J. H. Kim, N. Myoung, S.-Y. Yim, S. Jeong, W. Lim, S.-T. Kim, and S.-J. Park, *Small* **12**, 161-168 (2016).
47. R. N. Wenzel, *Ind. Eng. Chem.* **28**, 988-994 (1936).
48. P. Roach, N. J. Shirtcliffe, and M. I. Newton, *Soft Matter* **4**, 224-240 (2008).

CHAPTER

# 03 표면 플라즈몬을 이용한 발광 다이오드

## 3.1 표면 플라즈몬의 기초

플라즈몬plasmon이란 금속 내부에 존재하는 자유전자들의 집단적인 진동을 나타내는 준입자를 의미하며, 벌크 플라즈몬bulk plasmon과 표면 플라즈몬surface plasmon으로 분류된다. 벌크 플라즈몬은 금속 내부에 존재하는 전자의 진동 현상으로 특정 플라즈몬 진동수($\omega_p$)를 가지며, 표면 플라즈몬은 금속과 유전체 계면에 존재하는 전자의 진동 현상으로 벌크 플라즈몬보다 $\sqrt{2}$ 배 적은 에너지를 가지고 있다. 1956~1960년 사이에 여러 연구진들이 측정한 금속 박막의 전자에너지 손실electron energy loss 스펙트럼을 통하여 2개의 에너지 피크가 존재한다는 것을 확인하였다.[1-3] 그림 3-1(a)는 Powell과 Swan이 1960년에 발표한 알루미늄 박막에서의 전자에너지 손실 스펙트럼을 보여주고 있다.[3] 15.3eV와 10.3eV에 두 개의 피크가 존재하는데, 시간이 지나면서 알루미늄 박막이 산화되면 10.3eV의 피크 세기가 감소하는 것이 확인된다. 여기서 발견된 10.3eV의 피크는 새롭게 발견된 것으로, 표면 플라즈몬으로 명명되었으며 벌크 플라즈몬의 $1/\sqrt{2}$ 배 크기에 해당하는 에너지를 가지는 것으로 확인되었다. 그림 3-1(b)와 같이 금속 표면에 존재하는 플라즈몬의 진동 현상은 표면에 전자기파 모드를 형성하여 표면 플라즈몬 폴라리톤surface plasmon polariton이라고도 불리며, 공명 현상을 통해 빛과 서로 상호작용한다. 빛과 표면 플라즈몬 폴라리톤 간의 공명 현상을 조절하거나 이용하는 연구 분야를 플라즈모닉스plasmonics라고 하며, 다양한 분야에서 활발한 연구가 이루어지고 있다. 본 장에서는 이러한 표면 플라즈몬에 대한 기초적인 지식과 플라즈모닉스가 현재 발광 다이오드 분야에 어떻게 응용되고 있는지 알아보았다.

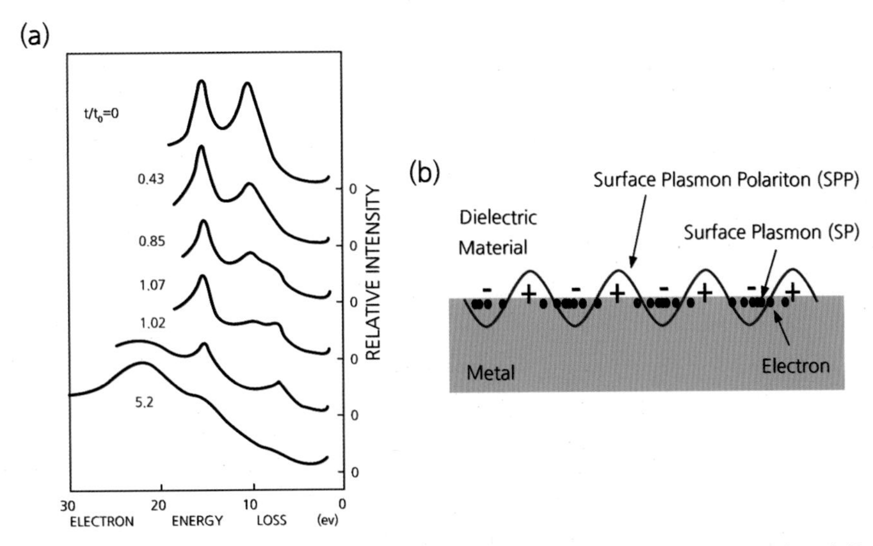


**그림 3-1** (a) 알루미늄 박막의 시간에 따른 전자에너지 손실 스펙트럼 (b) 금속과 유전체 사이에 존재하는 표면 플라즈몬과 표면 플라즈몬 폴라리톤에 대한 모식도[3]

## 3.1.1 표면 플라즈몬의 분산관계

표면 플라즈몬은 금속 표면에 전자기파 형태로 존재하는 자유 전자들의 집단적인 진동을 의미한다. 그림 3-2는 금속(유전상수 = $\varepsilon_1$)과 유전체(유전상수 = $\varepsilon_2$) 계면에 존재하는 표면 플라즈몬 폴라리톤의 전하와 전자기파 형태의 거동에 대한 모식도이다.

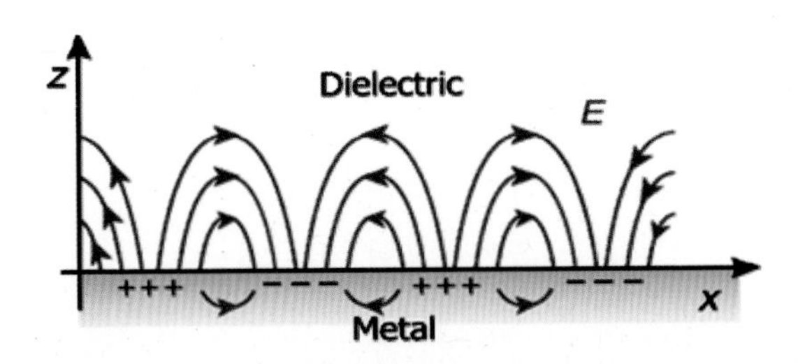


**그림 3-2** 유전체와 금속 경계면에 존재하는 표면 플라즈몬의 전기장의 분포

그림 3-2에서 유전체 표면에 존재하는 전기장과 자기장은 다음과 같이 나타낸다.[4]

$$H_z = (0, H_{y2}, 0)\exp i(k_{x2}x + k_{z2}z - wt)$$

$$E_z = (E_{x2}, 0, E_{z2})\exp i(k_{x2}x + k_{z2}z - wt)$$

금속 표면에 존재하는 전기장과 자기장의 경우 다음과 같이 표현된다.

$$H_z = (0, H_{y1}, 0)\exp i(k_{x1}x + k_{z1}z - wt)$$

$$E_z = (E_{x1}, 0, E_{z1})\exp i(k_{x1}x + k_{z1}z - wt)$$

전자기장의 경우 $x$, $y$, $z$축에 관하여 연속적으로 존재해야 하므로 다음과 같은 관계식이 존재한다.

$$E_{x1} = E_{x2},\ H_{y1} = H_{y2},\ \varepsilon_1 E_{z1} = \varepsilon_2 E_{z2}$$

그리고 Maxwell 방정식을 사용하여 전기장과 자기장 성분을 소거하면 다음과 같은 식을 얻는다.

$$\frac{k_{z1}}{\varepsilon_1} + \frac{k_{z2}}{\varepsilon_2} = 0,\ \ k_x^2 + k_{zi}^2 = \varepsilon_i\left(\frac{w}{c}\right)^2,\ \ (i = 1,\ 2)$$

최종적으로 다음과 같은 분산관계식을 얻게 된다.

$$k_x = \frac{w}{c}\left(\frac{\varepsilon_1\varepsilon_2}{\varepsilon_1 + \varepsilon_2}\right)^{\frac{1}{2}}$$

이 식은 금속과 유전체 사이에 존재하는 표면 플라즈몬의 분산관계식으로, 파수wave number는 빛의 주파수와 금속과 유전체의 유전 상수에 따라 다양한 특성을 가진다.

그림 3-3은 빛과 표면 플라즈몬의 분산관계 그래프이다. 붉은색 선은 빛의 분산관계를 의미하며 파란색 선은 표면 플라즈몬의 분산관계를 나타낸다. 저진동수 영역low frequency(적외선 이하)에서는 빛과 표면 플라즈몬 간의 분산관계는 유사하지만 높은 진동수high frequency(가시광선 이상)에서는 빛과 표면 플라즈몬의 운동량 차이가 존재하여 서로 간의 직접적인 상호 작용이 어렵다. $k_x$가 가장 큰 지점인 $\varepsilon_1(\omega) = -\varepsilon_2$인 지점에서 진동수는 포화상태가 되며 다음 수식과 같이 정의될 수 있다.

$$\varepsilon_1(\omega) = 1 - \frac{\omega_p^2}{\omega^2} = -\varepsilon_2$$

$$\omega = \left(\frac{\omega_p^2}{1+\varepsilon_2}\right)^{\frac{1}{2}} = \frac{\omega_p}{\sqrt{1+\varepsilon_2}} = \omega_{sp}$$

위 수식에서 진동수가 포화 상태일 때의 진동수($\omega$)를 표면 플라즈몬 진동수($\omega_{sp}$)라고 부른다. 수식을 통해 앞서 소개한 알루미늄 박막에 전자 에너지 손실 스펙트럼과 같이 진공인 상태에서($\varepsilon_2 = 1$)에서 표면 플라즈몬의 진동수는 벌크 플라즈몬($\omega_p$)의 $1/\sqrt{2}$배 크기의 진동수를 가진다는 것을 알 수 있으며 유전체의 유전상수에 따라 변한다는 것을 알 수 있다.

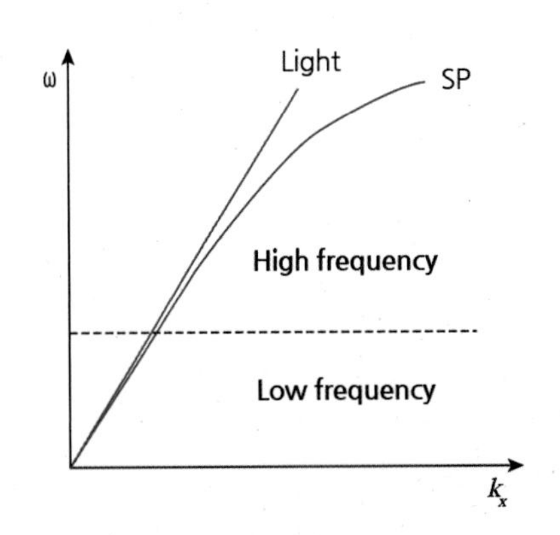


**그림 3-3** 빛과 표면 플라즈몬의 분산관계 그래프

### 3.1.2 표면 플라즈몬의 전파 길이와 침투 깊이

표면 플라즈몬은 유전체와 금속의 계면 사이에 국부적으로 존재하는 전자기장으로 금속, 유전체에 서로 다른 전파길이propagation length, $L_x$와 침투깊이penetration depth, $D_z$를 가진다. 앞서 사용하였던 표면 플라즈몬의 분산관계 식에서 표면 플라즈몬의 분산관계식을 복소파 벡터complex wave vector($k_x = k_x{}' + ik_x{}''$)로 표시하면 다음의 식과 같이 정의될 수 있다.[5]

$$k_x = \frac{\omega}{c}\sqrt{\frac{\varepsilon'_1(\omega)\varepsilon_2(\omega)}{\varepsilon'_1(\omega)+\varepsilon_2(\omega)}} + \frac{\omega}{c}\left(\frac{\varepsilon'_1(\omega)\epsilon_2(\omega)}{\varepsilon'_1(\omega)+\epsilon_2(\omega)}\right)^{\frac{3}{2}}\frac{\varepsilon''_1(\omega)}{2(\varepsilon'_1(\omega))^2}i,\ \varepsilon_1 = \varepsilon'_1 + \varepsilon''_1 i$$

첫 번째 항은 표면 플라즈몬의 분산관계dispersion relation, 두 번째 항은 댐핑damping과 관련된 부분으로 표면 플라즈몬 폴라리톤은 전파 거리에 따라 파의 세기가 감소하는 소멸파라는 것을 알 수 있다.

$z$축에 따른 표면 플라즈몬 거동의 경우 다음과 같은 식으로 표현된다.

$$k_{zi} = \sqrt{\varepsilon_i\left(\frac{w}{c}\right)^2 + k_x^2},\ (i = 1,2)$$

$k_x$는 빛의 파수($k = w/c$)보다 크기 때문에 그림 3-3에서 보이는 바와 같이 $z$축에 대한 표면 플라즈몬 폴라리톤의 파수는 허수값을 가지며, 이는 표면 플라즈몬 폴라리톤이 $z$축으로 전파되지 않고 감소한다는 것을 의미한다.

그림 3-4는 알루미늄, 은, 금의 질화갈륨GaN 계면에서의 표면 플라즈몬의 분산관계를 보여준다.[6] 가시광 영역에서 표면 플라즈몬의 파수$k_{SP}$는 빛의 파수보다 훨씬 크며, 이는 표면 플라즈몬 폴라리톤이 빛의 파장보다 작은 크기의 나노공간에 전파될 수 있는 특징을 가진다는 것을 의미한다. 표면 플라즈몬의 파수가 무한대일 경우의 진동수를 표면 플라즈몬 진동수surface plasmon frequency라고 한다. 그림 3-4(a)와 같이 Al, Ag, Au 금속들의 GaN 위에서의 표면 플라즈몬 진동에너지는 각각 5.7eV(220nm), 2.9eV(430nm), 2.3eV(540nm)를 가지며, 각각의

금속 물질에 따라 자외선, 청색, 적색 발광 다이오드에 적용할 수 있다. 그림 3-4(b)는 GaN 표면에서의 플라즈몬의 전파거리와 침투 깊이를 나타낸다. 표면 플라즈몬 폴라리톤은 GaN 표면에서 금속 물질에 따라 수십에서 수백 마이크로 길이를 전파할 수 있다. GaN 표면에서의 표면 플라즈몬의 침투 깊이는 파장에 따라 달라지며 최대 1$\mu$m의 침투 깊이를 가지는 것을 확인할 수 있다. 이는 표면 플라즈몬이 GaN와 금속 계면에서 국부적으로 강한 전자기장을 가지며, 이러한 강한 전자기장은 표면 플라즈몬의 중요한 특징이다.

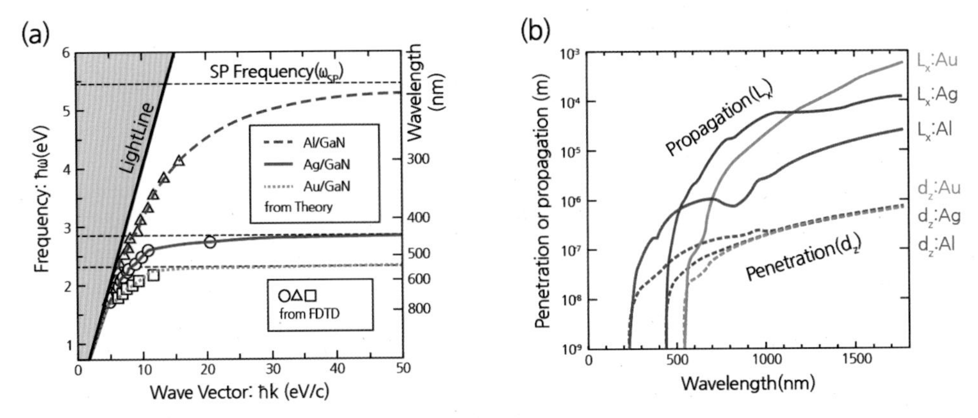


**그림 3-4** (a) GaN 표면에 존재하는 Al, Ag, Au의 표면 플라즈몬 분산관계 (b) GaN 표면에서 Al, Ag, Au의 침투와 전파 거리[6]

## 3.1.3 표면 플라즈몬의 광학적 여기

표면 플라즈몬과 빛의 분산관계식에서 정의되었듯이, 표면 플라즈몬의 파수는 빛의 파수보다 크기 때문에 빛과 표면 플라즈몬의 공명 현상이 발생하기 어려우므로, 인위적인 방식으로 표면 플라즈몬과 빛의 파수를 조절하여 공명 현상을 일으킨다. 금속 표면에 나노구조체가 존재하면 격자운동량이 형성되며, 이를 이용하여 빛의 파수를 변화시킬 수 있다.[5] 빛이 주기 $a$를 가지는 금속 격자를 $\theta$의 각도로 입사하게 되면 금속 격자로 인하여 빛의 운동량이 변화하게 된다. 빛의 파수와 표면 플라즈몬의 파수가 일치하게 될 경우를 다음과 같은 분산 관계로 표시할 수 있다.

$$k = \frac{w}{c}\sin\theta \pm \nu g = \frac{w}{c}\sin\theta \pm \Delta k = \frac{w}{c}\sqrt{\frac{\varepsilon}{\varepsilon+1}} = k_{sp}$$

$\nu$는 정수이며, $g = \frac{2\pi}{a}$로 격자의 주기성과 관련이 있다. $\Delta k$는 이러한 격자에 의한 빛의 파수의 변화량이다. 그림 3-5는 격자에 빛이 입사한 경우의 표면 플라즈몬과 빛의 분산관계 그래프이다. 푸른색 영역은 금속의 광원뿔light cone로 빛이 푸른색 영역에 입사될 경우 금속 박막을 투과할 수 있지만 그림과 같이 광원뿔 영역에 포함되지 않는 각도로 입사될 경우 반사가 된다. 하지만 빛이 격자에 의하여 (1)과 같이 운동량이 $\Delta k$만큼 변화하게 되어 표면 플라즈몬과 빛의 파수가 일치하게 되면 빛과 플라즈몬 사이에 공명 현상이 발생하고 (2)와 같이 주기 $a$를 가지는 격자에 의해 다시 운동량이 변하게 되면 빛과 표면 플라즈몬의 결합coupling이 깨지면서 다시 빛으로 방출하게 된다. 이러한 방법으로 금속 나노구조체를 이용하여 표면 플라즈몬과 빛의 공명 현상을 제어하는 방식은 다양한 분야에 적용되고 있다.

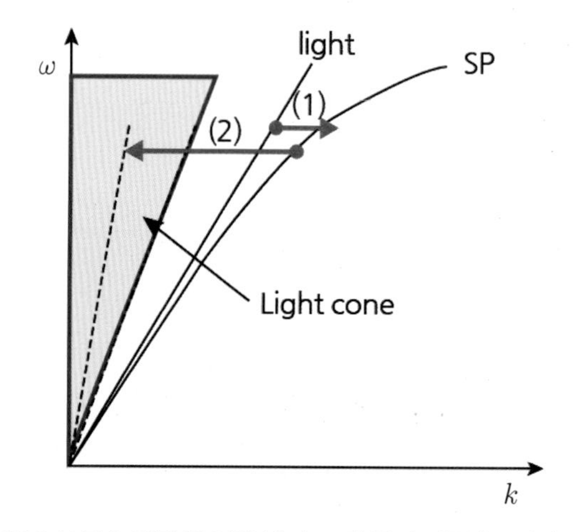


**그림 3-5** 금속 격자에 의한 빛과 표면 플라즈몬의 분산관계

## 3.2 발광 다이오드에서의 플라즈몬 응용

그림 3-6은 발광 다이오드 내부에서 표면 플라즈몬 공명 현상과 빛의 방출 과정에 대한 모식도이다. 일반적인 발광 다이오드의 경우 전류가 주입되면 엑시톤이 형성되어 방사 재결합radiative recombination과 비방사 재결합nonradiative recombination으로 인하여 포톤photon과 포논phonon으로 변화하게 된다. 플라즈몬을 이용한 발광 다이오드의 경우 기존의 발광 다이오드의 발광 현상에 표면 플라즈몬-엑시톤SP-exciton 결합과 표면 플라즈몬-광SP-photon 결합을 이용한 새로운 발광 메커니즘을 가진다. 플라즈몬-엑시톤 결합의 경우 발광 다이오드의 내부 양자효율을 증가시킬 수 있으며, 플라즈몬-광 결합의 경우 내부에 갇혀 있는 빛의 방출을 증가시킬 수 있다. 플라즈몬을 이용한 발광 다이오드는 이러한 표면 플라즈몬-엑시톤 결합과 표면 플라즈몬-광 결합 현상에서 발생하는 포논을 최소화할 수 있는 구조의 금속 나노구조체를 사용하여 광소자의 효율을 증가시키는 연구가 진행되고 있다. 본 절에서는 금속 나노구조체에 따른 발광 다이오드의 내부양자효율 향상 방법과 광 추출효율을 증가시키기 위한 방법에 대하여 기술하고자 한다.

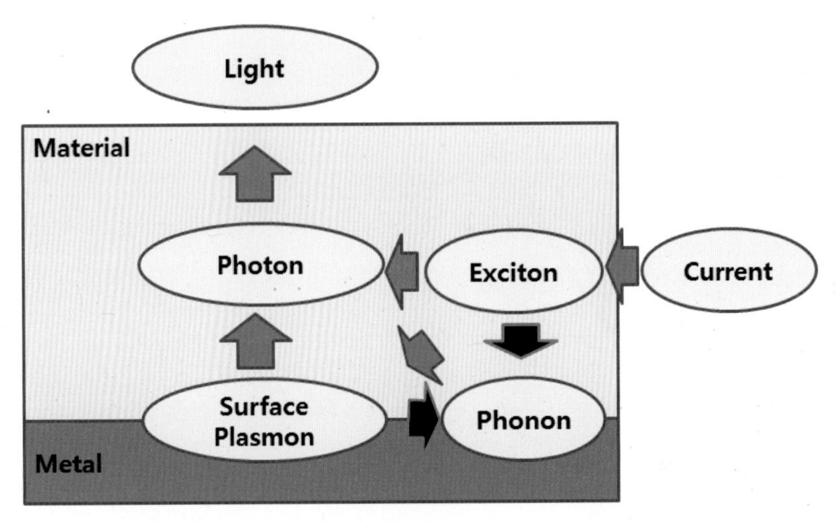


**그림 3-6** 표면 플라즈몬에 의한 발광 다이오드 내부 에너지 변화

### 3.2.1 표면 플라즈몬에 의한 내부양자효율 향상

표면 플라즈몬과 양자우물 간의 공명 현상으로 인한 내부양자효율은 다음과 같다.[7]

기존 LED의 내부양자효율은 다음과 같이 표현할 수 있고,

$$\eta(\omega)=\frac{k_{rad}(\omega)}{k_{rad}(\omega)+k_{non}(\omega)}$$

표면 플라즈몬을 적용한 LED의 내부양자효율은 다음과 같이 기술할 수 있다.

$$\eta^*(\omega)=\frac{k_{rad}(\omega)+C_{ext}^{'}(\omega)k_{SPC}(\omega)}{k_{rad}(\omega)+k_{non}(\omega)+k_{SPC}(\omega)}$$

$\eta^*$은 표면 플라즈몬과 양자우물 간의 공명 현상으로 증가된 발광 다이오드의 내부양자효율이며, $C_{ext}^{'}$는 표면 플라즈몬으로부터 광으로의 변환률, $k_{SPC}$는 표면 플라즈몬과 양자우물 안에 존재하는 엑시톤 간의 공명 현상으로 인한 결합률을 의미한다. 페르미 골든룰Fermi's golden rule을 이용하여 $k_{SPC}$를 표현하면 다음과 같다.[8]

$$k_{SPC}(w)=\frac{2\pi}{\hbar}|\vec{d}\cdot\vec{E}(w)|^2\rho(w)$$

$\vec{d}$는 전자와 홀 쌍의 쌍극자모멘트이며, $\vec{E}$는 발광층 내에 표면 플라즈몬에 의하여 발생한 전기장, $\rho(w)$는 표면 플라즈몬 폴라리톤의 상태밀도를 의미한다. 표면 플라즈몬 폴라리톤의 상태밀도는 앞서 보인 분산관계에서의 기울기($dk/dw$)에 비례하며 이는 분산관계 그래프에서 최댓값을 가지는 파장인 표면 플라즈몬 공명 파장에서 가장 높은 상태밀도를 가진다는 것을 알 수 있다. 따라서 공명 현상에 의한 표면 플라즈몬과 엑시톤의 결합률은 표면 플라즈몬 공명 파장의 결합률보다 매우 빠른 특성을 가진다는 것을 알 수 있다. $C_{ext}^{'}$의 경우 금속

구조체의 구조와 형태에 의해 빛이 금속 표면에 산란되는 것과 손실되는 것의 비율이 결정되므로, 금속의 종류 및 형태에 매우 큰 영향을 받는다. 표면 플라즈몬을 적용한 내부양자효율은 표면 플라즈몬과 엑시톤의 공명 현상으로 인한 결합률과 표면 플라즈몬으로부터 광으로의 변환율의 곱으로 표현하며, 발광 다이오드의 내부양자효율에 큰 영향을 미친다.

표면 플라즈몬에 의한 자발광spontaneous emission 정도는 Purcell enhancement factor$F(\omega)$로 정의되며, 다음과 같이 표현할 수 있다.

$$F(w) = \frac{k_{SPC}(w)}{k_{rad}(w)}$$

그림 3-7(a)는 각 파장에 따른 Purcell enhancement factor와 표면 플라즈몬의 분산관계에 대한 기울기($dk/dw$)를 나타낸다.[8] 이 그림에서 표면 플라즈몬의 분산관계에 대한 기울기와 Purcell enhancement factor가 서로 동일한 값을 가지는 것을 알 수 있으며, 이를 통해 표면 플라즈몬의 상태 밀도와 Purcell enhancement factor가 서로 비례한다는 것을 알 수 있다. 그림 3-7(b)은 Purcell enhancement factor값에 따른 발광 다이오드의 내부양자효율에 변화를 표현한 것으로, Purcell enhancement factor값이 증가할수록 내부양자효율은 증가하게 된다. 내부양자효율이 높은 발광 다이오드에 표면 플라즈몬 기술을 적용할 경우 내부양자효율 변화는 효율이 낮은 발광 다이오드에 적용할 경우보다 증가폭이 작지만, Purcell enhancement factor를

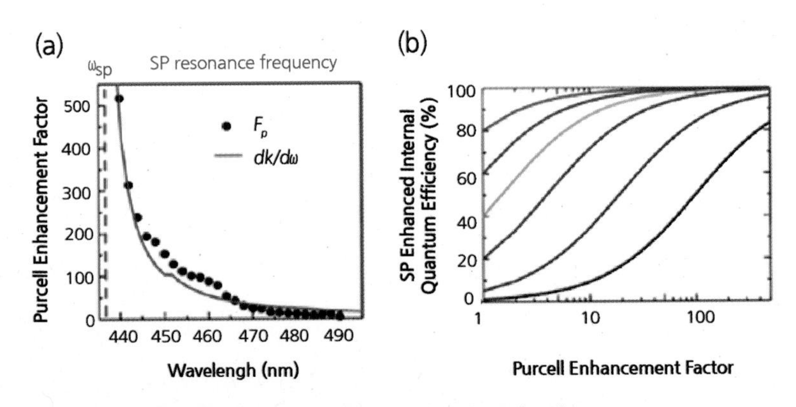


**그림 3-7** (a) Ag/GaN의 표면 플라즈몬 폴라리톤의 분산관계 그래프와 Purcell enhancement factor (b) Purcell enhancement factor에 따른 내부양자효율 변화[7]

증가시켜서 내부양자효율을 플라즈몬 적용 이전의 내부양자효율과 상관없이 100%에 도달할 수 있는 것을 알 수 있다.

표면 플라즈몬을 적용한 고효율 발광 다이오드를 제작하기 위해서는 발광 다이오드의 발광 파장과 표면 플라즈몬의 공명 파장을 서로 일치시켜야 한다. 그림 3-8(a)와 같이 일반적인 발광 다이오드의 경우 발광 파장에 관계없이 광 발광photoluminescence, PL 세기가 동일한 감쇠곡선decay curve을 보여주는 반면에 표면 플라즈몬을 적용한 발광 다이오드의 경우 440nm에서 급격하게 감소하는 빠른 감쇠 시간decay time을 보여준다.[9] 이는 GaN 내에 삽입되는 Ag 입자가 가지는 표면 플라즈몬 공명 파장이 발광 다이오드에서 발광하는 440nm 파장과 일치하여 내부양자효율이 증가하기 때문에 감쇠 시간이 감소하는 현상이 발생한 것이다. 이처럼 표면 플라즈몬의 효과를 최대화하기 위해서는 금속의 표면 플라즈몬 파장과 발광 다이오드의 발광 파장의 일치가 요구된다.

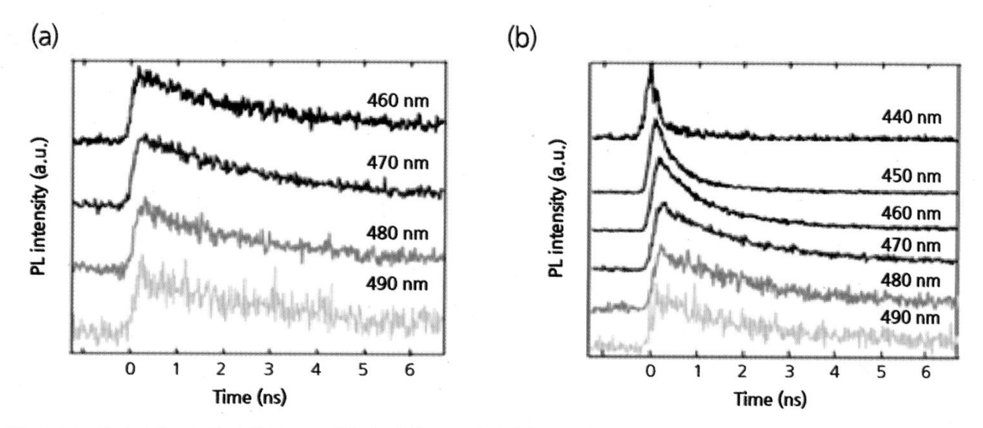


**그림 3-8** InGaN/GaN 양자우물구조 발광 다이오드에서 (a) Ag가 삽입되지 않은 발광 다이오드 (b) Ag가 삽입된 발광 다이오드[9]

2004년 Okamoto 그룹은 그림 3-9(a)와 같이 금속 박막이 증착된 InGaN/GaN 양자우물구조에서 매우 큰 광 발광의 증가를 최초로 확인하였다.[10] 그림 3-9(b)는 InGaN/GaN 양자우물과 금속 박막 사이에 10nm의 GaN이 삽입된 구조에서 Ag, Au, Al의 금속 박막이 존재하는 구조의 광 발광 스펙트럼을 금속 박막이 없는 구조의 광 발광 스펙트럼과 비교한 그래프를 보여주고 있다. 금속 박막이 증착되어 있지 않은 InGaN/GaN 구조의 양자우물에서는 470nm의 파장의 빛이 나오는 것을 확인할 수 있다. 상기 파장에서 금속 박막이 증착되지 않은 구조에 비교하여 Ag 박막이 증착된 구조는 14배 증가한 광 발광량을 보여주고 있으며, 전체 광 발광 세기는 17배 증가하였다. 반면에 Al이 증착된 경우 광 발광의 세기는 8배, 전체 세기는 6배가 증가하였다. 하지만 Au 박막이 증착된 구조에서는 광 발광 세기의 증가를 관측할 수 없었다. GaN과 Ag 사이의 표면 플라즈몬 파장은 437nm(2.84eV)로 광 발광에 의하여 방출되는 파장과 일치하여 표면 플라즈몬 공명 현상이 발생하게 되어 매우 높은 광 발광의 증가가 가능하지만, Au와 Al의 경우 537nm(2.462eV), 225nm(5.5eV)로 방출되는 빛의 파장과 일치하지 않아서 Ag와 같은 큰 증가 현상은 일어나지 않았다. 그림 3-9(c)의 경우 금속 박막과 양자우물 사이에 존재하는 GaN층의 두께에 따른 광 발광의 증가 비율을 보여주고 있다. Ag와 Al의 경우 GaN층의 두께가 증가할수록 광 발광의 강도가 지수 함수적으로 감소하게 된다. 이는 표면 플라즈몬 폴라리톤이 표면에 국부적으로 존재하여 거리에 따라서 지수 함수적으로 감소하기 때문으로, GaN층의 두께가 증가하면 플라즈몬과 양자우물 간의 공명 현상이 감소하게 되어 광 발광의 증가 효율이 감소하게 된다.

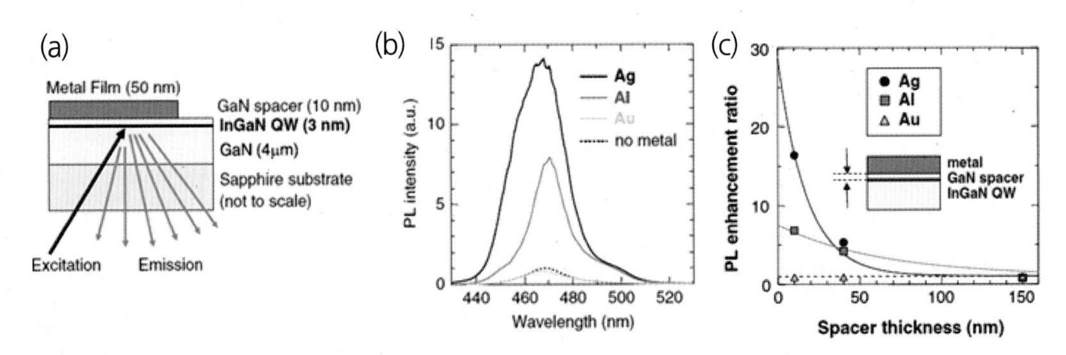


**그림 3-9** (a) 금속 박막이 증착된 InGaN/GaN 양자우물구조의 모식도, (b) Ag, Al, Au가 코팅된 InGaN/GaN의 PL 스펙트럼 (c) GaN spacer 층 두께에 따라 Ag, Al, Au가 코팅된 InGaN/GaN 양자우물층의 PL 증가율[10]

GaN층에서 표면 플라즈몬의 침투 깊이는 앞서 설명한 식을 이용하면 42nm 정도로 그림 3-9(c)와 같이 GaN층이 42nm 이상의 두께로 증가하면 광 발광의 증가가 없어진다. 발광 다이오드의 경우 $p$형 GaN과 $n$형 GaN의 접합구조로 $p$-$n$ 접합구조를 형성하기 위하여 필요한

$p$형 GaN층의 두께를 다음의 식으로 계산할 수 있다.[11]

$$x_{p0} = \sqrt{\frac{2\varepsilon V_{bi} N_D}{qN_A(N_A + N_D)}}$$

$x_{p0}$는 $p$형 GaN층의 공핍영역 두께이며, $\varepsilon$은 유전상수, $N_D$는 $n$형 GaN층의 전하농도, $N_A$는 $p$형 GaN층의 전하농도이며, $V_{bi}$는 built-in voltage를 의미한다. 통상적으로 사용되고 있는 GaN 기반의 발광 다이오드의 공핍영역 두께를 계산해보면 76nm이며, 이는 최소한 76nm 두께 이상의 $p$형 GaN층을 요구한다는 것을 알 수 있다. 따라서 표면 플라즈몬의 침투 깊이가 공핍영역 두께보다 작으므로 발광 다이오드에 표면 플라즈몬 현상을 적용하는 데 문제가 있었다. 이를 해결하는 방안으로 2008년 박성주 그룹은 기존 금속 박막이 아닌 $n$형 GaN층과 양자우물 사이에 Ag 나노입자를 삽입하는 방식을 사용하여 그림 3-10과 같은 표면 플라즈몬 기술을 적용한 청색 발광 다이오드 개발에 최초로 성공하였다.[12]

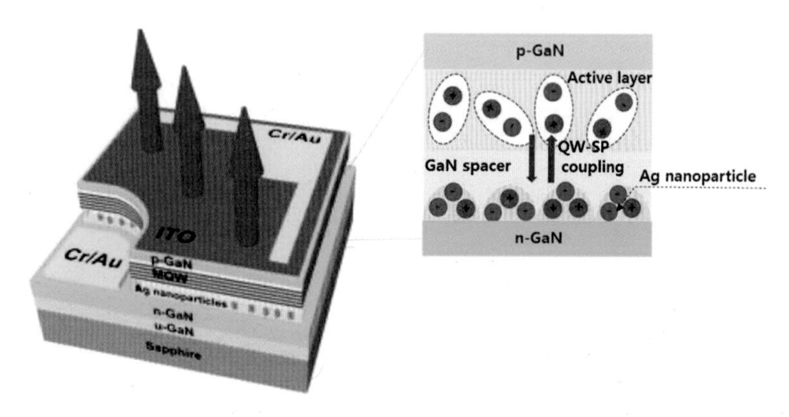


**그림 3-10** 표면 플라즈몬 현상을 이용한 InGaN/GaN LED 구조의 모식도[12]

그림 3-11(a)는 Ag 나노입자가 삽입된 구조와 삽입되지 않은 구조의 청색 발광 다이오드의 발광 세기를 비교하였다. Ag 나노입자가 삽입된 경우 발광 세기는 Ag 나노입자가 삽입되지 않은 구조와 비교하여 2배가량 증가하였다. 이러한 표면 플라즈몬에 의한 증가되는 발광률emission rate은 시간분해 광 발광time-resolved photoluminescence으로 측정할 수 있다. 그림 3-11(b)는

Ag 나노입자가 삽입된 발광 다이오드에서의 저온 발광에 대한 decay spectra를 보여준다. Ag 입자가 삽입되어 있지 않은 일반적인 발광 다이오드의 발광 감쇠율PL dacay rate, $k_{PL}$은 엑시톤의 발광과 비발광 결합률의 합으로 표현되며, 표면 플라즈몬 현상을 적용한 발광 다이오드의 경우 추가적으로 표면 플라즈몬 결합률$k_{SPC}$이 수식에 추가된다. 앞서 설명했듯, 표면 플라즈몬의 결합률은 매우 빠르므로 그림 3-11에서 보여주는 것처럼 Ag를 포함하고 있는 발광 다이오드의 감쇠 시간은 매우 짧음을 알 수 있다. 따라서 표면 플라즈몬에 의한 빠른 결합률이 감쇠 시간을 감소시키면서 발광 다이오드의 내부양자효율을 증가시킨다.

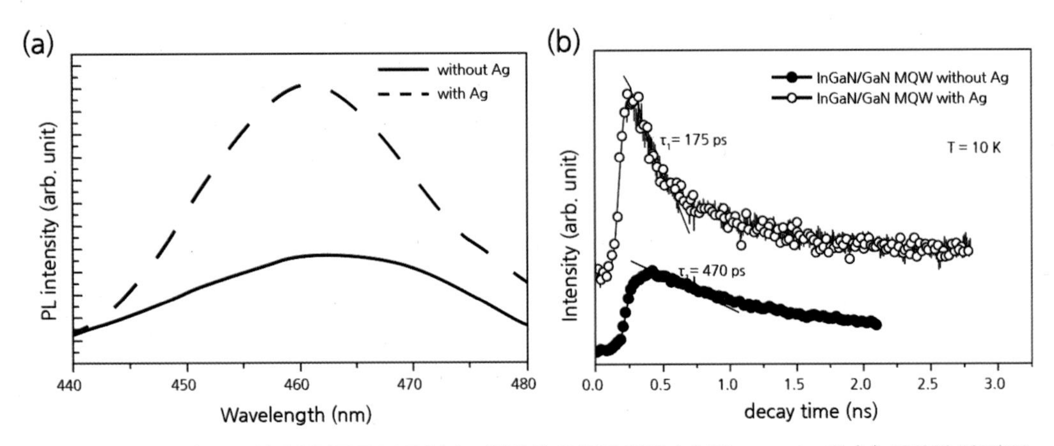


**그림 3-11** InGaN/GaN 양자우물구조 LED의 Ag 입자의 유무에 따른 (a) PL spectra와 (b) 시간에 따른 PL decay spectra[12]

그림 3-12(a)는 Ag 삽입 유무에 따른 발광 다이오드의 I-V 특성으로, Ag 입자가 삽입된 발광 다이오드의 순방향 전압forward voltage은 3.9V에서 형성되는데, 이는 Ag 입자가 삽입되지 않은 발광 다이오드의 순방향 전압 3.85V와 거의 유사한 것을 확인할 수 있다. 그림 3-12(b)에서는 광 출력 특성을 보여주고 있는데, 100mA 기준으로 Ag 입자가 삽입된 구조의 발광 다이오드가 삽입되지 않은 구조보다 32.2% 증가함을 알 수 있다. 따라서 이러한 광 출력의 차이는 표면 플라즈몬과 양자우물에 존재하는 공명 현상으로 인하여 발생한다는 것을 알 수 있다.

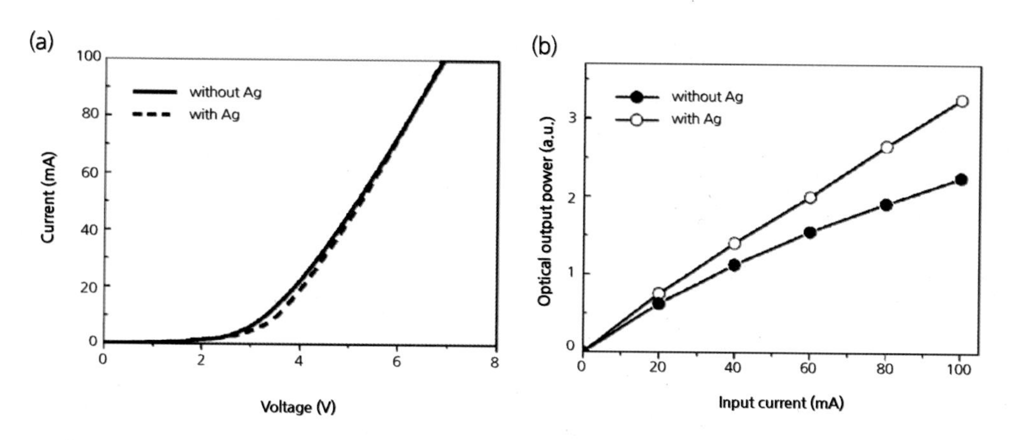


**그림 3-12** InGaN/GaN 양자우물구조 LED의 Ag 입자 유무에 따른 (a) I-V 특성, (b) 광 출력 특성[12]

하지만 $n$-GaN층에 금속 나노입자를 적용하면 GaN층을 성장할 때 요구되는 높은 온도에 의하여 금속 나노입자가 변형되는 가능성이 있고, $n$-GaN층 성장 과정에서 Ag 입자에 의해 결함이 형성되는 문제를 가지고 있었다. 따라서 기존의 $n$-GaN층이 아니라 그림 3-13처럼 상대적으로 낮은 성장 온도를 가지는 $p$-GaN층에 금속 나노입자가 적용된 연구들이 발표되었다.[13] 청색 발광 다이오드의 $p$-GaN층 내에 Ag 입자를 삽입하면 20mA 기준으로 삽입되어 있지 않은 발광 다이오드보다 광 출력이 38%가 증가하였으며, 상기 구조에서는 이전에 보고된 방식보다 많은 금속입자가 발광 다이오드 내에 존재하게 할 수 있어서 표면 플라즈몬이 적용된 발광 다이오드 제작에 많이 활용되고 있다.

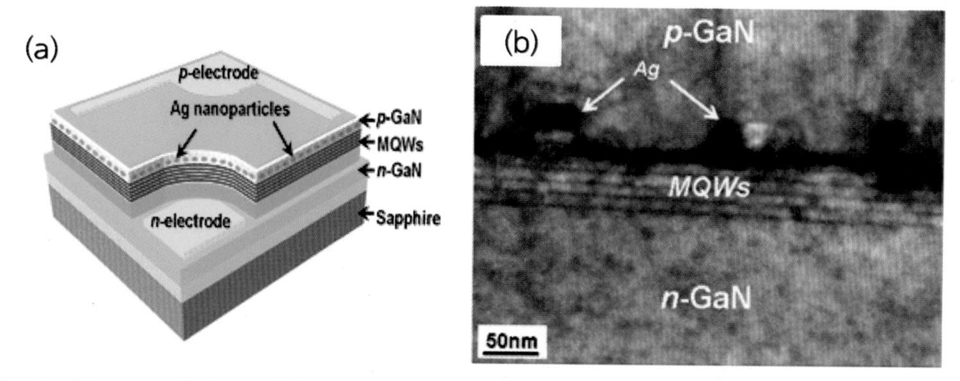


**그림 3-13** (a) $p$-GaN층에 Ag 입자가 포함된 청색 발광 다이오드 (b) Ag 입자가 포함된 청색 발광 다이오드의 단면 TEM 이미지[13]

표면 플라즈몬의 공명 파장은 금속의 종류에 따라 다양하며 이는 다양한 파장을 가지는 발광 다이오드에 표면 플라즈몬 기술이 적용될 수 있다는 것을 보여준다.[14, 15] 그림 3-14는 Au 입자와 Pt 입자가 적용된 녹색 발광 다이오드와 자외선 발광 다이오드를 보여주고 있다. 그림 3-14(a)의 녹색 발광 다이오드에 Au 입자를 삽입한 연구에서는 기존 발광 다이오드와 비교하여 광 출력이 86% 증가한 결과를 보고하였다. 그림 3-14(b)의 경우 Pt 입자와 Ag 입자를 각기 삽입한 구조의 발광 다이오드의 내부양자효율이 Pt 입자가 삽입된 경우 60.5%, Ag 입자가 삽입된 경우 52.5% 증가함을 보여주고 있는데, 이를 통해 금속 종류에 따라 표면 플라즈몬 효과가 다르다는 것을 확인할 수 있다.

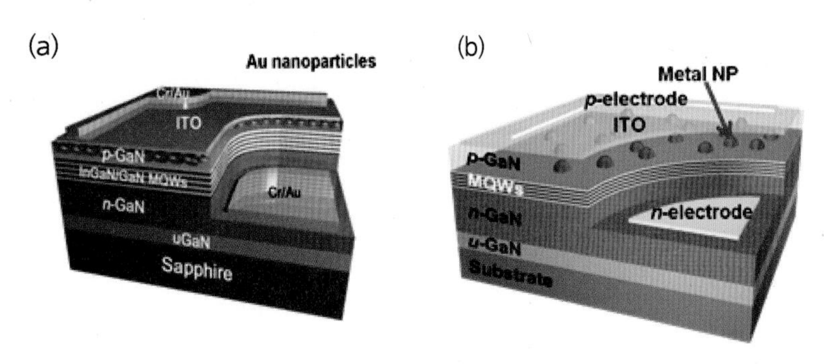


**그림 3-14** 다양한 금속 나노입자가 적용된 발광 다이오드 (a) Au 입자가 적용된 녹색 발광 다이오드[14] (b) Pt 입자가 적용된 자외선 발광 다이오드[15]

그림 3-15는 플립칩flip-chip 구조에 표면 플라즈몬 기술을 적용한 발광 다이오드이다.[16] 기존의 수평구조의 발광 다이오드에 비하여 Ag가 적용된 플립칩 구조의 발광 다이오드의 경우 Ag가 가지는 가시광 영역에서 높은 광 반사도 특성을 통한 반사층의 광 반사 효과와 플라즈몬 기술이 동시에 적용될 수 있어 보다 고효율의 발광 다이오드가 개발될 수 있다. 기존 플립칩 구조에서의 평평한 박막 구조의 반사층의 경우 표면 플라즈몬과 광의 공명 현상이 발생하기 어려우며 대부분의 에너지가 열로 손실되게 된다. 이러한 광 손실을 최소화하기 위하여 금속 박막에 금속 나노격자를 형성하는 표면 플라즈몬 기술을 적용하였다. 금속 나노격자와 양자우물의 간격은 30nm 정도로 표면 플라즈몬-엑시톤 결합이 가능하며 자발광 정도는 Purcell enhancement factor에 비례하기 때문에 금속 나노격자 구조의 크기를 제어하여

그림 3-15(b)와 같이 Purcell enhancement factor를 조절하였다. 그림 3-15(b)와 같이 특정 나노 구조체에서 Purcell enhancement factor가 평평한 금속 박막보다 3배 증가하게 되면서 내부양자효율이 증가하게 되고 표면 플라즈몬과 광의 out-coupling을 최적화하여 기존 플립칩 구조 대비 광 출력이 50% 증가하게 되었다.

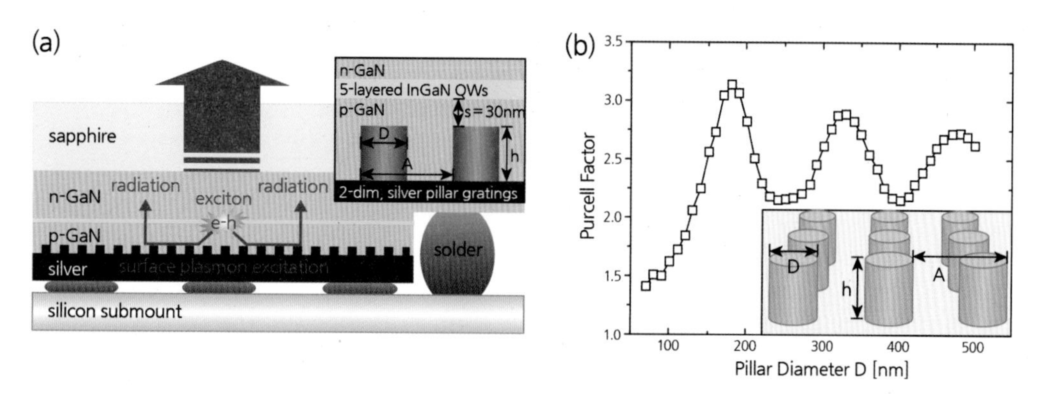


**그림 3-15** (a) 표면 플라즈몬 기술을 적용한 플립칩 구조 발광 다이오드 (b) 격자의 크기에 따른 Purcell Factor[16]

### 3.2.2 표면 플라즈몬에 의한 광 추출효율 증가

일반적인 발광 다이오드의 경우 반도체와 공기층 계면에서 존재하는 내부전반사total internal reflection로 인하여 광 추출효율이 제한되는 문제를 가지고 있다. 그림 3-16과 같이 양자우물 내에서 존재하는 엑시톤들이 결합하여 빛을 방출하게 되면 광 탈출 원뿔light escape cone 내로 입사되는 빛은 외부로 방출될 수 있지만 광 탈출 원뿔 영역 외로 입사되는 빛은 반도체와 공기층 계면에서 반사되어 방출될 수 없다. 하지만 공기층과 계면 사이에 금속 나노구조체가 존재하는 경우에는 계면에서 반사되는 빛은 표면 플라즈몬과 공명을 하게 되면서 빛이 반사 되지 않고 금속과 유전체 사이에 존재하게 된다. 금속 나노구조체로 인하여 표면 플라즈몬의 운동량이 변하게 될 경우 표면 플라즈몬-광 결합이 out-coupling하게 되면서 빛이 외부로 재방출하게 되어 내부에 존재하는 광을 외부로 방출할 수 있다. 본 절에서는 발광 다이오드와 공기층 사이에 다양한 금속 나노구조체를 적용하여 표면 플라즈몬에 의한 광 추출 증가에 대하여 알아보기로 한다.

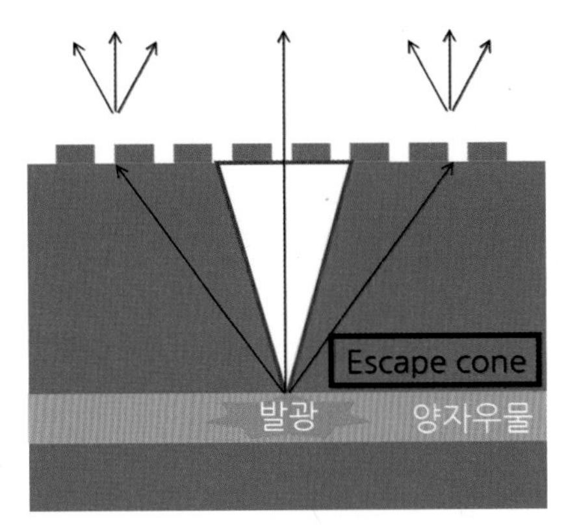


**그림 3-16** 금속 나노구조체가 적용된 발광 다이오드

표면 플라즈몬과 광의 공명 현상으로 인한 광 추출의 증가는 1988년 Ebbesen이 빛의 파장보다 작은 구멍이 존재하는 두꺼운 금속 박막에 빛의 광 투과시키면서 광 투과율이 기존 회절 이론보다 큰 광 투과율을 확인하면서 알려지게 되었다.[17] 그림 3-17은 Ebbesen이 관측한 200nm 두께의 은박막에 150nm 크기의 구멍이 600nm 주기로 존재할 경우 빛이 수직으로 입

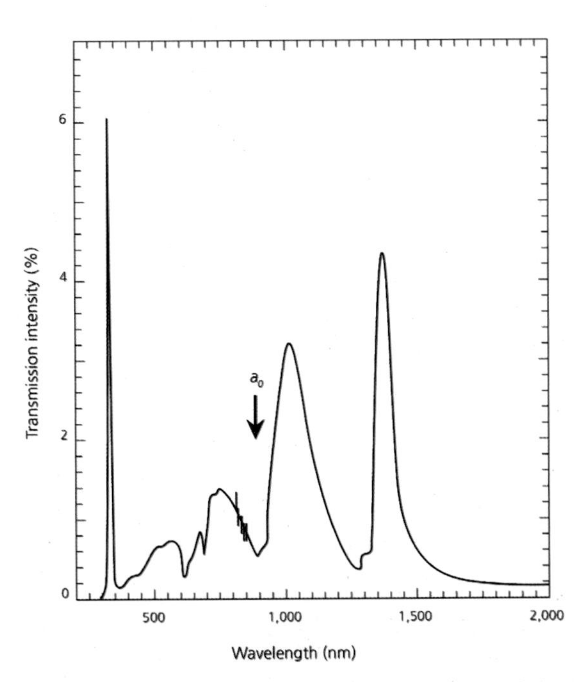


**그림 3-17** 200nm 두께의 은 박막에 900nm의 주기에 지름 150nm의 구멍이 존재하는 은 박막의 광 투과 스펙트럼[17]

사되었을 때 광 투과도 스펙트럼이다. 벌크 플라즈몬으로 인하여 326nm에서 급격한 광 투과도 증가가 보이며, 900nm와 1,400nm 영역에서도 광 투과도가 증가하는 것을 확인할 수 있다. 이 두 개의 영역에서의 광 투과도 증가는 기존 회절이론으로 설명할 수가 없었다. 900nm 파장 영역을 기존 회절을 고려한 Bethe의 이론으로 계산하였을 때 0.05%의 광 투과도를 가지지만 실제로 실험에서는 약 3%의 투과율이 얻어지게 되었다.[18] 이 특정 파장에서 광 투과도 증가는 2차원 형태의 grating coupler와 관련된 표면 플라즈몬과 광의 공명 현상으로 인하여 증가된다는 것을 확인할 수 있다.

그림 3-18(a)는 발광 다이오드 상부층에 금속 나노구조체로 Ag 나노격자가 적용된 구조체이다.[19] Ag 나노격자와 양자우물 사이의 거리는 175nm이며, 표면 플라즈몬의 침투 깊이는 Ag와 GaN 사이의 관계식을 계산하여 보았을 때 60nm 정도로 양자우물에 존재하는 엑시톤과 Ag 나노격자에서 발생하는 표면 플라즈몬 결합은 기대할 수 없다. 하지만 그림 3-18(b)와 같이 격자의 주기성에 따라 발광 세기가 증가하는 것을 확인할 수 있다. 표면 플라즈몬과 광의 공명 현상은 앞에서 언급한 것과 같이 격자의 주기성에 영향을 받는다. 특정 나노격자의 주기에 광과 플라즈몬의 상호작용이 극대화되면서 발광 세기가 증가되는 것을 확인할 수 있다.

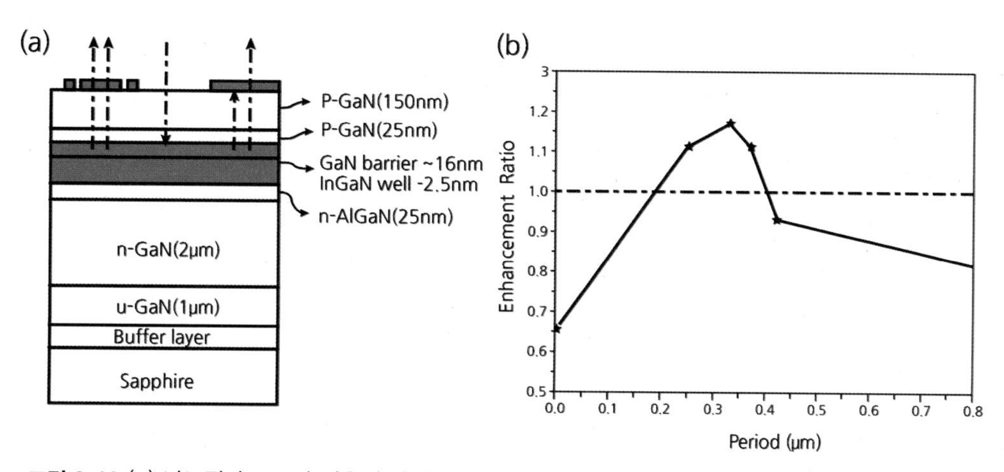


**그림 3-18** (a) 나노격자 구조가 적용된 발광 다이오드 (b) 나노격자의 간격에 따른 발광 세기의 변화[19]

그림 3-19(a)는 발광 다이오드 구조에 5nm 두께의 Al 박막층을 적용한 자외선 발광 다이오드 구조이다.[20] Al 박막층과 양자우물층의 거리는 100nm이며, Al층의 표면 플라즈몬 침투깊이는 36nm로 양자우물과 표면 플라즈몬의 공명 현상을 기대할 수 없지만 그림 3-19(b)와 같이 발광 세기가 Al층이 없는 구조보다 216% 증가되는 것을 확인하였다. 자외선 발광 다이오드의 경우 활성층에서 발생하는 빛이 수직으로 발광하는 것보다 수평으로 발광하는 경향이 크기 때문에 광 탈출 원뿔로 광이 방출되는 비율이 매우 낮다. 자외선 발광 다이오드 위에 불규칙한 거칠기를 가지는 박막이 존재하게 되면 광 탈출 원뿔에 입사되지 않는 빛이 거친 박막으로 인하여 광 추출효율이 증가할 뿐 아니라, 금속의 표면 플라즈몬과 빛의 운동량이 일치할 경우, 공명 현상을 통해 추가적인 광 추출 현상이 발생한다. 그림 3-19(b)에서 Al층이 GaN층에 존재할 경우 표면 플라즈몬 진동수가 자외선 영역에 존재하게 된다. 294nm 파장의 빛과 표면 플라즈몬 진동수가 일치하게 되면 Al층이 존재하는 발광 다이오드는 Al층이 없는 발광 다이오드보다 큰 발광 세기를 보여주게 된다. 다만, Al층의 산화가 발생할 경우, 이러한 표면 플라즈몬 현상은 감소하고 결과적으로 발광 세기는 감소하게 된다.

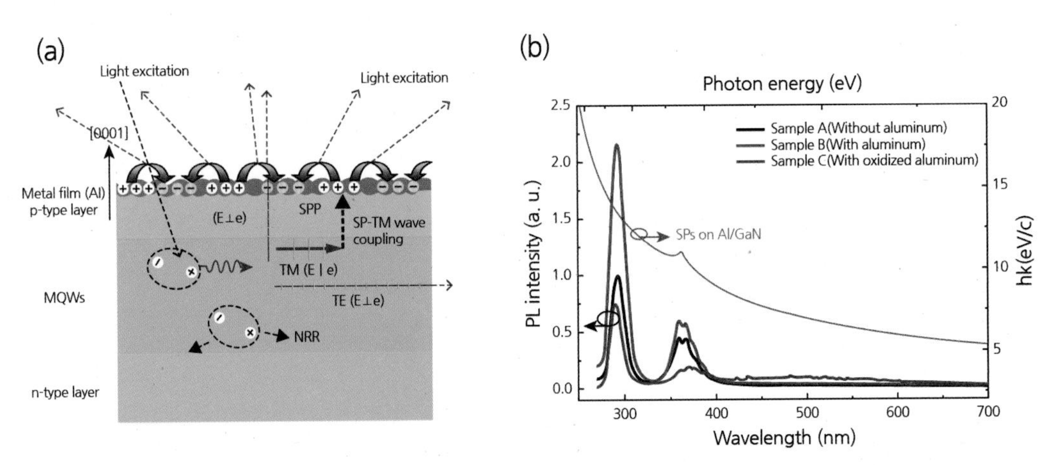


**그림 3-19** (a) 표면 플라즈몬이 적용된 자외선 발광 다이오드, (b) Al층의 유무에 따른 발광 스펙트라(PL spectra)

그림 3-20(a)는 Au 나노입자층을 465nm 파장을 발광하는 청색 발광 다이오드 위에 적용한 모식도를 보여주고 있다.[21] 이전 발광 다이오드들은 표면 플라즈몬 폴라리톤 현상을 이용한 연구들이었으나, 이 연구에 적용된 구조는 국부적인 표면 플라즈몬 현상을 이용하여 빛의

방출을 증가시켰다. 그림 3-20(b)에서처럼 금속 나노입자의 크기가 증가할수록 표면 플라즈몬의 파장은 장파장으로 이동하며, 이는 광 투과도 스펙트럼에서 광 투과가 급격히 감소되는 부분을 통해 확인할 수 있다. 2nm 두께의 Au층이 증착되면 475nm 파장 영역에서 급격하게 광 투과도 양이 감소하는 것을 확인할 수 있는데, 이는 표면 플라즈몬과 광이 결합하여 국부적인 표면 플라즈몬 공명 현상이 발생했기 때문이다. 그림 3-20(c)에서 보여주는 광 투과도 스펙트럼을 고려하면 Au 입자가 존재하는 경우 투과도가 감소되기 때문에 발광 다이오드의 광 출력이 감소될 것으로 생각되지만 실제로는 Au 입자층이 없는 발광 다이오드보다 20mA에서 광 출력이 180% 증가하게 되었다. 이는 국부적으로 존재하는 표면 플라즈몬이 내부에 존재하는 광과 결합하게 되어 다시 외부로 방출할 수 있다는 것을 보여준다.

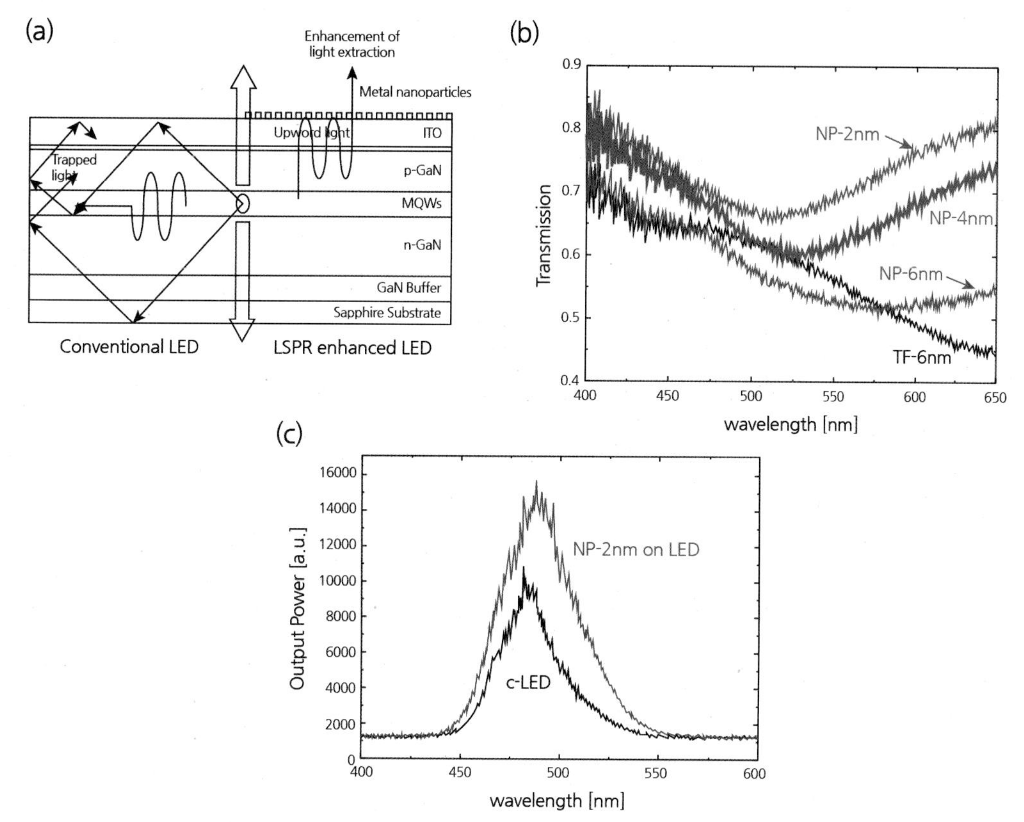


**그림 3-20** (a) 금속 나노입자가 적용된 발광 다이오드의 구조도 (b) 금속 나노입자 크기에 따른 광 투과도 스펙트럼 (c) 금속 나노입자가 적용된 발광 다이오드의 광 출력 특성[21]

그림 3-21은 투명전극층에 금속 나노입자를 삽입하여 발광 다이오드의 광 출력 특성을 향상시킨 것을 보여주고 있다.[22] 투명전극층, GaN층, 공기층은 서로 다른 굴절률을 가지고 있어서 계면 사이에서 내부 반사가 존재한다. 하지만 그림 3-21과 같이 금속 나노입자를 사용할 경우 GaN층과 투명전극층의 계면, 투명전극층과 공기층의 계면에서 반사되는 빛이 표면 플라즈몬에 의한 공명 현상으로 인하여 내부로 반사되지 않고 외부로 방출되는 현상이 발생하였다고 보고하였다. 그림 3-21(b)는 투명전극층에 금속 나노입자를 사용한 발광 다이오드와 사용하지 않은 발광 다이오드의 투과도와 EL 특성을 보여준다. 금속이 증착된 유리기판의 투과도를 금속이 없는 유리기판과 비교할 경우 금속의 반사에 의한 투과도 감소 현상을 확인할 수 있으며 이는 국부적 표면 플라즈몬에 의한 결과이다. 특히 437nm 파장에서 강한 흡수로 인한 투과광량 감소를 확인할 수 있다. 하지만 발광 다이오드에 적용할 경우 국부적 표면 플라즈몬이 적용되지 않은 발광 다이오드와 비교하여 EL 세기가 70% 향상되는 결과가 관찰되었다. 그림 3-21(c)와 같이 넓은 영역에서 전반적으로 광 세기가 증가하는 광 증가 패턴을 보여준다.

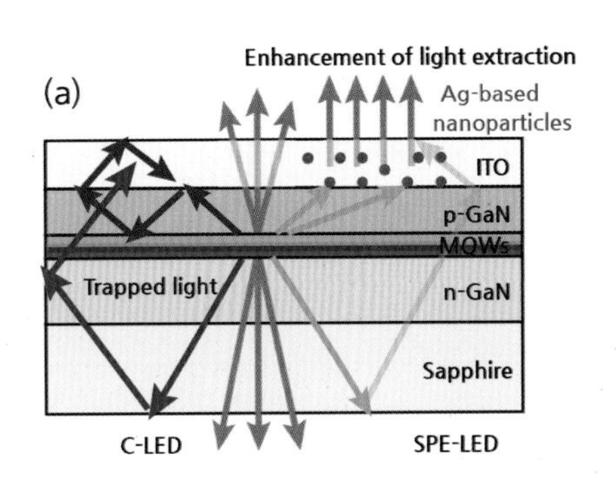


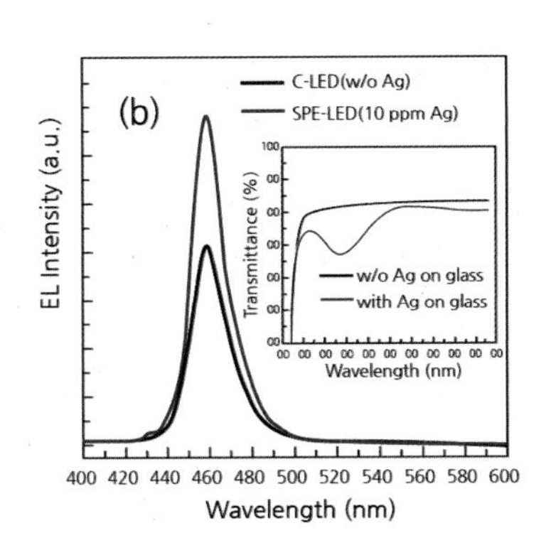


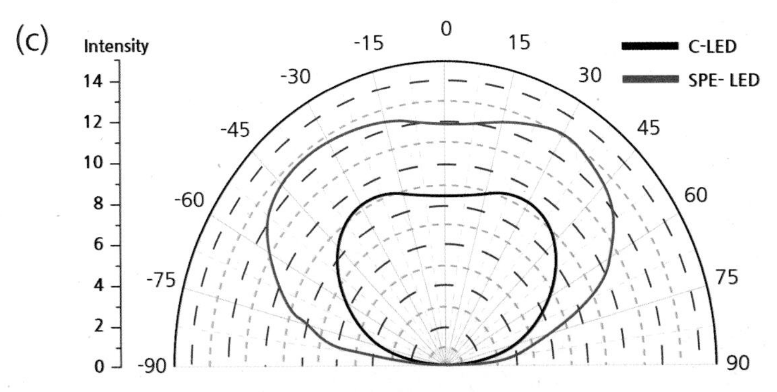


**그림 3-21** (a) 국부적 표면 플라즈몬에 의한 광 추출 증가 모식도 (b) 국부적 표면 플라즈몬을 적용한 발광 다이오드의 EL 거동 (c) 플라즈몬 기술을 적용한 발광 다이오드와 일반적인 발광 다이오드의 광 방출 패턴[22]

## 〔참고문헌〕


1. E. A. Stern and R. A. Ferrell, *Phys. Rev.* **120**, 130 (1960).
2. Richard A. Ferrel, *Phys. Rev.* **111**, 1214 (1958).
3. C. J. Powel and J. B. Swan, *Phys. Rev.* **118**, 640 (1960).
4. Plasmonics: fundanmentals and applications, Springer (2003).
5. Surface plasmon on smooth and rough surfaces and on gratings. Heinz Raether (1986).
6. Advanced Photonic Sciences, Ch.8 Plasmonics for green technologies: toward high-efficiency LEDs and solar cells, Intech (2012).
7. K. Okamoto, M. Funato, Y. Kawakami, and K. Tamada, *J. Photochem. Photobio, C: Photo. Rev.* **123**, 311 (2017).
8. I. Gontijo, M. Boroditsky, E. Yablonovitch, S. Keller, U.K. Mishra, *S.P. Rev. B*, **60**, pp. 11564-11567 (1999).
9. Zhiming M. Wang and Neogi, Ch.2 Nanoscale photonics and optoelectronics, Springer (2010).
10. K. Okamoto, I. Niki, A. Shvartser, Y. Narukawa, T. Mukai, A. Scherer, *Nat. Mat*. **3**, 601 (2004).
11. S. Adachi, Handbook of Physical Properties of Semiconductors, Kluwer Academic Publishers, New York (2004).
12. M. K. Kwon, J. Y. Kim, B. H. Kim, I. K. Park, C. Y. Cho, C. C. Byeon, S. J. Park, Adv. Mat. 20, 1253 (2008).
13. C. Y. Cho, M. K. Kwon, S. J. Lee, S. H. Han, J. W. Kang, S. E. Kang, D. Y. Lee and S. J. Park, *Nanotech.* **21**, 205201, (2010).
14. C. Y. Cho, S. J. Lee, J. H. Song, S. H. Hong, S. M. Lee, Y. H. Cho, and S. J. Park, *Appl. Phys. Lett***.** **98**, 051106 (2011).
15. S. H. Hong, C. Y. Cho, S. J. Lee, S. Y. Yim, W. Lim, S. T. Kim, and S. J. Park, *Opt. Express*, **21**(3), pp. 3138-3144 (2013).
16. K.-G. Lee, K.-Y. Choi, J.-H. Kim, S. H. Song, *Opt. express* **22**, A1303 (2014).
17. T. W. Ebbesen, H. J. Lezec, H. Ghaemi, T. Thio, P. Wolff, *Nature* **391**, 667 (1998).
18. Bethe, H. A, **Phys. Rev.** *66*, 163-182 (1944).
19. C. C. Lee, D. Wang, C. Chen, J. Y. Chang, B. Pong, G. C. Chi, L.-W. Wu, Sixth International Conference on Solid State Lighting (2006).

20. N. Gao, K. Huang, J. Li, S. Li, X. Yang, J. Kang, *Sci. Rep.* **2** (2012).
21. J.-H. Sung, B.-S. Kim, C.-H. Choi, M.-W. Lee, S.-G. Lee, S.-G. Park, and E.-H. Lee, *Microelectron. J.* **86**, 1120 (2009).
22. S.-H. Chuang, C.-S. Tsung, C.-H. Chen, S.-L. Ou, R.-H. Horng, C.-Y. Lin, D.-S. Wuu, *ACS Appl. Mater. Interfaces* **7**, 2546 (2015).

CHAPTER

# 04 양자점 발광 다이오드 (Quantum-Dot Light-Emitting Diode)

양자점은 수 나노미터의 크기를 갖는 작은 반도체 결정체로써 최근 발광 다이오드, 태양 전지, 트랜지스터, 바이오센서, 조명, 디스플레이 등 다양한 분야에 걸쳐 폭넓게 연구되고 있다. 건식 방법 혹은 습식 방법을 통해 양자점의 자기조립self-assembly 혹은 합성이 가능하며, 합성 방법에 따라 활용 분야도 매우 다양하다. 특히 최근에는 대표적으로 CdSe 기반의 II-VI 족 양자점이 차세대 디스플레이 개발을 위해 요구되는 우수한 색재현성과 발광 효율을 동시에 충족시키는 핵심 소재로 크게 주목받고 있어, 이를 디스플레이에 활용하기 위한 다양한 기술 개발이 이루어지고 있다. 좁은 반치전폭Full Width at Half Maximum, FWHM과 우수한 발광 효율을 가짐과 동시에 크기에 따라 에너지 밴드갭 조절이 용이한 장점을 지니고 있는 양자점은 용액공정도 가능하기 때문에 다양한 분야에의 활용도가 매우 높다. 본 장에서는 양자점에 대한 이해, 제작 방법에 따른 LED 활용 사례 및 발광 방식에 따른 양자점 디스플레이 적용 방법 등에 대하여 서술하고자 한다.

## 4.1 양자점의 정의

반도체는 그림 4-1과 같이 3차원 벌크 상태의 소재, 2차원 박막 또는 양자우물, 1차원 나노와이어, 0차원의 양자점으로 구분될 수 있다. 벌크 상태의 반도체는 그 크기가 나노 영역으로 작아짐에 따라 기존의 벌크 소재에 비하여 전기적·광학적 특성이 크게 변화되기 때문에 이러한 특성을 이용하기 위하여 다양한 분야에서 활발한 연구가 진행되고 있다. 그 중 양자점은 수~수십 나노미터 크기의 반도체 결정으로, 양자점의 반지름이 엑시톤의 보어 반지름Bohr radius보다 작아질 경우 양자점 내에서 전자와 정공의 운동이 모든 방향에 대하여 공간적으로 제한받게 되어 양자역학적 현상에 의해 벌크 상태의 반도체와는 다른 독특한 에너지 구조 및 광학적 특성을 가지게 된다.

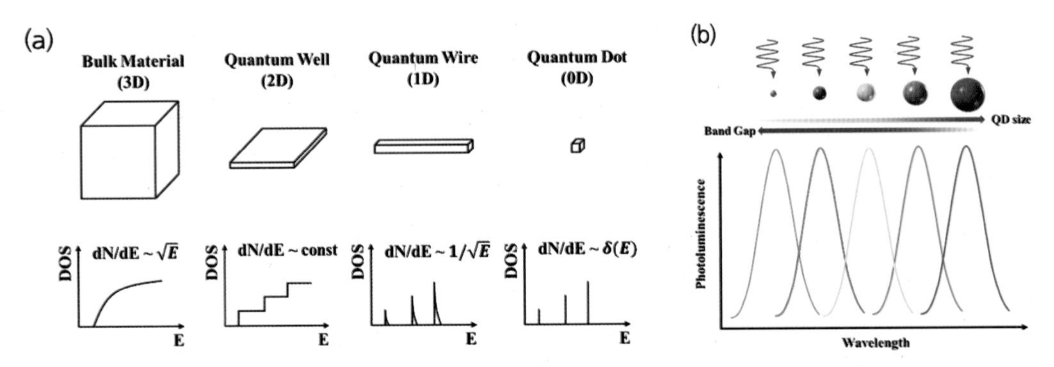


**그림 4-1** (a) 차원(3D, 2D, 1D, 0D)에 따른 반도체 물질의 상태밀도 함수 변화 (b) 양자점의 크기에 따른 발광 파장의 변화

그림 4-1(a)는 다양한 차원을 갖는 반도체 물질의 상태밀도 함수Density Of States, DOS의 변화를 보여준다. 3차원 벌크 반도체의 경우 연속적인 에너지 레벨을 지니고 있으며 특정 밴드갭을 가지는 반면, 0차원 양자점의 경우 에너지 상태밀도 함수가 델타함수delta function와 같은 형태를 하고 있으며, 이로 인해 에너지 상태가 불연속적인 값을 가지게 된다. 따라서 양자구속효과quantum confinement effect에 의해 양자점 크기에 따라 에너지 밴드갭의 제어가 가능하다는 장점을 지니는데, 이는 아래의 상자 속 입자particle in a box 모델에 의해 표현될 수 있다. 해당 식을 통하여 양자점의 크기가 작아질수록 에너지 밴드갭은 커지는 것을 알 수 있으며,[1] 대표적인 CdSe 양자점의 경우 크기를 미세하게 변화시켜줌에 따라 그림 4-1(b)와 같이 가시광 영역대에서 다양한 파장 구현이 가능하다.

$$E_g(QD) = E_g(bulk) + \frac{\hbar^2 \pi^2}{2m_{eh}R^2}$$

$R =$ 양자점 반지름

$\hbar = \frac{h}{2\pi}(h = 6.626 \times 10^{-34} J \cdot s)$

$m_{eh} = (m_e^{-1} + m_h^{-1})^{-1}$

양자점은 본연의 반도체 특성을 지니고 있음과 동시에 광 발광Photoluminsecence, PL 특성 및 전계 발광Electroluminescence, EL 특성도 가지고 있어 그 응용 분야가 LED 및 디스플레이에 그치지 않고 태양전지, 광·에너지 센서, 바이오센서, 광 통신, 전자 소자 등 다양한 분야에 걸쳐 있으며 현재 활발한 연구가 진행되고 있다[그림 4-2].

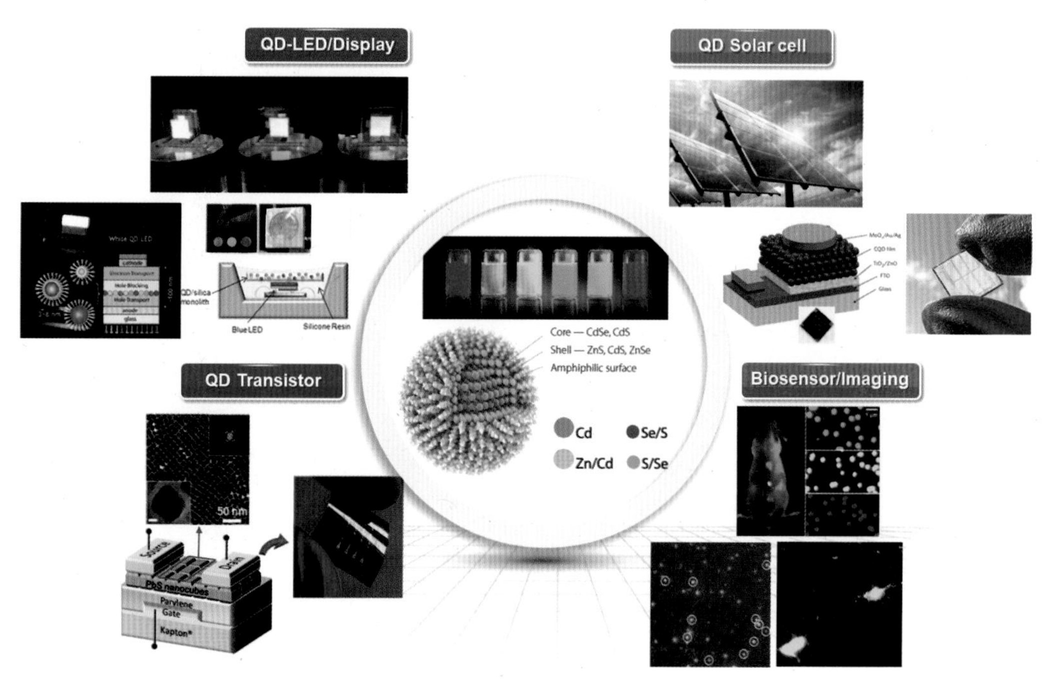


**그림 4-2** 다양한 분야에 응용되고 있는 양자점

## 4.2 콜로이드 양자점 기반 발광 다이오드 및 차세대 디스플레이로의 활용

### 4.2.1 콜로이드 양자점 제작 방법

콜로이드 합성 방법을 통한 양자점 제조는 1990년대 이후 양자 효율이 높은 카드뮴 기반의 양자점 합성법이 보고되면서 연구가 급속히 발전하였다.

콜로이드 양자점을 제작하는 방법은 여러 가지가 있지만 대표적인 방법은 그림 4-3(a)와 같이 고온의 유기금속화합물 전구체 용액에 저온의 전구체 용액을 주입하여 시간에 따른 자발적인 핵 생성nucleation, 결정 성장crystal growth 과정을 거쳐 균일한 크기를 갖는 양자점을 합성하는 고온 주입 방법hot injection method이 있다. 이러한 방법으로 형성된 콜로이드 양자점은 그림 4-3(b)와 같은 라메르 모델La Mer model을 따라 형성된다.[2,3] 용매 내로 모든 전구체들이 주입되면 전구체의 농도가 nucleation threshold 이상일 때 핵 생성이 일어나면서 농도의 과포화 현상은 점진적으로 완화된다. 전구체의 농도가 nucleation threshold 이하로 감소되면 더 이상의 핵 생성은 일어나지 않고 용액 내에서 균일하게 핵성장이 이루어진다. 이후 농도가 더욱 감소됨에 따라 오스트발트 라이프닝Ostwald ripening 현상에 의해 입자의 크기가 증가하며, 성장 시간이 증가할수록 최종적으로 성장되는 양자점의 크기는 커지게 된다. 양자점의 구조는 그림 4-3(c)와 같이 주로 실질적인 발광이 일어나는 코어core, 양자점의 양자구속효과 증진 및 안정성 개선을 위하여 코어 주위를 감싸는 쉘shell, 양자점의 뭉침aggregation 현상을 방지하고 극성 및 용해도를 결정하는 유기물 형태의 리간드ligand 세 부분으로 구성된다. 일반적으로 II-VI족(예: CdSe/ZnS, CdSe/ZnSe), III-V족(예: InP/ZnS, GaP), I-III-VI(예: $CuInSe_2$, $CuInS_2$, $CuGaSe_2$) 계열의 양자점이 사용되며, LED에 적용하기 위해서는 코어에서 발생된 엑시톤이 외부로 손실되는 것을 최소화하여 양자 효율을 증대시킬 수 있는 type-I 형태의 이중구조 밴드갭을 갖도록 제작하는 것이 일반적이다. 콜로이드 양자점은 사용하는 유기금속화합물의 종류에 따라 가시광 전 영역에 대해 발광하는 양자점 제작이 가능하며, 특히 합성 시간에 따른 양자점 크기 제어를 통하여 발광 파장 조절이 용이한 장점을 가지고 있어 최근 이러한 콜로이드 양자점을 이용한 발광 다이오드 및 디스플레이 응용 연구가 활발히 이루어지고 있다.

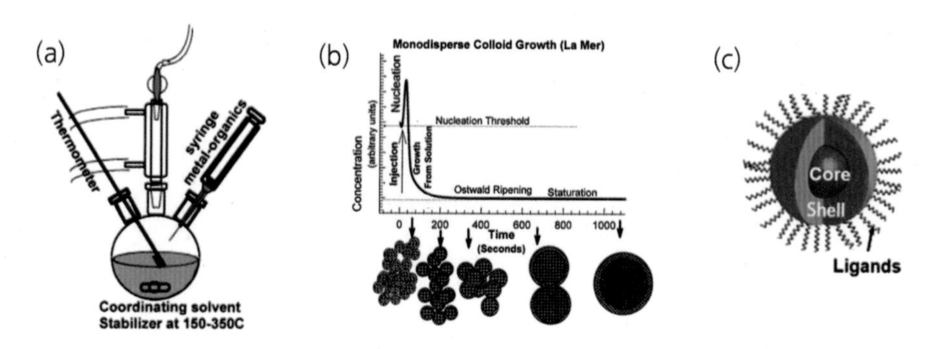


**그림 4-3** (a) 고온 주입 방법을 이용한 콜로이드 양자점 합성 방법 및 (b)성장 메커니즘 모식도[2, 3] (c) 콜로이드 양자점 구조 모식도

## 4.2.2 양자점 디스플레이의 장점 및 분류

웨어러블 디스플레이 개발 필요성이 증대함과 더불어 더욱 선명하고 해상도가 높은 디스플레이 구현을 위한 노력은 디스플레이를 구성하는 핵심 광원 및 부품에 있어 혁신적인 변화를 이루고 있다. 색재현율, 응답속도, 시야각, 명암비 등 화질을 구성하는 핵심 요소들 중 응답속도, 시야각 및 명암비는 디스플레이의 각 화소가 개별로 구동될 수 있는 자발광 디스플레이일 경우 큰 향상을 기대할 수 있다. 따라서 기존의 액정 디스플레이Liquid Crystal Display, LCD와 LED 백라이트 유닛Back Light Unit, BLU으로 구성된 디스플레이가 아닌, 자발광 디스플레이 구현이 가능한 유기 발광 다이오드Organic Light-Emitting Diodes, OLED를 이용하여 큰 성능 향상을 도모하고 있으며, 최근에는 OLED의 색재현률 한계를 뛰어넘기 위한 새로운 발광체로써 콜로이드 양자점을 이용한 디스플레이 개발이 큰 주목을 받고 있다. 본 장에서는 양자점 기반의 디스플레이가 차세대 디스플레이로써 주목받는 이유와 양자점 디스플레이의 분류 및 상용화 접근을 위한 다양한 연구 내용들에 대하여 알아보려고 한다.

용액 성장을 통해 형성된 콜로이드 양자점은 양자구속효과에 의해 매우 좁은 선폭을 갖는 원자 수준의 발광 특성을 보여준다. 콜로이드 양자점은 사용하는 전구체의 종류 및 조성에 따라 그림 4-4와 같이 가시광 영역뿐 아니라 자외선 및 적외선 발광이 가능한 양자점의 제작도 가능하다.[4] 현재까지 연구가 가장 활발히 이루어진 양자점은 CdSe 기반의 코어-쉘 구조이며 이들의 양자 효율quantum yield은 거의 100%에 도달하였다. 엑시톤은 무기물 기반의 양자 결정질 코어 내에서 국부화localization되어 있으며, 밴드갭이 큰 무기물 쉘이 의해 양자점 내에 엑시톤은 우수한 열적 및 광학적 안정성을 확보할 수 있다. 뿐만 아니라 다양한 용매에 분산시킬 수 있어 잉크젯, 프린팅 등의 용액공정도 가능하다. 무기물 반도체로써의 우수한 발광 특성과 안정성 및 유기물 소재에서 행할 수 있는 저온, 용액공정 가능성 등과 같이 양측면의 장점을 두루 갖추고 있는 양자점은 기존의 유기물 발광체가 갖는 한계를 극복할 수 있는 새로운 발광체로 주목받고 있어 디스플레이 산업에의 활용을 위해 활발한 연구가 진행 중이다.

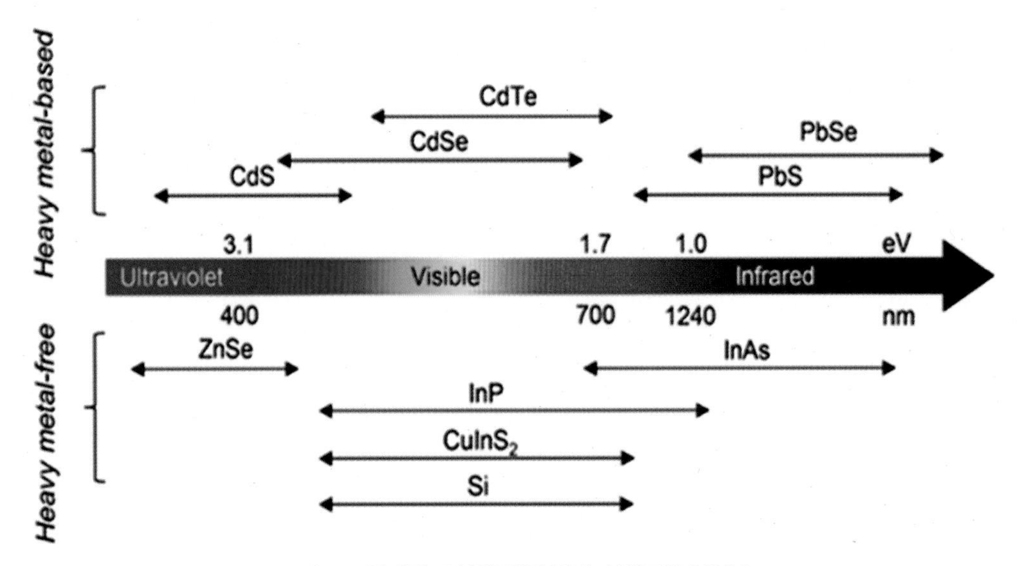


**그림 4-4** 양자점 조성에 따른 발광 스펙트럼 영역[4]

양자점은 디스플레이 내에 활용되는 용도에 따라 그림 4-5와 같이 크게 두 가지로 분류할 수 있다.

첫 번째는, 양자점을 형광 물질로써 사용하는 QD-LCD 기술로 이는 기존 LCD 구조에서 BLU로 사용되는 LED의 색 변환 소재를 양자점으로 대체하여 디스플레이의 색재현성을 향상시키는 기술이다[그림 4-5(a)]. LED 패키지에 양자점을 직접 실장하는 on-chip 형태, 양자점을 유리관에 넣어 측면에 배치하는 on-edge 형태, 양자점을 고분자 수지에 분산시킨 후 필름화하여 도광판상에 배치하는 on-surface 형태가 존재하며, 이 중에서도 양자점 필름이 적용된 on-surface 방식이 기존 LCD 모듈 제작 공정에의 활용 용이성 및 다양한 크기의 화면 구현 가능성 등의 장점으로 인해 상용화가 진행 중이다. 기존의 형광체를 사용한 LCD 패널의 경우 색재현률이 NTSC National Television System Committee 규격 기준 약 72% 수준인 것에 반해 색순도가 매우 우수한 양자점이 적용된 QD-LCD 패널의 경우 약 110% 수준에 도달하여 기존의 LCD 패널뿐 아니라 OLED 패널의 색재현률을 능가하는 성능을 보여준다.[5] 양자점은 높은 온도(약 100°C) 또는 높은 광 전력밀도(1-5W/cm$^2$)[6] 등의 구동 조건에서도 균일한 효율 및 우수한 안정성을 보여주기 때문에 색 변환에 활용하는 데 있어 매우 효과적인 소재로 현재 QD-LCD 디스플레이 개발이 활발히 이루어지고 있다.

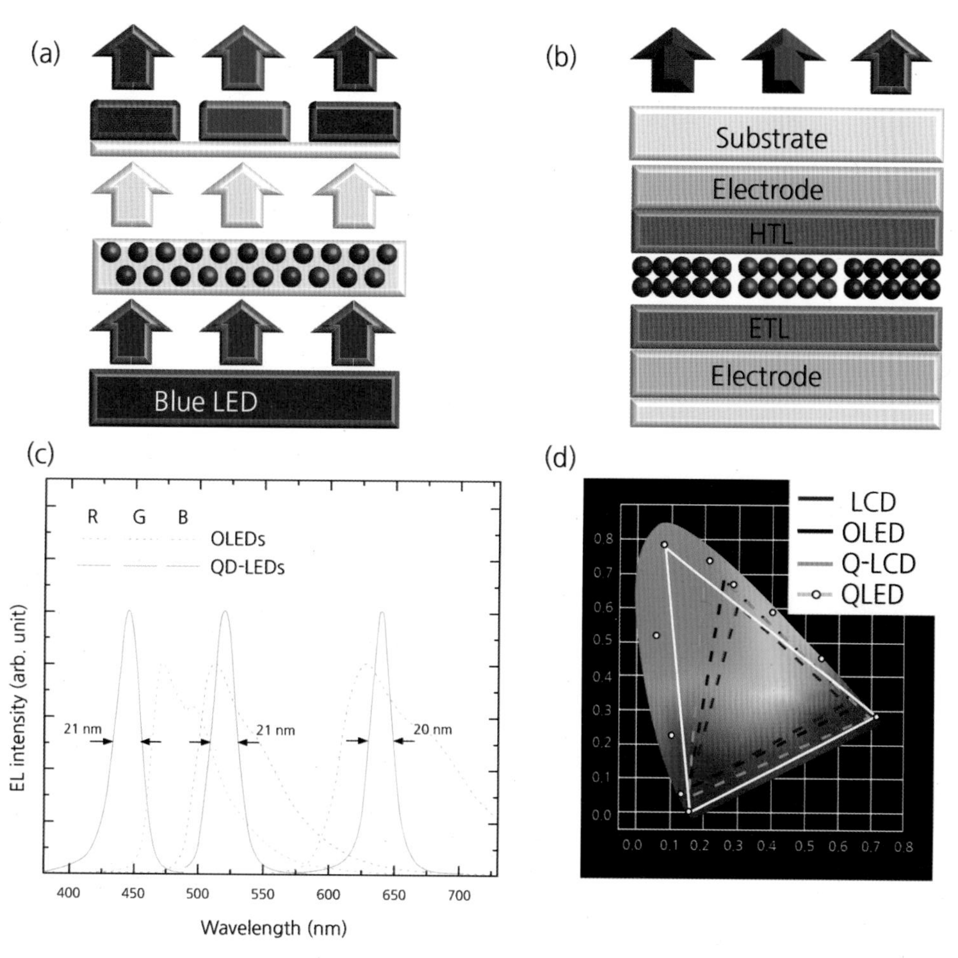


**그림 4-5** (a) 양자점을 BLU로 활용한 QD-LCD 기술 및 (b) 양자점을 자발광소자로 활용한 QD-LED 기술 (c) QD-LED와 OLED의 발광 반치폭 비교 그래프[4] (d) LCD, OLED, QD-LCD 및 QD-LED의 CIE 색좌표 비교[10]

두 번째는, 양자점을 발광 물질로써 사용하는 QD-LED 기술로 기존의 OLED 구조에서 유기물 발광체를 양자점으로 대체하여 저가격, 초고해상도 자발광 디스플레이 구현이 가능한 기술이다[그림 4-5(b)]. 일반적인 LCD와 비교하였을 때 QD-LED 기반 디스플레이는 OLED 디스플레이와 유사하게 단순한 구조, 낮은 전력 소모, 빠른 응답 속도, 우수한 명암비, 넓은 시야각 등을 확보할 수 있는 장점을 지닌다. 백라이트, 액정 등이 필요하지 않기 때문에 구조의 단순화가 가능하고 디스플레이 내 각 픽셀들의 정밀한 개별 구동이 가능하기 때문에 명암비가 크고 전력소모가 낮다. OLED 디스플레이와 비교했을 때 QD-LED의 가장 큰 장점은 발광체로 사용되는 양자점의 우수한 광학적 특성을 꼽을 수 있다. 그림 4-5(c)와 같이 양자점은 반치전폭이 약 20nm 정도로, 기존에 알려진 형광체(약 50~100nm) 또는 OLED(40~60nm)의 반치전폭에 비하여 매우 좁아 우수한 색순도를 나타내기 때문에 색재현성을 크게 향상시킬 수 있다.[4] 연구 결과에 따르면 QD-LED의 CIECommission International de l'Eclairage 색좌표는 적색(640nm), 녹색(518nm) 청색(443nm)이 각각 (0.71, 0.29), (0.08, 0.78), (0.14, 0.02)으로 보고되어[7-9] 표현 가능한 색 영역이 NTSC 기준 140%를 육박하는 것으로 알려져 그림 4-5(d)와 같이 LCD뿐 아니라 현 OLED 디스플레이를 능가할 것으로 보인다.[10] 뿐만 아니라, 현재 개발되고 있는 고효율 자발광 QD-LED들의 구동 전압이 발광체의 밴드갭 이하인 것으로 보고되어 우수한 전력 효율을 갖는 디스플레이 구현이 가능할 것으로 기대되고 있다.

양자점은 유기물 기반 소재들과 마찬가지로 용액 공정이 가능하기 때문에 제작 속도가 빠르고, 진공 공정이 요구되지 않는 잉크젯 프린팅 등이 가능하므로 대면적·유연 디스플레이의 고속, 저비용, 경량화 제작이 가능하다. 효율적인 전류 구동이 가능한 Thin Film TransistorTFT backplane 개발과 함께 자발광 QD-LED 기술이 확보될 경우 현재까지의 디스플레이 성능을 획기적으로 뛰어넘을 수 있는 저비용, 유연성, 대면적, 우수한 전력효율 및 색재현성이 확보된 전례 없는 디스플레이 구현이 가능할 것으로 기대된다. 하지만 자발광 QD-LED를 디스플레이에 활용하는 데 있어 다양한 기술적 문제가 존재하고 있어 현재까지 상용화에 어려움을 겪고 있으므로, 다음 절에서는 자발광 양자점 디스플레이의 상용화를 위해 극복되어야 하는 문제점들을 알아보고, 이를 해결하기 위하여 QD-LED를 구성하는 소재 및 소자 측면에서 다양하게 개발되고 있는 우수 연구 사례들을 알아보도록 하겠다.

### 4.2.3 자발광 디스플레이 활용을 위한 양자점 발광 다이오드 제작 기술

QD-LED의 효율을 평가하는 중요한 요소로는 외부양자효율External Quantum Efficiency, EQE이 있으며 다음과 같이 표현된다.

$$EQE = IQE \times \eta_{outcoupling}$$

$$IQE = \eta_{diffusion} \times \eta_{injection} \times \eta_{PLQE} \times \chi$$

QD-LED의 EQE는 내부양자효율Internal Quantum Efficiency, IQE과 광 추출효율outcoupling efficiency, $\eta_{out}$의 곱으로 표현되며, IQE는 양자점 내부로 성공적으로 확산된 주입된 캐리어들의 분율인 $\eta_{diffusion}$, 양자점 내로 주입된 캐리어들이 엑시톤을 형성하는 비율인 $\eta_{injection}$, 양자점의 PL 양자 효율PL Quantum Efficiency인 $\eta_{PLQE}$, 스핀 허용 전이spin-allowed transition를 갖는 엑시톤의 분율로 표현되는 $\chi(\chi_{QD}=1)$의 곱으로 나타낸다.

디스플레이 활용에 있어 중요하게 작용하는 또 다른 성능 평가 지표는 전력변환효율Power Conversion Efficiency, PCE이 있다. 전기적으로 인가된 전력에 따른 광 출력을 나타내는 PCE는 다른 표현으로 wall-plug efficiency로 표현하며 다음의 식으로 표현할 수 있다.

$$PCE = \frac{P_{output}}{P_{\in put}} = \frac{P_{output}}{IV} = \frac{EQE \cdot h\nu}{eV} = \frac{IQE \cdot \eta_{out} \cdot h\nu}{eV}$$

전력변환효율은 외부양자효율 및 구동 전압에 의해 큰 영향을 받기 때문에 디스플레이의 전력 소모를 최소화하기 위해서는 낮은 구동 전압으로 높은 외부양자효율을 갖는 것이 매우 중요하며, 고전력 구동 조건하에서 효율 저하efficiency roll-off 문제가 최소화되어야 한다.

QD-LED는 1994년 Bawendi 그룹에서 최초로 보고하였는데, 2010년 이후 유기물 정공 전달층과 무기물 전자 전달층을 갖는 용액 공정 기반의 소자 구조가 개발되면서 외부양자효율이 급격히 증가하기 시작하여 현재는 최대 20%를 능가하는 연구 결과가 보고되었다.[7] 하지만 여전히 효율 및 수명 등의 측면에서 OLED(EQE ~25%)의 성능에 미치지 못하고 있는데, 본 장에서는 QD-LED 성능이 저해되는 다양한 요인들을 알아보고 디스플레이 구현을 위해 개선해야 하는 요소들에 대하여 살펴보도록 하겠다.

### 4.2.3.1 효율적인 캐리어 전달층 제작 기술

QD-LED의 소자 구조는 일반적으로 그림 4-6(a)와 같이 양극anode, 정공 전달층hole transport layer, 양자점 발광층emission layer, 전자 전달층electron transport layer, 음극cathode으로 구성된다. QD-LED가 구동되는 과정은 i) 전극에서 캐리어 전달층으로의 전자 및 정공 주입 ii) 캐리어 전달층 내에서 캐리어들의 이동 iii) 캐리어 전달층에서 양자점 발광층 내로 캐리어들의 주입 iv) 양자점 발광층 내에서의 엑시톤 형성 v) 엑시톤의 발광 재결합에 의한 빛 방출 등과 같은 단계로 이루어진다. 따라서 고효율 QD-LED를 제작하기 위해서는 발광층인 양자점의 우수한 성능 확보와 더불어 양자점 내에서 효율적인 재결합을 가능하게 하는 캐리어 전달층의 소재 및 공정 개발이 필수적으로 이루어져야 한다. 캐리어 전달층으로 사용되는 소재의 대부분은 OLED에서도 널리 활용되는 소재이나, 이는 OLED 발광체 구조에 적합하도록 설계된 소재이기 때문에 양자점의 에너지 준위는 물론 10~30nm 수준의 얇고 균일한 양자점 박막 상하로 적층하기 적합한 최적의 캐리어 전달 소재 개발이 필요하다. 전자 전달층과 정공 전

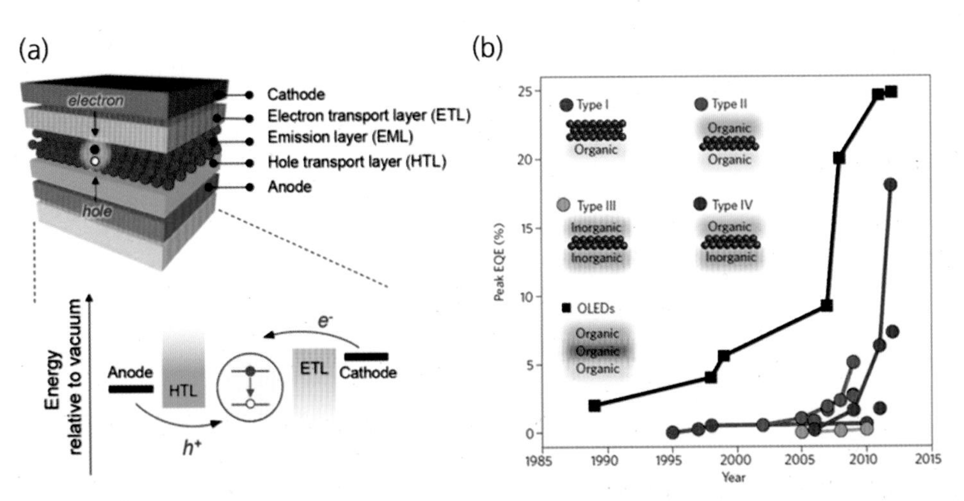


**그림 4-6** (a) QD-LED의 소자 구조 및 에너지밴드 다이어그램의 모식도 (b) 유/무기 캐리어 전달층 구조에 따른 QD-LED의 외부양자효율 및 OLED와의 성능 비교[11]

달층으로 구성되는 캐리어 전달층은 일함수, 밴드 구조, 전도성, 광학적 특성 등을 고려하여 선정할 수 있다. 이들은 전극과 양자점 발광층 간의 높은 에너지 장벽을 극복하는 역할을 수행하여 소자의 캐리어 주입 효율charge injection efficiency에 결정적인 영향을 미치는데, 에너지 레벨 제어를 통해 발광층 내로 전자와 정공을 균형 있게 주입하는 역할charge balance 및 전자와 정공을 양자점 발광층 내로 구속하여 효율적인 엑시톤 형성을 가능하게 하는 기능을 가지므로 QD-LED의 구동 및 소자 성능에 매우 중요한 영향을 미치는 핵심 요소로 작용한다. QD-LED 효율의 급격한 향상은 기존의 유기물 전자 전달층이 아닌 우수한 전자 이동도와 안정성을 갖는 무기물 기반 전자 전달층을 채택하면서 가능하게 되었다[그림 4-6(b)].[11] 2008년 Bawendi 그룹에서 스퍼터링 진공 증착 공정을 이용한 금속산화물 기반 NiO 정공 전달층 및 ZnO : $SnO_2$ 전자 전달층을 사용하여 기존유기물 캐리어 전달층 기반 QD-LED의 성능에 비해 외부양자효율이 약 100배 향상된 결과를 보고하였다.[12] 이후 2011년 Holloway 그룹에서 그림 4-7(a)와 같이 저온 용액 공정이 가능하고 우수한 전자 이동도를 갖는 ZnO 나노입자를 이용하여 우수한 성능을 갖는 청색(0.17lm/W), 녹색(8.2lm/W), 적색(3.8lm/W) QD-LED를 보고하면서[13] 최근에는 무기물 ZnO 전자 전달층을 이용한 소자 구조가 가장 일반적인 QD-LED 구조로써 활용되고 있다. 또한 양자점과의 에너지 준위를 고려하여 In, Cd, Mg, Al, Ga 등의 도핑을 통한 전자 전달층의 밴드갭 제어[그림 4-7(b)],[14] 엑시톤 손실 억제 및 전자 주입 향상을 위한 전자 전달층-양자점 필름 사이의 계면층 형성 기술[그림 4-7(c)],[15] 전자 전달층 및 발광층으로의 활용을 위한 하이브리드 금속산화물 제작[그림 4-7(d)],[16] ZnO의 표면 개질을 통한 내부 전자 준위 제어,[17] 정공 주입 장벽을 낮추기 위한 점진적인 최고준위 점유 분자궤도Highest Occupied Molecular Orbital, HOMO 레벨의 정공 전달층 제작[그림 4-7(e)],[18] QD-LED의 내부양자효율 향상을 위한 금속 나노입자-금속산화물 하이브리드 기반 표면 플라즈몬 전자 전달층 기술[그림 4-7(f)][19] 등 효율적인 캐리어 전달층을 확보하기 위한 연구가 꾸준히 이루어지고 있다. 자발광 디스플레이의 상용화를 위해서는 QD-LED의 우수한 캐리어 주입 효율 확보를 위한 캐리어 전달층의 광전자적인 특성의 최적화 연구와 더불어 소자의 수명 향상을 도모하기 위한 양자점 엑시톤의 열적, 광학적 안정성 개선 연구, 캐리어 전달층의 안정성 확보, 적층된 양자점의 손상을 방지하고 캐리어 전달층과 양자점 간에 서로 영향을 주지 않는 전달층 소재 및 용매 설계, 대면적·유연 소자 및 디스플레이 활용을 위한 용액 공정 가능성을 갖춘 우수한 성능의 캐리어 전달층 소재 및 공정 기술 개발 등이 지속적으로 이루어져야 할 것이다.

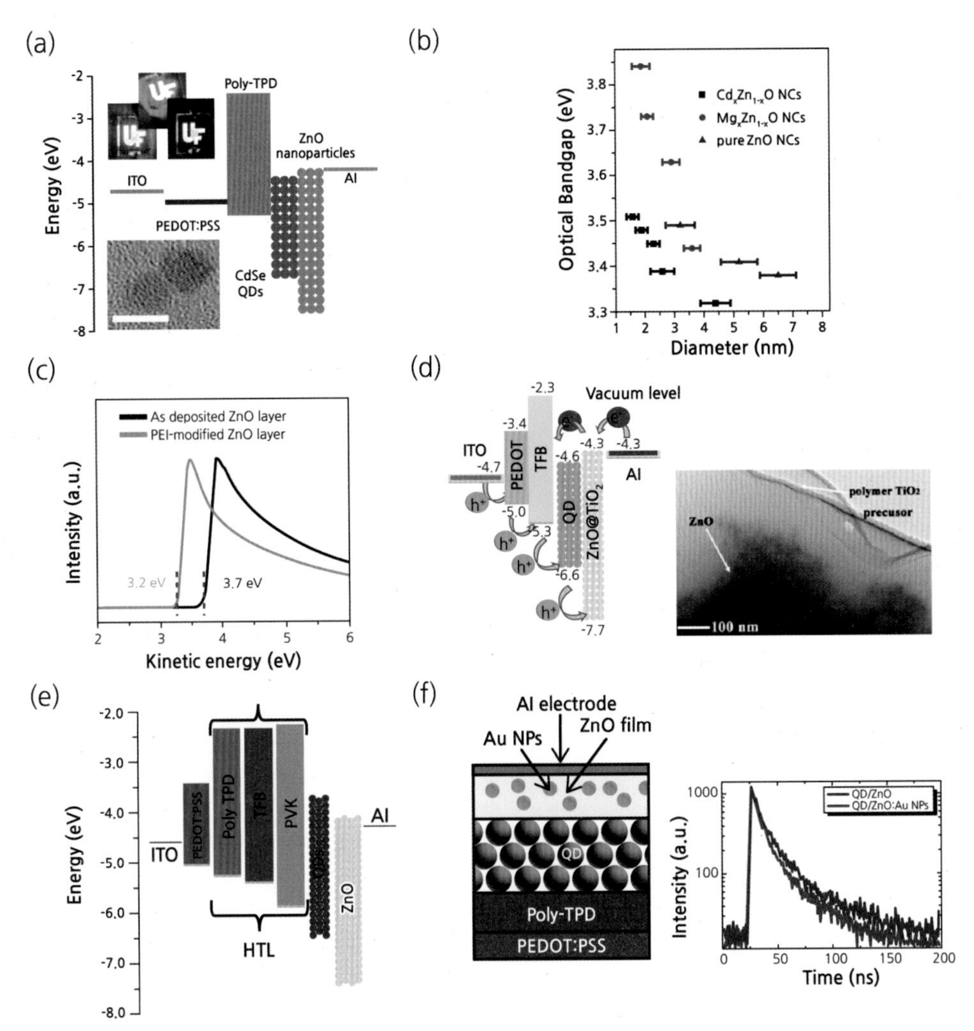


**그림 4-7** (a) ZnO 나노입자 전자 전달층이 도입된 QD-LED 소자 구조 모식도 및 RGB 발광 이미지[13] (b) Cd, Mg 도핑에 따른 ZnO 나노입자의 밴드갭 변화 그래프[14] (c) PEI 계면층 도입에 따른 ZnO 전자 전달층의 일함수 감소 그래프[15] (d) ZnO/$TiO_2$ 금속산화물 하이브리드 구조를 활용한 QD-LED 모식도 및 ZnO/$TiO_2$ 구조의 TEM 이미지[16] (e) 점진적인 HOMO 레벨을 갖는 정공 전달층을 이용한 자색 QD-LED 모식도[18] (f) ZnO/Au 나노입자 하이브리드 전자 전달층을 활용한 표면 플라즈몬 QD-LED 모식도 및 Au 나노입자 도입에 따른 TR-PL 변화 그래프[19]

#### 4.2.3.2 우수한 양자 효율을 갖는 양자점 제작 기술

양자점 기반의 자발광 디스플레이를 구현하기 위해서는 발광층인 양자점 필름에서 전기적으로 형성된 엑시톤들이 효율적으로 발광 재결합하는 것이 매우 중요하다. 즉, 양자점 간의 에너지 전달 현상을 최소화하고 효율적인 캐리어 주입을 위한 양자점의 전자 상태electronic state를 제어하는 등 다양한 측면에서 양자점 구조를 최적화해야 함을 의미한다. 이를 위해서는 결정 구조 제어를 통한 양자점의 내부 구조 최적화, 조성 제어를 통한 양자점의 전자 특성 조절, 양자점 필름 내부에서 우수한 PL 양자 효율을 구현하기 위한 양자점 표면 및 리간드 제어 기술 등에 대한 연구가 지속적으로 이루어져야 할 것이다.

우수한 QD-LED 성능 구현을 위해 매우 중요한 기준 중 하나는 양자점 필름의 높은 PL 양자 효율을 확보하는 것이다. 용액 상태에서 양자점의 PL 양자 효율이 높더라도, 양자점이 필름화됨에 따라 양자점 간의 매우 가까운 거리로 인해 포스터 공명 에너지 전이Förster Resonant Energy Transfer, FRET 현상을 야기하여 양자점 필름의 PL 양자 효율이 감소되는 요인이 된다. 이를 극복하기 위해서 Pal 연구 그룹은 필름 내에서 코어-쉘 양자점 간의 FRET 현상을 억제하기 위하여 양자점의 쉘 두께를 증가시키는 연구를 수행하였다.[20] 그림 4-8(a)와 같이 CdS 쉘의 두께가 증가함에 따라 얇은 쉘을 갖는 양자점에 비하여 쌍극자-쌍극자 거리가 증가하여 FRET 현상이 효과적으로 억제되었고, 그 결과 필름 상태에서도 우수한 양자 효율을 확보하여 QD-LED의 효율이 크게 증가하였다. 양자점의 성능 개선을 위하여 내부 결정 구조를 다양하게 변화시키는 연구도 수행되고 있다. 일반적으로 사용되는 CdSe/ZnS 양자점의 경우 CdSe와 ZnS 간의 격자불일치 정도가 약 12% 정도로 크기 때문에 계면에서 격자 변형으로 인한 구조적 결함이 발생하여 양자점의 광학적·전기적 특성에 매우 중요한 영향을 미친다.[21] 이를 극복하기 위해 조성 제어를 통한 양자점 내에서의 전자적 특성을 개선하는 연구 결과가 다수 보고된 바 있으며, 특히 중간 쉘의 조성을 점진적으로 변화시킨 양자점을 이용하여 QD-LED의 효율을 크게 향상시켰다. CdSe 코어와 ZnS 쉘 사이에 $Cd_{1-x}Zn_xSe_{1-y}S_y$ 중간 쉘을 갖는 녹색 QD-LED는 약 63cd/A의 전류효율 및 14.5%의 외부양자효율을 보여주었고,[22] 그림 4-8(b)와 같이 점진적 조성을 갖는 청색 CdZnS/ZnS QD-LED는 12.2%의 외부양자효율을 보여주었다.[23] 이 외에도 양자점 표면에서 콜로이드의 안정성과 용액 공정을 위한 분산 기능 및 표면 결함 최소화에 매우 중요한 역할을 하는 리간드 제어 기술에 대한 연구도 다수 보고되었다. 양자점의 안정성을 확보하면서 동시에 자발광 QD-LED의 구동 시 양자점 내부로 원활한 캐리어 주입이 가능하도록 표면의 리간드를 효과적으로 제어할 수 있는 기술을 확보하는 것이 중요하다.

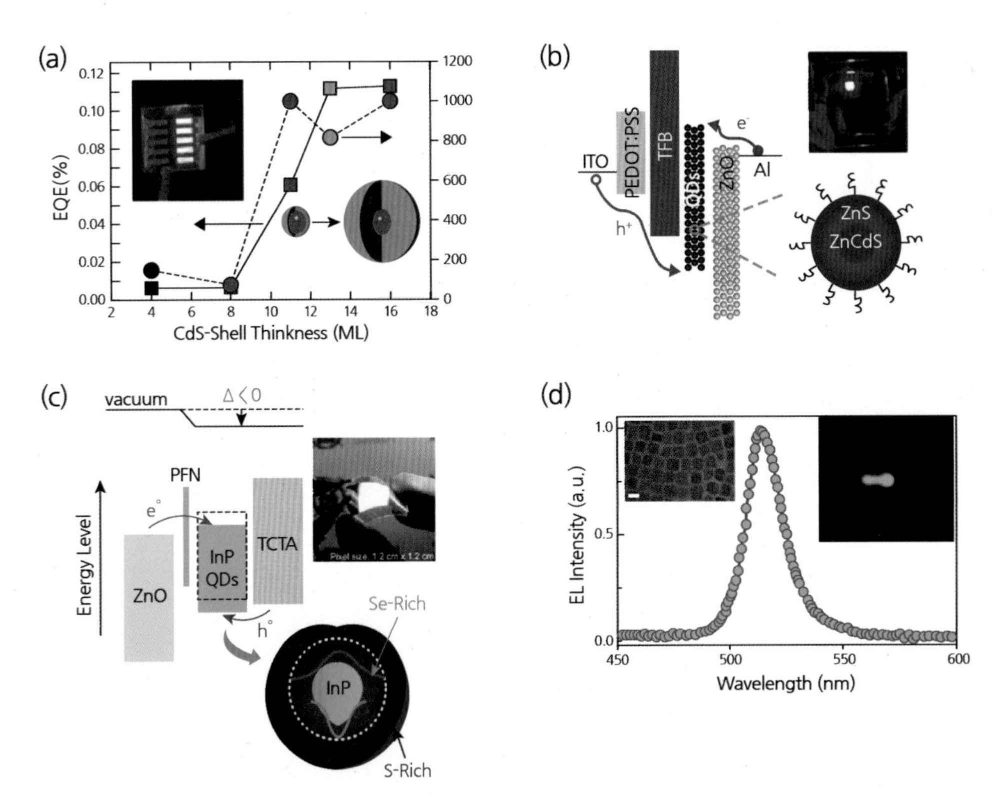


**그림 4-8** (a) CdS 쉘 두께에 따른 QD-LED의 외부양자효율 변화 그래프[20] (b) 점진적 조성을 갖는 CdZnS/ZnS 양자점의 소자 구조 모식도 및 이를 이용한 청색 QD-LED의 발광 이미지[23] (c) InP/ZnSeS 비카드뮴 양자점을 이용한 녹색 QD-LED의 에너지 밴드 다이어그램 모식도 및 발광 이미지[24] (d) $CsPbBr_3$ 페로브스카이트 양자점을 이용한 녹색 QD-LED의 EL 스펙트럼 및 발광 이미지[25]

최근 위와 같이 다양한 구조 및 조성을 갖는 우수한 양자점을 기반으로 QD-LED 기술은 괄목할 만한 성장을 이루었으나, 카드뮴 기반의 양자점은 중금속이 함유되어 있어 환경적으로 규제를 받기 때문에 실제 상용화에 어려움이 따른다. 이에 최근에는 비카드뮴계의 친환경 양자점 개발에도 박차를 가하고 있으며 대표적으로 InP, $CuInS_2$, $AgInS_2$ 등의 양자점이 활발히 연구되고 있다. 그림 4-8(c)와 같이 InP 코어와 점진적인 조성을 갖는 두꺼운 ZnSeS 쉘로 구성된 양자점은 약 3.46%의 외부양자효율을 보여주어 친환경 양자점의 활용 가능성을 보여주었다.[24] 하지만 아직 Cd 기반 양자점에 비하여 효율 및 색순도 특성이 낮은 수준에 머물고 있어 지속적인 개발이 필요한 실정이다. 더불어 Cd 기반 양자점에 비하여 중금속 함유량이 상대적으로 적고, 색순도 측면에서 더욱 우수한 성능을 나타내고 있는 $CsPbX_3$ 페로브스카이트 양자점도 최근에 개발되어 관련 기술의 연구가 급격히 증가하고 있으며[그림 4-8(d)] 그 효율 또한 약 3.0% 정도로 불과 몇 년 사이에 크게 향상되었다.[25] 하지만 안정성, 양자 효율, 발광체에 적합한 소자 구조 등에서 문제점이 많기 때문에 이를 극복하기 위한 연구가 필요하다.

#### 4.2.3.3 소자 수명 향상 기술

QD-LED를 실생활에서 장시간 사용하는 디스플레이 등에 활용하기 위해서는 각 Red, Green, Blue[RGB] 소자의 효율뿐 아니라 소자의 수명 또한 매우 중요한 요소이다. QD-LED를 전계에 의해 구동 시 생성된 엑시톤은 주로 방사 재결합을 통해 빛을 방출하게 된다. 하지만 다양한 경로를 통해 비방사 재결합[non-radiative recombination] 과정을 거쳐 빛을 방출하지 못하고 손실되는 경우도 존재하는데, 인접한 양자점 혹은 캐리어 전달층으로의 에너지 전달에 따른 발광 손실, 트랩을 통한 계면으로의 캐리어 전달 혹은 오제[Auger] 재결합에 의한 효율 저하 등이 그 대표적인 예이다. 특히 QD-LED를 자발광 소자로써 상용화하는 데 있어 극복해야 할 요소 중 하나가 오제 재결합에 의한 소자의 효율 저하 및 이에 따른 수명 감소를 꼽을 수 있다. 2013년 Klimov 연구 그룹은 소자 내에서 주입 전압에 따른 양자점의 PL 감쇠 동력학[decay dynamics] 분석을 통해 불균일한 캐리어 주입에 따른 오제 재결합이 QD-LED의 효율 저하의 주요 메커니즘이라는 것을 증명하였다.[26] 그림 4-9(a)의 역구조 QD-LED에서 양자점의 전도대는 음극의 페르미 레벨에 매우 근접하기 때문에 제로 바이어스에서도 자발적으로 전자를 양자점 내로 주입할 수 있다. 반면에, 정공 주입은 가전자대에서 상당한 크기의 에너지 장벽에 의해 억제되므로, 외부로부터 전계 주입이 필요하다. 이러한 캐리어 주입 비대칭은 QD-LED가 저전류밀도 영역에서 구동 시 작은 순방향 바이어스에서뿐 아니라 바이어스

없이도 과잉 전자로 양자점을 쉽게 charging시킬 수 있어 QD-LED의 효율 저하를 야기시키게 되며, 이는 결과적으로 소자의 수명에도 악영향을 미칠 수 있다. 이러한 문제를 해결하기 위해서는 양자점의 구조 변화 혹은 캐리어 전달층의 구성 및 조성 변경 등의 접근을 통해 양자점 활성층 내에서 캐리어 주입 균형을 향상시킬 수 있는 구조 개발이 필요하다. 그림 4-9(b)는 우수한 발광 성능이 확보된 CdSe/CdS 양자점 쉘에 전자 주입을 부분적으로 막을 수 있는 매우 얇은 ZnCdS을 추가하여 양자점 내로 전자와 정공 주입의 균형을 맞춘 소자의 외부양자효율 그래프이다.[26] 그 결과 균형 있는 캐리어 주입에 의해 소자의 효율이 약 8배 증가하였으며, 양자점을 전하 중성인 상태로 유지함으로써 오제 재결합의 활성화를 억제하여 QD-LED의 효율 저하 문제도 획기적으로 극복하였다. QD-LED의 효율 및 수명 향상을 위하여 다양한 시도가 이루어진 가운데, 그림 4-9(c)와 같이 양자점 활성층과 산화물 전자 전달층 간의 계면에 얇은 PMMA 층을 도입하여 소자의 효율 및 수명을 크게 개선한 연구 결과가 보고되어 주목받았다.[7] 일반적으로 사용되는 ZnO 나노입자로 구성된 전자 전달층의 전자 이동도가 고분자 기반 정공 전달층의 정공 이동도에 비하여 약 10~100배 높기 때문에 전자 과다 주입으로 인한 캐리어 불균형 현상이 일어날 수 있다. 따라서 절연층인 PMMA층을 약 6nm 정도 얇게 도입함으로써 ZnO로부터 양자점 활성층 내로 전자가 이동하는 속도를 지연시켜 캐리어 균형을 유지하였다. 그 결과 적색 QD-LED의 외부양자효율은 약 20.5%로 현재까지 최고 효율을 보유하고 있으며, 그림 4-9(d)와 같이 100cd/m$^2$의 휘도에서 소자의 수명이 100,000시간 이상으로 예상할 수 있었으며, 반면 PMMA가 없는 소자의 수명은 PMMA가 삽입된 소자의 약 5%에 불과하였다.

QD-LED는 지난 2014년까지 소자의 수명($T_{50}$, 초기 휘도의 50%가 되었을 때의 시간으로 측정)이 100cd/m$^2$에서 10,000시간이 채 되지 않았다. 하지만 최근 몇 년간 고효율의 양자점 소재, 소자를 구성하는 캐리어 전달층 및 계면 개질 기술 개발 등 다양한 연구를 수행한 끝에 녹색 LED는 수명이 약 90,000시간, 적색 LED는 약 300,000시간으로 크게 증가된 결과가 보고되었다.[27] 하지만 여전히 청색 LED는 양자점의 큰 밴드갭에 의해 전자와 정공의 주입 에너지 장벽이 높아 구동 전압이 높고 계면에서의 비방사 재결합 확률이 높아 소자의 효율이 적색 또는 녹색 QD-LED에 비하여 낮고 소자의 수명이 약 1,000시간에 불과하여 개선이 필요한 상황이다.

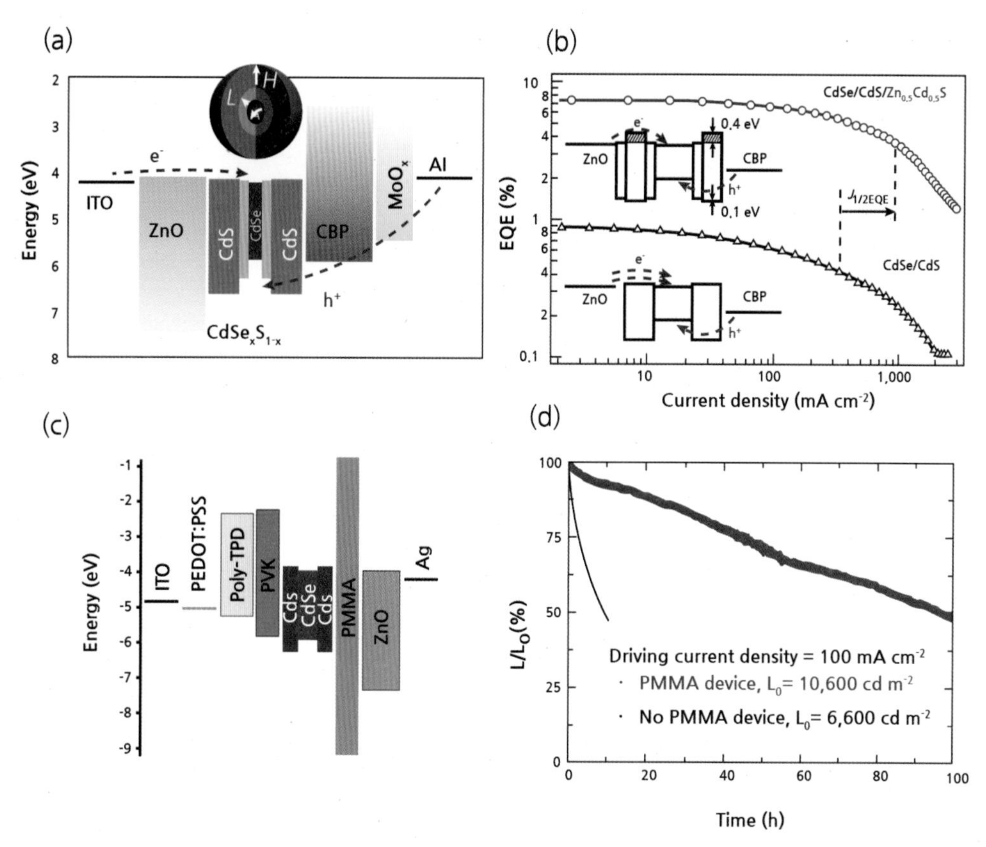


**그림 4-9** (a) 역구조 QD-LED의 에너지 밴드 다이어그램 모식도 ITO/ZnO NPs(50nm)/QDs/CBP(60nm)/$MoO_x$(10nm)/Al[26] (b) (a) CdSe/CdS 양자점 기반 QD-LED(검정색 그래프)와 CdSe/CdS/$Zn_{0.5}$ $d_{0.5}$S 양자점 기반 QD-LED(적색 그래프)의 전류밀도에 따른 외부양자효율 비교 그래프[26] (c) 양자점과 ZnO 전자 전달층 계면에 PMMA층이 삽입된 QD-LED의 에너지 밴드 다이어그램 모식도[7] (d) 100mA/$cm^2$ 전류밀도 조건하에서 QD-LED 내 PMMA 층의 유무에 따른 소자의 수명 비교 그래프[7]

## 4.3 디스플레이 제작을 위한 패터닝 기술

연구 수준에서 QD-LED 기반의 자발광 디스플레이 시제품을 제작하는 것과 실제 산업화를 위해 RGB 픽셀의 대면적 및 고해상도 어레이를 생산하는 것 간의 기술적인 격차를 극복하는 것이 풀 컬러 자발광 QD-LED 디스플레이의 상용화를 앞당기기 위한 필수 요소이다. 현재 수행되고 있는 대부분의 양자점 필름은 일반적으로 스핀 코팅 방식으로 형성이 되는데, 해당 방법을 통해서는 RGB 픽셀을 직접적으로 제조하는 것이 어려울 뿐 아니라 스핀 코팅 공정을 진행하는 과정에서 양자점 소재의 90% 이상이 낭비되는 문제가 발생한다. 따라서 자발광 양자점 디스플레이를 제조하기 위해서는 유연 기판을 포함하는 다양한 기판상에서 다양한 색상의 양자점을 대면적에 걸쳐 균일하고 고해상도를 갖출 수 있는 패터닝 기술을 확보하는 것이 필수적이다. 본 장에서는 잉크젯 프린팅, 전사 프린팅 등을 비롯하여 최근 활발히 연구되고 있는 양자점 패터닝 기술에 대하여 알아보도록 한다.

### 4.3.1 잉크젯 프린팅

잉크젯 프린팅inkjet printing 기술은 고분자, 콜로이드 나노입자, 산화 그래핀 등 용액공정이 가능한 소재들을 증착하는 데 활용될 수 있다[그림 4-10(a)]. 전기 신호에 의해 제어 가능한 노즐 헤드를 통해 일정한 부피(수십 피코리터)의 잉크 방울을 방출하고, 방출한 잉크를 기판 상의 특정 위치로 떨어뜨려 퍼뜨리고 건조시키는 박막화 공정을 수반한다. 소재 사용을 최소화할 수 있고 마스크 없이 임의의 패터닝이 가능하여 복잡한 사전 패터닝 공정이 필요 없는 장점을 지니기 때문에 TFT, LED, 센서, 검출기 등과 같은 대면적 인쇄 전자 소자뿐 아니라 디스플레이용 다중 컬러 픽셀 제조에 사용하기에도 적합한 기법 중 하나로 알려져 있다. 콜로이드 양자점의 용액 공정 용이성은 잉크젯 프린팅 기법을 활용한 RGB 픽셀의 직접 패터닝을 가능하게 하므로 자발광 양자점 디스플레이 구현을 위한 기법 중 하나로써 최근까지 활발한 연구 결과가 보고되고 있다.[28-30] 잉크젯 프린팅 기법을 이용하여 우수한 성능을 갖는 QD-LED를 구현하기 위해서는 공정을 통해 형성된 양자점 및 캐리어 수송층의 두께 최적화, 균일한 박막 표면 형상 확보 등이 매우 중요하며, 이를 위해서는 크게 두 가지 개선 사항이 존재한다. 첫째는 다중 박막 형성 공정 과정에서 이전 박막이 재용해되는 문제를 방지하기 위해 소자의 특성을 저해하지 않는 선에서 잉크의 표면 장력, 점도, 농도 등의 제어가 가능한 소재 개발이 필요하며, 둘째는 건조된 잉크 방울의 가장자리에서 형성되는 농축된 입자, 즉 커피 링 효과를 최소화할 수 있는 용매 제어 기술이 필요하다. 최근 Peng 그룹은 그림 4-10(b)와 같이 양자점이 분산된 cyclohexylbenzene 용매에 1,2-dichlorobenzene를 혼합하여 표면 장력을 낮춰줌으로써 용매의 증발 속도가 증가되어 커피 링 형성 없이 균일하고 평평한 박막을 제조할 수 있는 기술을 개발하였다.[29]

이 방법으로 제작한 QD-LED는 4.5cd/A의 우수한 전류 효율을 보여주어 잉크젯 프린팅 기법을 통한 QD-LED 디스플레이 구현 가능성을 제시하였다.

Rogers 그룹은 잉크젯 프린팅의 진보된 기법으로써 다양한 소재의 잉크 사용이 가능하고, 기존의 잉크젯 프린팅 기법과 유사하게 마스크 없이 동작 가능한 장점을 지니면서 동시에 해상도와 정밀 두께 제어, 패턴 형상 제어 면에서 훨씬 우수한 전기수력학 젯electrohydrodynamic jet, e-jet 프린팅 기법을 개발하였다[그림 4-10(c)].[31] E-jet 프린팅 기법은 노즐과 기판 사이에 전기장을 형성시켜 노즐의 헤드 팁 부분에서 방출되는 잉크의 액면meniscus이 인가된 전기적 힘에 의해 변형되어 액적을 형성시키는 기법이다. 그림 4-10(d)와 같이 선, 도트, 사각형 등과 같이 다양한 형상을 갖는 양자점 패턴을 원하는 두께 및 크기로 쉽고 정밀하게 제어 가능하며, 이러한 e-jet 프린팅 기법으로 형성된 양자점 어레이 패턴은 그림과 같이 광 발광 또는 전계 발광층으로 활용될 수 있는 장점을 지닌다.

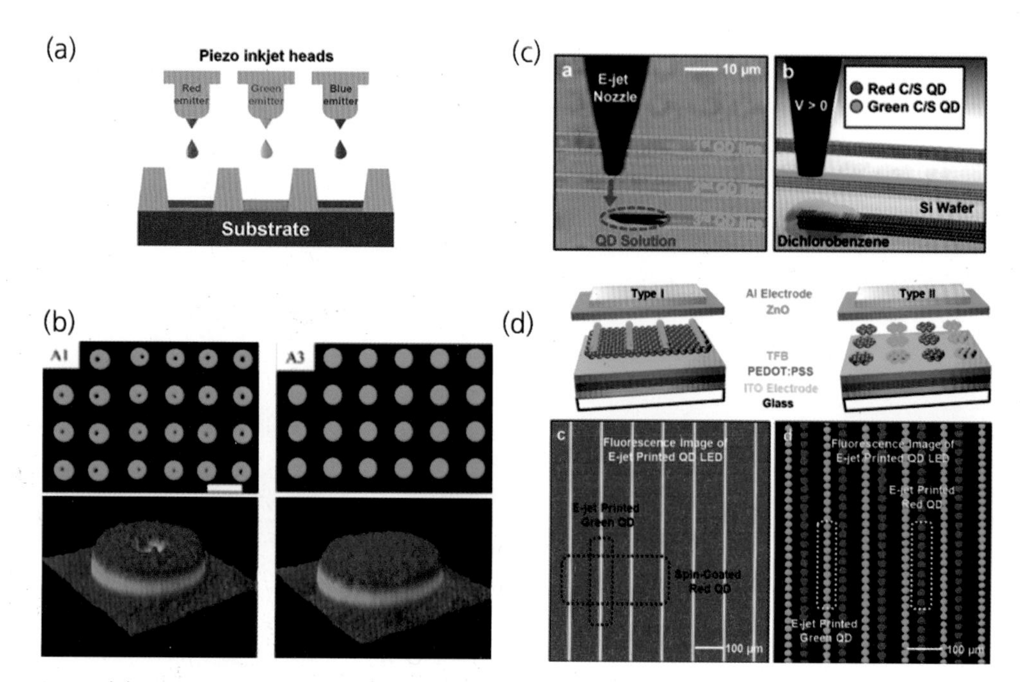


**그림 4-10** (a) 잉크젯 프린팅 공정의 모식도 (b) 양자점 잉크에 1,2-dichlorobenzene 용매가 첨가되지 않았을 때(좌), 20% 첨가되었을 때(우) 양자점 어레이의 PL 이미지(상) 및 단일 양자점 패턴의 3차원 형상 이미지(하)[29] (c) E-jet 프린팅 공정에서 금속이 코팅된 유리 노즐(5$\mu$m 내경을 갖는 팁) 및 타깃 기판의 이미지 및 공정 모식도[31] (d) E-jet 프린팅을 이용한 다양한 형상을 갖는 양자점 어레이 패턴 모식도(상) 및 이를 통해 제작된 QD-LED의 형광 이미지(하)[31]

## 4.3.2 전사 프린팅

전사 프린팅transfer printing 기술은 활용도가 높고 마이크로 이하의 우수한 정밀도를 갖춘 간단하고 저비용의 표면 패터닝 기술이다. 부드러운 탄성중합체 소재 중 대표적인 Polydimethylsiloxane PDMS를 스탬프로 사용하여 포토리소그래피 또는 다른 패터닝 기술로 생성된 패턴들을 복제하는 기술로써, 그림 4-11(a)는 전사 프린팅 기법의 모식도를 나타낸다. 도너donor 기판상에 공유결합된 octadecyltrichloro-silane 자기조립 단일층을 통해 기판의 표면에너지를 크게 감소시키고 그 위에 양자점 박막을 형성함으로써 양자점이 패턴화된 PDMS 스탬프로 용이하게 전사될 수 있도록 설계하였다. 양자점 박막으로부터 스탬프를 픽업하는 속도와 원하는 기판상에 전사 시 가해지는 압력 및 벗겨내는 속도 등을 정밀하게 제어하여 양자점의 전사 수율은 거의 100%에 도달하였다. 특히 이 기술은 다른 물질이 첨가되지 않은 건조된 상태의 양자점 박막을 전사 가능하기 때문에, 기존의 PDMS 스탬프상에 양자점을 직접 코팅하여 프린팅할 때 문제가 되었던 유기용매에 의한 PDMS 스탬프의 팽윤swelling 현상 및 이로 인한 패터닝된 양자점 층의 내부 균열 문제를 극복할 수 있는 획기적인 해결책을 제시하였다.

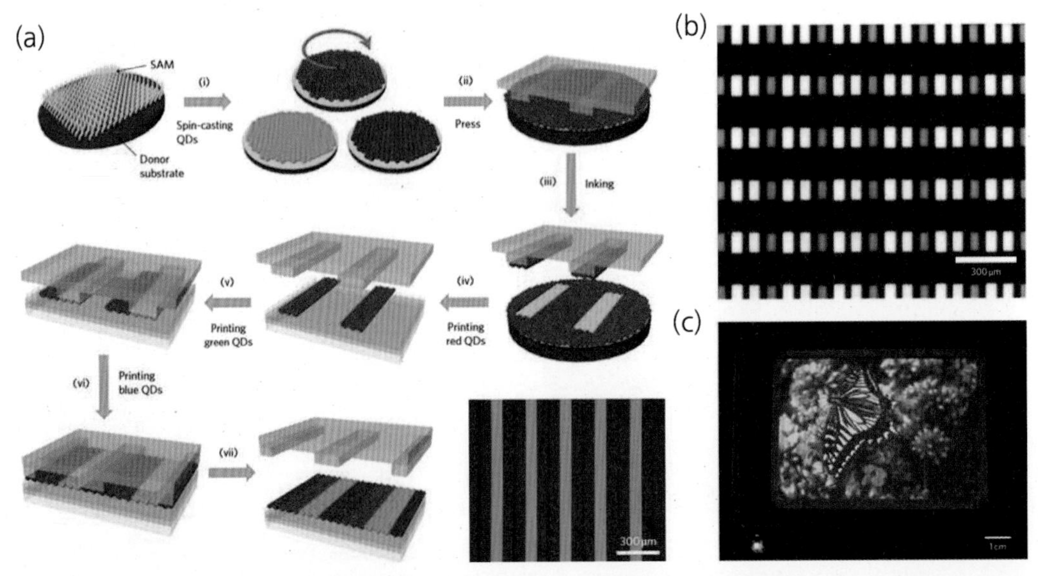


**그림 4-11** (a) 양자점 패터닝을 위한 무용매(solvent-free) 방식의 전사 프린팅 기법의 공정 모식도[32]
(b) Back-plane 픽셀 어레이에 전사된 RGB 양자점 박막의 구동에 따른 EL 발광 이미지[32]
(c) 320×240 픽셀 어레이로 구성된 4인치 풀컬러 양자점 디스플레이의 EL 발광 이미지[32]

삼성전자에서는 이 기술을 개발하여 그림 4-11(b)와 같이 RGB 픽셀 어레이 제작에 성공하였고, 이를 기반으로 세계 최초로 RGB 양자점 패터닝을 통한 320×240 픽셀 어레이를 갖는 4인치 풀 컬러 AM-QLED 디스플레이 구현에 성공하였다[그림 4-11(c)].[32]

기초과학연구원 나노입자연구단 연구팀은 전사 프린팅의 문제점 중 하나인 초기 패턴 디자인과 최종적으로 제작된 픽셀 형상의 불일치 문제를 극복하기 위하여 제어가 용이하고 균일한 픽셀 크기 구현이 가능한 음각 전사 프린팅intaglio transfer printing 기술을 개발하였다.[33] 그림 4-12(a)는 음각 전사 프린팅 공정의 모식도를 나타낸다. 픽셀의 형상은 음각 트렌치trench에서의 평면 스탬프로 양자점을 방출하는 단계에서 결정되며, 이 방법으로 패턴의 크기 또는 형상에 상관없이 약 100%에 도달하는 전사 수율을 보여주었다. 그림 4-12(b)는 해상도 변화에 따른 전사 프린팅 공정과 음각 전사 프린팅 공정 간의 양자점 전사 수율을 비교한 이미지이다.

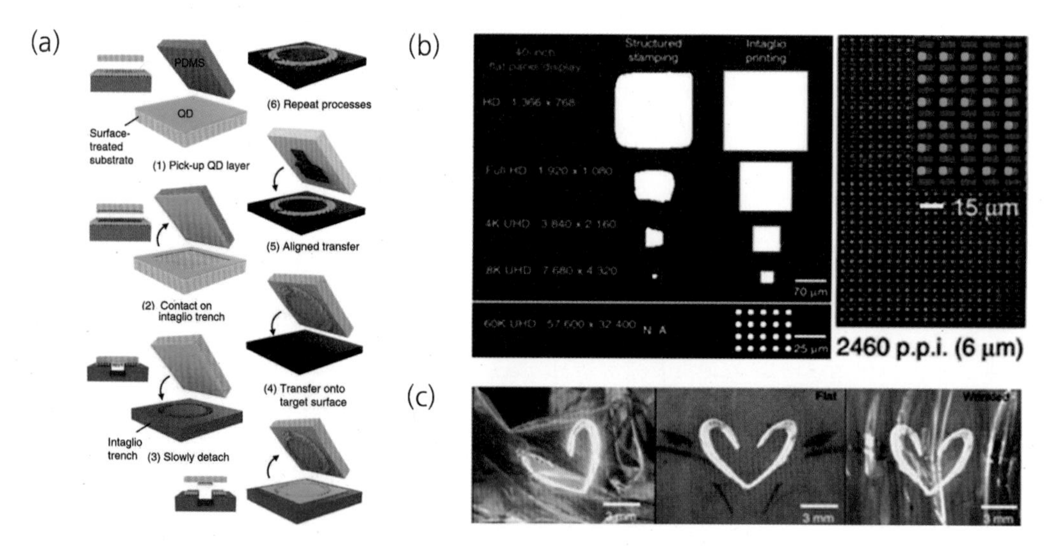


**그림 4-12** (a) 음각 전사 프린팅 공정의 공정 모식도[33] (b) 해상도 변화에 따른 기존 전사 프린팅 공정 및 음각 전사 프린팅 공정의 양자점 전사 수율 비교(좌) 및 음각 전사 프린팅 공정을 통해 형성된 2,460ppi 초고해상도 RGB 양자점 픽셀의 PL 이미지[33] (c) 주름진 Al foil상에 형성된 초박막 녹색 QD-LED(좌) 및 인체 피부에 형성된 청색 QD-LED 기반 전자 타투의 구김 전후에 따른 발광 이미지(중, 우)[33]

기존의 전사 프린팅 방법의 경우 고해상도 픽셀 어레이 제작 시 전사되지 않는 양자점 면적이 증가하여 초기 패턴 형상과는 많이 다른 형태가 얻어지는 데 반해 음각 전사 프린팅 기법은 고해상도 픽셀 제작 시에도 우수한 전사 수율을 나타내어 약 2460ppi의 초고해상도를 갖는 양자점 RGB 어레이 제작에 성공하였다. 뿐만 아니라 그림 4-12(c)와 같이 피부나 옷과 같이 곡면이 있는 부위에도 초박막으로 형성하여 저전압 구동이 가능하며 구김에도 우수한 소자 성능을 유지하기 때문에 양자점 디스플레이뿐 아니라 양자점 기반의 웨어러블 기기 개발 및 상용화도 크게 앞당길 수 있는 유망한 기술로써 주목받고 있다.

## 4.4 에피택셜 양자점 기반 발광 다이오드

### 4.4.1 에피택셜 양자점 제작 방법

양자점을 제작하는 방법에는 크게 탑다운top-down과 바텀업bottom-up 방법이 있다. 전통적인 탑다운 방법의 일종인 전자 빔 리소그래피electron beam lithography와 건식 식각dry etching을 이용하면 1$\mu$m 이하의 나노구조체를 제작할 수 있으나, 이 방법은 보어 엑시톤 크기 영역의 진정한 양자점을 제조하는 데 한계가 있다. 따라서 실제 양자점을 제작하기 위해서는 원자 또는 분자 전구체를 활용한 바텀업법을 사용하며, 이는 건식 방법을 이용한 에피택셜 자기조립epitaxial self-assembly 또는 앞서 언급했던 습식 방법을 이용한 콜로이드 합성colloidal synthesize법으로 분류할 수 있다. 본 장에서는 에피택셜 양자점 제작 방법을 개략적으로 알아보고 이를 기반으로 하는 발광 다이오드 연구 사례를 살펴보도록 하겠다.

에피택셜 자기조립법은 분자 빔 에피택시Molecular Beam Epitaxy, MBE, 플라즈마 화학증착Plasma Enhanced Chemical Vapor Deposition, PECVD 또는 금속 유기 화학 증착법Metal-Organic Chemical Vapor Deposition, MOCVD과 같은 고진공 조건하에서 격자상수가 서로 다른 기판 층과 에피층 간의 이종구조heterostructure 표면/계면에서 일어나는 결정학적 평형상태를 이용하여 성장모드 제어를 통하여 3차원 island 형태의 양자점을 형성하는 방법이다. 이종구조 간의 표면/계면 에너지($E_{\mathrm{Surf}}/_{\mathrm{Int}}$)와 변형 에너지($\sigma_{\mathrm{Strain}}$)가 성장 모드 결정에 매우 중요한 역할을 하며 그림 4-13은 이에 따른 양자점 성장 메커니즘을 보여준다. 에피택셜 자기조립법으로 성장된 대부분의 양자점은 Stranski-KrastanowS-K 성장모드에서 형성되는데, 초기에는 2차원의 wetting layer 형성이 이루어지고 성장 시간이 길어짐에 따라 박막 두께가 증가하게 되면 변형 에너지를 비롯

롯한 총에너지가 표면/계면 에너지보다 커지는 임계 변형 에너지에 도달하게 되고, 이후 에너지를 완화시키는 과정에서 자발적으로 양자점이 성장되는 메커니즘을 가진다.

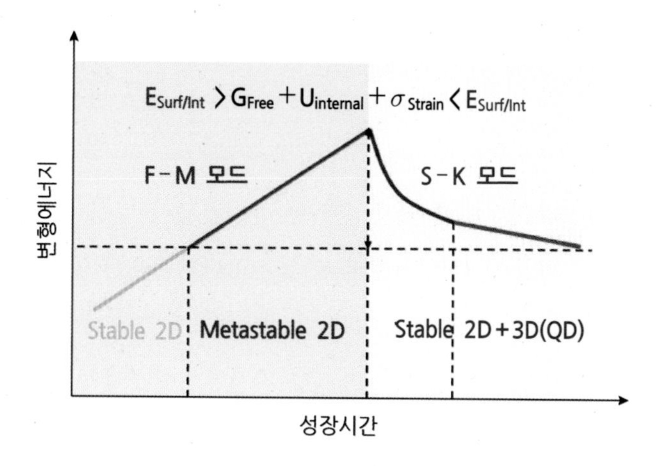


**그림 4-13** 성장 시간에 따른 변형 에너지 및 양자점 성장 모드의 변화

## 4.4.2 InGaN 양자점 발광 다이오드

화합물 반도체는 Si보다 우수한 특성을 가져서 다양한 고속소자 또는 광소자 제작에 활용될 수 있는데, 특히 밴드갭 엔지니어링을 통한 양자우물구조 형성에 따른 양자효과를 갖는 우수한 소자를 제작할 수 있다. 또한 양자우물구조보다 더욱 저차원의 양자구조를 이용할 경우 양자우물구조에 비하여 보다 우수한 광학적 특성을 가질 수 있다는 연구가 제안되면서 양자점 성장 연구가 활발히 이루어졌다.[34] 특히 GaN, InN, AlN 등과 같은 III-V족 질화물 반도체는 직접천이형 밴드갭 구조 및 발광 파장 제어 용이성 등의 우수한 광학적 장점으로 인해 LED 및 레이저 다이오드Laser Diode, LD 등과 같은 광소자에 응용 가능할 뿐 아니라 높은 열전도도 및 고온·화학적·기계적 강도 등이 우수한 장점으로 인해 고출력 전력 소자, 광검출 소자photodetector, 전계 효과 트랜지스터Field-Effect Transistor, FET 등 광범위한 영역에 걸쳐 연구가 이루어지고 있다. 본 장에서는 주로 LED 제작을 위한 질화물 반도체 기반 양자점의 성장기술 및 소자 적용 연구에 대하여 알아보도록 하겠다.

III-V족 기반 LED를 제작하는 데 있어서 주로 InGaN 합금이 발광층으로 사용된다. 청색 또는 녹색 LED에서 InGaN 양자점과 같은 역할을 하는 In-rich 영역이 발광에 매우 중요한 역할을 하기 때문에 In-rich 양자점 제작 방법 및 이를 활용한 LED 개발에 대한 연구가 활발히 이루어졌다. InGaN층 내에 큰 결함 밀도defect density가 존재함에도 불구하고, InGaN층 내에 형성된 In-rich 양자점은 전기적인 캐리어들이 다양한 비방사 결함nonradiative defects 부분들로 확산되는 것을 막아줄 수 있는 깊은 포텐셜 우물로써의 역할을 하기 때문에 LED의 방사 재결합효율을 크게 개선할 수 있는 장점이 있다. InGaN층 내에서 In-rich 양자점을 형성하는 방법에는 크게 조성 변동composition fluctuation 또는 상 분리phase separation 현상을 이용하는 것이 있다. In의 조성 변동은 InGaN 합금의 많은 영역에서 발견되지만, 상 분리는 GaN 내에서 InN의 혼화성miscibility이 낮기 때문에 주로 In 함량이 높은 InGaN층에서 일어날 수 있다. InGaN층 내에서 In-rich 양자점을 형성하는 다양한 접근 방법이 보고되었다. 그림 4-14(a)는 InGaN층의 성장 두께에 따른 양자점 형성에 대한 단면 투과전자현미경Transmission Electron Microscopy, TEM 이미지를 보여준다.[35] InGaN 박막의 두께가 임계 두께critical thickness 이상이 되었을 때 양자점과 같이 보이는 In-rich한 영역이 형성되는데, 이러한 양자점이 형성되는 원리는 두 가지로 해석할 수 있다. 첫 번째는 응력stress에 의한 구조적 불안정성에 따른 양자점 형성, 두 번째는 Ga-N 결합에 비하여 상대적으로 약한 In-N 결합에 따른 In 표면의 분리 현상에 기인한 양자점 형성이 있다. 상대적으로 두꺼운 GaN 에피층(약 1.2$\mu$m)상에 형성된 InGaN 박막은 InN와 GaN 간의 약 10% 정도의 큰 격자불일치에 의해 압축 변형compressive strain을 받게 된다. 압축 변형과 더불어 InGaN 합금 박막 내에서 In과 Ga 원자 간의 원자 크기 차이에 따른 응력 형성은 결과적으로 표면 기복surface undulation을 형성할 수 있는 불안정한 InGaN 박막을 야기시킨다. 이때 InGaN 박막의 두께가 증가하게 되면 표면 거칠기 또한 증가하는데, 이는 두께가 증가할수록 표면 기복에 의한 탄성 이완elastic relaxation 현상이 비평면nonplanar의 거친 표면을 만들기 때문이다. 따라서 InGaN층의 성장을 점차 진행할수록 In-rich한 영역이 박막 내에 형성되어 마치 양자점과 같은 형태로 자리 잡게 되며, 이는 발광 센터로 작용하게 된다. 하지만 상 분리를 일으키기 위해 InGaN층의 두께를 증가시키거나 In 함량을 높이는 방법의 경우 InGaN 합금의 결정학적 특성이 매우 저하되는 문제를 야기할 수 있으므로, 임계 두께 이하의 InGaN층 두께 내에서 혹은 In 함량이 적은 조건 하에서 In-rich 양자점을 형성시킬 수 있는 연구도 필요하다. 따라서 위와 같이 임계 두께 이상의 두께로 성장된 InGaN층 내에서 상 분리 현상에 의해 형성된 In-rich 양자점 외에도, 표면 거칠기를 증가시킨 GaN층상에 InGaN층을

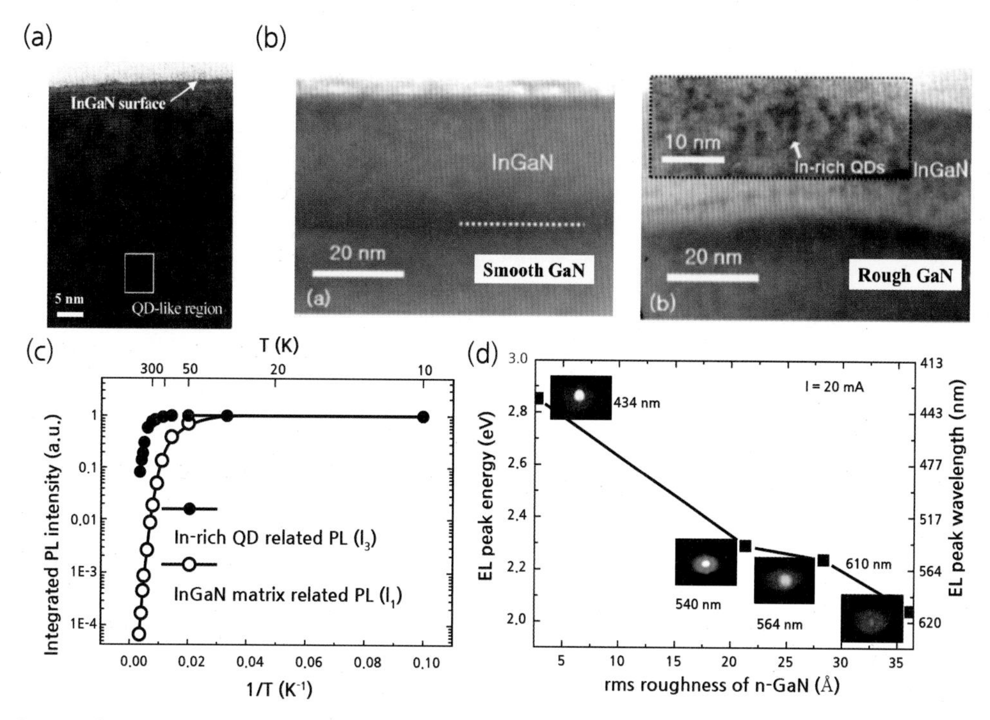


**그림 4-14** 상 분리를 통한 In-rich 양자점 형성 방법 (a) In-rich 양자점이 형성된 100 nm 두께 InGaN층의 상부 TEM 이미지[35] (b) GaN 표면 거칠기에 따른 InGaN층 내 In-rich 양자점 형성 비교[36] (c) InGaN matrix와 In-rich 양자점에 대한 temperature-dependent 광 발광 spectra 및 Arrhenius plot 비교[36] (d) GaN 표면 거칠기 증가에 따른 InGaN 양자점 LED의 전계발광 피크 파장 변화 및 발광 이미지[37]

성장시켜 상 분리 현상을 증진시켜줌으로써 In-rich 양자점을 형성하는 방법도 연구하였다.[36,37] 그림 4-14(b)는 표면 거칠기를 높인 GaN층 상부에 성장된 InGaN층에서 상 분리가 더욱 증진되면서 변형이 완화됨에 따라 자발적으로 InGaN층 내에서 In-rich 양자점이 생성된 단면 투과전자현미경 이미지이다.[36] GaN층의 표면 거칠기는 성장 시간 변화를 통해 조절이 가능하며, 평탄한 표면을 갖는 GaN(rms roughness = 2.5nm)층 상에 성장된 InGN층 내에서는 양자점이 형성되지 않은 것에 비하여 거친 표면을 갖는 GaN(rms roughness = 23.5nm)층 상에 성장된 InGaN층 내에서는 양자점이 형성된 것이 관찰되었다. InGaN층 내부에 형성된 변형strain이 거친 표면을 갖는 하부 GaN 표면에 의해 완화되면서 상 분리 현상이 크게 증진될 수 있기 때문에 InGaN층의 두께가 임계 두께보다 작더라도 In-rich 양자점이 자발적으로 형성될 수 있다. In-rich 양자점의 광학적 특성은 InGaN 박막과 비교하였을 때 그림 4-14(c)와 같이 열적으로 훨씬 안정적이고,

더욱 깊은 국부화 상태를 갖는 것을 알 수 있다.[36] 그림 4-14(d)는 GaN층의 표면 거칠기 증가에 따른 양자점 LED의 EL 피크 파장 변화 그래프를 보여준다.[37] GaN 표면 거칠기가 증가함에 따라 LED의 발광 파장이 녹색부터 적색 스펙트럼 영역까지 다양하게 변화하는 것을 알 수 있다. 표면 거칠기를 증가시킬수록 InGaN층 내의 압축 변형이 더욱 완화됨에 따라 상 분리 현상이 증진되어 In-rich 양자점 형성이 가속화되고 크기가 증가되는 결과를 보여주었다. InGaN 양자점의 발광 파장을 제어할 수 있는 효과적인 기술을 개발함으로써[38-40] 기존 green gap LED의 한계를 극복할 수 있는 획기적인 방향을 제시하였다.

자기조립 방법으로 형성된 양자점이 LED 내에 적용되는 경우 엑시톤 결합에너지 및 캐리어 국부화 효과 증가의 장점을 가지므로, 자외선 LED를 비롯한 다양한 발광 파장 및 구조를 갖는 LED 소자에 적용 시 효율 향상에 크게 기여할 수 있다. 질화물 기반의 자외선 LED는 청색 LED에 비하여 효율이 매우 낮은데 이는 자외선 LED에서 InGaN 활성층 내에 존재하는 In 함량이 더욱 낮고 국부화된 재결합 부위가 적어 결함들이 비방사 재결합 중심으로 작용하기 때문이다. 또한 InGaN 양자우물과 GaN 장벽 간의 밴드 오프셋band offset이 작기 때문에 얕은 InGaN 양자우물 내에서 전기적인 캐리어들의 열적 안정성이 약하여 자외선 LED 효율 저하의 원인이 된다. 양자점 구조가 LED에 적용될 경우, 엑시톤 결합 에너지 및 캐리어 국지화 효과를 증가시킬 수 있어 자외선 LED의 효율 개선이 가능하다. GIST 박성주 연구팀은 GaN층 상부에서 InGaN층이 변형 에너지 완화를 위한 성장 모드 전이, 즉 island 성장을 하기 위한 임계 두께 조건을 확보하였고 이를 기반으로 그림 4-15(a)와 같이 GaN 박막상에서 S-K 성장 모드를 통한 약 1.35nm 크기의 InGaN 양자점을 성장하여 InGaN 양자점/GaN 다중 양자우물구조의 자외선 LED 제작에 성공하였다.[41] 그림 4-15(b)는 이러한 InGaN 양자점을 이용한 자외선 LED의 구동 전류에 따른 전계 발광 특성으로, 약 400nm 자외선 영역에서 강한 발광 특성을 보여준다.[41] 그림 4-15(c)는 10K에서 여기 전력excitation power에 따른 다중 InGaN 양자점/GaN 구조의 광 발광 스펙트럼을 보여준다. 여기 전력 증가에 따라 발생하는 압전장piezoelectric field으로 인해 유도되는 양자 구속 스타크 효과Quantum-Confined Stark Effect, QCSE 현상이 거의 발생하지 않아 광 발광 피크의 위치가 단파장 영역으로 이동하지 않는 것을 알 수 있다. 양자우물로 작용하는 InGaN 양자점이 1.35nm로 매우 작은데, 이는 벌크 GaN의 엑시톤 보어 반지름값인 3.4nm보다 작은 값이므로 분극에 의해 양자우물 내에 유도된 높은 전기장하에서도, 전자와

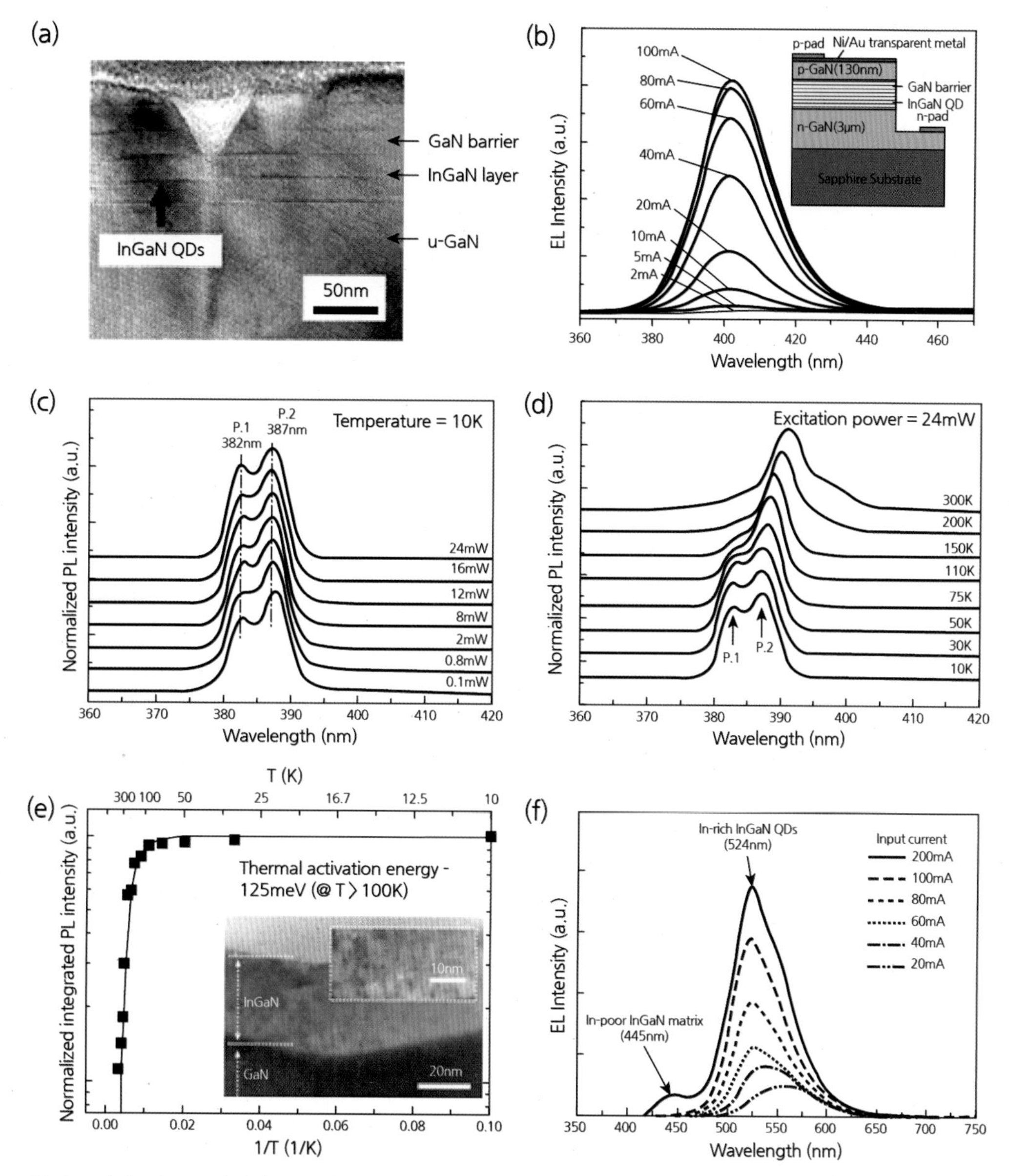


**그림 4-15** (a) InGaN 양자점/GaN층의 단면 TEM 이미지[41] (b) 상온에서 주입 전류 증가에 따른 InGaN 양자점/GaN 자외선 LED의 전계발광 스펙트럼[41] (c) 여기 전력에 따른 다중 InGaN 양자점/GaN 구조의 PL 스펙트럼(10K)[41] (d) InGaN 양자점/GaN 다중 양자우물구조의 temperature- dependent PL 스펙트럼[41] (e) 10-300K에서 양자점 normalized PL intensity의 Arrhenius plot(Inset: InGaN matrix 내에 형성된 InGaN 양자점의 단면 TEM 이미지)[42] (f) 상온에서 주입 전류 증가에 따른 InGaN 양자점 녹색 LED의 전계발광 스펙트럼[42]

정공 파동 함수의 분극이 일어나지 않으며, 즉 InGaN 양자점 내에서 양자 구속 스타크 효과의 감소로 인해 캐리어들의 재결합률이 증가됨을 확인하였다. 또한 상온에서 InGaN 양자점의 광 발광 세기가 강하게 유지되는 것을 통하여[그림 4-15(d) P.2] InGaN 양자점은 캐리어들에 효과적인 국부화된 재결합 부위들을 제공함으로써 비방사 중심 내로의 캐리어 trap을 막아주는 역할을 한다는 것을 알 수 있다.

자외선 LED뿐 아니라 InGaN/GaN 다중 양자우물 기반의 녹색 LED 또한 양자점을 이용하여 효율 향상이 가능하다.[42] 녹색 LED는 청색 LED에 비하여 높은 In 함량으로 인해 비방사 재결합 중심으로 작용할 수 있는 전위가 많이 형성되어 내부양자효율이 낮으며 이로 인해 소자의 효율이 낮은 문제가 있다. 뿐만 아니라 높은 In 함량은 강한 내부 압전장을 유도하여 양자 구속 스타크 효과를 발생시키기 때문에 캐리어 재결합률의 감소 문제도 야기시킨다. 이러한 녹색 LED의 낮은 내부양자효율을 향상시키기 위해 양자점이 활용될 수 있으며, InGaN층 내부에 높은 밀도의 전위가 존재하더라도 In-rich 양자점에 의해 국부화된 캐리어 재결합을 가능하게 하는 potential minima를 형성할 수 있어 방사 재결합 효율을 향상시킬 수 있다. 그림 4-15(e)는 InGaN matrix 내에 형성된 2~5nm 크기 양자점의 PL 강도를 10K부터 300K까지의 온도 영역에 걸쳐 측정하고 이를 이용하여 Arrhenius plot을 한 결과를 보여주며, 내부 그림은 성장된 InGaN 양자점의 단면 TEM 이미지이다. 양자점 내의 엑시톤들이 강한 spatial localization을 이루고 있으며 100K 이상 온도에서의 열 활성화 에너지가 녹색 InGaN/GaN 다중양자우물구조에 비하여 약 4배가량 높은 125meV 정도로 추정되었다. PL 결과를 통하여 양자점이 거의 무시할 수 있을 정도의 작은 압전장을 가지며, 캐리어들이 열적으로 안정적인 상태가 될 수 있도록 깊게 국부화된 재결합 중심을 제공하는 것을 알 수 있다. 따라서 양자점은 녹색 LED의 발광층에 활용될 경우 내부양자효율을 크게 향상시킬 수 있다. 그림 4-15(f)는 상온에서 주입 전류 증가에 따른 InGaN 양자점/GaN 자외선 LED의 전계발광 스펙트럼을 보여주는 그래프로써, 양자점 내로 전자와 정공이 전달되어 524nm 파장에서 강한 전계발광이 나타나는 결과를 보여준다.

### 4.4.3 Si 양자점 발광 다이오드

Si은 지구상에 풍부하게 존재할 뿐 아니라 무독성이므로 다양한 Si 반도체 소자, 광전소자 및 에너지소자 내 핵심 소재로써 산업 전반적으로 활용되고 있는 소재이다. Si를 기반으로 하는 포토닉스 기술은 이미 한계에 도달한 Si 고집적화 기술과 전자를 기반으로 하는 정보전송 기술을 대체하기 위해 전 세계적으로 활발히 개발되고 있으며, Si LED는 Si 포토닉스 구현을 위한 필수적인 광원으로 매우 중요한 위치를 차지하고 있다. 벌크 상태의 Si의 경우 간접천이형 밴드갭 성질을 가지고 있어 발광 다이오드에 적용하기 어려운 구조이나, 나노구조가 됨에 따라 양자 구속효과가 증진되어 근적외선 영역부터 자외선 영역까지 넓은 파장대에 걸쳐 발광 특성을 보여줄 수 있어 발광 다이오드와 같은 광전소자에 유용하게 적용될 수 있다. 다공성porous Si 또는 Si 나노결정의 경우 근적외선 영역부터 자외선 영역까지 넓은 영역에 걸쳐 발광 파장 구현이 가능한 것으로 알려졌으나, 청색보다 더욱 큰 밴드갭의 경우 산소 관련 결함 또는 화학종들에 의한 것으로 알려져 있어서 LED를 포함하는 다양한 광전소자에의 활용에 어려움이 있다. 비정질 Siamorphous Si, a-Si 양자점의 경우, Si 결정에 비하여 발광 효율이 우수하며, 밴드갭이 벌크 상태의 Si 결정(1.1eV)에 비하여 크기 때문에(1.6eV) 단파장 발광체로써 활용하기 용이한 장점을 지니고 있으나, 비방사 재결합 중심으로 작용하는 자연 결함이 다수 존재하고 있으며 활성층 내 비정질 Si 양자점으로의 캐리어 주입 특성이 우수하지 못한 문제점을 지니고 있어 이를 극복하기 위한 개선 방안이 필요하다. 본 장에서는 고품위 Si 양자점 성장기술, Si 양자점 내에서의 양자 구속 효과, 밴드갭 제어 기술 및 이를 기반으로 하는 Si 양자점 LED 개발과 관련된 연구 내용들을 소개하고자 한다.

그림 4-16은 비정질 Si 양자점과 결정질 Si 양자점을 SiN 박막 내부에 성장하고, 성장된 Si 양자점의 광 특성 및 양자구속효과를 세계 최초로 보여준 결과이다.[43-45] 두 종류의 양자점은 PECVD 장비를 이용하여 Si 웨이퍼 상의 SiN 박막 내에서 성장되었는데, 비정질 Si 양자점은 $SiH_4$와 질소 가스, 수소를 이용하여 성장되었고 passivation된 결정질 Si 양자점은 $SiH_4$와 $NH_3$ 공정 가스의 유량flow rate 조절을 통해 성장되었다. 그림 4-16(a)와 (b)는 각각 SiN 박막 내에 성장된 비정질 Si 양자점 및 결정질 Si 양자점의 TEM 이미지를 보여주며, 그림 4-16(b)의 전자 회절 패턴 분석을 통해 링 패턴이 형성되는 것을 확인함으로써 결정질 Si 양

자점이 성장되었음을 확인하였다. 그림 4-16(c)는 양자점 크기에 따른 밴드갭 에너지를 나타내며, 3차원으로 구속된 비정질 또는 결정질 Si 양자점의 밴드갭 에너지는 다음의 유효 질량 이론effective mass theory식을 통해 확인할 수 있다.

$$E(eV) = E_{\text{bulk}} + C/d^2$$

$E_{\text{bulk}}$: bulk Si bandgap, $d$: Si QD diameter, $C$: confinement parameter

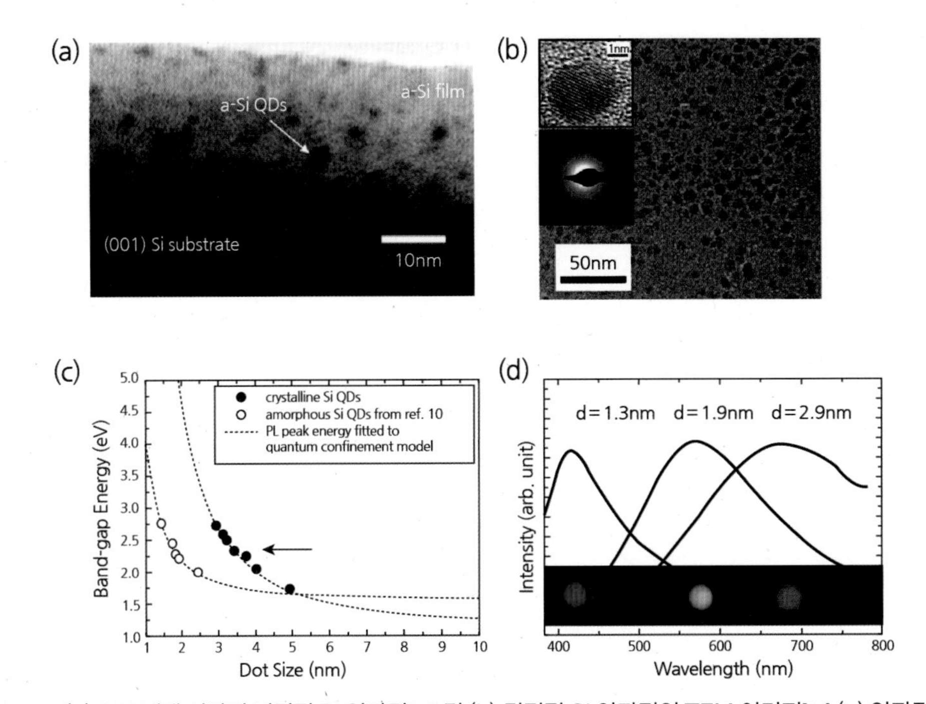


**그림 4-16** (a) SiN 내에 성장된 비정질 Si 양자점[43] 및 (b) 결정질 Si 양자점의 TEM 이미지[44] (c) 양자점 크기에 따른 결정질 양자점과 비정질 양자점의 PL 피크 에너지 및 피팅 커브[45] (d) 사이즈에 따른 Si 양자점의 PL 스펙트럼 및 발광 이미지[46]

결정질 Si 양자점의 경우 $E(eV) = 1.13 + 13.9/d^2$ 식이 성립되며, 벌크 밴드갭 에너지인 1.13eV는 벌크 결정질 Si의 밴드갭 에너지인 1.12eV와 매우 유사한 값을 보여준다. 비정질 Si 양자점의 경우 $E(eV) = 1.56 + 2.4/d^2$ 식이 성립되며 벌크 밴드갭 에너지인 1.56eV는 벌크 비정질 Si의 밴드갭 에너지인 1.6eV와 매우 유사한 값을 나타낸다. Quantum confinement parameter(C)가 비정질 Si 양자점(2.4)보다여 결정질 Si 양자점(13.9)이 더욱 큰 것을 확인하였으며, 이를 통해 결정질 Si 양자점의 양자구속효과가 비정질 Si 양자점에 비하여 더 큰 것을 알 수 있다. 이는 비정질 Si의 무질서한 구조적 특성이 결정질 Si의 delocalized states에 비하여 양자구속효과가 약하고, 또한 결정질 Si의 성장 조건 최적화에 따른 결함 감소 및 결정성 증가에 따른 결과임을 확인하였다. 그림 4-16(d)는 다양한 크기를 갖는 a-Si 양자점의 PL 스펙트럼 및 이에 대한 발광 이미지를 보여준다.[46] 성장 가스의 유속 조절에 따른 양자점의 핵 생성 제어를 통해 크기 조절이 가능하며, 그림과 같이 a-Si 양자점의 크기를 미세하게 제어함에 따라 발광 파장대역이 장파장부터 단파장대역의 청색까지 자유롭게 구현 가능하다는 결과를 보여주었다. 고품위 Si 양자점 형성 및 파장 제어 연구가 다수 진행되었으나, Si 양자점 기반의 고효율 LED를 구현하기 위해서는 여전히 극복해야 할 요소들이 많다.

## 〔참고문헌〕


1. L. Brus, *J. Phys. Chem.* **90**, 2555 (1986).
2. V. K. LaMer and R. H. Dinegar, *J. Am. Chem. Soc.* **72**, 4847 (1950).
3. C. B. Murray, C. R. Kagan, and M. G. Bawendi, Annu. *Rev. Mater. Sci.* **30**, 545 (2000).
4. J. M. Pietryga, Y. S. Park, J. Lim, A. F. Fidler, W. K. Bae, S. Brovelli, and V. I. Klimov, *Chem. Rev.* **116**, 10513 (2016).
5. J. Chen, V. Hardev, J. Hartlove, J. Hofler, and E. Lee, *SID Symp. Dig. Tech. Papers*. **43**, 895 (2012).
6. J. S. Steckel, J. Ho, C. Hamilton, J. Xi, C. Breen, W. Liu, P. Allen, and S. Coe-Sullivan, *J. Soc. Inf. Display* **23**, 294 (2015).
7. X. Dai, Z. Zhang, Y. Jin, Y. Niu, H. Cao, X. Liang, L. Chen, J. Wang, and X. Peng, *Nature* **515**, 96 (2014).
8. K.-H. Lee, J.-H. Lee, H.-D. Kang, B. Park, Y. Kwon, H. Ko, C. Lee, J. Lee, and H. Yang, *ACS Nano* **8**, 4893 (2014).
9. H. Shen, W. Cao, N. T. Shewmon, C. Yang, L. S. Li, and J. Xue, *Nano Lett.* **15**, 1211 (2015).
10. X. Dai, Y. Deng, X. Peng, and Y. Jin, *Adv. Mater.* **29**, 1607022 (2017).
11. Y. Shirasaki, G. J. Supran, M. G. Bawendi, and V. Bulovic, *Nat. Photon.* **7**, 13 (2013).
12. J. M. Caruge, J. E. Halpert, V. Wood, V. Bulovic, and M. G. Bawendi, *Nat. Photon.* **2**, 247 (2008).
13. L. Qian, Y. Zheng, J. Xue, and P. H. Holloway, *Nat. Photon.* **5**, 543 (2011).
14. H. M. Kim, D. Geng, J. Kim, E. Hwang, and J. Jang, *ACS Appl. Mater. Interfaces* **8**, 28727 (2016).
15. J. Wang, N. Wang, Y. Jin, J. Si, Z.-K. Tan, H. Du, L. Cheng, X. Dai, S. Bai, H. He, Z. Ye, M. L. Lai, R. H. Friend, W. Huang, *Adv. Mater.* **27**, 2311 (2015).
16. J. Chen, D. Zhao, C. Li, F. Xu, W. Lei, L. Sun, A. Nathan, and X. W. Sun, *Sci. Rep.* **4**, 4085 (2014).
17. X. Liang, Y. Ren, S. Bai, N. Zhang, X. Dai, X. Wang, H. He, C. Jin, Z. Ye, Q. Chen, L. Chen, J. Wang, and Y. Jin, *Chem. Mater.* **26**, 5169 (2014).
18. Q. Lin, H. Shen, H. Wang, A. Wang, J. Niu, L. Qian, F. Guo, and L. S. Li, *Org. Electron.* **25**, 178 (2015).
19. N. Y. Kim, S. H. Hong, J. W. Kang, N. Myoung, S. Y. Yim, S. Jung, K. Lee, C. W. Tu, and

S. J. Park, *RSC Adv.* **5**, 19624 (2015).

20. B. N. Pal, Y. Ghosh, S. Brovelli, R. Laocharoensuk, V. I. Klimov, J. A. Hollingsworth, and H. Htoon, *Nano Lett.* **12**, 331 (2012).
21. B. O. Dabbousi, J. Rodriguez-Viejo, F. V. Mikulec, J. R. Heine, H. Mattoussi, R. Ober, K. F. Jensen, and M. G. Bawendi, *J. Phys. Chem.* ***B*** **101**, 9463 (1997).
22. Y. Yang, Y. Zheng, W. Cao, A. Titov, J. Hyvonen, J. R. Manders, J. Xue, P. H. Holloway, and L. Qian, *Nat. Photon.* **9**, 259 (2015).
23. H. Shen, W. Cao, N. T. Shewmon, C. Yang, L. S. Li, J. Xue, *Nano Lett.* **15**, 1211 (2015).
24. J. Lim, M. Park, W. K. Bae, D. Lee, S. Lee, C. Lee, and K. Char, *ACS Nano* **10**, 9019 (2013).
25. J. Pan, L. N. Quan, Y. Zhao, W. Peng, B. Murali, S. P. Sarmah, M. Yuan, L. Sinatra, N. M. Alyami, J. Liu, E. Yassitepe, Z. Yang, O. Voznyy, R. Comin, M. N. Hedhili, O. F. Mohammed, Z. H. Lu, D. H. Kim, E. H. Sargent, and O. M. Bakr, *Adv. Mater.* **28**, 8718 (2016).
26. W. K. Bae, Y. S. Park, J. Lim, D. Lee, L. A. Padilha, H. McDaniel, I. Robel, C. Lee, J. M. Pietryga and V. I. Klimov, *Nat. Commun.* **4**, 2661 (2013).
27. Y. Yang, Y. Zheng, W. Cao, A. Titov, J. Hyvonen, J. R. Manders, J. Xue, P. H. Holloway, and L. Qian, *Nat. Photon.* **9**, 259 (2015).
28. V. Wood, M. J. Panzer, J. Chen, M. S. Bradley, J. E. Halpert, M. G. Bawendi, and V. Bulovic, *Adv. Mater.* **21**, 2151 (2009).
29. C. Jiang, Z. Zhong, B. Liu, Z. He, J. Zou, L. Wang, J. Wang, J. Peng, and Y. Cao, *ACS Appl. Mater. Interfaces* **8**, 26162 (2016).
30. J. Han, D. Ko, M. Park, J. Roh, H. Jung, Y. Lee, Y. Kwon, J. Shon, W. K. Bae, B. D. Chin, and C. Lee, J. Soc. Inf. Disp. 24, 545 (2016).
31. Y. Liu, F. Li, Z. Xu, C. Zheng, T. Guo, X. Xie, L. Qian, D. Fu, and X. Yan, *ACS Appl. Mater. Interfaces* 9, 25506 (2017).
32. T. H. Kim, K. S. Cho, E. K. Lee, S. J. Lee, J. Chae, J. W. Kim, D. H. Kim, J. Y. Kwon, G. Amaratunga, S. Y. Lee, B. L. Choi, Y. Kuk, J. M. Kim, and K. Kim, *Nat. Photon.* **5**, 176 (2011).
33. M. K. Choi, J. Yang, K. Kang, D. C. Kim, C. Choi, C. Park, S. J. Kim, S. I. Chae, T. H. Kim, J. H. Kim, T. Hyeon, and D. H. Kim, *Nat. Commun.* **6**, 7149 (2015).
34. Y. Arakawa, and H. Sakaki, *Appl. Phys. Lett.* **40,** 939 (1982).
35. Y. T. Moon, D. J. Kim, J. S. Park, J. T. Oh, J. M. Lee, Y. W. Ok, H. Kim, and S. J. Park, *Appl. Phys. Lett.* **79**, 599 (2001).

36. I. K. Park, M. K. Kwon, S. H. Baek, Y. W. Ok, T. Y. Seong, S. J. Park, Y. S. Kim, Y. T. Moon, and D. J. Kim, *Appl. Phys. Lett.* **87**, 061906 (2005).
37. I. K. Park and S. J. Park, *Appl. Phys. Express* **4**, 042102 (2011).
38. I. K. Park, M. K. Kwon, C. Y. Cho, J. Y. Kim, C. H. Cho, and S. J. Park, *Appl. Phy. Lett.* **92**, 253105 (2008).
39. I. K. Park, S. J. Park and C. J. Choi, *J. Cryst. Growth* **312**, 2065 (2010).
40. I. K. Park, and S. J. Park, *J. Korean Phys. Soc.* **56**, 1828 (2010).
41. I. K. Park, M. K. Kwon, S. B. Seo, J. Y. Kim, J. H. Lim and S. J. Park, *Appl. Phys. Lett.* **90**, 111116 (2007).
42. I. K. Park, M. K. Kwon, J. O. Kim, S. B. Seo, J. Y. Kim, J. H. Lim, S. J. Park, and Y. S. Kim, *Appl. Phys. Lett.* **91**, 133105 (2007).
43. N. M. Park, C. J. Choi, T. Y. Seong, S. J. Park, *Phys. Rev. Lett.* **86**, 1355 (2001).
44. B. H. Kim, C. H. Cho, T. W. Kim, N. M. Park, G. Y. Sung, and S. J. Park, *Appl. Phys. Lett.* **86**, 091908 (2005).
45. T. W. Kim, C. H. Cho, B. H. Kim, and S. J. Park, *Appl. Phys. Lett.* **88**, 123102 (2006).
46. N. M. Park, T. S. Kim, S. J. Park, *Appl. Phys. Lett.* **78**, 2575 (2001).

CHAPTER

# 05 자외선 발광 다이오드 (Ultraviolet-Light Emitting Diode)

## 5.1 자외선 발광 다이오드 기술 소개

### 5.1.1 자외선이란?

자외선이란 전자기 스펙트럼에서 보라색 띠에 인접한, 사람의 육안에는 보이지 않는 영역으로 10nm에서 400nm 영역의 파장을 가진다[표 5-1]. 자외선의 파장은 가시광선보다 짧고, 엑스선X-ray보다는 길다. 이는 태양이 방출하는 에너지 중 상당 부분을 차지하고, 인체 내 세포들을 큰 하나의 세포로 결합 시키거나 화학작용을 일으키며 해로운 영향을 미칠 수 있다. 다행히 지구의 대기에 있는 오존층이 이를 대부분 차단하지만, 여전히 지표면에 접근하는 태양에너지의 3%는 자외선의 형태로 도달한다[그림 5-1]. 자외선은 독일의 물리학자 요한 빌헬름 리터Johann Wilhelm Ritter가 가시 스펙트럼의 반대편의 보라색보다 짧은 스펙트럼 빛을 관찰하면서 발견되었다. 200nm 미만의 자외선은 공기에 강력하게 흡수되는 특성 때문에 진공 자외선이라고 하며, 1983년에 독일의 물리학자 빅토르 슈만이 만들어낸 용어이다.

| 이름 | 축약 | 파장(nm) | 광자에너지(eV, aJ) | 참고/가명 |
|---|---|---|---|---|
| 자외선 A | UVA | 315~400 | 3.10~3.94, 0.497~0.631 | 장파장, 블랙라이트, 오존층에 흡수 안 됨 |
| 자외선 B | UVB | 280~315 | 3.94~4.43, 0.631~0.710 | 중파장, 대부분 오존층에 흡수됨 |
| 자외선 C | UVC | 100~280 | 4.43~12.4, 0.710~0.662 | 단파장, 살균, 오존층과 대기에 완전히 흡수됨 |
| 근자외선 | NUV | 300~400 | 3.10~4.13, 0.497~0.662 | 새, 곤충, 물고기가 볼 수 있음 |
| 중자외선 | MUV | 200~300 | 4.13~6.20, 0.662~0.993 | |
| 원자외선 | FUV | 122~200 | 6.20~12.4, 0.993~1.987 | |
| 수소 라이만 알파선 | H Lyman-α | 121~122 | 10.16~10.25, 1.628~1.642 | |
| 진공 자외선 | VUV | 10~200 | 6.20~124, 0.993~19.867 | |
| 극자외선 | EUV | 10~121 | 12.4~124, 1.99~19.87 | |

**표 5-1** 파장별 자외선 종류[1]

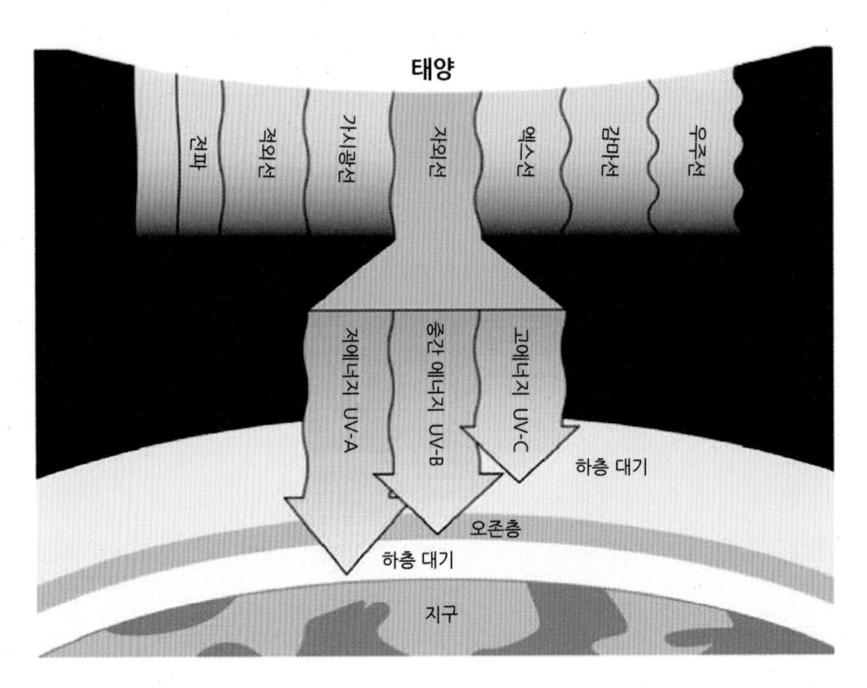


**그림 5-1** 태양에서 지구에 도달하는 자외선 파장[2]

### 5.1.2 자외선 램프와 자외선 발광 다이오드의 차이

자외선 램프는 투명한 석영관 좌우에 전극이 있고, 내부에 수은, 금속 할라이드 첨가물 metal additive, 버퍼가스(주로 Ar, Xe, He 등을 사용)를 넣고, 양단을 밀봉한 구조이다. 전극은 열전자가 잘 방출되고 융점이 높은 텅스텐 소재를 사용하거나, 램프 종류에 따라 산화바륨, 산화이트륨, 산화스트론듐, 산화칼슘 등 열전자 방사 계수가 낮은 물질을 도핑doping하여 열전자 방출이 쉬운 재료를 사용한다. 석영관 내부는 초고진공ultra high vacuum($\leq 10^{-6}$Pa)으로 내부의 불순물을 제거한 후 적당량의 수은과 발광물질을 수 mg~수십 mg 넣고 아르곤 가스 또는 아르곤가스와 다른 불활성 가스의 혼합가스를 혼입한 후 배기관을 밀봉한다. 전원 단자와 전극에서 나오는 전선을 연결하면 자외선 램프가 점등되어 자외선이 나온다[그림 5-2].

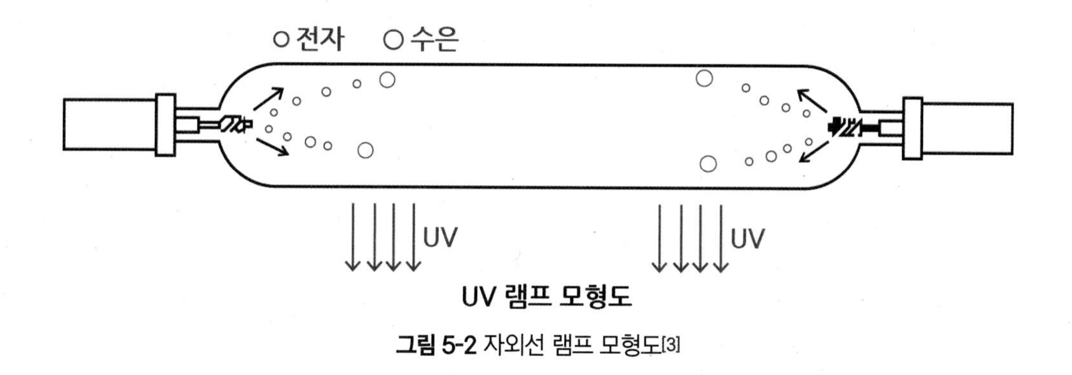


**그림 5-2** 자외선 램프 모형도[3]

자외선 발광 다이오드는 사용되는 반도체 물질에 따라 다르지만 원하는 파장만 방사되는 점이 자외선 램프와 비교할 때 가장 큰 장점이며, 제품의 소형화, 슬림화가 가능하다. (LED 칩 크기가 0.3~1mm²로 매우 작으므로 빛을 모으기가 쉽다.) 또한 on-off 전환시간이 매우 짧고 수명이 길며, 자외선 램프와는 다르게 적외선 방사 현상이 없다. 게다가 효율도 높아서 방전 램프와 비교해 15%의 소비전력으로 수십 배 높은 자외선 강도를 얻을 수 있다. 자외선 발광 다이오드는 자외선 램프 시스템에 비해 많은 기술적 장점이 알려져 있기 때문에 다양한 애플리케이션에 맞는 다양한 자외선 발광 다이오드 기술 개발이 이루어지고 있다[표 5-2].

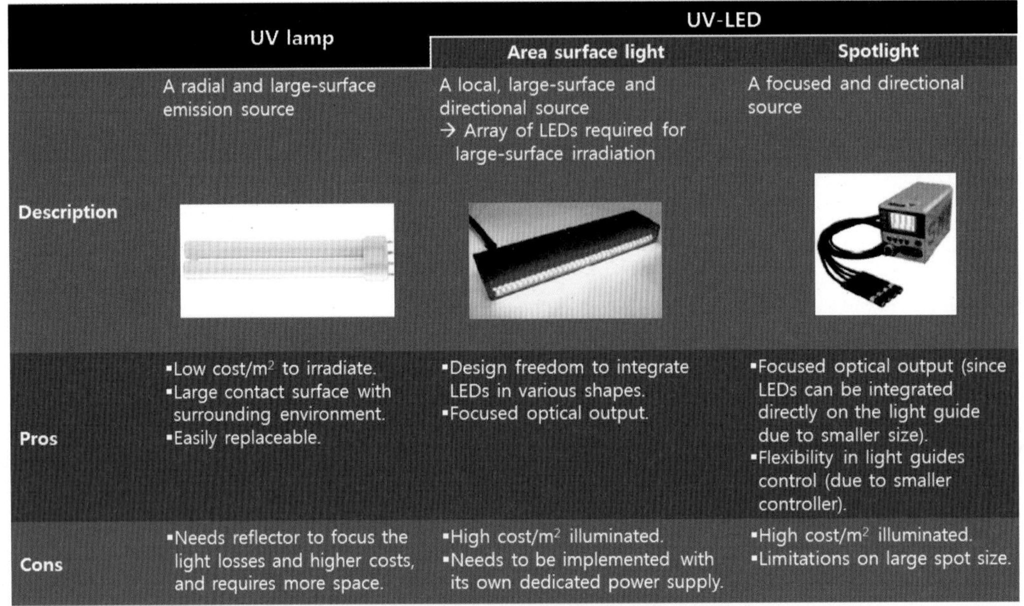

| | UV lamp | UV-LED | |
|---|---|---|---|
| | | Area surface light | Spotlight |
| Description | A radial and large-surface emission source | A local, large-surface and directional source → Array of LEDs required for large-surface irradiation | A focused and directional source |
| Pros | ▪Low cost/m² to irradiate.<br>▪Large contact surface with surrounding environment.<br>▪Easily replaceable. | ▪Design freedom to integrate LEDs in various shapes.<br>▪Focused optical output. | ▪Focused optical output (since LEDs can be integrated directly on the light guide due to smaller size).<br>▪Flexibility in light guides control (due to smaller controller). |
| Cons | ▪Needs reflector to focus the light losses and higher costs, and requires more space. | ▪High cost/m² illuminated.<br>▪Needs to be implemented with its own dedicated power supply. | ▪High cost/m² illuminated.<br>▪Limitations on large spot size. |

**표 5-2** 자외선 램프와 자외선 발광 다이오드의 차이점[4]

## 5.1.3 자외선 발광 다이오드의 응용 분야 및 시장전망

자외선 발광 다이오드UV-LED는 자외선을 방출하는 발광 다이오드로, 경화/노광용, 살균/소독 등의 의학 분야 및 생화학처리 등에 사용되는 자외선 램프를 대체하는 광원이다. 그림 5-3과 같이 파장에 따라 적용되는 응용 분야가 다르며, 자외선 A(315~400nm) 영역은 산업용 자외선 경화, 인쇄 잉크경화, 노광기, 위폐감별, 광촉매 살균, 특수조명(수족관 농업용) 등의 다양한 응용의 창출이 가능하고, 자외선 B(280~315nm) 영역은 의료용으로 사용되며 자외선 C(200~280nm) 영역은 공기 정화, 정수, 살균제품 등에 적용이 가능하다. 자외선 발광 다이오드는 매우 긴 수명을 가지고 있으며 의료 분야에서의 치료, 예방 분야에서의 살균이나 소독, 생명공학 분야에서 환경정화(다이옥신, PCBpolychlorinated biphenyls, $NO_x$ 등 분해가 어려운 오염물질의 산화 촉매 분해에 효과적으로 자외선 발광 다이오드를 활용할 수 있음)나 식품 안전 부분뿐만 아니라 또한 주택에서의 공기정화기능, 배출가스 정화기능 등이 있다. 그 외에도 자외선 감시 장치 분야 등 그 활용범위는 광대하다고 할 수 있다. 2020년에는 약 5억 7,200만 달러(약 6,000억 원)까지 시장이 커질 전망이며, 연평균성장률CAGR은 2020년까지 34%에 달할 것으로 분석되었다[그림 5-4].

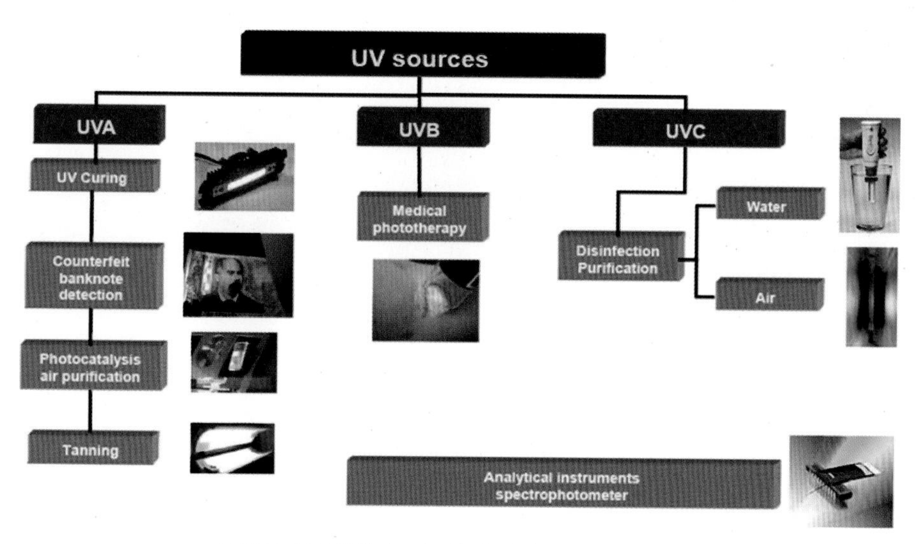


**그림 5-3** 파장별 자외선 발광 다이오드 응용 분야[4]

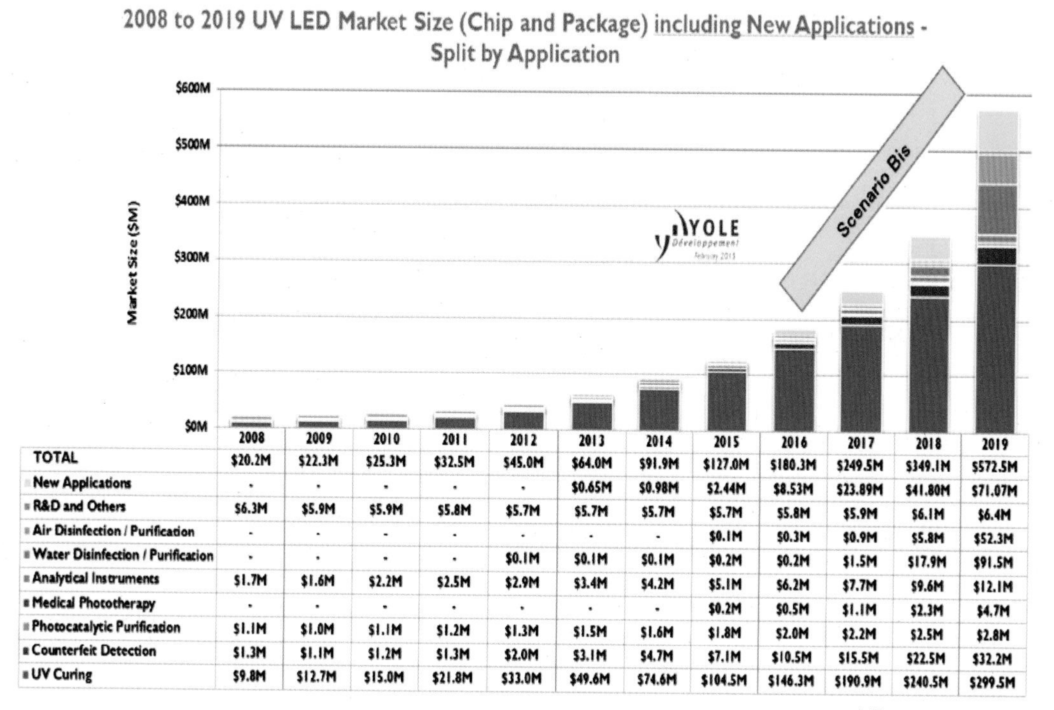


| | 2008 | 2009 | 2010 | 2011 | 2012 | 2013 | 2014 | 2015 | 2016 | 2017 | 2018 | 2019 |
|---|---|---|---|---|---|---|---|---|---|---|---|---|
| TOTAL | $20.2M | $22.3M | $25.3M | $32.5M | $45.0M | $64.0M | $91.9M | $127.0M | $180.3M | $249.5M | $349.1M | $572.5M |
| New Applications | - | - | - | - | - | $0.65M | $0.98M | $2.44M | $8.53M | $23.89M | $41.80M | $71.07M |
| R&D and Others | $6.3M | $5.9M | $5.9M | $5.8M | $5.7M | $5.7M | $5.7M | $5.7M | $5.8M | $5.9M | $6.1M | $6.4M |
| Air Disinfection / Purification | - | - | - | - | - | - | - | $0.1M | $0.3M | $0.9M | $5.8M | $52.3M |
| Water Disinfection / Purification | - | - | - | - | $0.1M | $0.1M | $0.1M | $0.2M | $0.2M | $1.5M | $17.9M | $91.5M |
| Analytical Instruments | $1.7M | $1.6M | $2.2M | $2.5M | $2.9M | $3.4M | $4.2M | $5.1M | $6.2M | $7.7M | $9.6M | $12.1M |
| Medical Phototherapy | - | - | - | - | - | - | - | $0.2M | $0.5M | $1.1M | $2.3M | $4.7M |
| Photocatalytic Purification | $1.1M | $1.0M | $1.1M | $1.2M | $1.3M | $1.5M | $1.6M | $1.8M | $2.0M | $2.2M | $2.5M | $2.8M |
| Counterfeit Detection | $1.3M | $1.1M | $1.2M | $1.3M | $2.0M | $3.1M | $4.7M | $7.1M | $10.5M | $15.5M | $22.5M | $32.2M |
| UV Curing | $9.8M | $12.7M | $15.0M | $21.8M | $33.0M | $49.6M | $74.6M | $104.5M | $146.3M | $190.9M | $240.5M | $299.5M |

출처 : Yole department.

**그림 5-4** 자외선 발광 다이오드의 시장전망[4]

## 5.2 자외선 발광 다이오드 기술 동향

자외선 발광 다이오드는 그림 5-5와 같이 질화알루미늄갈륨의 알루미늄 함량을 증가시킬수록 더 짧은 파장을 가진 자외선을 방출하게 된다. 자외선 발광 다이오드는 앞서 언급하였던 다양한 응용 분야에서의 수요에도 불구하고 가시광 발광 다이오드에 비해 현저히 낮은 효율을 보이고 있다[그림 5-6]. 특히 자외선 파장이 단파장으로 갈수록 급격한 효율 감소를 보이고 있다.[7] 따라서 이러한 낮은 효율을 개선시키기 위한 고효율, 고출력 자외선 발광 다이오드를 위한 기술 개발이 활발히 진행되고 있다. 효율 향상을 위한 기술 개발은 크게 내부양자효율 개선, 전류 주입 효율, 광 추출효율 개선 등 일반적인 발광 다이오드에서의 효율 향상을 위한 3가지 측면 및 열 특성 개선 분야에서 이루어지고 있다. 최근 일본의 RIKEN 연구소에서는 심 자외선 발광 다이오드Deep Ultraviolet-LED, DUV-LED의 외부양자효율을 최대 40%까지 향상시킬 수 있는 기술을 보고하였다[그림 5-7].[8] 하지만 일반적인 자외선 발광 다이오드는 여전히 낮은 광 효율을 보이고 있다.

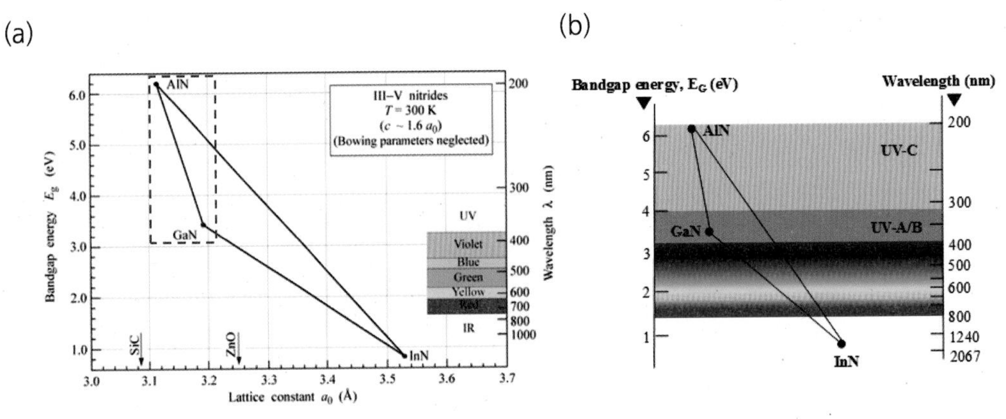


**그림 5-5** (a) 질화인듐갈륨 화합물의 격자상수 및 밴드갭 에너지 (b) 그에 따른 자외선 발광 다이오드 파장[5, 6]

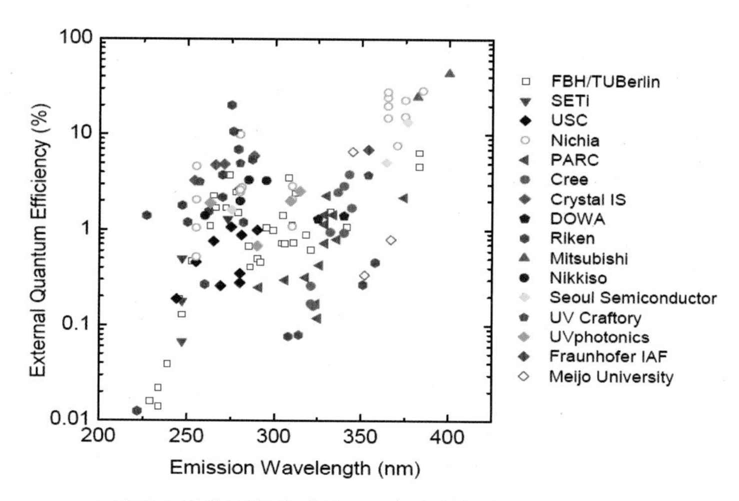


**그림 5-6** 자외선 발광 다이오드의 파장별 외부양자효율(%)[7]

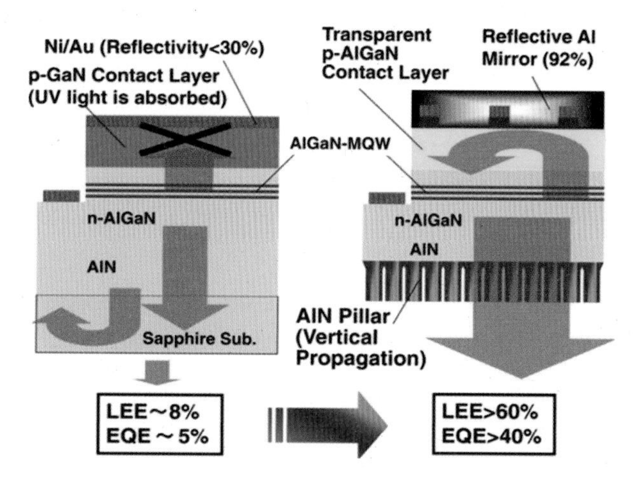


**그림 5-7** 심 자외선 발광 다이오드의 외부양자효율을 40%까지 향상시킨 결과[8]

## 5.2.1 자외선 발광 다이오드의 디바이스 성능 지표

자외선 발광 다이오드의 성능 지표를 나타내는 방법은 여러 가지가 있지만, 그중에 하나가 전력 주입 효율이 자외선 광 출력으로 변환되는 벽플러그효율Wall Plug Efficiency, WPE 또는 전력변환효율Power Conversion Efficiency, PCE이 있다. 일반적으로 WPE는 입력된 전력과 전체적인 자외선 광 출력의 비로 나타낼 수 있으며, 다음과 같이 표현된다.

$$WPE = \frac{P_{\mathrm{out}}}{I \cdot V} = \eta_{EQE} \cdot \frac{\hbar\omega}{e \cdot V}$$

여기서 $P_{\mathrm{out}}$은 방출되는 자외선의 출력, $I$는 자외선 발광 다이오드의 구동 전류를 의미하고, $V$는 다이오드의 구동전압, $\hbar\omega$는 광자의 에너지, $\eta_{EQE}$는 다이오드의 외부양자효율을 의미한다. 자외선 발광 다이오드의 외부양자효율은 소자에 주입되는 전체 전류 대비 양자우물 활성층에 도달하는 전자 및 정공의 비율을 나타내는 주입효율인 $\eta_{\in j}$, 양자우물 활성층 영역에서 자외선 광자를 생성하는 재결합된 전자-홀 쌍의 분율을 의미하는 방사 재결합효율 $\eta_{rad}$ 그리고 광 추출효율인 $\eta_{ext}$의 곱인 다음과 같은 식으로 정의할 수 있다.

$$\eta_{EQE} = \eta_{\in j} \cdot \eta_{rad} \cdot \eta_{ext} = \eta_{IQE} \cdot \eta_{ext}$$

내부양자효율인, $\eta_{IQE}$는 복사 재결합 효율인 $\eta_{rad}$와 전류주입 효율인 $\eta_{\in j}$의 곱으로 나타낼 수 있다. 또한 온도와 여기전력excitation power에 따른 광 발광 특성에 따라서도 내부양자효율을 확인할 수 있다.[9]

광 추출효율 $\eta_{ext}$은 활성 영역에서 생성된 모든 UV 광자가 얼마만큼 외부로 추출될 수 있는가의 분율로 정의된다.

발광 재결합효율 $\eta_{rad}$은 방사 재결합률 $R_{sp}$을 $R_{sp}$와 비방사 재결합률 $R_{nr}$의 합으로 나눈 것으로 표현될 수 있으며 다음과 같은 식으로 나타난다.

$$\eta_{rad} = \frac{R_{sp}}{R_{sp} + R_{nr}}$$

비발광 재결합률은 다음과 같이 표현할 수 있다.

$$R_{nr} = A \cdot n + C \cdot n^3$$

$A$는 Shockley-Read-Hall SRH 재결합 계수, $C$는 Auger 재결합 계수, $n$은 QW의 전하 캐리어 밀도를 나타낸다. 결함이 많은 AlGaN층의 경우 수십 ps의 재결합 수명을 가진다. 상대적으로 벌크 AlN 기판 위에 성장된 AlGaN층의 경우 ns의 재결합 수명을 갖는다.[10]

청색-자외선 발광 다이오드의 Auger 재결합 계수는 $1\times10^{-31}$ 및 $2\times10^{-30}cm^6s^{-1}$ 범위 내에 존재한다.[11] 이론상 Auger 재결합 계수는 파장이 짧아질수록 더 작아진다.[12]

방사 재결합률인 $R_{sp}$는 다음의 식으로 표현된다.

$$R_{sp} = B \cdot n^2$$

$B$는 bimolecular 재결합 계수이며 $n$은 양자우물층에서의 전하 캐리어 밀도이다. 계수 $B$는 활성층 영역의 구조적 설계(양자우물 폭, 양자 장벽 높이, AlGaN 양자우물에서의 스트레인 상태, 그리고 양자우물에서의 polarization field 등)에 의해 크게 좌우된다. 일반적인 계수 $B$의 값은 $2\times10^{-11}cm^3s^{-1}$이다.[13]

365nm의 자외선 A영역의 발광 다이오드가 30% 정도의 외부양자효율을 나타내지만 아직까지 자외선 B, 자외선 C 발광 다이오드는 1~3%의 외부양자효율을 나타낸다. 이러한 낮은 외부양자효율의 주된 요인은 낮은 내부양자효율뿐만 아니라 낮은 광 추출효율 및 전류 주입 효율의 한계로 인한 것으로 아래에는 내부양자효율, 광 추출효율 및 전류주입 효율 등에서 각각의 효율을 향상시킬 수 있는 기술들을 소개하였다.

## 5.2.2 내부양자효율

자외선 발광 다이오드의 내부양자효율을 개선하기 위한 핵심 기술 중 하나는 AlN층 및 AlGaN층에서의 높은 결함 밀도를 줄이는 것이다. 일반적으로 GaN 박막을 성장하는 사파이어 기판에 AlN을 성장할 경우, 그림 5-8(a)에 보여주는 결과와 같이 많은 전위를 가지며 전위밀도가 $10^{10}cm^{-2}$ 정도 형성된다.[14] Tri-methyl Al TMAl과 암모니아 $NH_3$ 가스를 동시에 사용하여 GaN 박막에서의 전위밀도를 줄인 단면 이미지는 그림 5-8(b)와 같이 보인다. 박막성장 시 발생하는 관통전위들은 비방사 재결합 센터를 증가시키고, 결과적으로 내부양자효율을 감소시키는 원인이 된다. 그림 5-9는 GaN 박막에서의 비방사 재결합 센터의 위치를 표기한 결정 구조를 도식화한 이미지이다.[9]

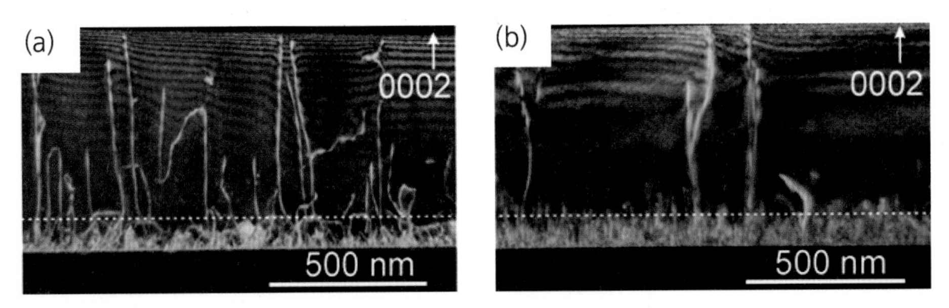


**그림 5-8** (a) (0002) 면으로 성장된 GaN 박막의 단면 이미지 (b) 증착 시 TMAl 및 암모니아 가스의 양을 제어하여 전위밀도를 줄인 단면 이미지[14]

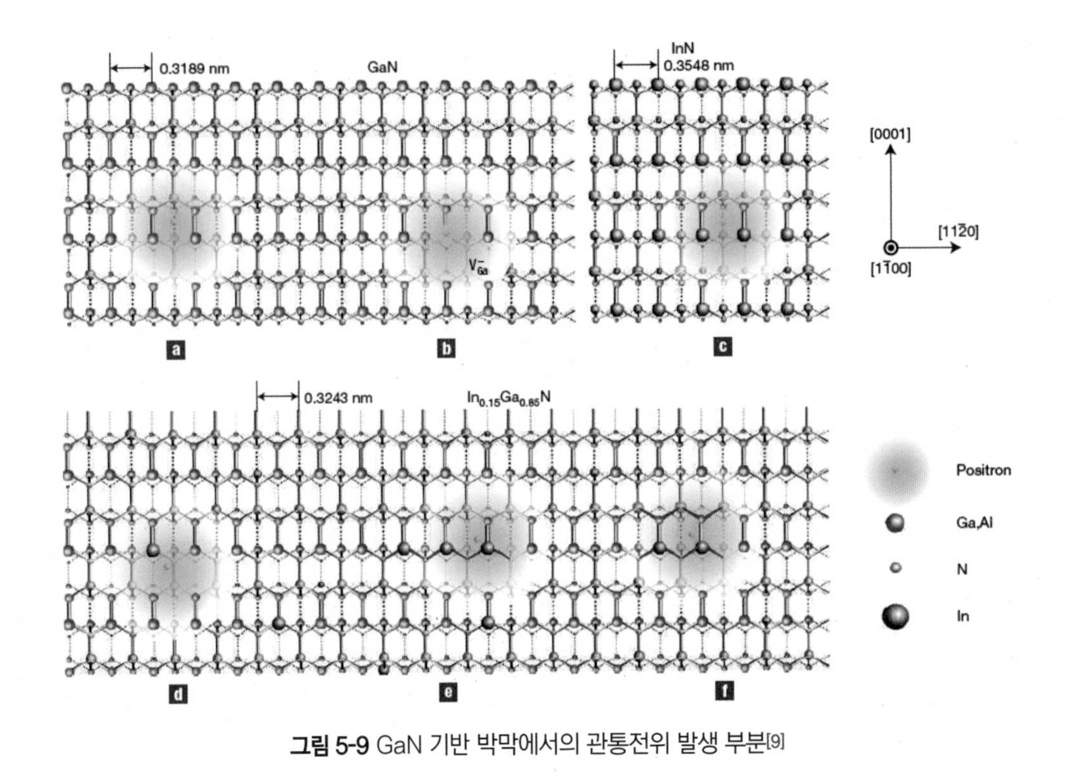


**그림 5-9** GaN 기반 박막에서의 관통전위 발생 부분[9]

이러한 전위밀도를 줄이는 방법으로 0.25°가 기울어진 사파이어 기판을 이용한 AlN층의 epitaxial lateral overgrowthELO 기술,[15] silica nanosphere lithography를 이용한 AlN 나노로드 위

에 성장된 고품위 AlN 박막 기술,[16] 그림 5-10과 같이 AlN/GaN 단주기 초격자superlattice 및 $p$형 AlGaN 단주기 초격자 구조,[17] 그림 5-11과 같이 저온 및 펄스 가스 주입을 통한 AlN층 성장기술이 적용된 자외선 발광 다이오드[18] 등이 있다.

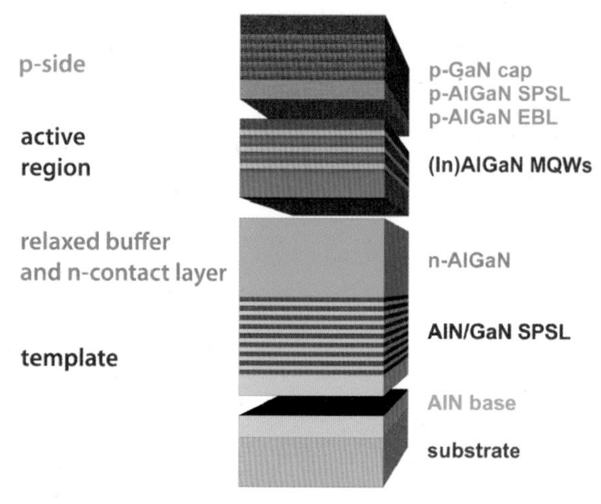


**그림 5-10** AlN/GaN 단주기 초격자가 삽입된 자외선 발광 다이오드의 구조도[17]

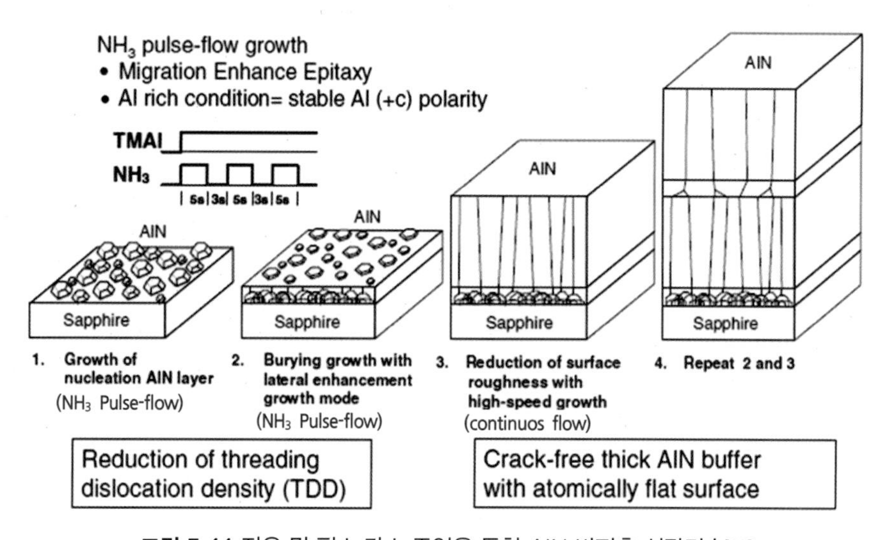


**그림 5-11** 저온 및 펄스 가스 주입을 통한 AlN 버퍼층 성장기술[18]

내부양자효율을 100%에 가깝게 형성하기 위해서는 $10^7 cm^{-2}$ 정도의 낮은 전위밀도가 필요하다. 사파이어 기판 위에 이종 물질인 GaN을 성장할 경우, 고정된 전위밀도를 가질 경우에, 내부양자효율은 전자이동도와 전류밀도에 강하게 의존된다. 이러한 의존성은 전위밀도가 $5 \times 10^8 \sim 10^{10} cm^{-2}$에서 가장 두드러지며, 이것은 캐리어 확산 길이와 전위 간격이 비슷한 크기를 가질 때이다.[19]

높은 결함 밀도를 개선하기 위한 방법 중 하나는 AlN 기판 위에 AlN 박막을 형성하는 것이다. 예를 들면, 승화되어 재응축된 벌크 AlN 기판은 전위밀도가 $10^4 cm^{-2}$까지 낮아진다.[20] 그림 5-12(a)는 벌크 AlN 잉곳을 보여주는 그림이고, 그림 5-12(b)와 (c)는 성장온도에 따른 (0002)과 (10-10) 면에서의 벌크 AlN 박막 성장에 따른 X-선 회절X-ray Diffraction, XRD 분석 결과를 보여주고 있다. 이러한 벌크 AlN 기판을 사용하여 제조된 270nm 파장의 심 자외선 발광 다이오드는 5%까지 향상된 외부양자효율을 보였다.

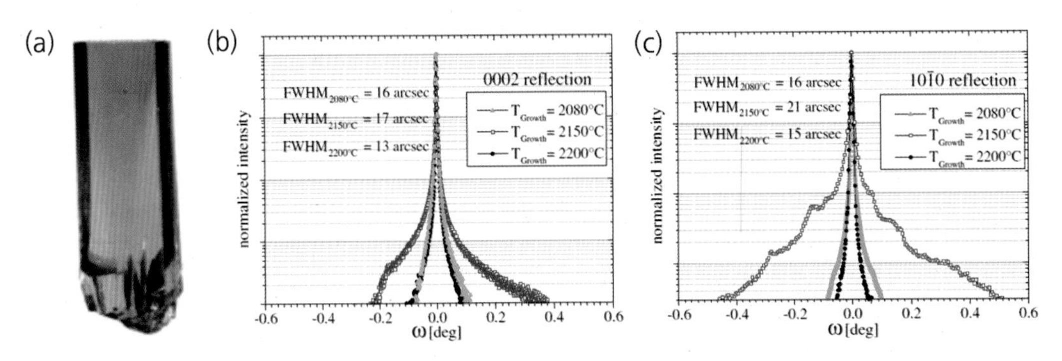


**그림 5-12** (a) 벌크 질화알루미늄 (b) 성장온도에 따른 (0002)면 및 (c) (10-10)면으로 성장된 질화알루미늄 박막의 X-선 회절 결과[20]

### 5.2.3 전류주입효율(Injection Efficiency, IE)

자외선 발광 다이오드는 현재 마그네슘이 도핑된 $p$형 AlGaN층의 낮은 전도성에 의한 전류주입의 제한으로 구동전압이 높아지는 문제가 발생한다. 이러한 현상은 마그네슘 억셉터의 농도가 증가함에 따른 이온화 에너지 증가에 의해 더욱 심해진다.[22] 일반적인 마그네슘이 도핑된 AlN층의 억셉터 레벨은 그림 5-13(a)와 같이 가전자대 밴드valence band edge의 약 510meV 이상에 위치한다.[22] 낮은 마그네슘 억셉터 농도로 도핑된 벌크 AlGaN층은 마그네슘이 상온에서 이온화되기가 어려우므로, 매우 낮은 정공 농도를 갖게 된다.

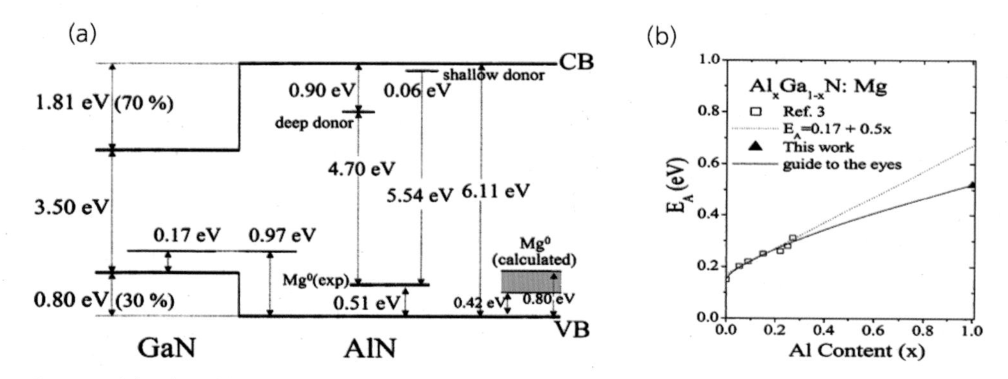


**그림 5-13** (a) 마그네슘 도핑에 따른 질화알루미늄의 에너지갭 변화, (b) 마그네슘이 도핑된 질화알루미늄 박막의 알루미늄 함량에 따른 억셉터 에너지[22]

$n$형 AlGaN의 경우도 Si 도핑 기술에 대한에 대한 기술 개발은 많이 진행되었지만 여전히 더 높은 전도도 특성을 유지하기 위한 노력이 필요하다. 이와 같이 저항을 낮추는 기술뿐만 아니라 $p$형, $n$형 AlGaN과의 오믹 접촉Ohmic contact 물질을 적절히 선택하는 것도 구동전압을 낮출 수 있는 방법 중의 하나이다.

$p$형 AlGaN층의 정공 농도를 증가시키기 위한 다양한 방법들이 있다. 일례로, 그림 5-14와 같이 AlGaN으로 구성된 단 주기 초격자 구조를 통한 전기적 특성 개선,[23] 점진적인 AlGaN층들의 극성 도핑polarization doping을 통한 원활한 정공 주입 구조 설계[그림 5-15],[24] $p$형 AlGaN을 마그네슘이 도핑된 질화붕소boron nitride 물질로 대체하는 기술 등이 있다.[25] 또한 $n$형 AlGaN층에서의 전도도 향상을 위해 Si의 도핑량을 60%에서 96%로 증가시키는 연구를 진행하고 있다.[26] 그 외에도 $n$형 AlGaN층의 오믹 접촉 향상을 위한 연구가 많이 진행되고 있다.

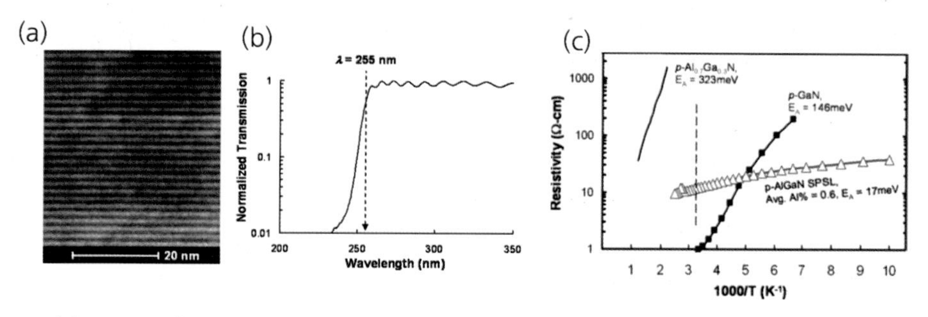


**그림 5-14** (a) AlGaN 단주기 초격자 단면 투과전자현미경 이미지, (b) 알루미늄 함량이 60%인 $p$형 AlGaN 단주기 초격자의 광학적 투과도, (c) $p$형 GaN, $p$형 AlGaN 및 $p$형 단주기 초격자 박막의 저항 특성[23]

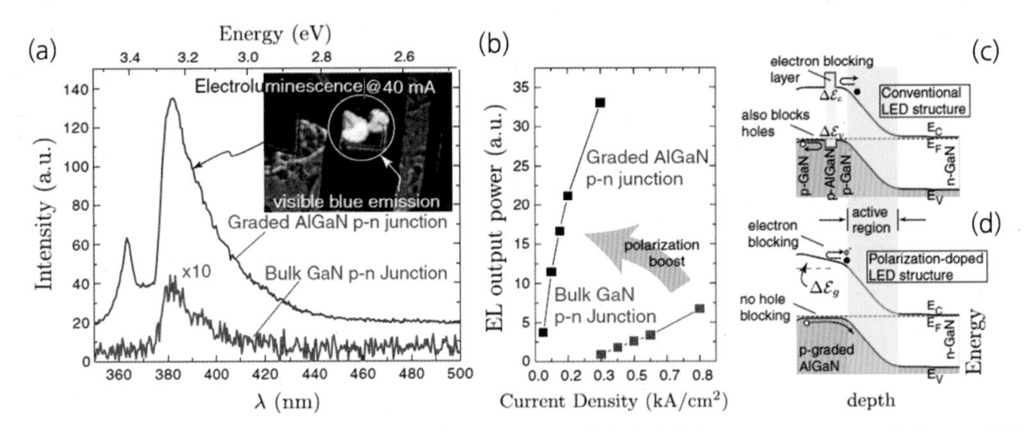


**그림 5-15** (a) 점진적인 AlGaN 극성 도핑구조가 적용된 $p-n$접합 발광소자 및 Bulk GaN이 적용된 $p-n$ 접합 발광소자의 광 발광 세기, (b) 전계발광 세기, (c) 일반적인 발광 다이오드의 에너지밴드 모식도 및 (d) 점진적인 $p$형 AlGaN 구조가 적용된 발광 다이오드의 에너지밴드 모식도[24]

또 다른 핵심 기술은 AlGaN 활성층에서의 효과적인 정공 주입 특성 및 활성층 에서의 전자 누설을 막는 연구이다. 특히 자외선 B와 C 영역의 발광 다이오드에서 정공의 주입 효율을 증가시키면서 전류 주입을 용이하게 할 수 있게 하는 구조는 누설전류를 막는 데 크게 도움이 된다. 마그네슘이 도핑된 AlGaN 전자 차단층Electron Blocking Layer, EBL 구조에서의 알루미늄 함량의 변화를 통한 광 효율 특성 비교,[27] AlGaN 전자 차단층 이종구조의 두께에 따른 광 효율 비교,[28] 그림 5-16과 같이 AlGaN 기반의 양자우물층[29] 구조 등이 이러한 연구의 일환이라 할 수 있다.

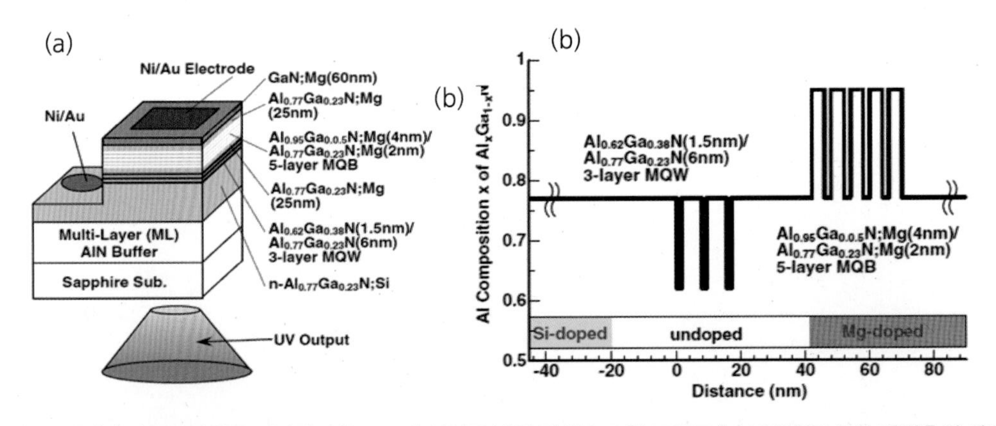


**그림 5-16** (a) 다중양자우물 전자차단층 구조가 삽입된 발광 다이오드의 모식도 (b) 다중양자우물 장벽층이 삽입된 밴드구조[29]

## 5.2.4 광 추출효율

발광 다이오드 성능은 외부양자효율에 크게 의존하기 때문에, 향후 발광 다이오드 응용시장의 확대에 따른 요구 성능을 만족시키기 위해서는 발광 다이오드 자체의 내부양자효율 개선과 더불어 외부양자효율의 개선이 절실히 필요하다. 자외선 발광 다이오드에서 외부양자효율을 크게 향상시킬 수 있는 기술은 광 추출효율을 개선하는 방법이다. 광 추출효율은 파장이 짧아질수록 크게 감소하므로 광 추출효율을 획기적으로 개선하기 위한 구조가 연구되고 있다. 알루미늄 전극은 자외선 영역에서 높은 반사도를 가지나, $p$형 AlGaN과의 오믹 접촉을 형성하기에는 여전히 낮은 일함수를 갖는다. 또한 자외선 광을 견디는 봉지재와 패키지 물질을 찾는 것도 중요한 요소 중 하나이다. 자외선 발광 다이오드에서의 광 추출효율을 향상시키기 위한 기술은 일반적으로 가시광 발광 다이오드에서의 광 추출효율을 향상시키기 위해 사용하였던 기술과 유사하다. 그림 5-17과 같이 빛의 파장이 짧아짐에 따라 주기나 패턴 크기를 작게 하여 수백 나노미터 크기의 주기적인 구멍hole을 형성한 광결정photonic crystal 구조,[30] 수직형 발광 다이오드상의 $n$형 AlGaN층 표면 거칠기roughening,[31] polystyrene nanoshpere를 통한 사파이어 기판 패터닝,[32] 그림 5-18과 같이 micro-pixel array를 적용한 자외선 발광 다이오드,[33] nano-pixel 크기의 팔라듐Palladium, Pd $/p$형 GaN을 적용한 반사전극,[34] 그림 5-19와 같이 알루미늄 기반의 전 방향 반사전극Omnidirectional Reflector, ODR 구조를 적용한 자외선 발광 다이오드 등이 있다.[35-37]

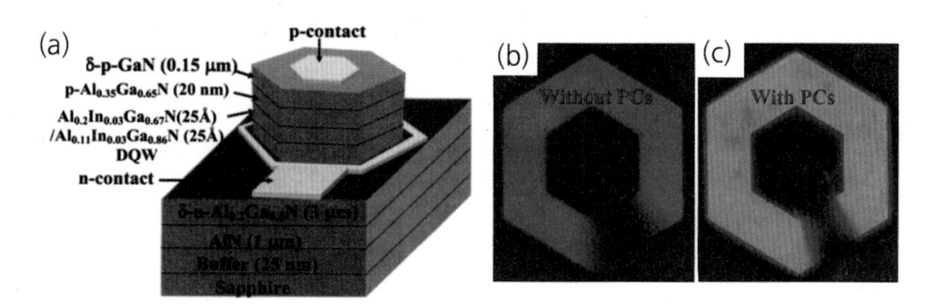


**그림 5-17** (a) 광결정 구조가 적용된 자외선 발광 다이오드의 구조도, (b) 광결정 구조가 적용되지 않은 발광 다이오드 및 (c) 광결정 구조가 적용된 발광 다이오드의 발광 세기를 측정한 광학현미경 이미지[30]

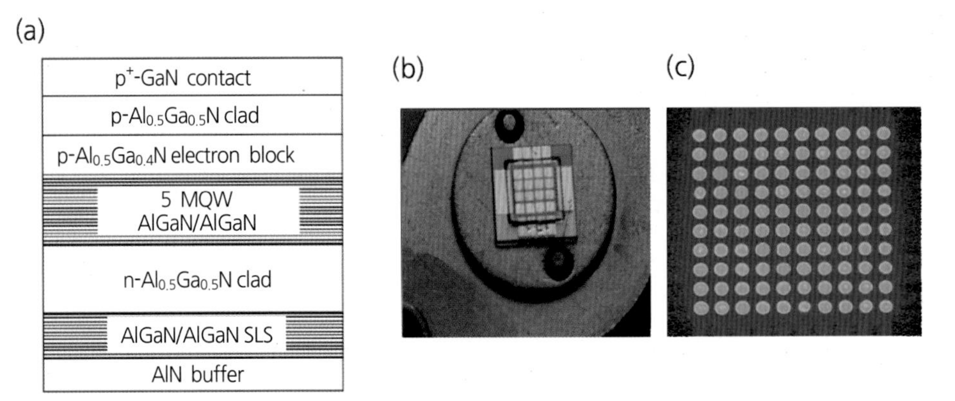


**그림 5-18** (a) 자외선 발광 다이오드의 에피 구조도 (b) 4×4의 micro pixel로 배열된 심 자외선 발광 다이오드 램프 및 (c) 10×10의 micro pixel을 갖는 자외선 발광 다이오드[33]

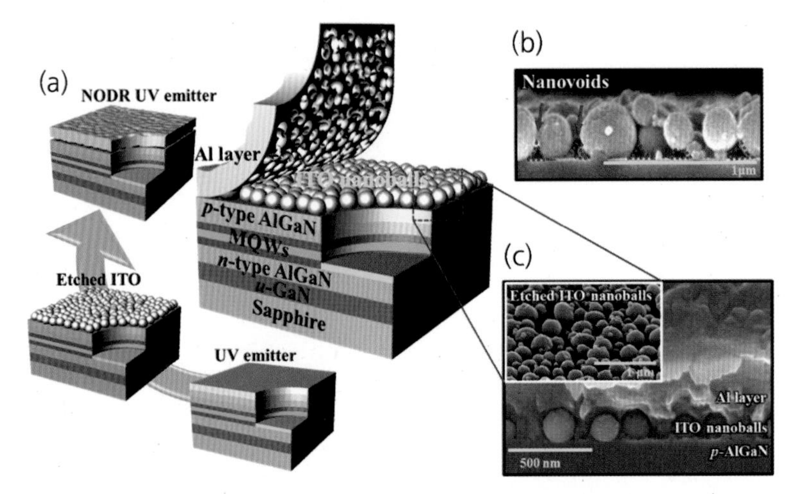


**그림 5-19** (a) ITO 나노볼과 알루미늄 기반 전방향 반사전극이 적용된 자외선 발광 다이오드 모식도 (b) ITO 나노볼의 주사전자현미경 단면 이미지 및 (c) ODR 단면과 ITO 나노볼의 tilt된 주사전자현미경 이미지[36]

그 외에도 AlGaN층에서의 알루미늄 함량이 증가함에 따른 top valence band가 heavy hole에서 crystal split off band hole로 바뀌는 문제를 개선하여 TE Transverse Electric에서 TM Transverse Magnetic으로 발광 모드가 변하게 되는 것을 방지하는 성장 방법에 대한 연구도 진행되고 있다. 비록 AlN의 물질 자체의 특성은 변화시킬 수 없으나, 광학적 polarization 특성은 AlGaN층의 양자우물구조 제어 및 압축compressive 혹은 인장응력tensile strain의 조절로 제어가 가능하다. 최근 그림 5-20과 같이 250nm 파장을 갖는 심 자외선 발광 다이오드의 활성층에 강한 압축 응력을 인가하여 TM 모드로 polarization된 광을 TE 모드로 변화시키거나, 양자우물의 두께와 장벽의 높이를 조절하여 모드를 제어한 연구 결과를 보고하였다.[38] 또한 반사전극에 의한 산란scattering 구조를 적용하여 TM 모드 광의 효과적인 추출을 증가시키는 연구도 보고되었다.[39]

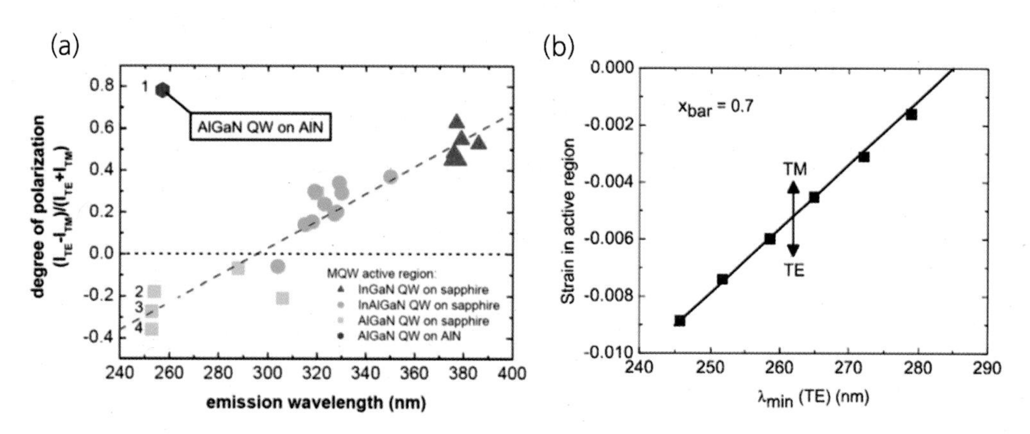


**그림 5-20** (a) 파장에 따른 광 모드 변화 (b) 활성층에서의 스트레인에 따른 모드 변화[38]

## 5.2.5 열적효율(Thermal efficiency)

자외선 발광 다이오드는 기존의 램프 방식에 비하여 원하는 파장만 나오고, 자외선 강도가 높은 장점이 있지만, 기술적으로 극복해야 하는 중요한 문제 중의 하나는 반도체와 전극, 전극과 패키징 부위에서의 접합 부위에서 발생하는 열 제거이다. 보통 입력 전력 대비 자외선 출력은 약 0.1~8%이고, 70%가 교류/직류 변환 손실, 20% 이상이 칩 자체 발열과 접합 부위에서의 열로 변환된다. 소자의 접합 부위에서 발생되는 열은 칩 자체의 온도를 상승시키고, 칩 온도가 상승하면 자외선 방사 효율이 낮아지는 것은 물론, 발광 다이오드 칩의 수명이 급격히 줄어든다. 따라서 칩에서 발생한 열을 어떻게 잘 방출시키느냐가 가장 중요하다. 발광 다이오드의 칩 온도가 상승하면 밴드갭이 작아지기 때문에 방출파장이 길어짐을 관찰할 수 있다. 이러한 현상은 열에너지에 의한 캐리어의 산란손실과 활성층에서의 캐리어 overflow 현상 때문에 발생하며, 접합 부위의 온도가 80°C가 되면 광 출력이 50% 이하로 감소되는 결과를 가져오기도 한다. 칩의 온도 상승은 칩의 수명과 패키징 재료의 내구성에 영향을 미칠 뿐만 아니라, 자외선 방사효율을 급격히 떨어트리고, 수명을 단축시킨다. 한편 칩의 온도상승은 서브마운트sub mount의 열전도성, 에폭시 레진의 내열성, 내 자외선성 등을 고려한 다각적인 패키징 설계가 필요하다. 칩의 방열이 충분치 않으면 발광 다이오드 칩의 온도가 너무 높아져 칩 자체 혹은 패키징 수지가 열화된다. 패키징 수지의 열화는 바로 그림 5-21과 같이 발광 효율의 저하와 칩의 수명을 단축시키는 결과를 가져온다.[40]

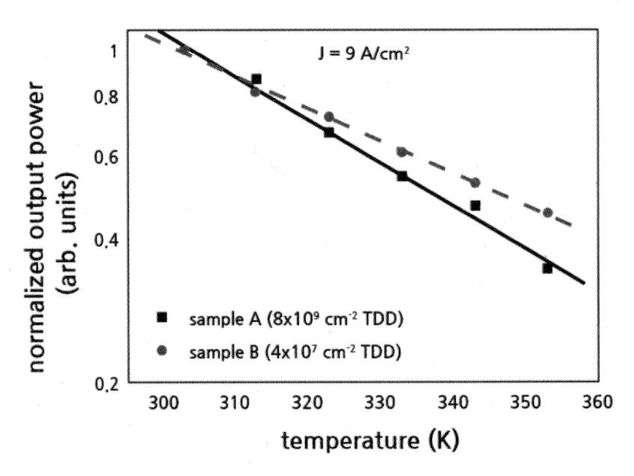

**그림 5-21** 온도에 따른 소자의 광 출력 감소[40]

발광 다이오드의 가장 큰 특징인 장수명을 손해 보지 않기 위해서는 칩의 열을 외부로 방사시키는 것이 핵심이며, 많은 연구 그룹에서 열 제거에 심혈을 기울이고 있다[그림 5-22].[41]

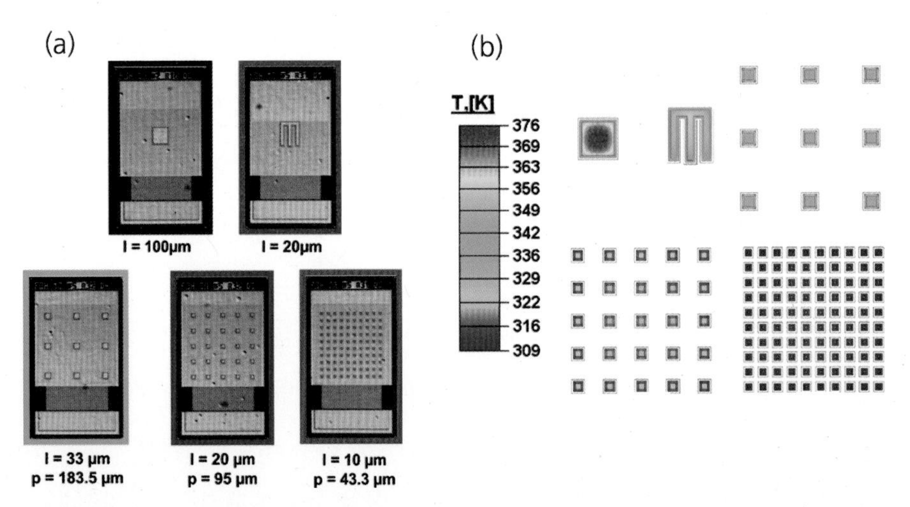

**그림 5-22** (a) 다양한 발광 다이오드 칩의 크기와 모양 및 (b) 그에 따른 열특성 분석[41]

열을 잘 제거하기 위해 플립 칩 구조에서는 두꺼운 $p$형 금속을 이용하고 실리콘 서브 마운트에 칩이 연결되어 있으므로 열을 잘 빼줄 수 있어, 열 저항이 기존 제품보다 1/20 정도인 15K/W로 낮아진다.[42] 플립 칩은 높은 빛 추출 효율과 높은 전력인가, 낮은 열 저항 등 우수한 특성 덕분에 현재 조명용 백색 발광소자는 물론 파워 자외선 발광 다이오드 소자에 적용되고 있다.

현재 자외선 발광 다이오드 성능 개선을 위한 많은 기술들이 개발되고 있지만 아직까지 내부양자효율을 위한 결정질의 향상, 성장된 박막층의 구조 설계 최적화, $p$형 반도체층의 정공농도를 높이기 위한 동시도핑co-doping 재료의 개발, 자외선 광의 흡수를 줄이는 기판 개발에 대한 노력이 더 필요하다. 또한 칩의 광 추출효율을 높일 수 있는 표면처리 및 칩 모양의 성형, $p$형 반도체와의 낮은 접촉 저항을 갖는 오믹 물질 개발, $p$형 반도체층에서의 자외선 흡수의 감소를 위한 핵심적인 기술 개발이 필요하다.

### 5.2.6 나노와이어 기반 자외선 발광 다이오드

아직까지 300nm 미만의 자외선 발광 다이오드는 낮은 외부양자효율을 보이고 있어 박막 형태에서의 광 효율 향상 개선에 많은 연구가 더 필요한 시점이지만, 접착 큐어링adhesive curing, 리소그래피 패턴 및 생물학적 소독 등 산업적 응용 분야의 필요성에 의해 나노구조 기반의 자외선 발광 다이오드에 대한 연구가 활발하게 진행되고 있다. 박막 형태의 자외선 발광 다이오드에 비해 상대적으로 단가가 저렴하고 높은 내부양자효율과 외부양자효율을 얻기 위한 다양한 연구 결과가 보고되고 있다. 그림 5-23과 같이 유한차분 시간영역Finite-Difference Time-Domain, FDTD 시뮬레이션을 통해 나노와이어nanowire 구조가 박막 기반 자외선 발광 다이오드에 비해 TE와 TM 모드 모두 광 추출효율이 우수함을 보였으며, 특히 TM 모드에서의 광 효율 향상도가 높음을 알 수 있다.[43, 44]

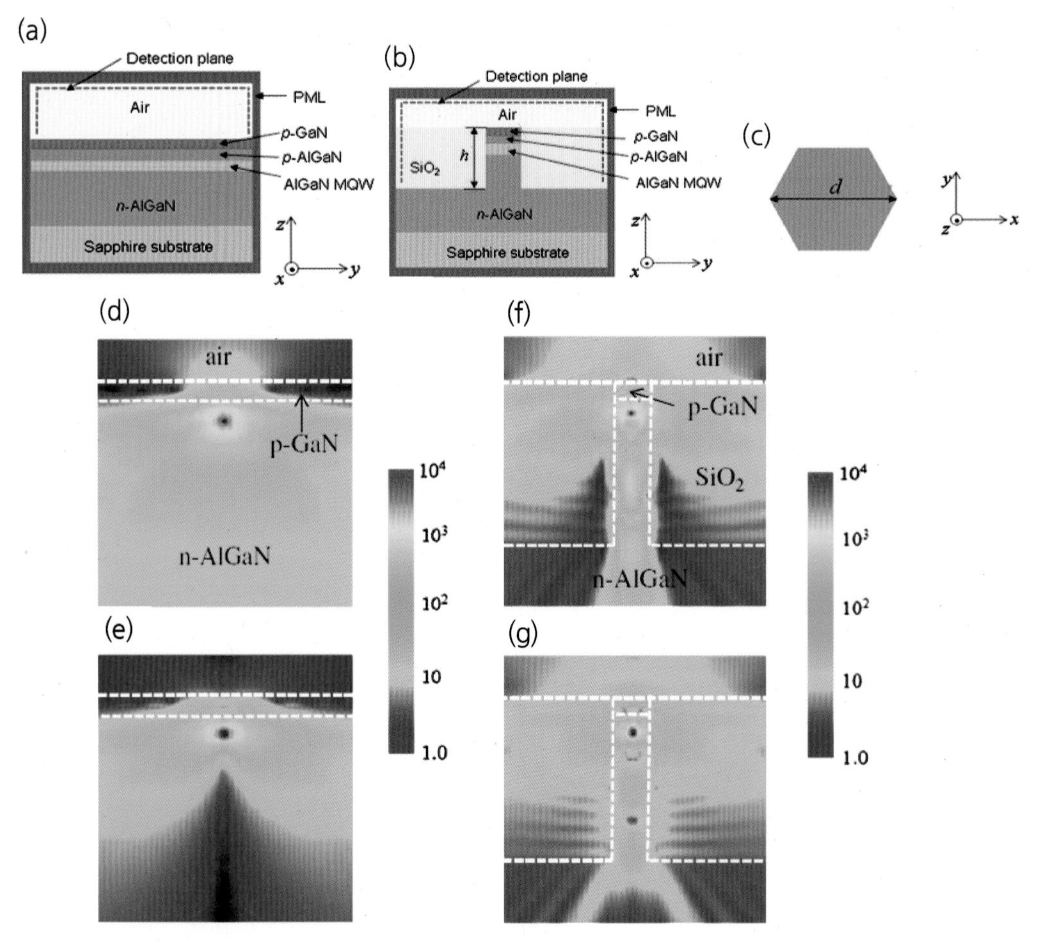


**그림 5-23** (a) 박막 형태 및 (b) 와이어 형태의 자외선 발광 다이오드의 시뮬레이션을 위한 구조 설계 (c) 육각형 형태의 와이어 형성 및 (d)와 (f)는 TE 모드의 광 분포 시뮬레이션 결과 및 (e)와 (g)는 TM 모드의 광 분포 시뮬레이션 결과[43]

특히 그림 5-24와 같이 $p$형 AlGaN, $n$형 AlGaN 정션 기반 나노와이어를 규소 기판 위에 성장하여 330nm의 자외선 파장을 갖는 레이저를 보고하였으며,[45] 그림 5-25에서 보이는 것과 같이 알루미늄 나노와이어의 알루미늄 함량을 0%에서 100%까지 점진적으로 증가시켜서, 스트레인에 따른 polarization charge에 의해 3.4eV에서 5eV의 에너지를 갖는 자외선 전계발광 스펙트럼을 얻었다.[46]

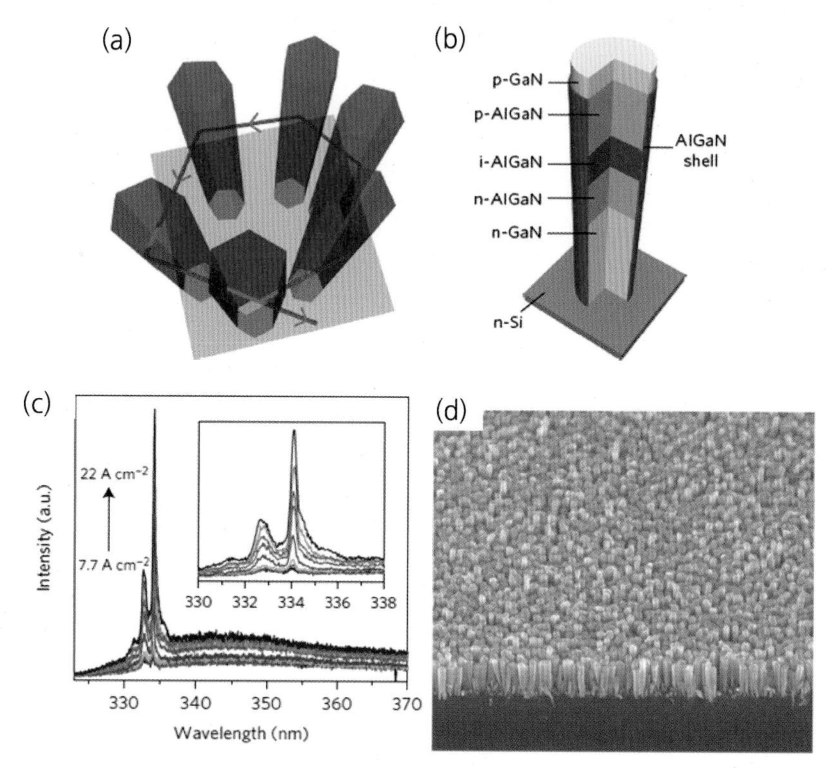


**그림 5-24** (a) AlGaN 기반 자외선 나노와이어 레이저의 광 거동 형태 및 (b) 구조, (c) 주입 전류밀도에 따른 발광되는 광의 파장 및 (d) tilt된 나노와이어의 주사전자현미경 이미지[45]

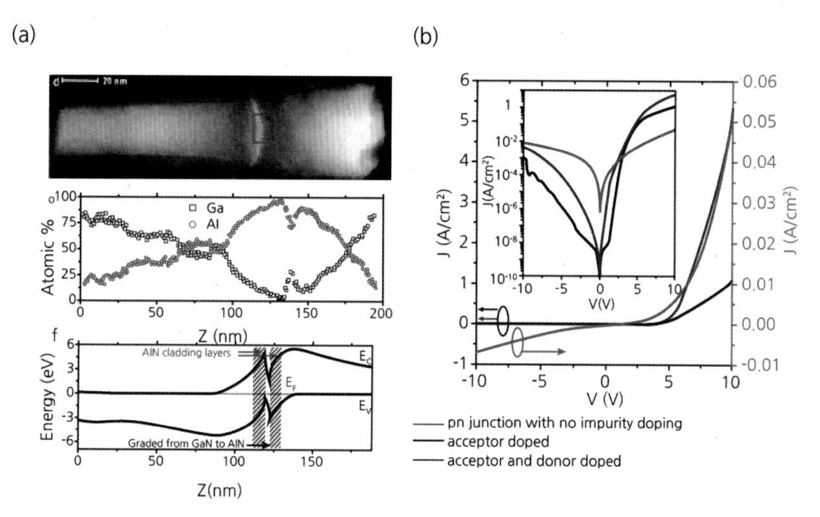


**그림 5-25** (a) 점진적으로 알루미늄 함량을 증가시킨 나노와이어의 투과전자현미경 단면 이미지, 나노와이어 기반 자외선 발광 다이오드의 도핑에 따른 (b) J-V(전류밀도-전압) 특성 및 (c) 전계발광 결과[46] (계속)

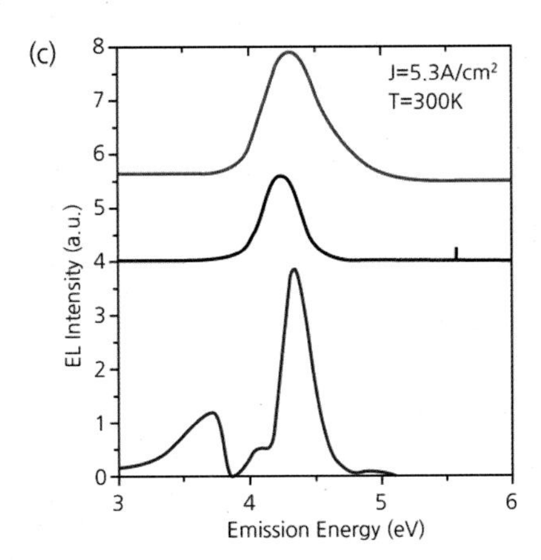


**그림 5-25** (a) 점진적으로 알루미늄 함량을 증가시킨 나노와이어의 투과전자현미경 단면 이미지, 나노와이어 기반 자외선 발광 다이오드의 도핑에 따른 (b) J-V(전류밀도-전압) 특성 및 (c) 전계발광 결과[46]

또한 InGaN 터널 접합tunnel junction을 와이어층 사이에 삽입하여, 6V 수준으로 구동전압을 낮춘 나노와이어 기반 자외선 발광 다이오드를 보고하였으며,[47] 결함 없는 AlGaN 기반 UV-B와 UV-C 영역의 파장을 갖는 나노와이어 발광 다이오드의 제작 가능성과 함께 알루미늄 터널 접합에 대한 결과 및 고출력 UV-C 발광 다이오드에 대해서도 소개하였다.[48]

질화알루미늄갈륨 기반 나노와이어 심 자외선 발광 다이오드는 연구된 지 불과 몇 년이 되지 않은 분야이지만 향후 다양한 형태의 구조적 설계뿐만 아니라 광 효율 향상을 위한 구조체 형성 및 표면 형태 변화 등 다양한 분야에서의 기술 개발이 활발히 진행될 것으로 전망된다.

## 〔참고문헌〕


1. https://ko.wikipedia.org/wiki/%EC%9E%90%EC%99%B8%EC%84%A0
2. https://books.google.co.kr/books?id=fVgzDwAAQBAJ&pg=PT141&lpg =PT141&dq
3. http://www.uvsmt.com/sub/sub03_uvlamp_02.php
4. http://www.yole.fr/UVLED_2015.aspx#.Wkw-03JG3Z4
5. https://books.google.co.kr/books/about/Light_Emitting_Diodes.html?id=0H4bWIpaXb0C&redir_esc=y
6. http://www.laserfocusworld.com/articles/print/volume-52/issue-02/features/photonic-frontiers-light-emitting-diodes-leds-are-workhorses-with-applications-far-beyond-lighting.html
7. Kai Ding, V. Avrutin, Ü. Özgür and H. Morkoç, *Crystals* **7**, 300 (2017).
8. H. Hirayama, N. Maeda, S. Fujikawa, S. Toyoda and N. Kamata, *J. Jpn. Appl. Phys.* **53**, 100209 (2014).
9. S. F. Chichibu, A. Uedono, T. Onuma, B. A. Haskell, A. Chakraborty, T. Kyoama, P. T. Fini, S. Keller, S. P. DenBaars, J. S. Speck, U. K. Mishra, S. Nakamura, S. Yamaguchi, S. Kamiyama, H. Amano, I. Akasaki, J. Han and T. Sota, *Nat. Mater.* **5**, 810-816 (2006).
10. T. Wunderer, C. L. Chua, Z. Yang, J. E. Northrup, N. M. Johnson, G. A. Garrett, H. Shen and M. Wraback, *Appl. Phys. Express* **4**, 092101 (2011).
11. J. Yun, J. -I. Shim and H. Hirayama, *Appl. Phys. Express* **8**, 022104 (2015).
12. E. Kioupakis, P. Rinke, K. T. Delaney and C. G. Van de Walle, *Appl. Phys. Lett.* **98**, 161107 (2011).
13. K. Ban, J. -i. Yamamoto, K. Takeda, K. Ide, M. Iwaya, T. Takeuchi, S. Kamiyama, I. Akasaki and H. Amano, *Appl. Phys. Express* **4**, 052101 (2011).
14. O. Reentilä, F. Brunner, A. Knauer, A. Mogilatenko, W. Neumann, H. Protz mann, M. Heuken, M. Kneissl, M. Weyers, G. Tränkle, *J. Cryst. Growth* **310**, 4932-4934 (2008).
15. C. Reich, M. Feneberg, V. Kueller, A. Knauer, T. Wernicke, J. Schlegel, M. Frentrup, R. Goldhahn, M. Weyers and M. Kneissl, *Appl. Phys. Lett.* **103**, 212108 (2013).
16. D. Lee, J. W. Lee, J. Jang, I. -S. Shin, L. Jin, J. H. Park, J. Kim, J. Lee, H. -S. Noh, Y. -I. Kim, Y. Park, G. -D. Lee, Y. Park, J. K. Kim and E. Yoon, *Appl. Phys. Lett.* **110**, 191103 (2017).
17. J. Rass, T. Kolbe, N. Lobo-Ploch, T. Wernicke, F. Menhnke, C. Kuhn, J. Enslin, M. Guttmann, C. Reich, A. Mogilatenko, J. Gla ab, C. Stoelmacker, M. Lapeyrade, S. Einfeldt, M. Weyers, M.

Kneissl, *SPIE* **9363**, 93631K-1, (2015).

18. H. Hirayama, S. Fujikawa, N. Noguchi, J. Norimatsu, T. Takano, K. Tsubaki, *Phys, Status Solidi A* **206(6)** 1176-1182 (2009).
19. S. Y. Karpov, Y. N. Makarov, *Appl. Phys. Lett.* **81**, 4721 (2002).
20. C. Hartmann, J. Wollweber, A. Dittmar, K. Irmscher, A. Kwasniewski, F. Langhans, T. Neugut and M. Bickermann, *Jpn. J. Appl. Phys*. **52**, 08JA06 (2013).
21. K. B. Nam, M. L. Nakarmi, J. Li, J. Y. Lin and H. X. Jiang, *Appl. Phys. Lett.* **83**, 878 (2003).
22. N. Nepal, M. L. Nakarmi, K. B. Nam, J. Y. Lin and H. X. Jiang, *Appl. Phys. Lett.* **85**, 12 (2004).
23. B. Cheng, S. Choi, J. E. Northrup, Z. Yang, C. Knollenberg, M. Teepe, T. Wunderer, C. L. Chua and N. M. Johnson, *Appl. Phys. Lett.* **102**, 231106 (2013).
24. J. Simon, V. Protasenko, C. Lian, H. Xing, D. Jena, *Science* **327,** 60, (2010).
25. R. Dahal, J. Li, S. Majety, B. N. Pantha, X. K. Cao, J. Y. Liu and H. X. Jiang, *Appl. Phys. Lett.* **98**, 211110 (2011).
26. F. Mehnke, T. Wernicke, H. Pingel, C. Kuhn, C. Reich, V. Kueller, A. Knauer, M. Laeyrade, M. Weyers and M. Kneissl, *Appl. Phys. Lett.* **103**, 212109 (2013).
27. T. Kolbe, F. Mehnke, M. Guttmann, C. Huhn, J. Rass, T. Wernicke and M. Kneissl, *Appl. Phys. Lett.* **103**, 031109 (2013).
28. F. Mehnke, C. Kuhn, M. Guttmann, C. Reich, T. Kolbe, V. Kueller, A. Knauer, M. Lapeyrade, S. Eifeldt, J. Rass, T. Wernicke, M. Weyers and M. Kneissl, *Appl. Phys. Lett.* **105**, 051113 (2014).
29. H. Hirayama, Y. Tsukada, T. Maeda and N. Kamata, *Appl. Phys. Express* **3**, 031002 (2010).
30. J. Shakya, K. H. Kim, J. Y. Lin and H. X. Jiang, *Appl. Phys. Lett.* **85**, 142 (2004).
31. L. Zhou, J. E. Epler, M. R. Krames, W. Goetz, M. Gherasimova, Z. Ren, J. Han, M. Kneissl, and N. M. Johnson, *Appl. Phys. Lett.* **89**, 241113 (2006).
32. P. Dong, J. Yan, J. Wang, Y. Zhang, C. Geng, T. Wei, P. Cong, Y. Zhang, J. Zeng, Y. Tian, L. Sun, Q. Yan, J. Li, S. Fan and Z. Qin, *Appl. Phys. Lett.* **102**, 241113 (2013).
33. V. Adivarahan, A. Heidari, B. Zhang, Q. Fareed, S. Hwang, M. Islam and A. Khan, *Appl. Phys. Express* **2**, 102101 (2009).
34. N. Lobo, H. Rodriguez, A. Knauer, M. Hoppe, S. Einfeldt, P. Vogt, M. Weyers and M. Kneissl, *Appl. Phys. Lett.* **96**, 081109 (2010).
35. J. W. Lee, D. Y. Kim, J. H. Park, E. F. Schubert, J. Kim, J. Lee, Y. -I. Kim, Y. Park and J. K. Kim, *Sci. Rep.* **6**, 22537 (2016).

36. S. Oh, K J. Lee, S. -J. Kim, K. Ha, J. Jeong, D. Kim, K. -K. Kim and S. -J. Park, *Nanoscale* **9**, 7625 (2017).

37. S. Oh, K J. Lee, H. -J. Lee, S. -J. Kim, J. Han, N. -W. Kang, J. -S. Kwon, H. Kim, K. -K. Kim, S. -J. Park, *Scr. Mater.* **146**, 41-45 (2018).

38. J. E. Northrup, C. L. Chua, Z. Yang, T. Wunderer, M. Kneissl, N. M. Johnson and T. Kolbe, *Appl. Phys. Lett.* **100**, 021101 (2012).

39. J. J. Wierer, Jr., A. A. Allerman, I. Montaño and M. W. Moseley, *Appl. Phys. Lett.* **105**, 061106 (2014).

40. N. L. Ploch, S. Einfeldt, M. Frentrup, J. Rass, T. Wernicke, A. Knauer, V. Kueller, M. Weyers and M. Kneissl, Semicond. *Sci. Technol.* **28**, 125021 (2013).

41. N. L. Ploch, S. Einfeldt, T. Kolbe, A. Knauer, M. Frentrup, V. Kueller, M. Weyers, M. Kneissl, *IEEE Trans. Electron Devices* **60(2)**, 782-786 (2013).

42. M. Arik, C. A. Becker, S. E. Weaver, J. Petroski, *SPIE* **5187**, 64-75 (2004).

43. H.-Y. Ryu, *Nanoscale Research Lett.* **9**, 58 (2014).

44. Y. K. Ooi, C. Liu, J. Zhang, *IEEE Photonics J.* **9**, 4 (2017).

45. K. H. Li, X. Liu, Q. Wang, S. Zhao and Z. Mi, *Nature Nanotech.* **10**, 140-144 (2015).

46. S. D. Carnevale, T. F. Kent, P. J. Phillips, M. J. Mills, S. Rajan and R. C. Myers, *Nano Lett.* **12**, 915-920 (2012).

47. A. T. W. Golam Sarwar, B. J. May, J. I. Deitz, T. J. Grassman, D. W. McComb and R. C. Myers, *Appl. Phys. Lett.* **107**, 101103 (2015).

48. S. Zhao, S. Sadaf, X. Liu, and Z. Mi, IEEE Photonics Society Summer Topical Meeting Series (SUM), (2017).

CHAPTER

# 06 Efficiency droop 및 개선 방향

## 6.1 Efficiency droop이란?

LED의 발명은 '2차 조명 혁명'에 크게 기여하였고 이사무 아카사키, 히로시 아마노, 나카무라 슈지는 청색 LED를 개발한 공로로 2014년 노벨 물리학상을 수상하였다. 청색 LED와 형광체를 조합한 백색 LED의 발광 효율은 형광등의 2배에 달하고 있으며 현재 LED 조명, TV의 백라이트 및 자동차 전조등의 광원으로 폭넓게 사용되고 있다. GaN 기반의 청색 LED는 광 출력을 높이기 위해 전류밀도를 높여 같은 칩 면적에서 더욱 높은 광 출력을 얻고 있는데, 높은 전류밀도에서는 LED의 효율이 떨어지는 문제가 존재하며 이를 통상적으로 'efficiency droop'이라 부른다[그림 6-1].[1] 지난 10년 동안 많은 과학자들이 efficiency droop에 대한 원인 분석 및 개선 방법을 연구하고 있다. 본 장에서는 LED의 방사 및 비방사 재결합에 대해 간략하게 설명하고 efficiency droop의 원인이 무엇인지 그리고 개선 방향에 대하여 설명하고자 한다.

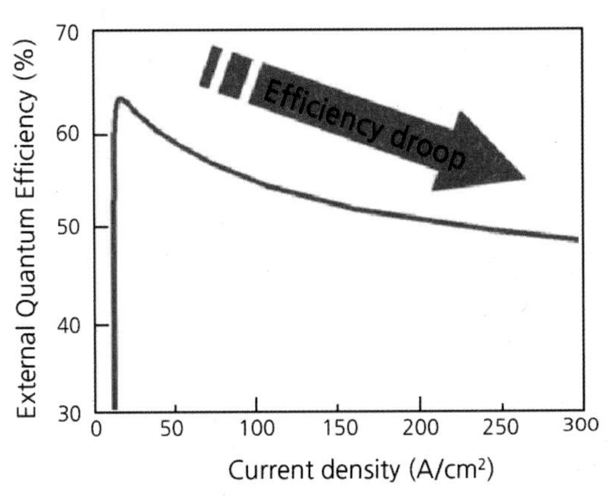


**그림 6-1** 전류밀도 증가에 대한 EQE 그래프[1]

## 6.2 방사 및 비방사 재결합

반도체 내에서 전자와 정공이 만나 재결합을 하면 에너지 보존 법칙에 의해 빛이나 열을 방출하게 된다. LED와 같은 발광소자의 경우 빛을 내는 방사 재결합radiative recombination이 주로 일어나야 하지만, 실제 구동환경에서는 빛을 내지 않는 비방사 재결합nonradiative recombination 또한 많이 일어나게 된다[그림 6-2]. 방사 및 비방사 재결합의 비율은 LED 소자의 방사 효율을 결정한다. 즉, efficiency droop이 발생되는 원인은 전류밀도가 증가할 때 방사 재결합이 감소하고 비방사 재결합이 증가하기 때문이다.

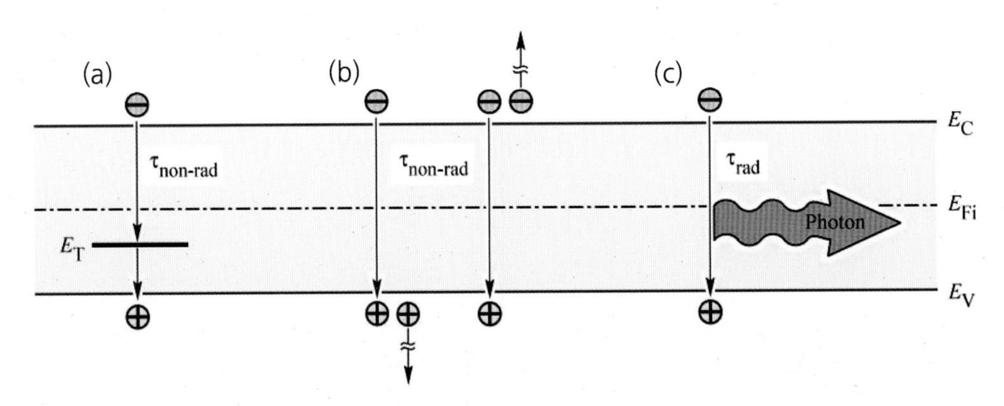


**그림 6-2** (a) (b) 비방사 재결합과 (c) 방사 재결합의 모식도

### 6.2.1 방사 재결합

방사 재결합은 LED 내부 활성층에 주입된 전자와 정공이 재결합하여 빛을 방출시키는 과정이다. 이상적인 경우 재결합률은 전자와 정공 농도의 곱으로 나타낼 수 있다.

$$R_{rad} = Bnp = Bn^2$$

**식 6-1** 방사 재결합률

$B$는 방사 결합상수로 질화갈륨에서는 대략 $10^{-11}$cm$^3$/s의 값을 갖는다.

### 6.2.2 비방사 재결합

#### 6.2.2.1 결함(defect)

비방사 재결합은 몇 가지 원인이 있는데, 가장 흔한 예로 결함이 있다. 결함은 외부로부터 첨가된 도핑 원자, 고유결함native defect, 전위dislocation 등이 있다. 이러한 결함들은 격자를 채우고 있는 원자들과는 다른 에너지를 가지므로 보통 반도체의 에너지 갭에 하나 또는 여러 개의 에너지 준위를 형성한다. 에너지 갭 내에 있는 에너지 준위는 운반자를 효과적으로 capture 하여 방사 재결합의 효율을 감소시킨다[그림 6-3]. 결함에 의한 비방사는 쇼클리Shockley, 리드Read와 홀Hall에 의해 최초로 분석되었으며 이러한 비방사 결합을 SRH 재결합이라 한다. 즉, 결함에 의한 비방사 재결합률은 캐리어의 양에 비례한다.

$$R_{SRH} = An$$

**식 6-2** 결함에 의한 비방사 재결합률

$A$는 결함에 의한 비방사 상수로 질화갈륨에서는 대략 $10^7$/s의 값을 갖는다.

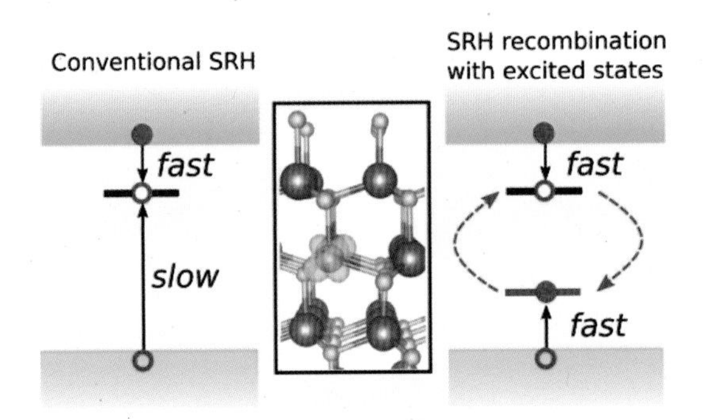


**그림 6-3** SRH 재결합의 종류 및 모식도[2]

결함에 의한 efficiency droop 현상은 GaN 물질 성장 시 높은 전위밀도가 존재하기 때문에 많은 그룹에서 사파이어와 GaN 기판을 사용하여 관통 전위threading dislocation 밀도에 따른 비교연구를 진행하였다. Liu 그룹에서는 그림 6-4와 같이 결함 밀도가 낮은 GaN 기판을 사용할 경우 결함에 의한 오제 재결합defect-assisted Auger recombination 확률이 감소하여 efficiency droop은 개선되고 광 출력은 증가함을 보고하였다.[3]

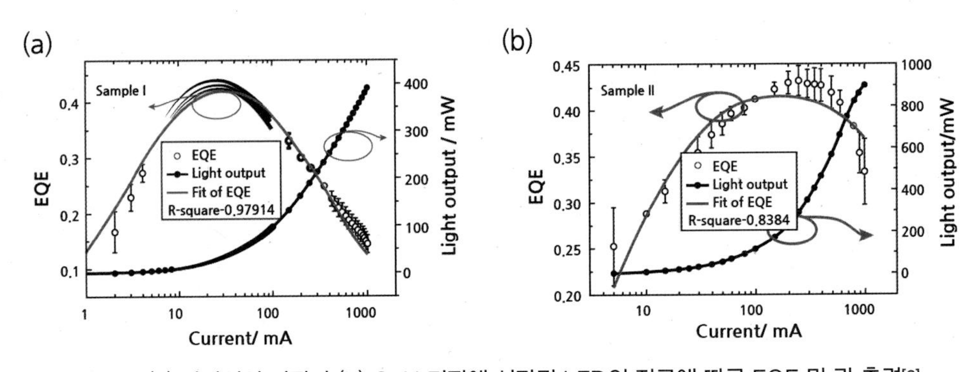


**그림 6-4** (a) 사파이어 기판과 (b) GaN 기판에 성장된 LED의 전류에 따른 EQE 및 광 출력[3]

Bochkareva 그룹에서는 그림 6-5에서처럼 다중양자우물Multiple Qauntum Well, MQW 내부 장벽층에 존재하는 결함 에너지 준위가 활성층 내로 주입되는 운반자를 흡수하여 주입 효율을 낮추고 tunneling leakage를 발생시킴을 보여주었다.[4] 하지만 Schubert 그룹에서는 결함 밀도가 높을수록 droop 현상은 개선되지만 모든 전류밀도 영역에서 EQEExternal Quantum Efficiency가 감소됨을 보여주었다.[5]

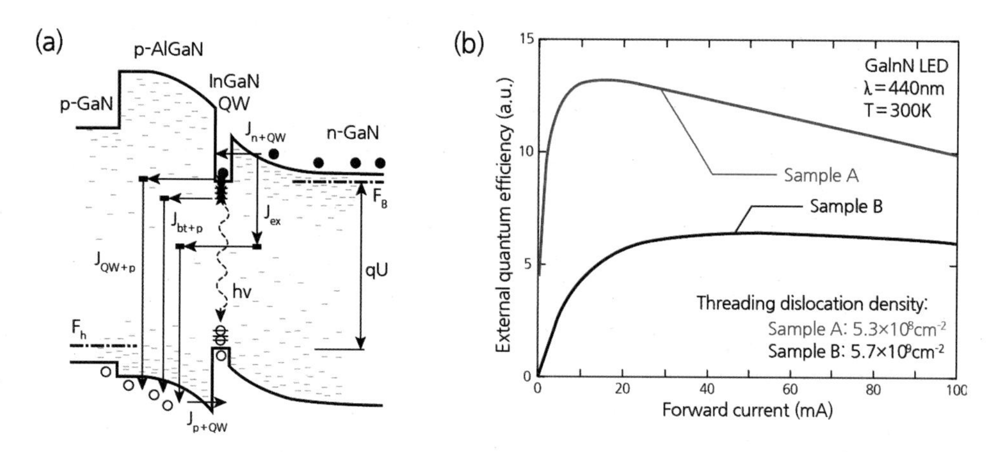


**그림 6-5** (a) 결함 밀도에 의한 tunneling leakage[4] (b) 전류 증가에 따른 EQE[5]

### 6.2.2.2 오제(Auger) 재결합

두 번째 비방사 재결합 메커니즘으로 오제Auger 재결합이 있다. 오제 효과는 원자나 이온에서 방출되는 전자로 인해 또 다른 전자가 방출되는 물리적 현상을 말한다. 원자의 낮은 에너지 준위에서 전자 하나가 빈자리를 남기고 제거되면 높은 에너지 준위의 전자 하나가 에너지 준위가 낮은 빈자리를 채우게 되면서 높은 준위와 빈자리의 에너지 준위 차이만큼의 에너지가 발생한다. 이 에너지는 광자의 형태로 방출되거나 두 번째 전자를 추가로 방출하는 데 사용된다. 이 두 번째 방출되는 전자를 오제 전자Auger electron라 부른다. 오제 전자가 발생하기 위해서는 세 개의 전자를 필요로 하기 때문에 비방사 식 6-3처럼 전자의 세제곱에 비례하게 된다.

$$R_{Auger} = Cn^3$$

**식 6-3** Auger에 의한 비방사 재결합률

$C$는 오제에 의한 비발광 상수로 질화갈륨에서는 대략 $10^{-29}$cm$^6$/s값을 갖는다.

오제 재결합 계수는 GaN 기반 LED에서는 대략 $10^{-28}$~$10^{-29}$cm$^6$/s로 알려져 있다. 오제 재결합률은 캐리어 농도의 세제곱에 비례하기 때문에 오제 재결합은 매우 높은 전류를 주입한 경우에 주로 발생되어 발광 효율을 감소시킨다. 특히, 오제 계수가 $10^{-31}$cm$^6$/s보다 클 경우

efficiency droop에 큰 영향을 준다.[6] 오제 계수는 microscopic many-body model과 k·p band structure model을 사용하여 이론적인 연구가 진행되었다. Direct band-to-band 오제 재결합은 $3.5\times10^{-34}cm^6/s$로 매우 낮은 값을 보여주므로 efficiency droop에 영향을 줄 수 있는 범위가 아니라고 판단된다. 하지만 Delaney 그룹에서 direct band to band transition(intraband transition) 뿐만 아니라 interband transition을 통한 오제 재결합이 발생될 경우 오제 계수는 $2\times10^{-30}cm^6/s$로 높아지며 이 수치는 efficiency droop과 큰 연관성이 있다고 보고하였다[그림 6-6].

오제 재결합은 이론적인 연구뿐만 아니라 실험적으로도 증명되었다. Weisbuch 그룹에서는 최초로 GaN 기반 다중양자우물에서 오제 전자가 방출되는 것을 전자 방출 분광기 측정으로 증명하였다.[7] Shen 그룹에서는 InGaN bulk film 내부 오제 계수를 PL[Photoluminesence] lifetime 측정하여 보고하였다[그림 6-7]. 그리고 InGaN QW에서의 오제 계수가 대략 $10^{-31}cm^6/s$임을 보고하였다. Zhang 그룹에서는 signal modulation turn-on delay 측정을 통하여 상온에서의 오제 계수가 $1.5\times10^{-30}cm^6/s$임을 증명하였다.

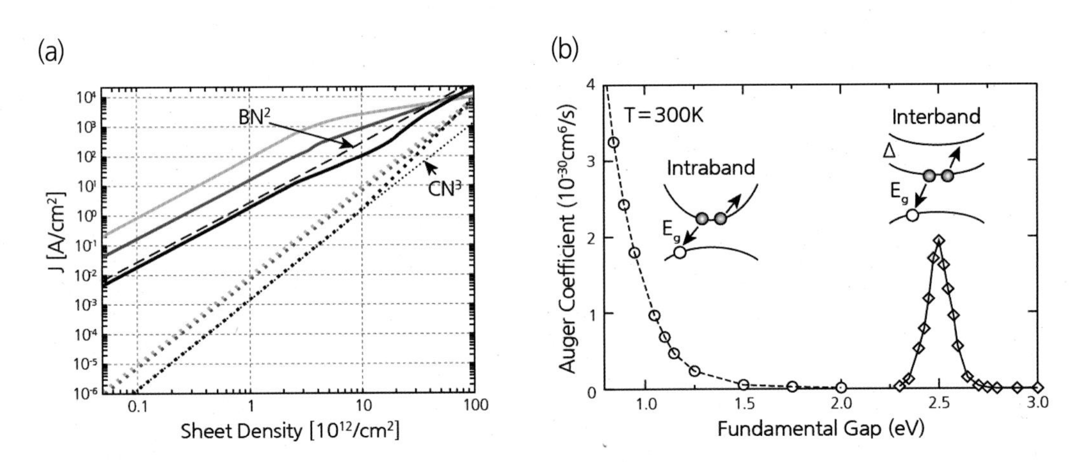


**그림 6-6** (a) Intraband transition을 고려했을 경우 전류밀도에 따른 발광 및 오제 계수 변화 (b) Intraband와 Interband transition에 대한 오제 계수[6]

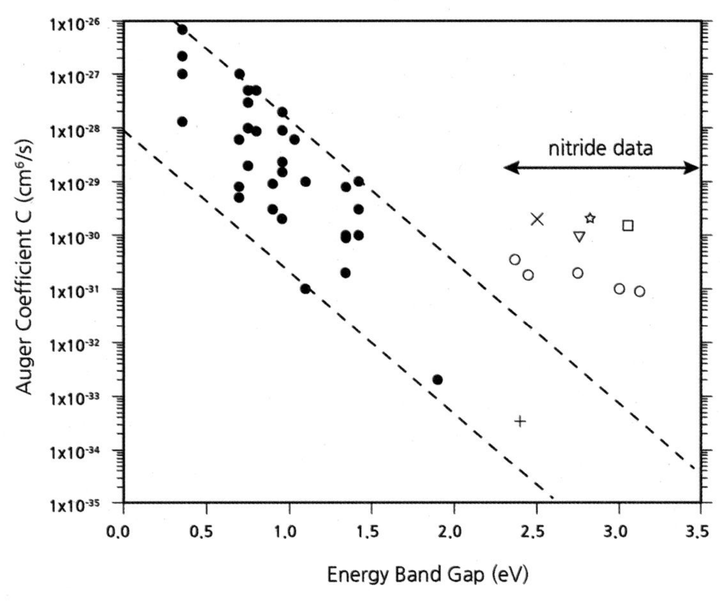


**그림 6-7** 에너지 밴드갭에 따른 오제 계수

### 6.2.2.3 압전 분극(piezoelectric polarization)

최근에 들어서는 압전 분극piezozelectric polarization효과가 efficiency droop의 중요한 원인으로 인지되고 있다. 자발 분극spontaneous polarization과 압전 분극에 의해 형성되는 전기장은 그림 6-8처럼 양자 구속 스타크 효과Quantum Confined Stark Effect, QCSE를 야기하며 이는 발광층 내부의 에너지 밴드를 휘게 하여 같은 공간상에 존재하는 전자와 정공의 파동함수wavefunction을 분리시켜 방사 재결합을 낮춘다.[8]

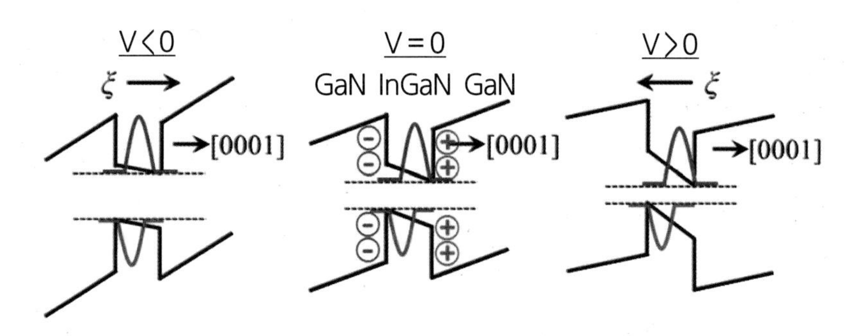


**그림 6-8** QCSE에 의한 에너지 밴드 휘어짐 현상과 이에 따른 파동함수 중첩의 감소[8]

### ① 전자 누설(electron leakage)

일반적으로 전자는 정공에 비해 이동도가 높아 주입되는 전류에 대하여 정공보다 빠르게 움직인다. 그림 6-9(a)를 보면 내부에 압전장piezoelectric field이 없을 경우 에너지 밴드를 보여준다. 하지만 압전장이 존재할 경우 에너지 밴드는 그림 6-9(b)와 같이 변화하게 된다. 발광층을 보면 전자와 정공이 공간적으로 분리되어 있음을 알 수 있다. LED 소자에 bias를 인가하면 그림 6-9(c)처럼 전체적인 에너지 밴드는 $n$-GaN층에서 $p$-GaN층으로 갈수록 에너지가 낮아지는 것을 확인 할 수 있다. 뿐만 아니라 전류가 증가할수록 에너지가 낮아지는 방향으로 기울기가 증가한다[그림6-9(d)]. 이러한 현상으로 $n$-GaN층에서 주입되는 전자는 활성층 내부에 구속되지 않고 쉽게 장벽층을 넘어서 $p$-GaN층으로 흘러간다. 즉, 전자의 주입효율은 압전 분극에 의해 전류가 증가할수록 더욱 감소함을 의미한다.

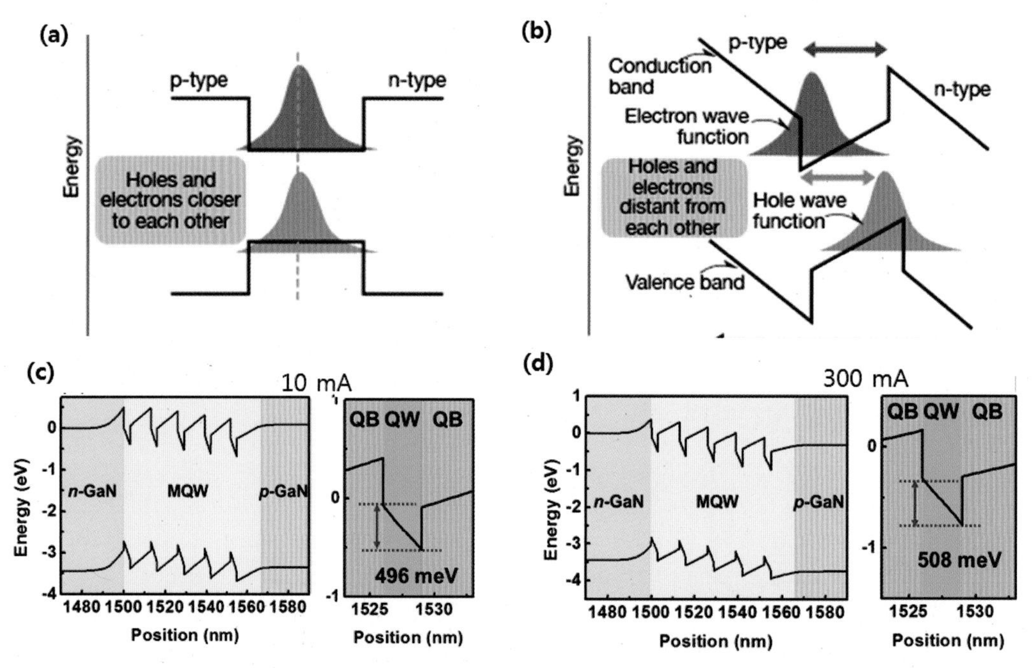


**그림 6-9** (a) piezoelectric field가 없는 경우와 (b) 있는 경우의 에너지 밴드 구조[8] 주입 전류가 (c) 10mA와 (d) 300mA인 경우 에너지 밴드 구조

### ② 낮은 정공 주입(Poor hole injection)

전자는 활성층을 넘어 $p$-GaN층으로 유입되는게 문제라고 하면 정공은 활성층 내부로 주입되는 과정에 어려움이 있다. Al 조성이 높은 전자 차단층Electron Blocking Layer, EBL층은 전자를 활성층 내부로 구속하기 위해 필수적인 구조이지만 압전 분극으로 인해 에너지 밴드가 휘어지므로 정공의 측면에서는 활성층 내부로의 정공 주입을 방해하는 역할을 한다[그림 6-10].[9]

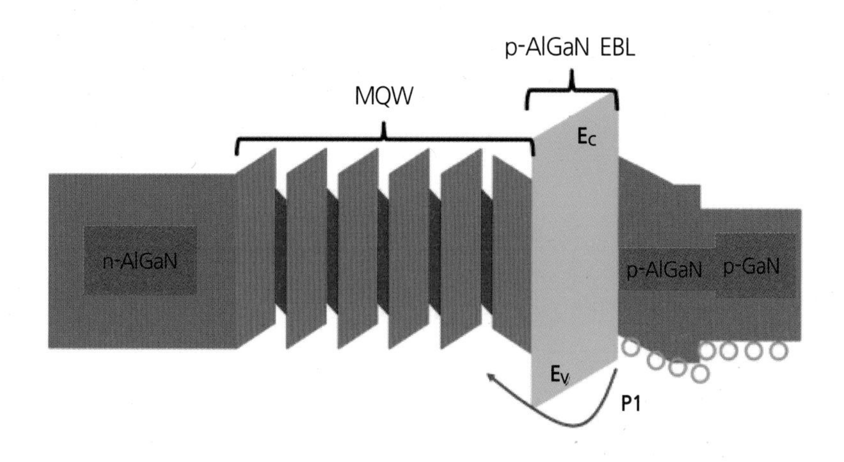


**그림 6-10** EBL층에 의한 정공 주입[9]

### 6.2.2.4 운반자의 비국부화(carrier delocalization)

가시광영역 파장을 구현하기 위해서는 InGaN 발광층을 사용하는데, In 조성과 발광층 두께의 변동성으로 인하여 발광층 내부에 임의적으로 분산된 potential minima가 형성되며 이것을 국부화 영역localization region이라 명칭한다. 국부화 영역은 에너지가 낮고 결함이 적으므로 전자나 정공이 결함 영역으로 빠지지 않고 국부화 영역에 모여서 방사 재결합을 할 수 있도록 돕는다. 하지만 높은 전류밀도에서는 국부화 영역이 주입되는 캐리어에 의해 차고 넘쳐서 운반자가 결함 영역으로 빠지므로 비방사 재결합이 커져 발광 효율이 감소된다[그림 6-11].

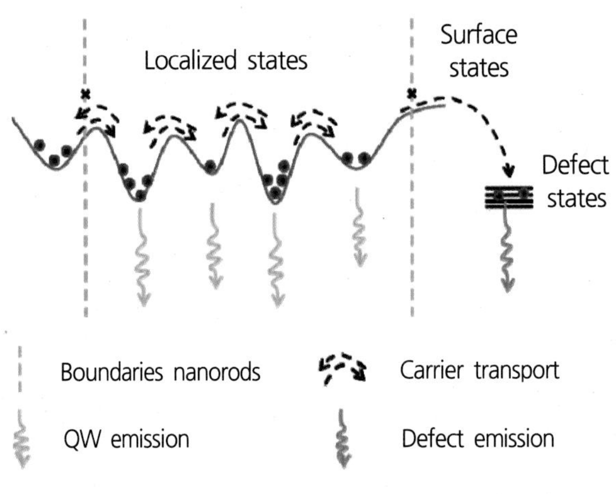


**그림 6-11** 활성층 내부의 localization 영역 모식도

## 6.3 Efficiency droop의 개선 방법

### 6.3.1 Polarization matched growth

통상적으로 GaN 에피 성장에 사용되는 것은 c-plane 사파이어 기판인데, 이 기판에서 성장된 LED는 자발 분극과 압전 분극이 발생한다. 분극은 그림 6-12(a)와 같이 에너지 밴드를 휘게 만들고 발광층에서 전자와 정공의 분포가 분리되면서 방사 재결합 효율을 감소시키며 electron overflow 및 정공 주입 문제를 발생시킨다.[9] 이러한 문제점을 해결하기 위한 방안으로 비극성non-polar 방향 (11-20), (1100) 및 반극성semi-polar 방향 (11-22)으로 사파이어 기판에 GaN을 성장시키는 기술이 연구되고 있다. 비극성 방향으로 성장되는 LED는 자발 분극이 존재하지 않고 격자부정합에 의한 압전 분극의 방향이 성장 방향과 수직으로 형성되어 영향을 주지 않는다. 그림 6-12(b)와 같이 사파이어 같은 wurtzite 결정 구조는 성장 방향이 다양하게 존재한다.[10]

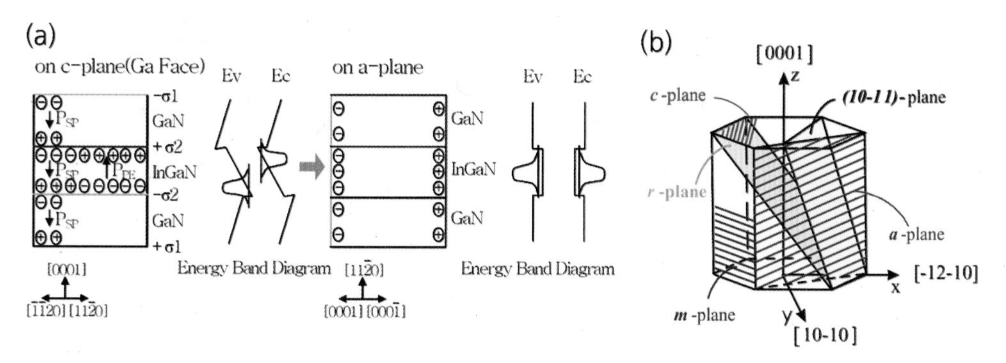


**그림 6-12** (a) 극성과 비극성 기판 위에 성장되는 LED의 원자 배열 및 구조 (b) Wurtzite 결정 구조의 면 방향[10]

m-plane 성장법은 GaN 내부의 polarization이 존재하지 않기 때문에 LED의 효율이 향상된다. 그림 6-13(a)는 c-plane과 m-plane 성장된 LED에 주입 전류가 20mA인 경우 에너지 밴드 구조를 보여주고 있다.[11] 일반적으로 압전 분극이 존재하는 c-plane 구조에서는 전류 주입에 따라 $n$-GaN층에서 $p$-GaN층으로 에너지 밴드가 휘어지는 현상을 보여준다. 그리고 발광층 내부에서도 같은 현상이 발생하여 전자와 정공을 분리시킨다. 반면에 m-plane 성장인 경우 내부 분극이 존재하지 않기 때문에 에너지 밴드 휘어짐 현상이 발견되지 않는다. 이로 인해 EBL에서도 전자가 $p$-GaN층으로 넘어가는 과정을 효과적으로 차단하여 electron leakage는 주입 전류가 100mA일 때 급격하게 감소하는 현상을 볼 수 있다[그림 6-13(b)].

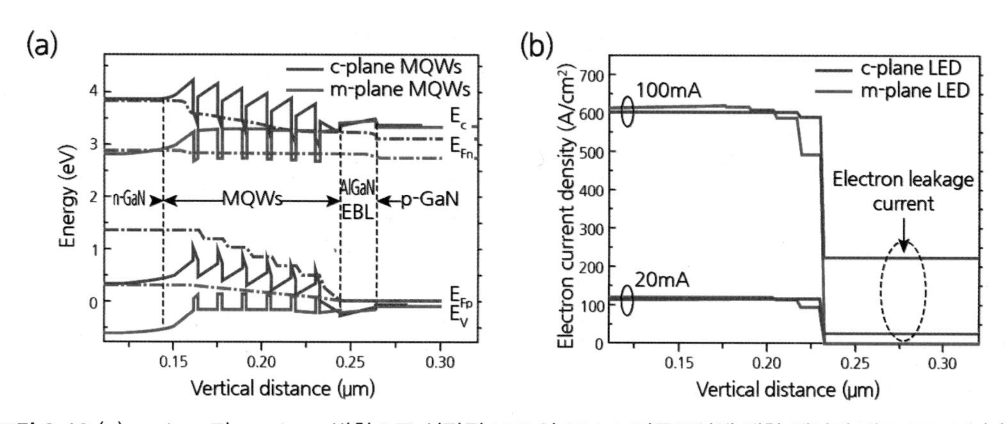


**그림 6-13** (a) c-plane과 m-plane 방향으로 성장된 LED의 20mA 전류주입에 대한 에너지 밴드 구조 및 (b) electron leakage[11]

압전장은 MQW 내부에서의 전자와 정공의 거동에도 영향을 준다. 그림 6-14는 m-plane과 c-plane 성장에 따른 캐리어들의 농도를 보여준다. m-plane의 경우 에너지 밴드 휘어짐 현상이 존재하지 않아 정공이 모든 발광층에서 존재하는 것을 확인할 수 있지만 c-plane의 경우 $p$-GaN층에서 가까이 있는 세 개의 발광층에만 존재함을 확인할 수 있다. 즉, m-plane의 경우는 정공의 주입 효율을 향상시킬 수 있는 것이다.

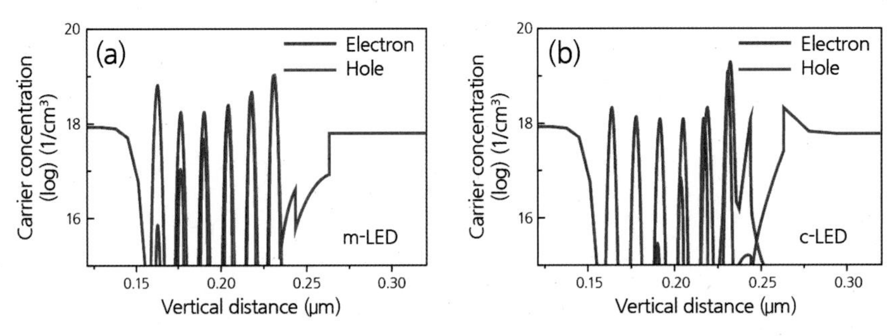


**그림 6-14** 주입 전류가 20mA일 때 (a) m-plane와 (b) c-plane에서의 캐리어 농도

따라서 efficiency droop은 electron leakage의 감소 및 정공 주입 효율 증가로 인하여 m-plane에서 크게 감소함을 확인할 수 있다.

그림 6-15에서 보이는 것처럼 주입 전류밀도가 100A/cm$^2$일 때 c-plane 위에 성장된 LED는 50% 정도의 efficiency droop 현상을 보여주지만 m-plane 위에 성장된 LED는 efficiency droop이 10% 이내로 개선됨을 보여주고 있다.

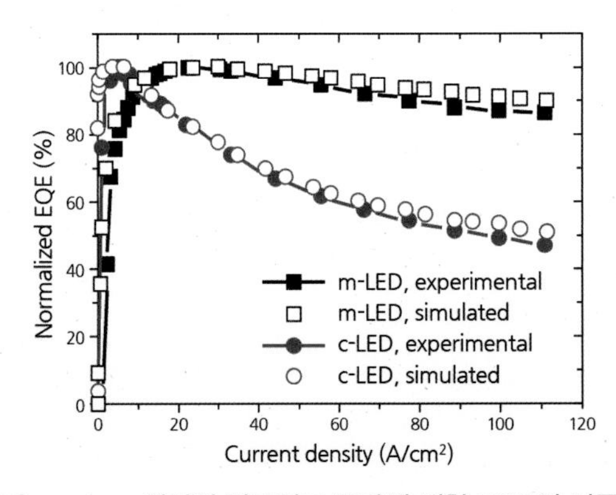


**그림 6-15** c-plane과 m-plane에서의 전류밀도 증가에 대한 EQE의 시뮬레이션 및 실험 결과

## 6.3.2 양자우물에서 운반자 농도의 감소(reduction of carrier density in QW)

높은 전류밀도로 전자와 정공이 발광층 내부로 주입되면 오제 재결합으로 광 효율이 감소한다. 발광층 내부에 주입되는 전류의 밀도를 감소시키는 방법으로 가장 쉽게 생각할 수 있는 방법은 발광층의 부피를 늘리는 방식이다. Wagner 그룹은 단일 발광층의 두께를 1.5nm에서 18nm까지 증가시키며 실험을 진행하였다.[12] 그림 6-16에서 보이는 것처럼 발광층의 두께가 증가할수록 높은 전류(200mA)에서 높은 EQE 값을 보여준다. 하지만 임계두께보다 높을 경우에 EQE가 전체적으로 감소한다. 이러한 원인은 발광층의 두께가 증가할수록 형성되는 결함의 증가로 인한 것이다.[13]

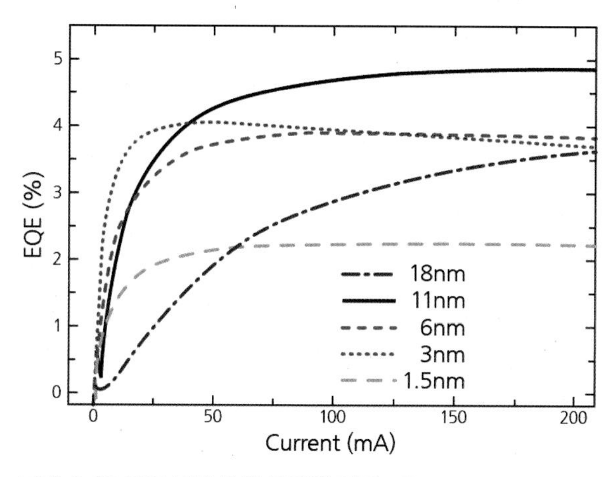


**그림 6-16** 단일 발광층의 두께에 따른 efficiency droop[12]

발광층 내부 캐리어 밀도를 감소시키는 다른 방법으로는 발광층의 개수를 증가시키는 것이다. 그림 6-17(a)와 (c)를 보면 발광층의 개수가 증가할수록 광 출력이 향상되며 efficiency droop이 개선되는 경향을 볼 수 있다. 하지만 발광층의 개수가 증가할수록 직렬 저항series resistance값도 상대적으로 증가되기 때문에 전기적 특성은 악화되는 모습을 보여준다.[14]

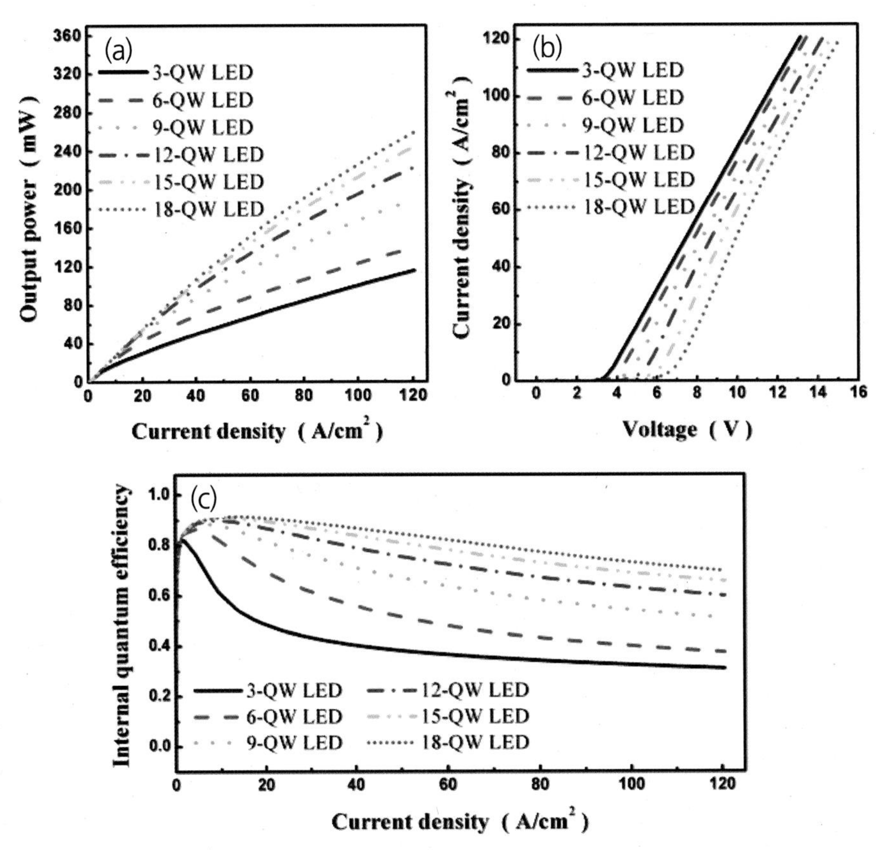


**그림 6-17** (a) 발광층의 개수에 대한 광 출력 (b) I-V 특성 (c) efficiency droop[14]

같은 전류밀도에서는 LED의 크기가 변하면 주입되는 캐리어의 밀도가 변한다. Schubert 그룹은 그림 6-18(a)와 같이 LED의 면적을 변화시키면서 얻은 결과를 보고하였다.[15] 같은 전류에서 LED의 크기가 증가하면 소자 내부로 주입되는 전류밀도는 감소하기 때문에 droop이 시작되는 전류가 증가된다[그림 6-18(a)]. 하지만 온도가 높아지는 경우 LED 면적이 증가할수록 광 효율은 감소하는 경향을 보여준다[그림6-18(b)]. 이는 SRH 비방사 재결합이 낮은 전류밀도에서 증가하기 때문이다. 심종인 그룹은 다중양자우물구조의 유효 부피를 계산하고 이를 적용하여 방사 및 비방사 재결합률의 계산 및 상관관계를 규명하였다.[16,17]

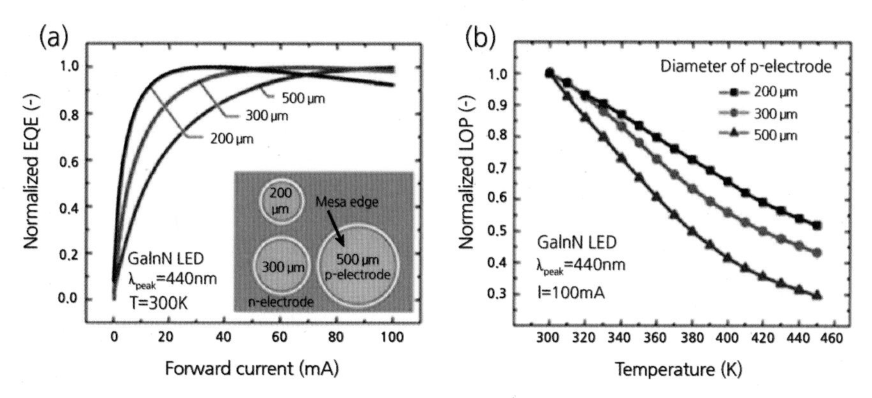


**그림 6-18** (a) chip size에 대한 efficiency droop (b) 온도 증가에 따른 광 출력[15]

### 6.3.3 전자 구속의 향상(Improvement of electron confinement)

전자를 활성층 내부로 구속시키는 것은 electron leakage를 차단하는 가장 좋은 방법이다. Electron leakage의 원인이 되며 에너지 밴드 bending을 유발시키는 압전장의 완화를 목적으로 격자부정합lattice mismatch이 작은 InAlN 기반 전자차단층이 연구되었다.[18] InAlN층은 GaN층과 이종접합 시 발생되는 conduction band offset($\Delta E_c$)이 대략 0.4eV로 AlGaN 기반 EBL보다 매우 높은 값을 갖는다. 이로 인해 InAlN EBL이 적용된 LED는 EBL이 없는 LED에 대비 그림 6-19처럼 440mA에서 광 출력이 40% 향상되었으며 efficiency droop은 69%에서 18%로 크게 개선되었다.

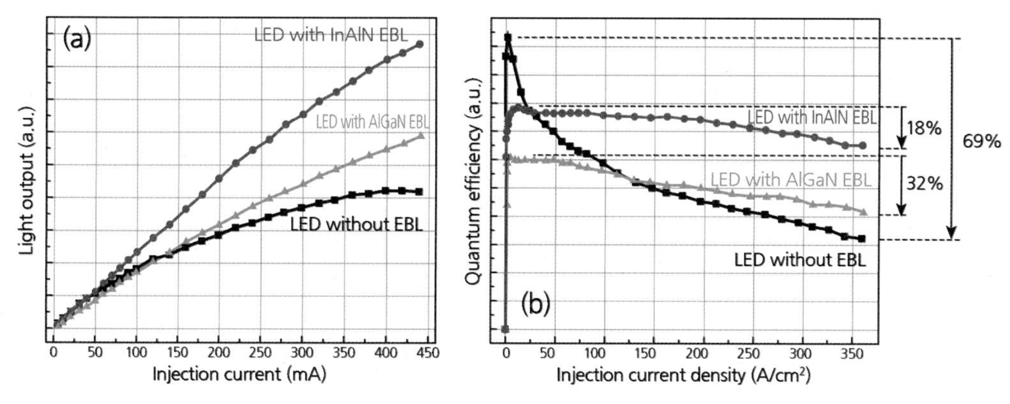


**그림 6-19** (a) EBL 구조에 대한 광 출력 (b) efficiency droop[18]

압전장을 완화하는 또 다른 방법으로 장벽층을 엔지니어링하는 방법이 많이 연구되었다. Electron leakage를 차단하기 위하여 압전 분극을 감소시키는 방법으로 GaN 장벽층을 대신하여 AlGaInN 장벽층, InGaN 장벽층, multilayer 장벽층, graded 장벽층 등이 연구되어왔다. InGaN 활성층과의 lattice mismatch로 인한 piezoelectric field를 억제하기 위해 연구된 것이 AlGaInN 장벽층이다.[19] 그림 6-20과 같이 활성층으로 사용되는 In의 조성량에 따라 AlGaInN의 조성을 변경하여 격자가 일치된 장벽층을 성장할 수 있다.

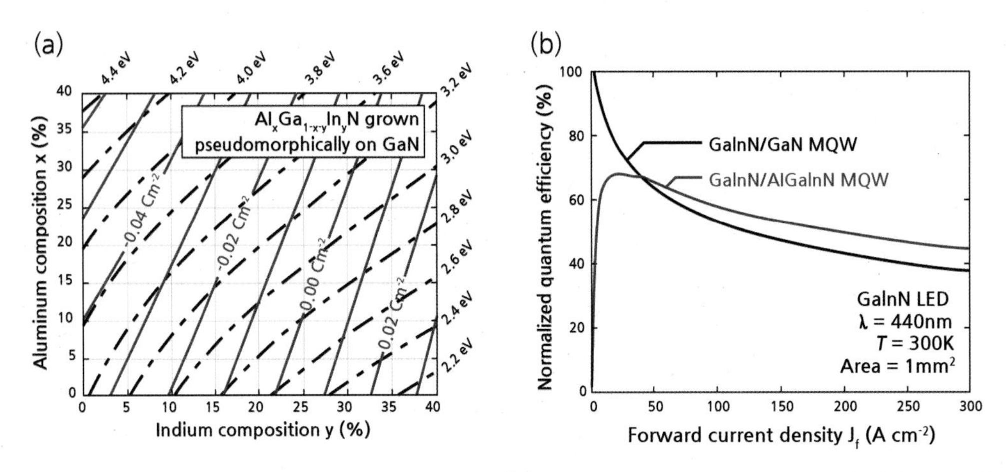


**그림 6-20** (a) lattice matching 시스템을 위한 조성도 (b) GaN 장벽층과 AlGaInN 장벽층에 대한 efficiency droop[19]

하지만 AlGaInN 장벽층은 Al이 포함되어 에피 성장 시 높은 온도가 요구되는데, 이로 인하여 InGaN 발광층에 악영향을 미친다. 이를 보완하기 위해 InGaN 장벽층이 연구되었다[그림 6-21]. 활성층으로 사용되는 InGaN보다 In의 함유량이 작아 밴드갭 에너지가 큰 InGaN 장벽층은 압전장이 기존 GaN 장벽층보다 크지 않아 에너지 밴드 휘어짐 현상이 줄어든다. 그리고 활성층 내부전기장이 약해 전자와 정공의 파동 함수 중첩도 증가하여 광 출력을 향상시킨다.[20]

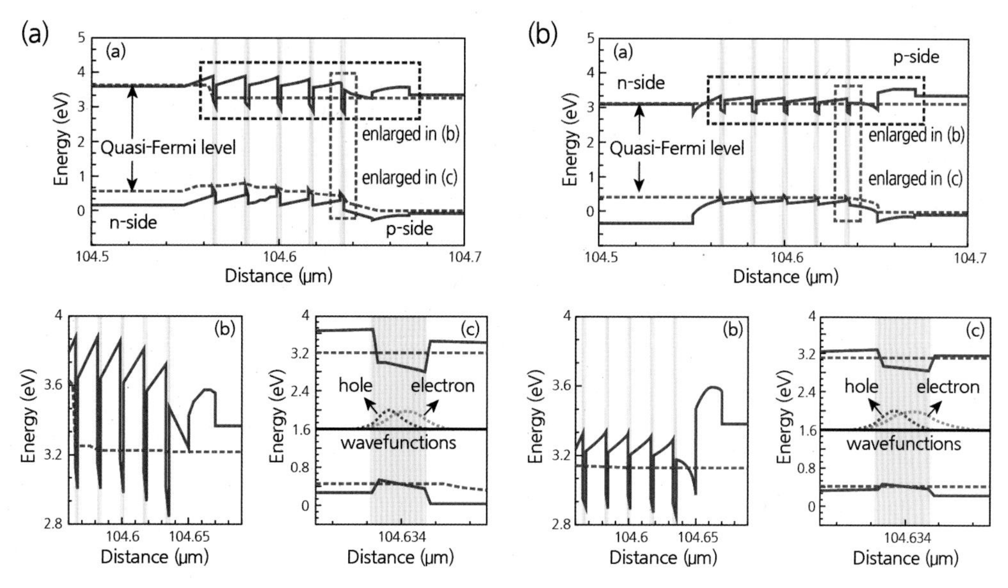


**그림 6-21** (a) GaN 장벽층과 (b) InGaN 장벽층을 이용한 LED의 밴드구조 및 파동함수 중첩[20]

그러나 InGaN 장벽층은 활성층 내부에 전자를 구속하는 능력인 구속 에너지confinement energy, $\triangle E_c$가 작다는 문제를 갖고 있다. Kuo 그룹에서는 전자를 충분히 구속할 수 있는 GaN 장벽층과 InGaN 장벽층이 포함되어 있는 GaN/InGaN/GaN multilayer 장벽층을 개발하였다.[21] multilayer 장벽층은 그림 6-22(a)와 같이 장벽층의 분극 최적화를 통해 에너지 밴드 휘어짐 현상이 없으며 전자뿐만 아니라 정공의 주입 효율도 향상시킨다[그림 6-22(b)].

비슷한 접근방법으로, InGaN 장벽층의 In 조성에 grading을 주는 구조가 연구되었으며 활성층 내부로의 전자 구속을 향상시키기 위해 InGaN/AlGaN/InGaN multilayer 장벽층이 연구되었다.[22-24] 전자를 활성층에 구속하기 위한 방법은 $n$-GaN층과 다중양자우물 사이의 경계층에 임의의 층을 삽입하기도 한다. 대표적으로는 저온 $n$-GaN층과 InGaN/GaN 초격자superlattice층을 사용한다. 이러한 층들은 다중양자우물과 $p$-GaN층 성장 시 발생되는 보잉bowing 효과를 감소시켜 평탄한 발광층을 형성시키며 결함을 줄여 비방사 재결합 확률을 감소시킨다.[25]

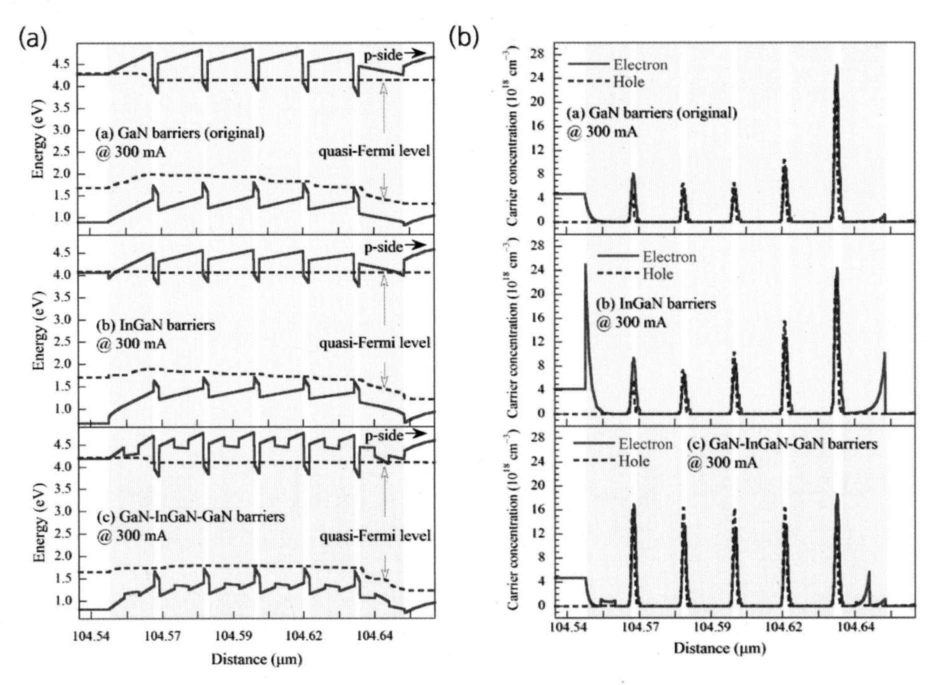


**그림 6-22** (a) GaN 장벽층, InGaN 장벽층, multilayer 장벽층을 이용한 LED의 에너지 밴드 구조 (b) 활성층 내부의 전자와 정공의 분포도[24]

그림 6-23(a)에서 보이는 것처럼 스트레인 완화로 인하여 일반적인 LED보다 높은 광 발광Photoluminescence, PL에너지를 보여주며 excitation power 증가에 대한 excitation 에너지 변화량도 감소한 것을 확인할 수 있다. 이로 인해 efficiency droop이 36%로 개선됨을 보여준다[그림 6-23(b)].

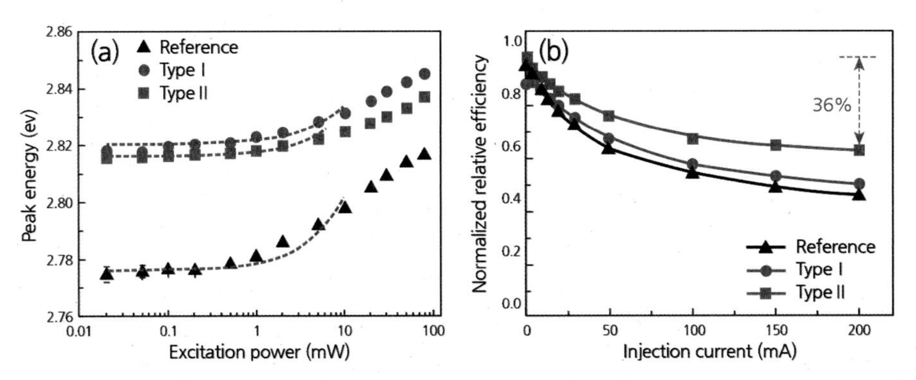


**그림 6-23** InGaN/GaN 초격자층(Type I), 저온 $n$-GaN층(Type II)이 삽입된 LED의 laser power에 대한 (a) peak energy (b) efficiency droop[25]

다른 접근방법으로는 전자가 다중양자우물로 주입될 때 전자의 에너지를 낮추어 electron overflow 현상을 억제하여 droop을 낮추는 방법이 있다.[26] SEIStaircase Electron Injection 구조는 그림 6-24(a)와 같이 발광층 앞에 오는 장벽층의 에너지를 In조성 변경으로 낮추는 구조이다. GaN 장벽층을 사용하는 경우 발광층과 장벽층의 에너지 차이가 대략 400meV로 크기 때문에 대부분의 전자는 발광층 내부로 주입되지 못하고 ballistic하게 이동을 하게 된다. 하지만 SEI 구조의 경우 발광층 앞의 장벽층에서 에너지를 순차적으로 감소시켜 ballistic한 이동을 최대한 완화시키는 구조이다.

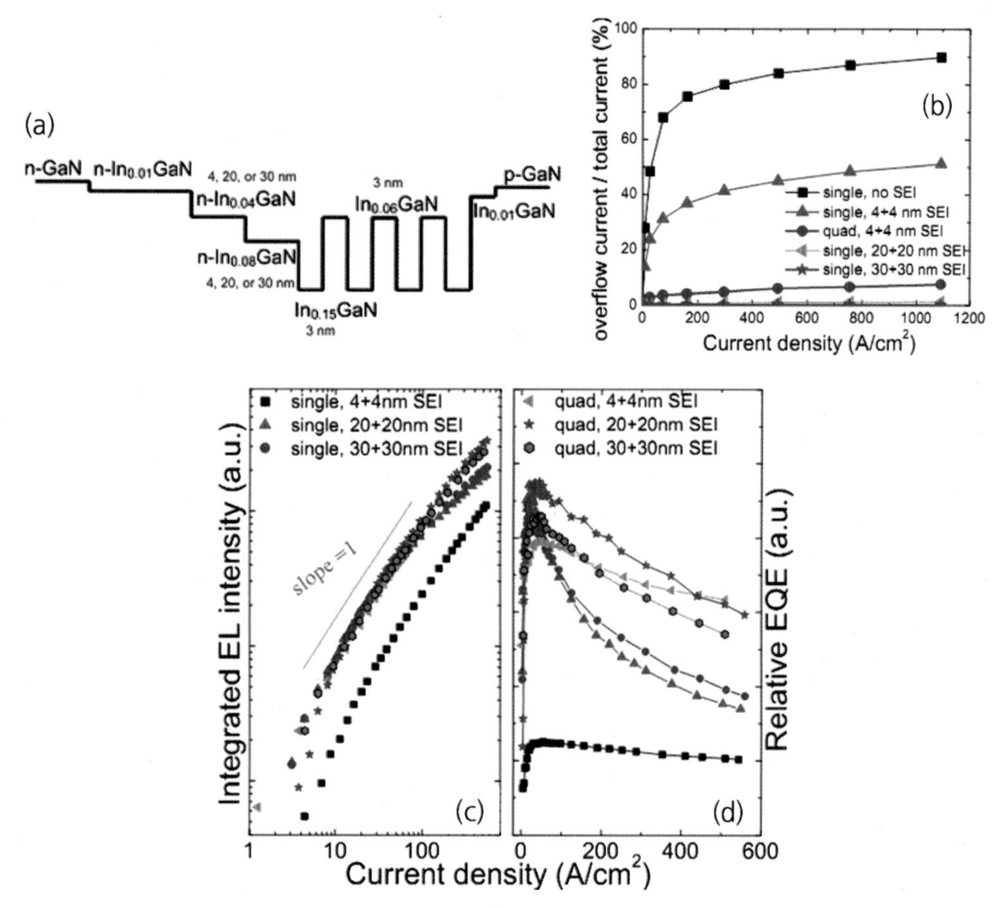


**그림 6-24** (a) SEI 구조 (b) 전류밀도에 대한 overflow 전류비율 (c) 전류밀도에 대한 광 출력 및 (d) efficiency droop[26]

그림 6-24(b)는 SEI 구조의 단일 및 다중 적용에 대한 electron overflow 비율을 보여준다. 전류밀도가 500A/cm$^2$일 때 SEI 구조가 적용되지 않은 일반 LED의 경우에는 80% 이상이 electron overflow로 방출되지만 30nm의 SEI 구조가 적용된 LED의 경우에는 electron overflow가 발생되지 않음을 확인할 수 있다. 이런 현상으로 광 출력 및 EQE가 크게 향상됨을 확인할 수 있으며 그림 6-24(c) 20nm의 SEI 구조를 적용할 경우 efficiency droop도 개선됨을 볼 수 있다[그림 6-24(d)].

## 6.3.4 정공 주입의 향상(Enhancement of hole injection)

Mg에 의한 정공은 활성화 에너지가 전자보다 크며 이동도도 낮고 EBL층과 piezoelectric field에 의한 에너지 밴드 휘어짐으로 활성층 내부로 주입되는 데 큰 어려움이 있다. 이러한 낮은 정공주입효율을 해결하기 위해서 여러 그룹에서 연구가 진행되었다. 먼저 $p$-type으로 장벽층을 도핑하는 경우에 활성층 내부로 정공의 주입이 향상될 수 있다. 그림 6-25(a)와 (b)는 도핑되지 않은 일반 GaN 장벽층과 $p$-type GaN 장벽층을 사용했을 때의 정공의 분포도를 보

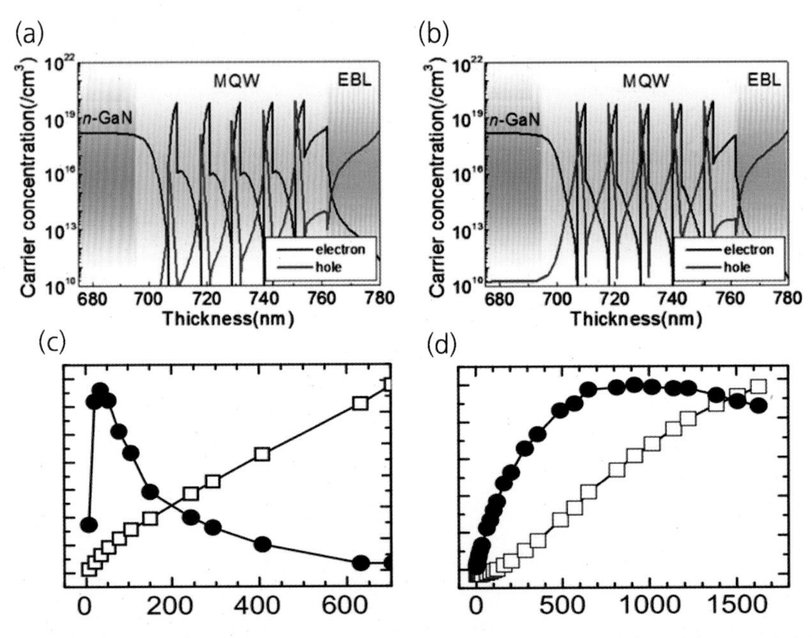


**그림 6-25** (a) GaN 장벽층과 (b) $p$-GaN 장벽층을 사용한 LED의 전자 및 정공 분포도. (c) GaN 장벽층 (d) $p$-GaN 장벽층을 사용한 LED의 efficiency droop[27, 28]

여주며 $p$-type으로 도핑된 장벽층을 사용했을 때 정공의 주입이 모든 발광층에서 균일하게 향상됨을 확인할 수 있다.[27] 그림 6-25(c)와 (d)는 GaN 장벽층과 $p$-type GaN 장벽층에 따른 efficiency droop의 차이를 보여준다.[28] $p$-type GaN 장벽층을 사용했을 때 장벽층에서 활성화된 정공이 만들어지고 Mg 도핑에 의한 sheet charge의 감소로 QCSE가 감소되기 때문에 efficiency droop이 개선된다.

또한 electron overflow 현상을 차단하기 위해 Al이 포함된 EBL 구조가 도입되었다. 하지만 이러한 EBL 구조에서는 정공이 활성층 내부로 주입되는 데 어려움이 있으므로 전자 주입과는 trade off 관계이다. Electron overflow 차단과 정공 주입 효율 향상을 위해 EBL층에 대한 많은 연구결과가 보고되었다.

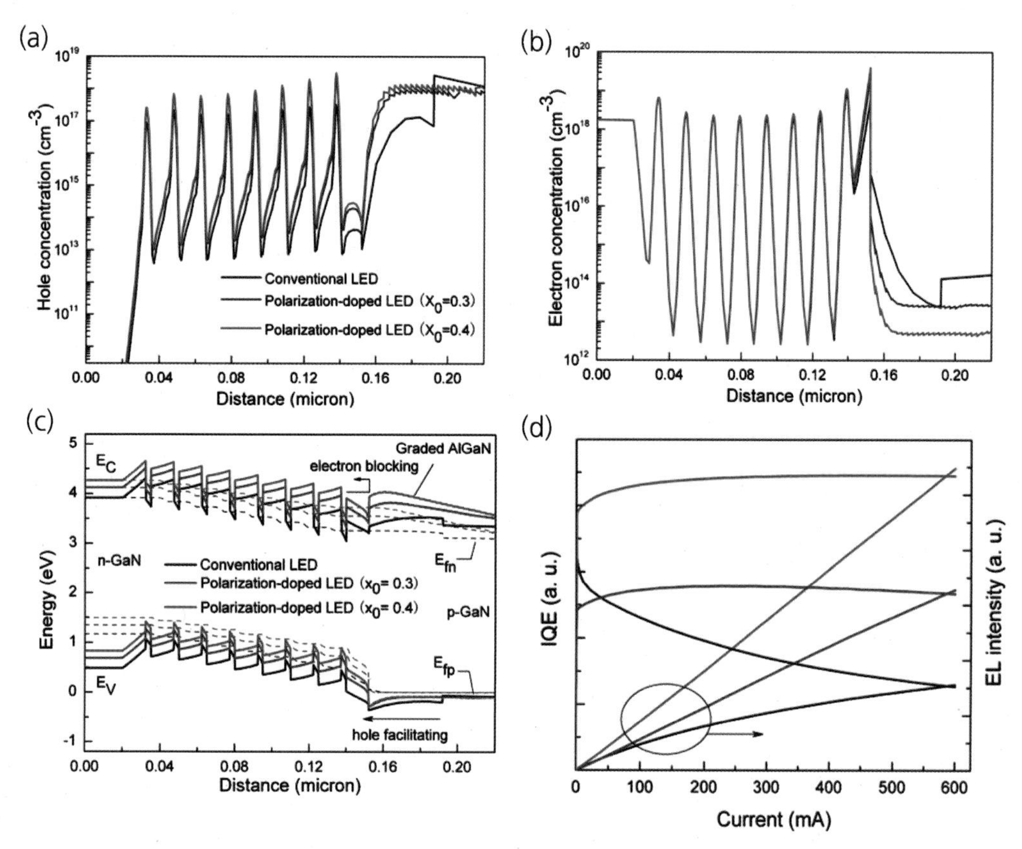


**그림 6-26** (a) AlGaN EBL과 graded AlGaN EBL을 사용한 LED의 정공 분포도 (b) 전자 분포도 (c) 에너지 밴드 (d) efficiency droop[29]

그림 6-26은 AlGaN 기반 EBL 성장 시 Al의 조성을 연속적으로 감소시키는 성장법에 대한 결과를 보여준다.[29] 그림 6-26(a)는 AlGaN EBL과 graded AlGaN EBL이 적용된 LED의 정공 분포도를 보여준다. Graded AlGaN EBL을 사용한 경우 정공의 농도가 활성층에서 증가함을 볼 수 있다. 이는 EBL층의 Al 조성 grading으로 인하여 bound polarization charge가 만들어져 대략 $10^6$V/cm의 큰 압전장을 형성한다. 이는 Mg dopant를 이온화시켜 EBL층에 더 많은 정공을 제공하며 에너지 밴드 휘어짐을 억제하여[그림 6-26(c)] EBL의 주목적인 electron overflow 현상을 억제하는데도 효율적이다[그림 6-26(b)]. 따라서 electron overflow의 감소와 정공의 주입효율 개선으로 efficiency droop도 크게 개선됨을 확인할 수 있다[그림 6-26(d)].

## 〔참고문헌〕


1. G. Verzellesi, D. Saguatti, M. Meneghiji, F. Bertazzi, M. Goano, G. Meneghesso, and E. Zanoni, *J. Appl. Phys.* **114**, 071101 (2013).
2. http://www.news.ucsb.edu/2016/017387/atomic-imperfections
3. J. Cho, E. F. Schubert, and J. K. Kim, *Laser Photonics Rev.* **7**, 3, 408-421 (2013).
4. Z. Liu, T. Wei, E. Guo, X. Yi, L. Wang, J. Wang, G. Wang, Y. Shi, I. Ferguson, and J. Li, *Appl. Phys. Lett.* **99**, 091104 (2011).
5. N. I. Bochkareva, V. V. Voronenkov, R. I. Gorbunov, A. S. Zubrilov, Y. S. Lelikov, P. E. Latyshev, Y. T. Rebane, A. I. Tsyuk, and Y. G. Shreter, *Appl. Phys. Lett.* **96**, 133502 (2010).
6. M. F. Schubert, S. Chhajed, J. K. Kim, E. F. Schubert, D. D. Koleske, M. H. Crawford, S. R. Lee, A. J. Fischer, G. Thaler, and M. A. Banas, *Appl. Phys. Lett.* **91**, 231114 (2007).
7. J. Iveland, L. Martinelli, J. Peretti, J. S. Speck, and C. Weisbuch, *Phys. Rev. Lett.* **110**, 177406 (2013).
7. J. Piprek, *Phys. Status Solidi A* **207**, 2217 (2010).
8. Y. Ji, W. Liu, T. Erdem, R. Chen, S. T. Tan, Z. H. Zhang, Z. Ju, X. Zhang, H. Sun, X. W. Sun, Y. Zhao, S. P. Denbaar, S. Nakamura, and H. V. Demir, *Appl. Phys. Lett.* **104**, 143506 (2014).
9. Z. H. Zhang, S. W. H. Chen, Y. Zhang, L. Li, S. W. Wang, K. Tian, C. Chu, M. Fang, H. C. Kuo, and W. Bi, *ACS Photon.* **4**, 1846 (2017).
10. 김종배, "LED의 이슈 및 기술 동향", 전자통신동향분석, 24권, 6호 (2009).
11. M. Y. Xie, F. Tasnadi, I. A. Abrikosov, L. Hultman, and V. Darakchieva, *Phys. Rev. B* **86**, 155310 (2012).
12. S. C. Ling, T. C. Lu, S. P. Chang, J. R. Chen, H. C. Kuo, and S. C. Wang, *Appl. Phys. Lett.* **96**, 231101 (2011).
13. M. Maier, K. Kohler, M. Kunzer, W. Pletschen, and J. Wagner, *Appl. Phys. Lett.* **94**, 041103 (2009).
14. A. Laubsch, W. Bergbauer, M. Sabathil, M. Strassburg, H. Lugauer, M. Peter, T. Meyer, G. Bruderl, J. Wagner, N. Linder, K. Streubel, and B. Hahn, *Phys. Stat. Sol. C.* **6**, S2, S885-S888 (2009).
15. C. S. Xia, Z. M. S. Li, Z. Q. Li, Y. Sheng, Z. H. Zhang, W. Lu, and L. W. Cheng, *Appl. Phys. Lett.* **100**, 263504 (2012).

16. K. S. Kim, D. P. Han, H. S. Kim, and J. I. Shim, *Appl. Phys. Lett.* **104**, 091110 (2014).
17. D. S. Shin, D. P. Han, J. I. Shim, D. S. Han, Y. T. Moon, and J. S. Park, *Jpn. J. Appl. Phys.* **52**, 08JL11 (2014).
18. D. S. Meyaard, Q. Shen, J. Cho, E. F. Schubert, S. H. Han, M. H. Kim, C. Sone, S. J. Oh, and J. K. Kim, *Appl. Phys. Lett.* **100**, 081106 (2012).
19. S. Choi, H. J. Kim, S. S. Kim, J. Liu, J. Kim, J. H. Ryou, R. D. Dupuis, A. M. Fischer, and F. A. Ponce, *Appl. Phys. Lett.* **96**, 221105 (2010).
20. M. F. Schubert, J. Xu, J. K. Kim, E. F. Schubert, M. H. Kim, S. Yoon, S. M. Lee, C. Sone, T. Sakong, and Y. Park, *Appl. Phys. Lett.* **93**, 041102 (2008).
21. Y. K. Kuo, J. Y. Chang, M. C. Tsai, and S. H. Yen, *Appl. Phys. Lett.* **95**, 011116 (2009).
22. Y. K. Kuo, T. H. Wang, J. Y. Chang, and M. C. Tsai, *Appl. Phys. Lett.* **99**, 091107 (2011).
23. C. H. Wang, S. P. Chang, P. H. Ku, J. C. Li, Y. P. Lan, C. C. Lin, H. C. Yang, H. C. Kuo, T. C. Lu, S. C. Wang, and C. Y. Chang, *Appl. Phys. Lett.* **99**, 171106 (2011).
24. Y. K. Kuo, T. H. Wang, J. Y. Chang, *Appl. Phys. Lett.* **100**, 031112 (2012).
25. S. P. Chang, C. H. Wang, C. H. Chiu, J. C. Li, Y. S. Lu, Z. Y. Li, H. C. Yang, H. C. Kuo, T. C. Lu, and S. C. Wang, *Appl. Phys. Lett.* **97**, 251114 (2010).
26. F. Zhang, X. Li, S. Hafiz, S. Okur, V. Avrutin, U. Ozgur, H. Morkoc, and A. Matulionis, *Appl. Phys. Lett.* **103**, 051122 (2013).
27. S. H. Han, C. Y. Cho, S. J. Lee, T. Y. Park, T. H. Kim, S. H. Park, S. W. Kang, J. W. Kim, Y. C. Kim, and S. J. Park, *Appl. Phys. Lett.* **96**, 051113 (2010).
28. J. Xie, X. Ni, Q. Fan, R. Shimada, U. Ozgur, and H. Morkoc, *Appl. Phys. Lett.* **93**, 121107 (2008).
29. L. Zhang, K. Ding, N. X. Liu, T. B. Wei, X. L. Ji, P. Ma, J. C. Yan, J. X. Wang, Y. P. Zeng, and J. M. Li, *Appl. Phys. Lett.* **98**, 101110 (2011).

# Part 2
# 탐색적 LED 기술

CHAPTER
# 07 자기장과 발광 다이오드

## 7.1 자기장에 의한 전하 거동 및 양자 효율의 변화

현재 고출력 발광 다이오드 개발을 위해 내부양자효율과 광 추출효율의 향상을 위한 다양한 기술 개발이 진행되고 있다. 최근에 내부양자효율을 향상시키기 위해 고품위 질화갈륨 박막 성장을 위한 에피택시 성장법,[1] 비대칭적인 전자와 정공의 이동도를 완화시키기 위한 전자차단층electron blocking layer의 삽입[2]이나 다중양자우물의 구조변화,[3] 격자상수가 다른 물질의 적층으로 발생하는 압전기장 형성에 따른 전자와 정공의 낮은 파동함수 겹침을 완화하기 위한 무분극면 성장[4] 및 다중양자우물의 여기자와 금속의 표면 플라즈몬 효과의 상호결합[5] 등이 연구되고 있다. 이러한 다양한 시도들은 전기장이 운반자carrier들의 결합과 발광에 영향을 주어 발광 다이오드의 내부양자효율을 크게 향상시켜왔다. 또한 광 추출효율을 향상시키기 위해 발광 다이오드의 표면이나 사파이어 기판의 표면에 요철구조를 형성하거나,[6-7] 반사방지 구조체,[8] 광결정 구조,[9] 및 다각형 발광 다이오드[10] 등이 연구되고 있다.

본 장에서는 자기장을 발광 다이오드 소자에 인가하여 내부양자효율을 증대시키는 방법에 대하여 소개한다. 먼저 전하가 외부 자기장에 의하여 받는 영향성을 설명하고, 이를 기반으로 자기장이 인가된 발광 다이오드의 광량 증가 현상을 설명한다.

기존의 여러 연구 결과에 의하면 III-V족 반도체 화합물 구조에 외부 자기장을 인가해줄 경우, 밴드갭 특성이나 물질 상태 변이 등의 변화를 보이거나[11-14] 다중양자우물 혹은 이종 접합 구조 내부에 전하의 국부화가 향상된다.[15,16] 또한 불균일한 자기장에 의해 전하운반자가 다중양자우물과 평행한 방향으로 이동하여 내부양자효율이 증가된다는 결과가 보고되었다.[17]

### 7.1.1 외부 자기장이 전하 거동에 미치는 영향

전기장과 자기장의 영향 아래에서 전하들이 받는 영향성을 가장 명료하게 보여주는 예시는 홀 측정Hall measurement이다. 홀 측정에서는 자기장 내에서 이동하고 있는 전하들이 자기장에 의하여 힘을 받아 이동 경로를 바꾸는 현상을 이용한다. 플레밍의 왼손법칙에 의하면 자기장 내에서 전류가 흐르고 있는 경우 전류 방향과 수직하게 자기장이 인가되면 전하들이 자기장의 힘을 받아 그림 7-1에서 보이는 것처럼 전하의 종류에 따라 한쪽 방향으로 휘게 된다. 이때 전하들의 움직임은 전기장과 자기장에 의하여 주도적으로 영향을 받게 되며, 이러한 영향성은 다음의 식 7-1과 같이 로렌츠 힘으로 설명될 수 있다. 다음 수식에서 $m_e^*$와 $m_h^*$는 전자와 정공의 유효질량effective mass을 의미하고, $t$는 시간time, $v$는 속도velocity를 의미한다.[18]

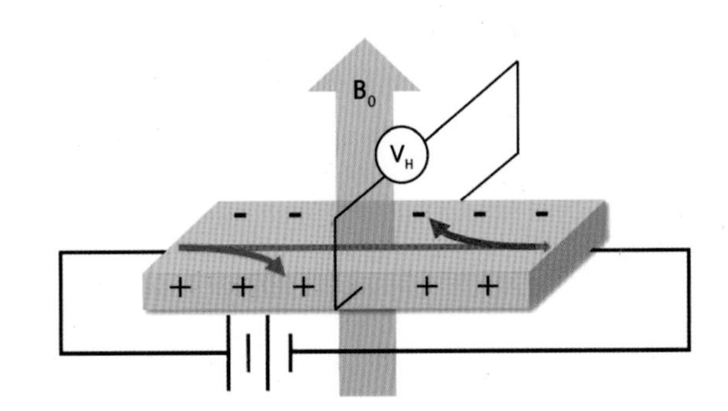


**그림 7-1** 외부 자기장에 의한 홀 측정Hall measurement 모식도[18]

$$전자의\ 경우: m_e^* \frac{dv}{dt} = -e(\boldsymbol{E} + v \times \boldsymbol{B})$$

$$정공의\ 경우: m_h^* \frac{dv}{dt} = e(\boldsymbol{E} + v \times \boldsymbol{B})$$

**식 7-1** 전기장과 자기장에 의한 전하 거동의 변화[18]

이렇게 경로가 변화한 전하들의 경우 각기 몰려 있는 부분에서 전하의 불균형성에 의한 자체적 전기장을 발현하게 되어 그림 7-1과 같은 홀 전압Hall voltage, $V_H$을 형성하게 된다. 이렇게 발생된 홀 전압을 측정하여 물질 내부의 주된 전하 종류나 농도 등을 확인할 수 있다.

이러한 로렌츠 힘은 식 7-1에서 설명되었듯이 전기장과 자기장, 전하의 이동 속도 및 방향, 전하량에 의해 정의될 수 있다. 그림 7-1에서 볼 수 있듯이 균일한 전기장($E$)과 자기장($B$)이 서로 수직방향으로 전계되고 있을 경우, 전류가 흐르는 방향에 대하여 이동하는 전하들은 그 움직임을 직선운동에서 곡선운동으로 변화하게 된다. 즉, 로렌츠 힘에 의하여 평면상에 존재하는 전자와 정공은 움직임을 직선에서 곡선으로 변화시키며, 곡선 움직임에 의해 홀 소자 내부에서 한쪽 방향으로 전자와 정공이 이끌려 몰려 있게 되는 것이다. 이때의 회전 방향은 전하의 종류에 따라 다르며 회전 반경 또한 전하의 질량과 자기장 및 전기장에 의하여 변화가 생긴다. 다만 로렌츠 힘을 계산하는 식 7-1에서 인가된 자기장은 정자기장으로, 도선이나 소자의 전 면적에 대해 동일한 세기로 형성되어 있다는 특징이 있다. 그렇다면 만일 자기장이 소자 전체에 대해 균일한 세기로 형성되어 있는 것이 아니라 위치에 따라 자기장의 크기가 다른 상황, 즉 자기장 기울기magnetic field gradient가 형성된 상황이라면 전하들은 어떤 영향성을 받을지 알아보도록 하자.

균일한 자기장이 아니라 불균일한 자기장, 즉 자기장 기울기가 존재하는 상황에서 전하가 받는 영향성은 그림 7-2에서 볼 수 있듯이 자기장이 좀 더 강한 영역에서 약한 영역으로 자기장의 기울기가 형성되게 되므로, 자기장 기울기에 따른 전하 유동속도drift velocity가 만들어지게 된다. 외부 자기장에 의한 전하의 움직임이 회전한다는 현상 자체에는 큰 차이가 없으나 식 7-2에서 볼 수 있듯이 불균일한 자기장하에서의 전하 유동속도 $v_{\nabla B}$는 자기장의 크기가 증가할 경우 오히려 감소하는 경향을 보이며, 자기장의 기울기 변화량 $\nabla|B|$에 대하여

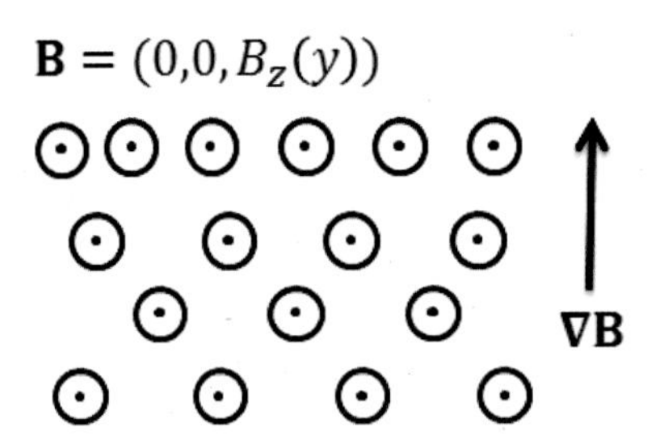


**그림 7-2** 평면상 (x, y)에서 y축 방향으로 갈수록 자기장 세기가 강해지는 형태의 자기장 기울기 모식도. 각각의 자력선은 동일한 세기의 자기장을 의미하므로 y축 방향으로 갈수록 전체적인 자기장의 세기는 강해진다.[18]

증가하는 현상을 보인다. 즉, 자기장의 기울기가 증가하는 상황을 가정할 때, 전하는 자기장의 세기가 큰 쪽에서 작은 쪽 방향으로 이동되어 자기장 기울기가 증가하면 전하 이동속도도 증가하고 이동 경로도 증가하게 된다. 전하의 유동속도 관계식(식 7-2)에서 확인할 수 있듯이, 자기장의 크기만 증가시키는 것보다 자기장 기울기를 증가시키고 자기장 크기를 적절한 값으로 유지시켜야 전하 유동 속도를 증가시킬 수 있는 것이다. 따라서 모든 공간에 대하여 완전히 동일한 크기의 자기장이 형성되어 있지 않는 한, 전하의 이동 방향 및 경로에 대해 관여하는 자기장 크기 및 자기장의 기울기와 자기장의 방향이 중요하게 작용하게 된다.

$$v_{\nabla B} = \pm \frac{1}{2} v_{\perp} r_L \frac{B \times \nabla |B|}{B^2}$$

**식 7-2** 자기장 기울기 및 자기장에 의한 전하 거동

상기 현상들을 고려해본다면 전하들은 자기장 내부에서 거동을 직선에서 곡선으로 변화시키고, 전하의 유동 속도 및 일정 공간 내에서의 이동 경로는 자기장의 크기를 단순히 증가시키는 경우보다 자기장의 적절한 크기를 동반한 자기장 기울기 및 자기장 방향 등이 중요한 요소가 된다고 할 수 있다.

이러한 자기장의 불균일성에 의해 전하가 받는 영향성은 자기거울magnetic mirror에서도 찾아볼 수 있다. 플라즈마를 밀폐하기 위해 그림 7-3에서처럼 양 끝단에 코일을 감아 유도자기장을 강하게 발생시키면, 코일 근처에는 강한 자기장이 형성되고, 코일과 코일 사이에는 상대적으로 약한 자기장이 형성되게 된다. 이러한 자기장 세기의 차이에 의하여 코일과 코일

사이에는 자기장 기울기가 형성되는데, 코일과 코일 사이 정중앙 부근에서는 자기장이 가장 약해지게 된다. 따라서 코일과 코일 사이 정중앙 부근에서는 자기장이 강한 양쪽 영역에서 되돌려져서 돌아오는 라디칼radical이나 전하들이 몰려 있게 된다. 따라서 자기장의 크기뿐만 아니라 자기장 기울기 또한 전하들의 움직임을 변형시키는 가장 중요한 요인이 되는 것이다. 이러한 현상은 단순히 자유공간 내에서뿐만 아니라 소자 내부에서도 자기장에 의하여 전하들이 크게 영향을 받을 수 있으므로 전자 및 광학 소자의 특성에 변화를 줄 것으로 예상된다.

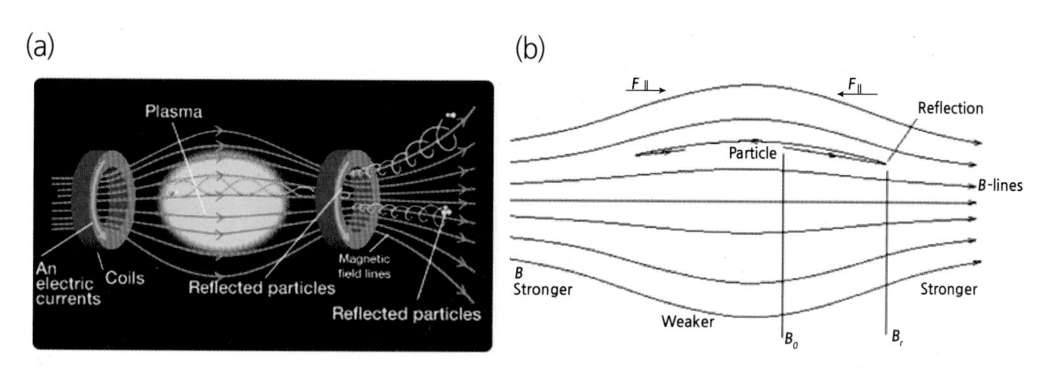


**그림 7-3** (a) 자기거울 현상에 의한 플라즈마 국소화 현상 모식도[19] 및 (b) 자기장 크기에 따른 플라즈마 파티클 국소화 현상[20]

## 7.1.2 균일한 외부 자기장이 양자우물에 미치는 영향

앞 장에서는 반도체 물질에서 홀 효과 측정 시 관찰되는 전하의 거동을 설명하였으나 보다 복잡한 구조로 이루어진, 갈륨비소GaAs 기반 이종접합heterostructure 구조의 소자에서는 자기장이 어떤 방식으로 영향을 주는지 살펴보도록 한다.

붉은 빛을 내는 물질인 GaAs가 활성층active layer으로 존재하는 이종접합 구조의 경우 실제로 정공과 전자가 결합하여 빛을 내는 활성층인 GaAs가 그림 7-4의 좌측에서 보이는 것과 같은 위치에 삽입되어 있다. 그림 7-4의 우측에서 보이는 그림은 좌측 소자 구조의 밴드 다이어그램을 보여주고 있는데, 여기서 확인할 수 있듯이 GaAs 활성층 내부에 존재하는 전자와 정공은 소자 구조상의 자발적인 밴드 휨band bending현상에 의해 그림에 표기된 것과 같이 양단의 영역에 축적accumulation되어, 상호 간의 방사 재결합radiative recombination이 어려워지게 된다. 이때 소자의 외부에서 자기장을 인가해줄 경우, 인가된 자기장의 크기와 방향에 따라 내부에 축적된 전하들의 거동에 변화가 생기게 된다.

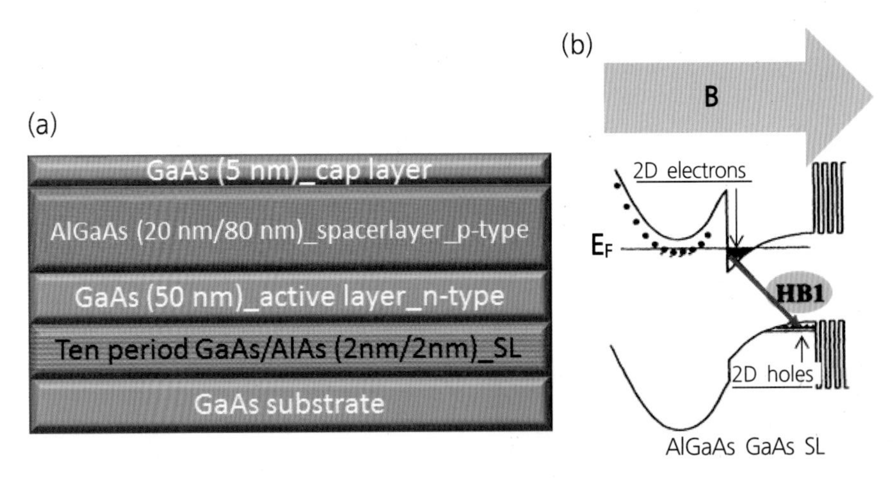


**그림 7-4** (a) AlGaAs/GaAs 이종접합 구조 모식도 및 (b) 자기장이 인가된 내부 밴드 다이어그램 모식도[21]

상기 소자에서 광 발광photoluminescence, PL 측정을 진행한 결과, 외부 자기장이 인가되지 않은 광 발광의 세기와 비교하여 외부 자기장이 인가된 경우의 광 발광 세기가 크게 상승하는 것을 확인할 수 있다. 그림 7-5에서 볼 수 있듯이, 각기 축적되어 있는 전하간의 재결합을 의미하는 HB1영역의 광량 증가가 외부 자기장이 커질수록 점차 증가한다는 것을 확인할 수 있다. 외부에서 자기장이 그림 7-4에서와 같이 인가된 경우, 소자 내부에서 정공의 움직임이 자기장 방향에 대하여 수직방향으로는 제한받게 된다. 자기장의 세기가 커질수록 이러한 구속효과는 더욱 효과적으로 진행되고, 정공이 축적되어 있는 위치에 정공이 더욱 모여 있도록 만든다.

따라서 자기장에 의해 국부화localization된 정공은 소자 온도가 증가하여도 쉽게 빠져나가지 못하게 되며, 이로 인해 전자와 결합할 수 있는 정공의 수가 크게 증가하여 광량이 증가하는 현상이 관찰된다. 만일 정공의 국부화가 강하게 유지되지 않는 경우, 소자 온도가 증가할수록 정공이 국부화 영역인 조성 변동composition fluctuation영역에서 빠져나가기 쉬워지게 된다. 이렇게 풀려난 정공들은 비방사 표면nonradiative interface 정공 trap에 갇혀 비방사 재결합nonradiative recombination을 일으키는 원인이 된다.

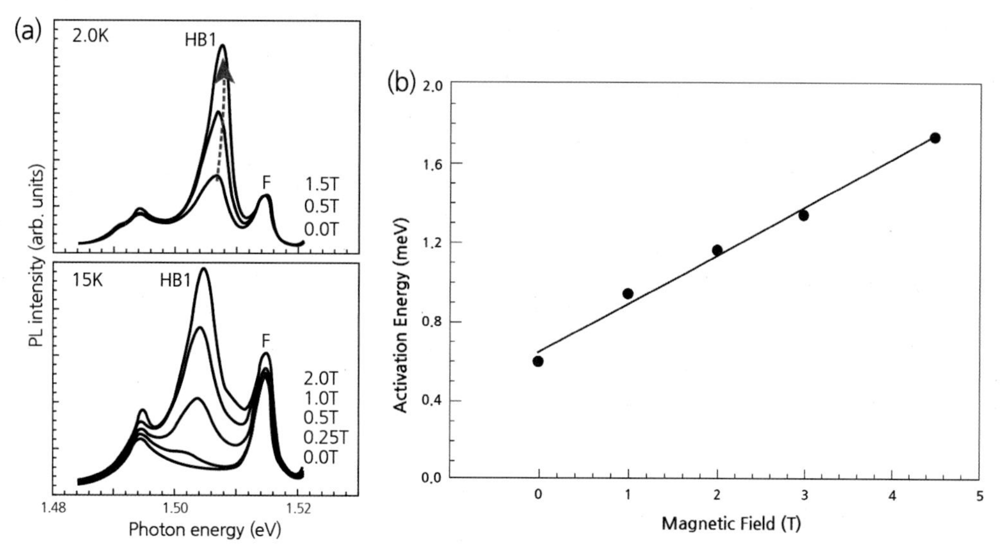


**그림 7-5** (a) 자기장 크기에 따른 PL 광량 증가 및 (b) 자기장 증가에 따른 전하 활성화 에너지[21]

즉, 저온에서 상온으로 온도가 증가할수록 조성 변동 영역으로부터 정공의 풀림release이 발생할 확률이 증가하여 비방사 재결합 표면에서 정공과 전자의 재결합이 일어날 확률이 증가하게 되고, 결과적으로 소자의 효율이 점차 감소되는 것이다. 반면 외부의 강한 자기장이 존재할 경우 정공의 풀림이 최대한 억제되면서 방사 재결합radiative recombination이 일어날 확률이 증가하게 되고 이로 인해 PL 세기가 증가하는 것을 알 수 있다. 그림 7-5의 우측에서 보이는 그래프는 열적으로 전하를 활성화activation시키는 데 필요한 에너지를 구한 결과이다. 이 그래프를 통해 알 수 있는 것은 정공을 활성화시키는 데 필요한 에너지는 외부에서 인가하는 자기장이 커질수록 증가한다는 점이다. 즉, 자기장의 세기가 클수록 정공이 보다 더 국부화되어 소자 내부에서 전하의 재결합 확률이 증가하여 소자 효율이 증가한다는 것을 보여주고 있다. 이와 유사한 형태의 전하 거동 변화는 GaAs 기반의 소자뿐만 아니라 최근 발광 다이오드에서 가장 많이 이용되고 있는 질화갈륨Gallium Nitride, GaN 기반의 소자에서도 관찰되었다.

그림 7-6의 좌측에서 보이는 소자는 질화갈륨 기반의 다중양자우물Multiple Quantum Well, MQW을 증착하여 제작한 구조이다. 상기 구조에서 다중양자우물층과 동일한 방향으로 전계를 인가하면서, 이에 수직한 방향으로 자기장을 인가할 경우 자기장의 크기에 따라 그림 7-6의 우측에 보이는 결과를 얻을 수 있다.[15] 그림 7-6의 우측 그래프는 다중양자우물에 수직으로

자기장을 인가하고 크기를 증가시키면서 홀 계수Hall coefficient를 측정한 결과를 보여주고 있다. 그림 7-6의 우측 그래프 내부에 표기된 수치는 홀 계수를 측정하여 계산된 전자의 농도electron concentration이다. $B_{th}$로 표기된 0.58Tesla(T)의 자기장값 이전과 이후를 기점으로 150K에서 측정된 홀 계수를 통해 계산된 전자 농도가 크게 감소하는 것을 확인할 수 있다. 이러한 현상은 앞서 설명한 그림 7-5의 GaAs/AlGaAs 이종접합구조와 동일한 방식으로 설명될 수 있다. 질화갈륨 기반의 다중양자우물 성장과정에서 물질의 격자구조 불일치lattice mismatch 및 계면에서의 거칠기에 의하여 내부에 불균일한 전계가 형성되는 영역built-in piezoelectric field region이 발생한다. 또한 InGaN/GaN 다중양자우물구조에서는 인듐Indium, In이 클러스터cluster를 이루어 조성변동을 형성하는 작은 영역들이 존재하게 된다.[22] 그림 7-6의 좌측과 같은 구조에서 다중양자우물에 존재하는 이러한 potential relief 영역으로 전하들이 빠져들더라도 일정 온도 이상에서는 전하들이 열에너지를 얻어 충분히 양자우물을 넘어 빠져나오는 현상이 발생하는데, 이렇게 빠져나온 전하들의 경우 다른 전하쌍을 이루지 못하고 소멸할 확률이 크다. 그러나 외부에서 자기장이 인가될 경우, 양자우물을 넘어설 충분한 열에너지를 받더라도 자기장에 의한 국부화로 인하여 potential relief 영역에 갇혀 있게 된다. 따라서 전하들이 이 영역으로 인가될 경우 방사 재결합을 일으킬 확률이 증가하게 된다. 이러한 영역에 몰려 있는 전자나 정공의 농도를 그림 7-6의 우측 그래프와 같이 홀 측정 방식으로 측정함으로써 상기 질화갈륨 기반의 다중양자우물구조에서 자기장이 전하에 미치는 영향을 파악할 수 있다. 그림 7-6의 우측 그래프 내부에 표기된 수치와 같이 약 0.58T의 자기장 영역을 기점으로, 150K 온도에서 측정된 양자우물 내부 전자의 농도가 감소하는 것을 확인할 수 있다. 따라서 그림 7-6의 좌측과 같이 전기장과 자기장을 서로 수직으로 인가하고 홀 측정을 진행할 경우 얻을 수 있는 다중양자우물 내부의 2차원적 전자 농도two dimensional electron concentration의 측정을 통해 전자 자기장 동결electron magnetic freeze-out 혹은 국부화라 불리는 현상이 확인될 수 있으며, 이러한 현상을 통해 본래 QW에서 2차원적으로 흐르고 있어야 하는 전하들 가운데 일부가 In이 불균일하게 모여 형성된 potential relief에 고립되어 이동하지 못하게 되었다는 것을 알 수 있다.

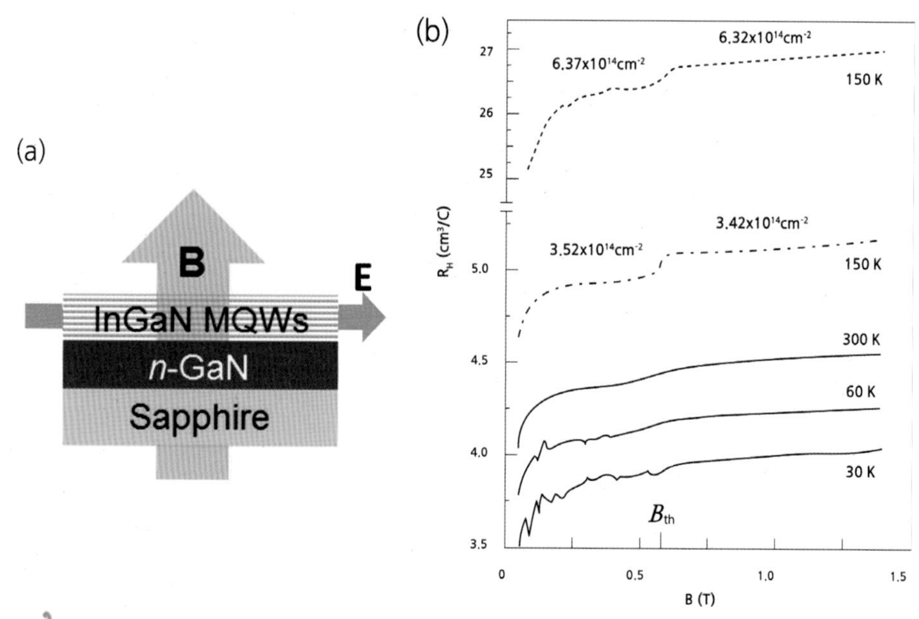

**그림 7-6** (a) InGaN 다중양자우물구조 및 (b) 외부 자기장 크기에 따른 Hall coefficient 그래프[15]

### 7.1.3 불균일한 자기장이 양자우물에 미치는 영향

현재까지 살펴본 소자들은 모두 균일한 자기장을 외부에서 인가해주는 상황에서의 전하 거동 변화를 보여주었는데, 식 7-2를 통해 설명하였듯이 불균일한 자기장이 존재할 경우 균일한 자기장으로 인해 발생하는 전하 움직임과는 다른 운동 방향의 변화를 확인할 수 있다. 따라서 만일 인가되는 자기장이 불균일하여 소자 전체 면적에 대해 자기장 기울기를 형성할 경우 소자 내부에서 2차원 전자가스Two Dimensional Electron Gas, 2DEG가 어떻게 거동하는지 GaAs/AlGaAs 이종접합 기반의 홀 소자를 이용하여 살펴보도록 한다.[23]

그림 7-7의 좌측에서 볼 수 있는 이종접합 홀 소자에서는 GaAs와 AlGaAs 계면에서 흐르는 전자의 2차원적 움직임을 측정하여 자기장이 전자 거동에 미치는 영향을 확인할 수 있는데, 이 소자에는 그림 7-7의 우측에서 볼 수 있듯이 줄 형태의 철Fe stripe이 증착되어 있으며 이종접합 계면에 수직방향으로 자기장이 인가되고 있다. 앞에서 살펴본 소자들의 경우 소자의 전 면적에 대해 균일한 자기장이 동일하게 인가되어 있는데, 그림 7-7의 좌측에서 보이는 형태의 소자에서는 외부에서 자기장을 −1T에서 +1T까지 인가해주면서 Fe stripe에서 80nm

아래에 형성된 2차원적 전자가스의 거동을 확인하는 실험을 진행하였다. 이 경우 전극으로부터 연결된 Ti/Au gate 상부에 증착된 Fe stripe에 의하여 소자 내부에는 균일한 자기장이 아니라 자기장 기울기가 형성되게 된다. Fe stripe에 의해 발생하는 자기장은 Fe stripe의 정중앙 라인 부분이 가장 강하고 Fe stripe의 가장자리로 갈수록 자기장이 약한 형태를 보이는데, 이를 통해 Fe stripe이 자기장 기울기를 형성하는 것을 알 수 있다. 그림 7-7에서 보이는 구조의 홀 소자에 외부로부터 자기장이 인가되고, 그 영향으로 Fe stripe의 중앙부로부터 가장자리 방향으로 점차 자기장이 약해진다. 이러한 자기장 기울기 영향을 통해 Ti/Au gate의 80nm 하부에 존재하는 2차원 전자가스들은 자기장이 강한 쪽에서 약한 쪽으로 방향을 바꾸어 이동하는 양상을 보여주었다. 즉, 자기장이 2차원적 전자가스에 대하여 수직으로 형성된 경우 그림 7-7의 우측과 같이 자기장이 강한 Fe stripe의 바로 하단부에서 자기장이 상대적으로 약한 Fe stripe 가장자리 방향으로 전자들이 이동하게 되는 현상이 발견된 것이다. 이러한 현상은 자기장 기울기가 형성되는 경우 수평방향으로 이동하는 전자들이 자기장의 세기가 작은 방향으로 흐르도록 강제되면서 발생한다. 즉, 그림 7-7의 좌측에서 확인할 수 있듯이, y축 방향으로 자기장 기울기가 존재하는 경우 x축 방향(Fe stripe의 긴 방향)으로의 전하 이동drift을 야기하게 된다. 이때 인가되는 자기장의 크기에 따라 이동하는 전하가 Fe stripe을 따라 뱀과 같은 형태를 보이거나 사이클로이드의 움직임을 보이면서 이동한다. 이러한 움직임들은 강한 자기장이 소자에 대하여 수직으로 형성된 상황에서 소자 계면에서의 전도도 및 자기장에 의한 저항값을 측정하여 계산되었으며, 자기장 기울기가 소자 계면과 평행하게 형성된 경우 전하의 거동이 자기장 기울기에 의해 자기장이 큰 방향에서 작은 방향으로 이동되는 현상을 확인할 수 있었다.

이러한 전하의 이동경로 증가를 LED 등의 소자에 적용할 경우, 전하들이 소자 내부에서 횡적 움직임을 보일 것으로 기대된다. LED를 예로 들면, 이러한 전하 거동의 변화는 양자우물에 형성된 potential relief와 전하들이 만날 가능성을 증가시켜 국부화된 전하량 및 방사 재결합률을 증대시켜 광 효율을 향상시키는 역할을 가질 것으로 기대할 수 있다.

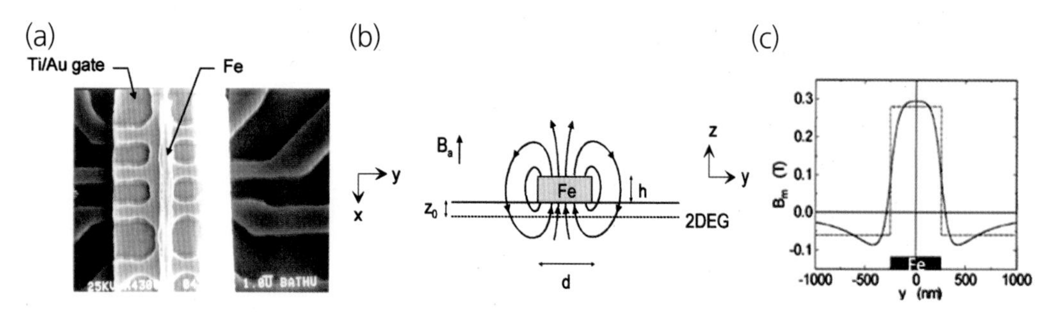


**그림 7-7** (a) Fe 자성층이 증착된 GaAs/AlGaAs 이종접합(heterostructure) 기반 홀 소자(Hall device)의 SEM 사진 (b) 소자 단면 모식도 및 (c) 자기장 형태[23]

## 7.1.4 균일한 자기장이 유기 발광 다이오드에 미치는 영향

이러한 자기장에 의한 광 효율 증가 효과는 무기물 발광 다이오드뿐만 아니라 유기물 발광 다이오드에서도 관찰되었다. 다만, 유기물 발광 다이오드의 경우 무기물 발광 다이오드와 다르게 전하쌍의 결합 방식 및 소자 구조의 차이가 존재한다. 그러므로 자기장이 소자에 미치는 영향성을 고려할 때에 유기물 발광 다이오드 형성에 적용된 소재 및 발광기구의 특성을 고려하여야 한다.

실험에 사용된 유기물 발광 다이오드의 구조는 그림 7-8의 좌측에서 보이는 것과 같이 구성되어 있다. 기본적으로 가운데 존재하는 활성층의 상하부로 전자 전달층electron transport layer과 정공 전달층hole transport layer이 존재하는데, 전자 전달층은 주입되는 전자가 발광층까지 최대한 효율적으로 전달되도록 구성되어 있으며, 필요에 따라 여러 개의 층으로 구성되기도 한다. 또한 활성층과 맞닿은 전자 전달층은 활성층에 도달한 정공이 지나치지 못하도록 정공차단층hole blocking layer의 역할도 하도록 구성되어 있다.

그림 7-8의 좌측에서 보이는 것처럼, 외부 자기장을 발광 다이오드와 평행하게 인가해 줄 경우 그림 7-8의 우측의 그래프와 같은 결과를 얻을 수 있다. 그림 7-8의 우측 그래프는 외부 자기장을 인가 시 유기물 발광 다이오드의 전계 발광electroluminescence량이 증가하는 결과를 보여주고 있다. 0.3T까지 외부 자기장의 크기를 증가시키면서 측정한 소자들의 경우 최대 5% 수준의 광량 증가를 보여주었다.[24]

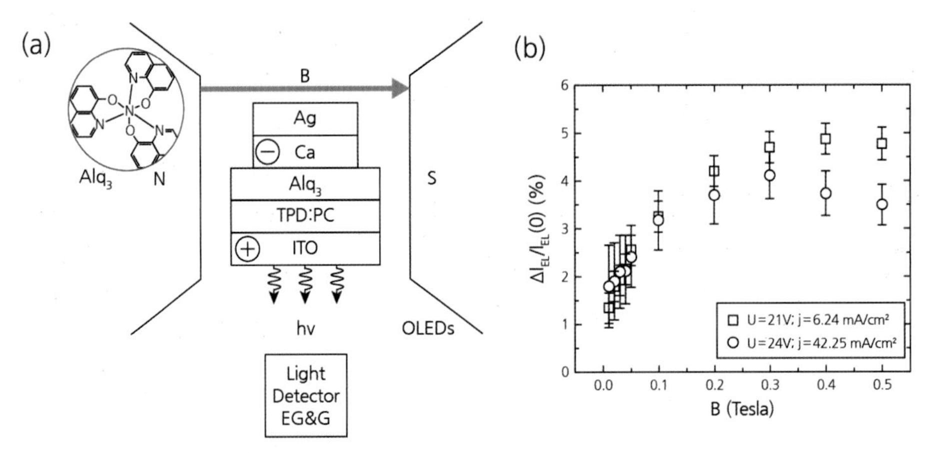


**그림 7-8** (a) $Alq_3$를 발광층으로 사용하는 유기물 발광 다이오드 및 외부 자기장 인가 다이어그램과 (b) 자기장 크기 및 인가전압에 의한 EL 광량 비교 그래프[24]

유기물 발광 다이오드의 경우 음극cathode에서 주입되는 전자와 양극anode를 통해 주입되는 정공이 발광층에서 만나 빛과 열을 만들어내게 되는데, 이때 전자와 정공이 가지고 있는 스핀의 방향에 따라 전자-정공 결합 과정에서 싱글렛 엑시톤singlet exciton과 트리플렛 엑시톤triplet exciton을 형성하게 된다. 싱글렛 엑시톤을 형성할 확률을 그림 7-9와 같이 P1으로 표기하고, 트리플렛 엑시톤을 형성할 확률을 P3로 표기할 경우 싱글렛 형성 확률 P1 : 트리플렛 형성 확률 P3는 각기 25% : 75% 비율로 형성된다. 이렇게 형성된 전자-정공쌍은 발광층에서 결합과정을 통해 모든 보유 에너지를 소모하고 기저상태ground state로 전환하면서 빛과 열을 형성하게 된다. 이때 전자-정공 결합은 자기적, 정전기적 스핀-스핀 결합 및 교환을 하게 되는데, 이러한 결합은 매우 약한 힘으로 연결되어 있어서 싱글렛 상태에서 트리플렛 상태로, 트리플렛 상태에서 싱글렛 상태로 변환이 상대적으로 쉽다. 일반적으로 트리플렛 엑시톤이 형성될 경우 phonon이 발생하고 싱글렛 엑시톤이 형성될 경우 photon이 발생하므로 싱글렛 상태의 엑시톤이 트리플렛 상태로 전환되면 유기 발광 다이오드의 발광 효율은 낮아지게된다. 확률적으로 싱글렛 엑시톤이 형성될 확률과 트리플렛 엑시톤이 형성될 확률은 앞에서 설명한데로 각기 25%, 75%로, 싱글렛 스핀 방향 형성 확률( | S>)이 25%, 트리플렛의 75%는 트리플렛이 가질 수 있는 각 스핀 방향( $|T_+>$, $|T_0>$, $|T_->$)마다 형성 확률이 25%로 동일하기 때문에 유기 발광 다이오드의 발광 최대 효율을 고려할 때 싱글렛 엑시톤이

트리플렛으로 전환되는 현상을 막는 것이 무엇보다 중요하다.[25] 실험을 통해 증명되었듯이, 상기 그림 7-8의 구조에서 외부 자기장을 인가해주었을 때 최대 5%의 광량 증가가 발생하였다. 이러한 광량 증가가 일어난 원인을 분석해보면 자기장에 의한 싱글렛과 트리플렛 엑시톤 간의 전환 확률이 영향을 받아 전환 확률이 변한 것으로 추측된다. 유기 발광 다이오드의 발광층인 $Alq_3$에 주입된 전자와 정공이 만나 싱글렛 혹은 트리플렛 엑시톤을 형성하는 상황에서 전자-정공 간의 미세 결합 에너지hyperfine coupling strength보다 강한 외부 자기장이 인가되면 지만 효과Zeeman effect에 의하여 미세 결합이 분리되면서 트리플렛의 3가지 상태( $|T_+>$, $|T_0>$, $|T_->$)를 다른 레벨로 분리시키게 된다. 따라서 미세 결합 에너지보다 큰 자기장이 인가되면서 기존의 트리플렛 상태의 축퇴가 에너지 레벨 분화로 인해 사라지는 현상이 발생한다. 이러한 축퇴 상태의 제거로 인해 싱글렛 상태로 미세 결합되어 있던 전자-정공 결합 중 일부가 트리플렛 상태 가운데 하나로 전환되던 스핀 전환 현상이 방지되면서 광량 감소 현상 역시 감소하게 된다.[24, 25] 즉, 실험을 통하여 유기 발광 다이오드에 외부 자기장을 인가할 경우 광량이 증가하는 현상이 관측된 것이다. 그림 7-8의 우측에서 볼 수 있듯이, 0.3T 이상의 자기장에서는 이러한 변환 현상이 반대로 발생하는데, 이러한 현상은 유기 발광 다이오드에 인가되는 외부 전압 및 전류와 연관되어 발생하는 현상이므로, 인가되는 전압과 전류에 의한 발광 효율을 고려해야 한다. 유기 발광 다이오드에 인가되는 전압과 전류를 증가시킬 경우, 인가전압의 증가에 따라 싱글렛 분리dissociation 확률이 증가하면서 발생하는 광량 감소가 외부 자기장에 의한 광량 증가 현상보다 커지게 된다. 따라서 그림 7-8에서 보이는 그래프에서처럼 동일한 자기장을 인가해준다고 하더라도 발광 효율은 고전압, 고전류 상황에서 감소하는 양상을 보이게 된다. 즉, 외부 자기장을 증가시켜 트리플렛으로 전환되는 싱글렛을 최소화시킨다 하더라도 전압, 전류의 증가로 인한 싱글렛 재분리 확률 역시 증가하기 때문에 결과적으로 발광 다이오드의 광 효율이 감소하는 현상이 발생하는 것이다. 따라서 유기 발광 다이오드 소자의 경우 싱글렛이 분리되지 않는 수준의 외부 전압과 전류를 인가하는 상황에서는 외부 자기장의 인가는 발광할 수 있는 싱글렛의 비율을 증가시켜서 유기 발광 다이오드의 발광 효율을 증가시킬 수 있는 높은 가능성을 보여주고 있다. 따라서 싱글렛 비율을 최대화시킬 수 있는 외부 자기장의 크기, 소자의 구조 혹은 외부 자기장의 인가에 대해서 싱글렛을 효과적으로 증가시킬 수 있는 특정 물질을 개발하고 적용할 경우 현재 형

광형 유기 발광 다이오드가 태생적으로 가지고 있는 25% 싱글렛 발광 효율을 최대한 구현할 수 있는 가능성을 보여주고 있다.

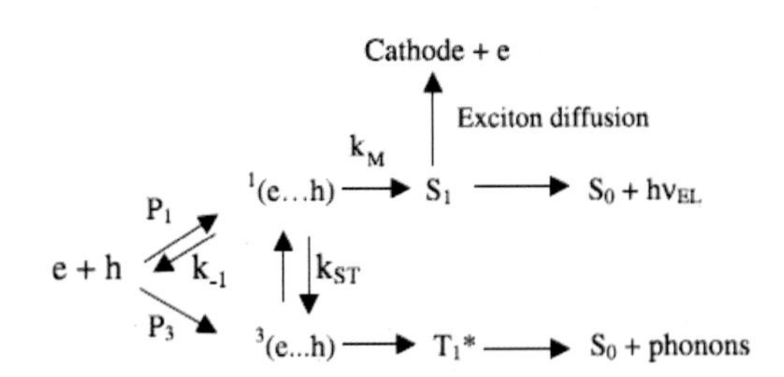


**그림 7-9** 유기물 발광 다이오드의 활성층에서의 정공과 전자의 결합으로 인한 결과물 분류 도표[24]

## 7.2 불균일한 자기장이 무기 발광 다이오드에 미치는 영향

앞서 살펴본 것과 같이 자기장에 의한 전하 거동 변화를 유도하여 내부양자효율을 증가시킬 수 있는 자기구조체를 양자우물로 구성한 무기 발광 다이오드에 적용한다면 우수한 효율을 가지는 발광 다이오드를 제작할 수 있을 것으로 예상된다.

앞서 설명한 유/무기 발광 다이오드와 홀 소자에 자기장을 인가한 실험들에서는 큰 외부의 전자석에 의한 균일한 자기장이 인가되어 있는 공간에 발광 다이오드와 홀 소자를 위치시켰었다. 또한 홀 소자에 Fe stripe를 증착하여 수직방향으로 자기장을 인가하면서 자기장 기울기의 영향을 살펴본 실험의 경우도 외부 자기장을 인가하여 Fe stripe이 자기장의 방향 및 자기장 기울기를 가지도록 설계되었다. 그렇다면 발광 다이오드 표면에 스스로 자기장을 발생하는 자기구조체 혹은 자성층을 증착하는 경우, 또한 이러한 자기구조체를 통해 다중양자우물 내부에 자기장 기울기가 형성되는 경우 발광 다이오드의 전기적, 광학적 특성은 어떠한 변화를 보일지 예측해보도록 한다.

그림 7-9(a)에서 보이듯이 외부에서 인가하는 전계에 의하여 $p$-GaN에서 이동하는 정공과 $n$-GaN에서 이동하는 전자가 다중양자우물에서 만나 결합하게 되는데, 만일 발광 다이오드의 상부에 충분한 크기의 자기장을 형성할 수 있는 자기구조체를 박막 형태로 증착할 경우,

그림 7-9(b)에서처럼 자기장이 다중양자우물에 영향을 줄 것임을 예상할 수 있다. 이때 만일 자성 박막이 수평방향으로 자기장을 형성하면, 발광 다이오드의 다중양자우물 내부에는 그림 7-9(c)에서 보이는 것과 같은 형태의 자기장이 형성된다. 수평방향으로의 자기박막은 각기 N극과 S극의 끝부분에서 가장 강한 자기장을 형성하므로, 다중양자우물의 양쪽 끝단에서 가장 강한 자기장이 관측되고 중앙 부분으로 올수록 자기장이 가장 약하게 형성되어 결과적으로 발광 다이오드 내부에 자기장 기울기를 형성하게 된다. 이러한 다중양자우물 내부에 형성되는 불균일한 자기장 형태는 그림 7-9(b)에서 확인할 수 있다.

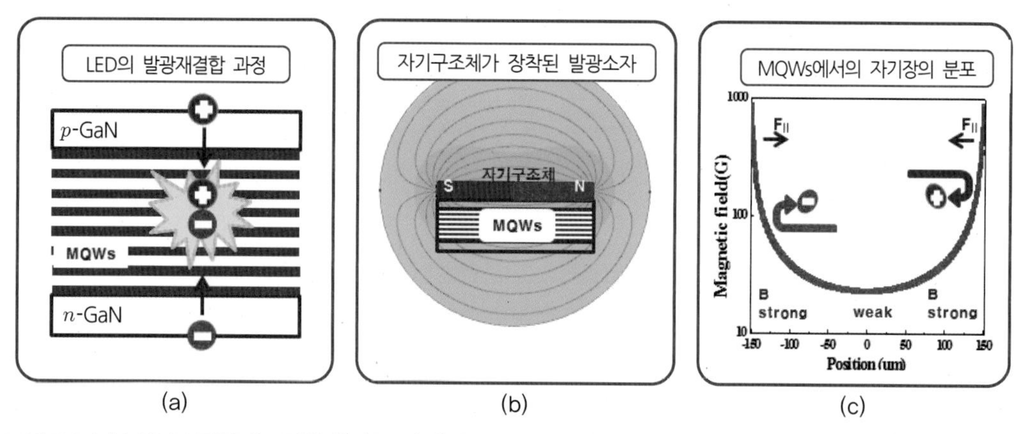


**그림 7-9** (a) LED로 주입되는 전하쌍(정공-전자)의 결합 모식도 (b) 자기구조체가 증착된 LED의 MQWs에 도달하는 자기장 모식도 (c), (b)에서 MQWs에 도달하는 자기장 분포 그래프

그림 7-9에서 언급한 형태의 불균일한 자기장이 다중양자우물 내부에 형성될 경우, 그림 7-9(c)에서 보이는 것과 같이 곡선형태의 거동으로 변하게 된다. 이러한 거동의 변화를 통하여 양자우물 내부에서 전자와 정공이 나선형 움직임helical motion을 보이며 수평방향으로의 이동하게 되는데, 이러한 수평방향으로의 이동을 통해 전하들이 양자우물 내부에서 이동하는 궤적이 보다 길어지게 된다. 그 결과 질화인듐갈륨Indium Gallium Nitride, InGaN으로 이루어진 양자우물층의 성장과정에서 형성되는 인듐 뭉침 영역indium rich region으로 전자와 정공이 갇힐 수 있는 확률이 증가하면서 7.1절에서 설명한 바와 같이 전자-정공 재결합률electron-hole recombination rate 역시 더 증가할 것으로 예상된다.

그림 7-10은 플립칩flip-chip 구조의 발광 다이오드의 $p$-GaN층 상부에 반사층reflector과 오믹

접촉Ohmic contact 역할을 수행하는 층을 증착하고 다시 그 상부에 자성 물질인 CoFe을 증착하여 자기장 기울기가 다중양자우물 내부에 형성되도록 한 발광 다이오드를 보여주고 있다.[17] 사파이어 기판sapphire substrate을 통하여 나오는 광 출력optical output power을 자성물질인 코발트철의 자화magnetization 전후로 비교한 결과 코발트철의 두께가 300nm일 때 그림 7-11에서와 같은 전기적, 광학적 변화를 확인할 수 있었다.

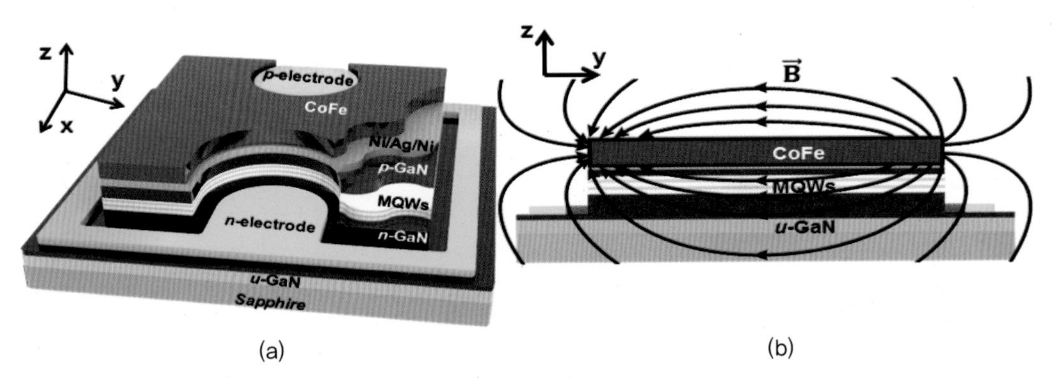


**그림 7-10** (a) 자기구조체(CoFe)가 증착된 InGaN/GaN 기반의 무기물 발광 다이오드 구조도 및 (b) 증착된 자기구조체(CoFe)가 형성하는 자기장 형태 모식도[17]

그림 7-11(a)와 같이, 자화 전과 자화 후의 광량을 비교해보았을 때 자화 후에 20%의 광량 증가가 발생하는 것을 확인할 수 있다. 또한 자화 전후에 그림 7-10(b)와 같이 전류전압 측정을 통해 확인해본 결과 20mA에서의 순방향 전압은 동일하게 3.9V로 확인되었으나, 직렬저항은 자화 후 12.3Ω에서 13.1Ω으로 약간 증가하는 것이 확인되었다. 이러한 저항의 증가는 소자 내부를 통과하는 전하들의 거동이 직선에서 곡선으로 변하면서 일어나는 현상으로 이해되었다.

그림 7-11(c)에서 보이는 그래프는 자화 전후의 시간 분해 광 발광Time Resolved Photoluminescence, TR-PL을 측정한 결과를 비교한 데이터이다. 자화 전의 발광 다이오드의 경우 2.56ns의 감쇠시간decay time을 보이지만, 자화 후에는 그 시간이 2.16ns로 감소하는 것을 확인할 수 있다. 그림 7-11(a)-(c)의 데이터를 통하여 방사 재결합이 증가하였음을 확인할 수 있다. 즉, 7.1에서 설명한 바에 더하여, 불균일한 자기장에 의하여 형성된 자기장 기울기가 전하의 횡적 이동lateral drift이 일어나도록 하여 다중양자우물에 영향을 주고, 인듐 뭉침 영역으로 전하가 가두어질

수 있는 확률을 늘려주어 전자와 정공의 방사 재결합을 증가시키게 된다.

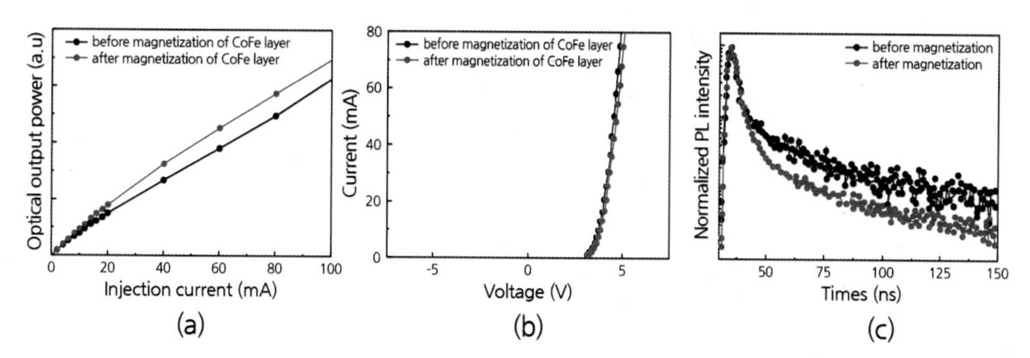


**그림 7-11** CoFe층 자화 전후 발광 다이오드의 (a) 주입 전류별 광량 변화량 비교 (b) Forward voltage 변화량 비교 (c) TR-PL 비교[17]

이러한 결과를 보면 자기구조체를 발광 다이오드 상부에 형성하여 발광 다이오드의 광 효율을 증대시키기 위해서는 다양한 자기구조체의 특성(잔류자화, 포화자화, 보자력 등의 자성 특성)이 필요한 것을 알 수 있다. 다중양자우물 내부에 전하운반자들을 국소화시키기 위해서는 다중양자우물까지 영향을 주는 강자성체의 특성이 요구되며 보다 최적화된 자기구조체를 이용하면 더욱 높은 효율을 보이는 발광 다이오드가 개발될 것으로 예상된다.

새로운 자기구조체의 예를 들면, 앞서 소개한 CoFe를 이용한 수평방향 자기장이 아니라 수직방향의 자기장을 인가할 수 있는 자성 물질의 적용을 고려해 볼 수 있다. 일반적으로 Fe나 Co 등의 물질이 박막 형태로 증착될 경우 수평방향으로 자화가 쉬운 축easy axis이 형성되는데, 이를 수직방향으로 바꾸기 위해서는 증착되는 층의 두께를 매우 두껍게 하는 방법이나 지속적으로 외부 자기장을 수직으로 인가하는 방법이 고려될 수 있다. 그러나 이러한 구조는 LED를 제작하거나 구동하는 데 어려움이 있을 것으로 예상된다. 따라서 자화 열처리 공정을 사용하지 않고도 수직방향으로의 자화가 가능한 물질을 확보하는 연구들이 지속적으로 진행되고 있다.[26, 27] 이러한 연구들은 특정 물질들을 번갈아 적층하거나 합금으로 만들거나 샌드위치 구조로 형성하는 등의 방식으로 진행되고 있는데, 일부 3d 전이 금속transition metal과 4d, 5d의 귀금속noble metal들의 금속을 조합시킨 자성박막에서 수직방향으로의 자기장 형성이 확인되었다.[28]

그림 7-12에서 볼 수 있듯이 자성물질에서 자기장을 결정하는 것은 기본적으로 원자 단위에서의 전자 움직임에서 기인한다. 원자핵 주변을 도는 전자의 움직임으로 인한 orbital magnetic moment와 전자 자체가 자전을 하면서 형성되는 spin magnetic moment의 영향성을 각기 하나의 자기장 원천으로 보며, 두 개를 합하면 하나의 원자가 형성하는 자기장의 크기와 방향이 결정된다.

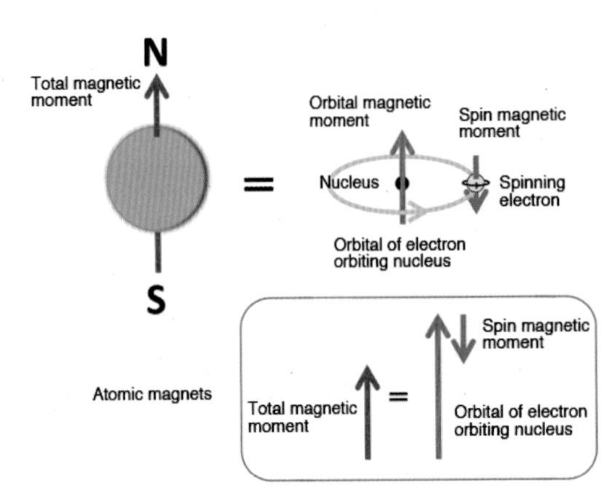


**그림 7-12** 단일 원자에서의 자기장 형성 요소[29]

가장 널리 알려진 조합 가운데, 수직방향 자기장을 형성하는 Co/Pt의 다중층 증착을 예시로 들어 3d 전이 금속과 4d, 5d 귀금속의 적층으로 인해 형성되는 특이한 자기장 형성 방식과 원인을 설명하고자 한다. Co/Pt가 수직방향으로의 자기장을 형성할 수 있는 원인으로는 상기 spin magnetic moment와 orbital magnetic moment가 모두 기여를 하는데, 일반적인 자성물질에서는 자기장 형성에 작은 기여를 하는 orbital magnetic moment가 Co/Pt 적층형 필름에서는 수직방향으로의 자기장 형성에 중요한 역할을 가진다. Co와 Pt를 번갈아가면서 증착하는 경우 Co와 Pt의 계면에서 Co의 3d orbital과 Pt의 5d orbital이 서로 강하게 혼성hybridization을 일으키게 되는데, 이 과정에서 첫째로 orbital magnetic moment가 영향을 받아 수직방향으로의 특성을 보이게 된다.[28]

또한 Co와 Pt의 혼성은 Pt의 spin magnetic moment에도 영향을 주게 된다. 혼성 과정에서 Pt의 orbital magnetic moment뿐만 아니라 spin magnetic moment 역시 재정렬 과정을 거치게 되는

데, Pt 내부의 5d band 내부 스핀 가운데 특별한 방향으로의 자기 정렬이 되어 있지 않거나 반대 방향으로 정렬된 스핀이 Co의 대다수 전자가 보유하고 있는 스핀 방향으로 push down 되어 Co의 주요 스핀 방향과 동일한 방향으로 Pt의 spin moment가 형성되게 된다. 결과적으로 Co와 Pt가 접촉하여 혼성이 발생하는 계면 근처에서 Co와 Pt의 스핀 방향이 일치하게 되고, 이로 인한 한쪽 방향으로의 큰 spin moment가 형성되면서 Co의 주요 스핀 방향으로의 자기장 정렬이 발생하게 된다. 즉, Co의 대다수가 가지고 있는 수직방향으로의 spin moment가 계면에서의 혼성으로 인하여 Pt에서도 형성되면서 강한 수직방향의 자기장이 형성되게 되는 것이다. 그러므로 Co와 Pt가 교대로 적층된 다층박막구조가 형성될 경우, Co와 Pt의 혼성을 통해 Pt 5d band의 스핀들이 Co의 다수 스핀 방향으로 재정렬하게 될 뿐만 아니라, Co의 자체적인 수직방향 orbital magnetic moment에 영향을 받은 Pt의 orbital magnetic moment도 수직방향으로의 자기장을 형성되게 되면서 수직방향으로 강한 자기장이 형성된다.[28,30]

앞의 orbital magnetic moment의 asymmetric한 정렬 과정에서 설명했듯이, 이러한 과정에서 Co의 두께가 수직방향의 orbital magnetic moment의 크기를 결정짓는 중요한 요소가 된다. Co의 두께가 너무 얇은 경우 Pt 증착 과정에서의 intermixing으로 인해 Co와 Pt의 계면이 정상적으로 형성될 수 없는 상황이 오며, 2 monolayer 이상의 두께가 형성되어야 Co층의 두께 증가에 따른 수직방향의 orbital magnetic moment가 발생한다. 따라서 스퍼터링으로 인한 intermixing 현상이 발생하지 않는 최소한의 두께에서 Co층의 두께를 형성하는 것이 중요해진다. 그러나 7~8 monolayer(약 1.3nm) 이상의 두께에서는 자기장 방향이 수직방향에서 수평방향으로 기울기 시작하므로[31] 자기장의 방향을 수직방향으로 안정적으로 유지하기 위해서는 1nm 이하의 Co층 두께가 요구된다. 또한 Co와 Pt의 pair가 증가할 경우 수직방향으로 형성되는 자기장 크기는 증가하지만, 증착하는 pair의 수가 증가할 경우 일정 두께 이상에서는 effective perpendicular anisotropy 특성이 감소하여 효율적인 수직방향 자기장 형성이 어려워진다. 따라서 수직방향으로의 안정적이고 효율적인 자기장을 형성하기 위해서는 Co층의 두께와 Co/Pt의 적층 수를 최적화하여 원하는 자기장의 특성을 확보하는 것이 중요하다.

별도의 자화공정 없이 수직방향으로 자기장을 형성하는 Co/Pt층의 증착을 통해 LED를 제작할 경우, LED의 양자우물 내부의 전자와 정공의 움직임이 그림 7-10을 통해 설명한 수평방향으로의 자기장으로 인한 움직임과 차이를 보일 것으로 예상된다. 그림 7-10의 구조를 통해 진행한 실험에서는 CoFe층이 수평방향으로 자기장을 형성하는데, 증착된 CoFe 자기구조체의 가장자리에서는 상대적으로 강한 자기장이 형성되고 중앙에서는 상대적으로 약한 자기장이 형성되어 자기장 기울기가 형성되면서 양자우물 내부의 전자들이 자기장의 기울기에 의해 자기장이 강한 방향에서 약한 방향으로 횡적 움직임을 보이게 되며, 횡적 움직임 중에 약간의 나선형 움직임을 가질 것이라 예상할 수 있다. Co/Pt 자기구조체가 LED에 증착될 경우 LED의 다중양자우물 내부에 수직방향으로 자기장 기울기가 형성되는데, Co/Pt에 의해 형성되는 수직방향 자기장 형태는 CoFe과 전반적으로 유사한 양상을 보인다. 즉, 자기구조체의 중앙에서 상대적으로 약하게 형성되고 가장자리에서 상대적으로 강하게 형성되는데, 이렇게 유사한 자기장 형태를 가짐에도 불구하고 다중양자우물 내부에서 전자가 경험하는 움직임은 CoFe에 의한 수평방향 자기장과는 다소 차이를 보이게 된다. 이러한 수직방향 자기장 기울기가 다중양자우물 내부 전자들에 영향을 줄 경우, 그림 7-7과 같이 자기장이 강한 영역에서 약한 영역을 향해 전자를 deflect하여 이동시킬 뿐만 아니라[23] 그림 7-13과 같이 Co/Pt 자기구조체의 가장자리 하단부에서 전자를 맴돌게orbiting 만드는 현상을 발생시킨다.[32] 즉, 자기구조체 하단부로 흘러들어간 전자 가운데 일부는 수직방향 자기장에 의해 자기구조체 주변을 맴돌면서 동시에 나선형 움직임을 보인다. 따라서 수직방향의 자기장을 형성하는 자기구조체를 LED 상부에 증착할 경우 수직방향 자기장이 전자를 인듐 뭉침 영역과 만나게 할 확률이 높아져서 광량이 크게 증가할 것으로 예상된다.

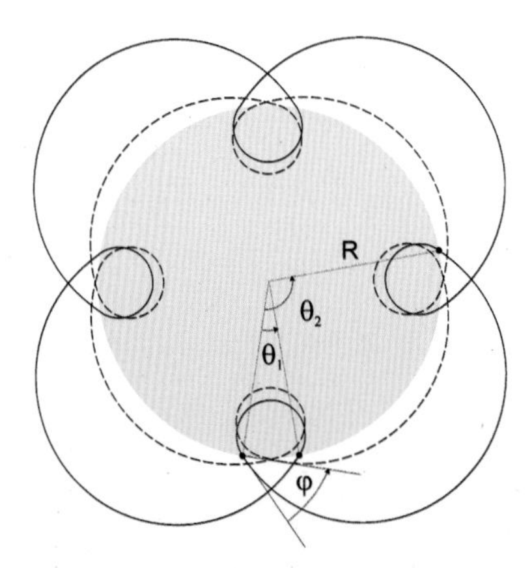


**그림 7-13** 자기장에 의한 자기구조체 주변의 전자 orbiting motion. 회색 원의 중앙이 자기장이 약한 영역이고 원 외각이 자기장이 강한 구조의 자기장 기울기가 형성된 경우 전자의 orbiting 형태[31]

## 7.3 마이크로 LED 디스플레이 구현을 위한 자기구조체 LED

무기물 기반 마이크로 LEDMicro-LED는 전력 소비 측면에서 기존의 OLED 대비 5배 이상의 효율을 보이며 탁월한 광 특성으로 100배 이상 밝은 빛을 내고, 응답속도가 빠른데다 수명이 더 긴 장점을 가진다. 이러한 특성들은 광소자 기반의 디스플레이에서 매우 각광받는 장점인데, 이러한 우수한 장점들을 기반으로 디스플레이를 제작할 경우 전력소모량을 줄이면서도 더 밝고 선명하며 잔상이 없는 제품을 제작할 수 있다. 뿐만 아니라, 마이크로 LED의 경우 기존의 대면적 혹은 소면적 디스플레이 모두에서 우수한 특성을 보일 수 있으며, LED 자체의 크기가 작아지면서 미래 시장에서 각광받을 것으로 예측되고 있는 착용형 기기wearable, 가상현실virtual reality, 의료opto-biotics, 유연성 기기flexible 및 무선 광통신 분야에도 적용할 수 있을 것으로 예측된다. 이러한 장점을 기반으로 현재 소니와 애플은 마이크로 LED를 이용한 디스플레이, 중소형 이동기기portable device 등을 개발하려 노력하고 있으며, 후발업체인 LETI, ITRI 등의 업체들도 기술 개발을 통해 시장 진입을 노리고 있는 실정이다.[33]

| | LCD | OLED | 마이크로 LED |
|---|---|---|---|
| Luminous efficacy | Low | Low | High |
| Luminance(cd/m$^2$) | 500(full color) | 1800(full color) | 105(full color) |
| Operating temperature | 0～65°C | −50～70°C | −100～150°C |
| Lifetime | Long | Medium | Long |
| Flexibility | 낮음 | 높음 | 높음 |
| 발광 방식 | BLU 필요 | 자체 발광형 | 자체 발광형 |
| 시야각 | 제한 있음(70°) | 제한 없음 | 제한 없음 |
| Response time | milli sec | micro sec | nano sec |
| 전력 소모량 | 고전력 소모 | 저전력 소모 | 초저전력 소모 |

**표 7-1** 디스플레이 분야에서의 각 광원 특성 비교

마이크로 LED의 경우, 보통 수십 마이크로미터의 크기(10～100$\mu$m)의 무기물 기반 LED를 의미하는데, LED의 크기를 기존의 수백 마이크로미터 크기에서 수십 마이크로미터 이하의 크기로 감소시킬 경우, 기존에 고려하지 않던 문제점들이 발생하게 된다. 가장 먼저, 기존

수백 마이크로미터의 LED에서는 큰 문제가 되지 않았던 LED 에피에서의 결함defect들이 큰 문제가 된다. 물질 성장 과정에서 발생하는 일종의 V-pit 결함이나 표면의 인듐 혹은 알루미늄 조성이 뭉친 부분cluster들이 기존의 큰 LED에서는 일부 영역의 미세 광량 감소 등은 큰 문제가 아니었으나, 마이크로 LED에서는 개별적으로 다른 광량을 가지므로 큰 문제가 될 수 있다. 이러한 문제점을 해결한다고 하더라도 제작한 마이크로 LED를 개별로 분리시키는 공정에서 문제점이 다시 발생하게 된다. 성장기판에서 각 마이크로 LED를 분리시킬 때, 기존의 LED의 경우 laser dicing, dicing saw, scribe and break 등의 기술을 이용하여 손쉽게 분리할 수 있었으나 이러한 분리기술들은 작게는 20$\mu$m에서 크게는 30$\mu$m 이상의 분할 공간을 요구한다. 따라서 이러한 분할 요구 공간이 각 마이크로 LED 이상의 크기가 되는 상황이 발생할 수 있어서 대면적의 LED wafer 손실로 이어지게 된다.[34]

그러나 마이크로 LED를 이용하여 디스플레이 등의 제품을 제작할 때, 가장 문제가 되고 있는 부분은 제작된 마이크로 LED를 옮기는 데 있다. 기존의 수백 마이크로미터 크기의 LED를 이송 및 전사하는 과정에는 큰 문제가 없었으나, LED 자체의 크기가 크게 감소하는 경우 기존의 진공 및 흡착 기반기술 등은 적용이 어려워진다. 따라서 대량의 수십 마이크로미터 크기의 소자를 안정적으로 전사할 뿐만 아니라, 동일 기판상에서도 기존의 LED 대비 대량의 LED가 제작되므로(예를 들면, 8$\mu$m LED 크기 기반으로, 6인치 기판에서 약 1억 6천 5백만 개의 마이크로 LED가 생산됨) 매우 정밀하고 빠른 속도의 이송 및 전사 기술이 필수로 필요해진다.

마이크로 LED를 이용한 향후 응용 소자들의 경우 이러한 전사 기술이 필수적으로 동반되어야 하므로, 선진 해외 업체들은 전사 기술을 확보하는 연구에 많은 투자를 하고 있다. 현재 가장 큰 가능성을 보이고 있는 전사 기술은 Rogers 그룹의 탄성체 기반의 스탬프 기술, Apple사의 정전기를 이용한 전사 헤드 제작기술, Playnitride사의 자기장 기반의 전사 기술을 들 수 있다. 이러한 기술 중 스탬프 기술이 가장 많이 알려져 있는데, 이 기술은 전사 과정에서 short range force를 이용하므로, 대량의 안정적인 전사를 위한 기술로 발전되기 위해서는 많은 연구가 필요할 것으로 보인다. 반면 정전기나 자기장 기반의 전사 기술은 보다 long range force를 이용하므로 안정적이고 재현성이 높을 것으로 예상된다. 본 절에서는 자기장을 기반으로 마이크로 LED 이송 및 전사 기술을 통해 자기장을 이용한 새로운 응용 기술의 가능성을 설명하고자 한다.

Playnitride사에서는 자기장을 이용한 마이크로 LED 전사 기술을 개발하고 있는데, 이는 LuxVue사에서 발표한 정전기 기반의 기술이나 X-celeprint사의 고분자 스탬프 기술들의 문제점을 개선하고자 하는 것으로 판단되고 있다.

Playnitride사와 ITRI는 그림 7-14에서 보이는 것과 같이 이송 헤드에 자기장을 형성할 수 있는 코일형태의 전선을 배치하고, 이송하고자 하는 마이크로 LED 상부에 희생층 및 자성 금속층을 증착하여 이를 이송하는 기술을 특허로 발표하였다. 자기장을 이용한 기술은 정전기 기반의 이송 기술에서 보이는 아크Arc로 인한 소자 파괴 문제나 고분자 스탬프를 이용한 헤드의 신뢰성 문제 등의 문제점이 존재하지 않는 점에서 많은 관심을 이끌어내고 있다.

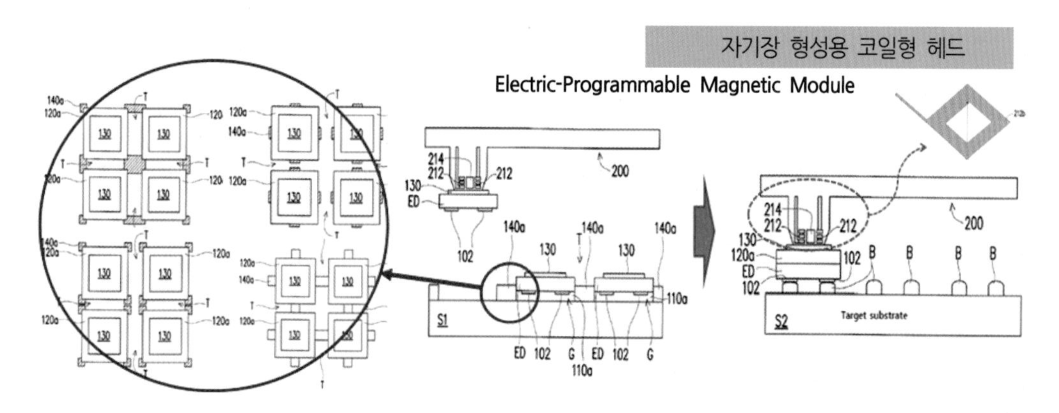


**그림 7-14** Playnitride사의 자기장을 이용한 마이크로 LED 전사 기술[34]

박성주 연구그룹에서는 그림 7-15에서 보는 바와 같이 자기구조체를 구비한 마이크로 LED 구조를 제작하고 고속 전사가 가능한 자성체 이송 헤드를 제작하면 자기구조체에 의해서 LED 발광 효율이 증가함을 최초로 보고하였으며,[17, 35, 36] 선택적 이송 및 대량 전사[37, 38]까지 가능한 마이크로 LED 디스플레이 기술의 확보가 가능함을 보고하였다.

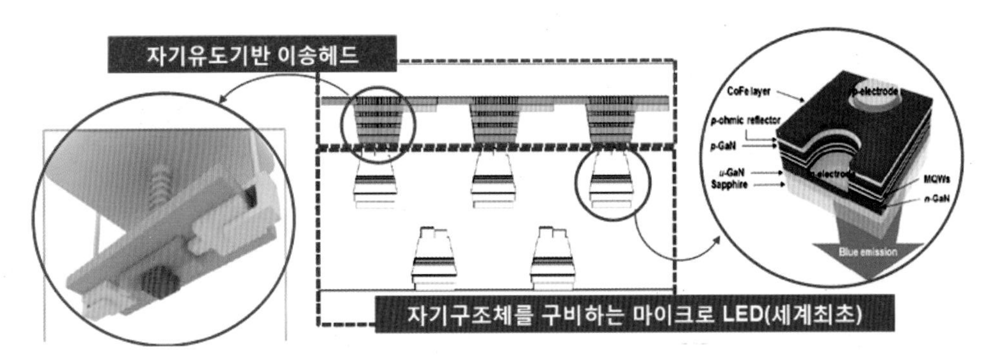


**그림 7-15** GIST에서 개발하고 있는 자기력을 이용한 전사방법

이 기술은 기존의 Playnitride사의 기술과 달리 자성층을 캐리어 기판에도 적용하여 앵커구조를 사용하지 않고도 오로지 자기력으로 캐리어 기판에서 마이크로 LED를 컨트롤할 수 있는 기술이다. 마이크로 LED 상부에 제작된 자성층을 제거하는 공정이 필요 없고 오히려 마이크로 LED의 내부양자효율도 향상시킬 수 있는 구조이므로 기존의 자기장을 이용한 마이크로 LED 이동 기술의 단점을 크게 보완할 수 있을 것으로 기대하고 있다.

## [참고문헌]


1. K. Hiramatsu, *J. Phys.: Condens. Matter.* **13**, 6961-6975 (2001).
2. Y. K. Kuo, J. Y. Chang, and M. C. Tsai, *Optics Lett.* **35**, 3285 (2010).
3. S. H. Han, C. Y. Cho, S. J. Lee, T. Y. Park, T. H. Kim, S. H. Park, S. W. Kang, J. W. Kim, Y. C. Kim, and S. J. Park, *Appl. Phys. Lett.* **96**, 051113 (2010).
4. S. P. Chang, T. C. Lu, L. F. Zhuo, C. Y. Jang, D. W. Lin, H. C. Yang, H. C. Kuo, and S. C. Wang, *J. Electrochem. Soc.* **157**, H501 (2010).
5. M. K. Kwon, J. Y. Kim, B. H. Kim, I. K. Park, C. Y. Cho, C. C. Byeon, and S. J. Park, *Adv. Mater.* **20**, 1253 (2008).
6. H. W. Huang, C. H. Lin, C. C. Yu, C. H. Chiu, C. F. Lai, H. C. Kuo, K. M. Leung, T. C. Lu, S. C. Wang, *Nanotechnology* **19**, 185301 (2008).
7. H. Gao, F. Yan, Y. Zhang, J. Li, Y. Zeng, G. Wang, *J. Appl. Phys.* **103**, 014314 (2008).
8. J. Y. Cho, K. J. Byeon, H. Lee, *Opt. Lett.* **36**, 3203-3205 (2011).
9. T. A. Truong, L. M. Campos, E. Matioli, I. Meinel, C. J. Hawker, C. Weisbuch, P. M. Petroff, *Appl. Phys. Lett.* **94**, 023101 (2009).
10. J. Y. Kim, M. K. Kwon, J. P. Kim, S. J. Park, *IEEE Photonic Technol. Lett.* **19**, 1865-1867 (2007).
11. A. Sozinov, A. A. Likhachev, N. Lanska, and K. Ullakko, *Appl. Phys. Lett.* **80**, 1746 (2002).
12. J. Wu, X. Gong, Y. Fan, and H. Xia, *Soft Mater.* **7**, 6205 (2011).
13. G. A. Wurtz, W. Hendren, R. Pollard, R. Atkinson, L. L. Guyader, A. Kirilyuk, T. Rasing, I. I. Smolyaninov, and A. V. Zayats, *New J. Phys.* **10**, 105012 (2008).
14. U. C. Coskun, T. C. Wei, S. Vishveshwara, P. M. Goldbart, and A. Bezryadin, *Science* **304**, 1132 (2004).
15. B. Arnaudov, T. Paskova, O. Valassiades, P. P. Paskov, S. Evtimova, B. Monomer, M. Heuken, *Appl. Phys. Lett.* **83**, 2590-2592 (2003).
16. F. Y. Tsai, C. P. Lee, O. Voskoboynikov, H. H. Cheng, J. Shen, and Y. Oka, *J. Appl. Phys.* **89**, 7875 (2001).
17. J. J. Kim, Y. C. Leem, J. W. Kang, J. Kwon, B. Cho, S. Y. Yim, J. H. Baek, and S. J. Park, *ACS Photonics* **2**, 1519 (2015).
18. F. F. Chen, Introduction to plasma physics and controlled fusion, 2nd ed.; Plenum Press; New York,

(1984).
19. http://www.iterkorea.org/eng/020601
20. http://silas.psfc.mit.edu/introplasma/chap2.html
21. Q. X. Zhao, B. Monemar, P. O. Holtz, T. Lundström, M. Sundaram, J. L. Merz, A. C. Gossard, *Phys. Rev. B* **50**, 7514-7517 (1994).
22. Y. S. Lin, K. J. Ma, C. Hsu, S. W. Feng, Y. C. Cheng, C. C. Liao, C. C. Yang, C. C. Chou, C. M. Lee, and J. I. Chy, *Appl. Phys. Lett.* **77**, 2988 (2000).
23. A. Nogaret, S. J. Bending, and M. Henini, *Phys. Rev. Lett.* **84**, 2231 (2000).
24. J. Kalinowski, M. Cocchi, D. Virgili, P. D. Marco, V. Fattori, Chem. *Phys. Lett.* **380**, 710-715 (2003).
25. B. Hu, L. Yan, M. Shao, *Adv. Mater.* **21**, 1500–1516 (2009).
26. K. Yakushiji, T. Saruya, H. Kubota, A. Fukushima, T. Nagahama, S. Yuasa, and K. Ando, *Appl. Phys. Lett.* **97**, 232508 (2010).
27. S. Girod, M. Gottwald, S. Andrieu, S. Mangin, J. McCord, Eric E. Fullerton, J.-M. L. Beaujour, B. J. Krishnatreya, and A. D. Kent, *Appl. Phys. Lett.* **94**, 262504 (2009).
28. N. Nakajima, T. Koide, T. Shidara, H. Miyauchi, H. Fukutani, A. Fujimori, K. Iio, T. Katayama, M. Nývlt, and Y. Suzuki, *Phys. Rev. Lett.* **81**, 23 (1998).
29. http://www.spring8.or.jp/en/news_publications/press_release/2013/130304-3/)
30. J. Thiele,C. Boeglin, K. Hricovini, and F. Chevrier, *Phys. Rev. B* **53**, 18 (1996).
31. S. Bandiera, R. C. Sousa, B. Rodmacq, and B. Dieny, *IEEE Magn. Lett.* **2**, 3000504. (2011).
32. D. Uzur, A. Nogaret, H. E. Beere, D. A. Ritchie, C. H. Marrows, and B. J. Hickey, *Phys. Rev. B* **69**, 241301(R) (2004).
33. 조성선, 정보통신기술진흥센터 ICT ZOOM, **S17-07** (2017).
34. Yole Développement, MARKET AND TECHNOLOGY REPORTS (2017).
35. 박성주, 김재준, 임용철, 등록 특허 10-1662202 (2016).
36. 박성주, 임용철, 김재준, 등록 특허 10-1517481 (2015).
37. 박성주, 이광재, 임용철, 출원 특허 10-2016-0156548 (2016).
38. 박성주, 임용철, 이광재, 출원 특허 10-2016-0156509 (2016).

CHAPTER

# 08 파장 가변 LED 기술 및 응용

청색 LED가 개발된 이후 최근까지 효율 향상을 위한 연구가 많이 진행되었다. 특히 고품질 질화갈륨 박막 성장법 및 효율적인 소자 구조에 대한 연구가 진행된 이후 GaN 기반 LED는 백열등과 비교하여 높은 광 출력을 보여 다양한 조명 제품으로 판매되기 시작했다. 이후 광 출력은 계속 향상되어 현재 200lm/W를 보여주고 있으며 광 출력 향상으로 인해 일반 조명은 물론 새로운 응용 분야가 지속적으로 나타나고 있다. 우선 LED 광원은 기존 형광등과 다르게 유효 파장대의 파장을 선택적으로 사용할 수 있어 식물 재배에도 매우 적합한 광원이라 할 수 있다. 빛의 특정파장을 식물체에 조사함으로 특수한 기능성 식물의 재배를 통하여 부가가치도 높일 수 있다[그림 8-1(a)]. 그리고 물속 깊이 투과할 수 있는 청색, 녹색 빛을 이용하여 어업 분야에서도 사용할 수 있다[그림 8-1(b)]. LED는 의료 분야에서도 활용될 수 있는데, 특히 광 치료 분야에서는 LED의 특정한 파장의 광을 피부에 쬐어 감정적인 우울증이나, 수면불안, 계절적 불안 증세를 가라앉히는 데도 사용된다. 만약 LED의 파장을 자유롭게 변화시킬 수 있다면 더 새롭고 다양한 LED의 응용 분야가 생길 것으로 예상된다. 본 장에서는 광 치료 분야 등 새로운 LED 응용 분야에서 사용될 수 있는 파장 가변형 LED 소자를 제작하는 방법과 다양한 응용 분야에 대하여 고찰해보고자 한다.

**그림 8-1** (a) 농업에서 사용되는 LED (b) 어업에서 사용되는 LED

# 8.1 파장 가변 LED 제작 방법

## 8.1.1 온도변화를 이용한 LED 파장 가변

LED의 파장을 변화시키는 방법에는 LED의 온도를 변화시켜서 파장을 가변시키는 방법이 있다. 일반적인 반도체는 온도에 따라 에너지 갭이 식 8-1과 같이 변화하게 되며 $\alpha$, $\beta$는 Varshni parameter로 물질 상수이다.

$$E(T) = E_g(0) - \frac{\alpha T^2}{T+\beta} - \frac{\sigma^2}{k_B T}$$

**식 8-1** 온도에 따른 에너지 갭 변화[1]

일반적으로 온도가 증가하게 되면 에너지 갭은 감소하게 되며 이에 따라 발광 파장은 장파장으로 바뀌게 된다. 그러나 온도를 변화시켜서 파장을 가변시키는 방법은 파장 가변의 폭에 한계가 있는데, 기존에 보고된 연구에 의하면 20℃에서 120℃로 100℃의 온도가 변화함에 따라 20mA의 주입 전류에서 UV LED는 약 5nm, 청색 LED는 약 4nm, 녹색 LED는 약 3nm, 적색 LED는 약 14nm의 파장 변화가 있음을 알 수 있고, InGaN 기반의 UV, 청색, 녹색 LED가 AlGaInP 기반 적색 LED 대비 파장 변화의 폭이 적고, 특히 녹색 LED의 파장이 작게 변화함을 알 수 있다[그림 8-2].

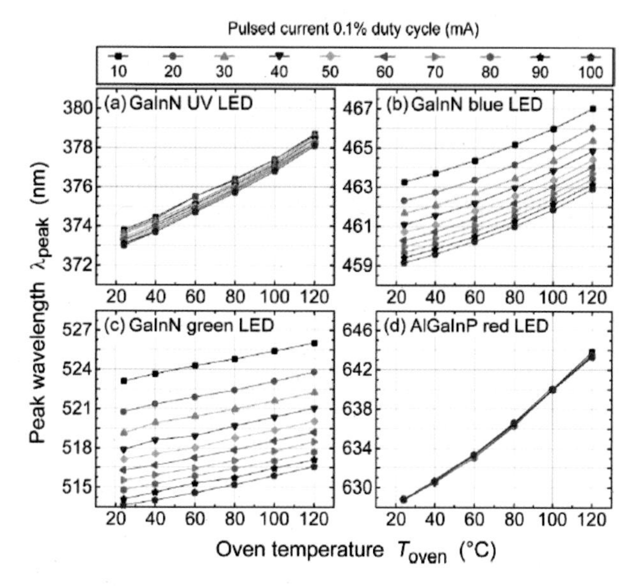


**그림 8-2** 온도변화에 따른 (a) GaInN UV LED (b) GaInN 청색 LED (c) GaInN 녹색 LED (d) AlGaInP 적색 LED의 중심 파장(peak wavelength) 변화 정도[1]

또한 그림 8-3에서 보여주는 것과 같이 LED의 온도를 증가시키면 광 출력이 저하되는 것을 알 수 있다. LED의 온도를 20°C에서 80°C로 변화시킴에 따라 InGaN 청색 LED에서는 11.5%, 녹색 LED에서는 14.6%, 그리고 AlGaInP 적색 LED에서는 24.9%의 광 출력이 저하된다[그림 8-3].

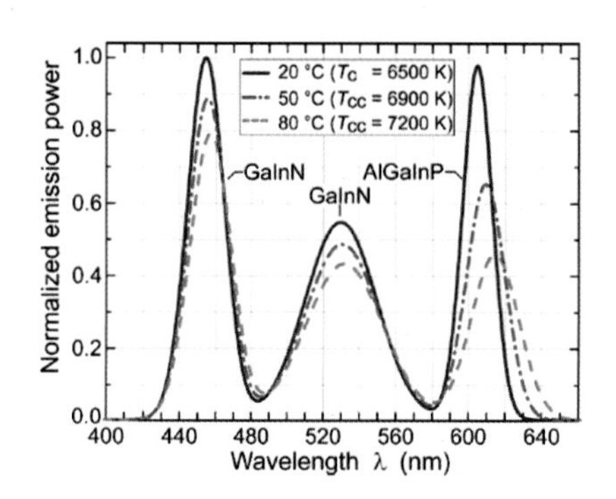


| 구분 | 광 출력 | | |
|---|---|---|---|
| | 20°C | 80°C | 변화량 |
| GaInN 청색 LED(455nm) | 1 | 0.885 | −11.5% |
| GaInN 녹색 LED(530nm) | 1.067 | 0.911 | −14.6% |
| AlGaInP 적색 LED(605nm) | 0.786 | 0.590 | −24.9% |

**그림 8-3** 온도변화에 따른 GaInN 청색, GaInN 녹색 AlGaInP 적색 LED의 광 출력 변화[1]

LED 온도의 상승은 LED 내부 결함defect 중 하나인 전위dislocation의 형성을 가속할 수 있어 LED의 수명을 단축시키는데, LED 제조업체인 Cree사의 실험에 따르면 350mA에서 LED 구동 시(주변온도 45°C) LED 온도가 60°C일 경우 LED 수명이 약 140,000시간이며 100°C에서는 LED 수명이 약 75,000시간으로 온도에 따라 LED 수명이 급속도로 감소한다[그림 8-4]. 따라서 LED 온도 증가는 LED의 성능 및 수명을 크게 단축시킬 수 있는 원인이 된다.

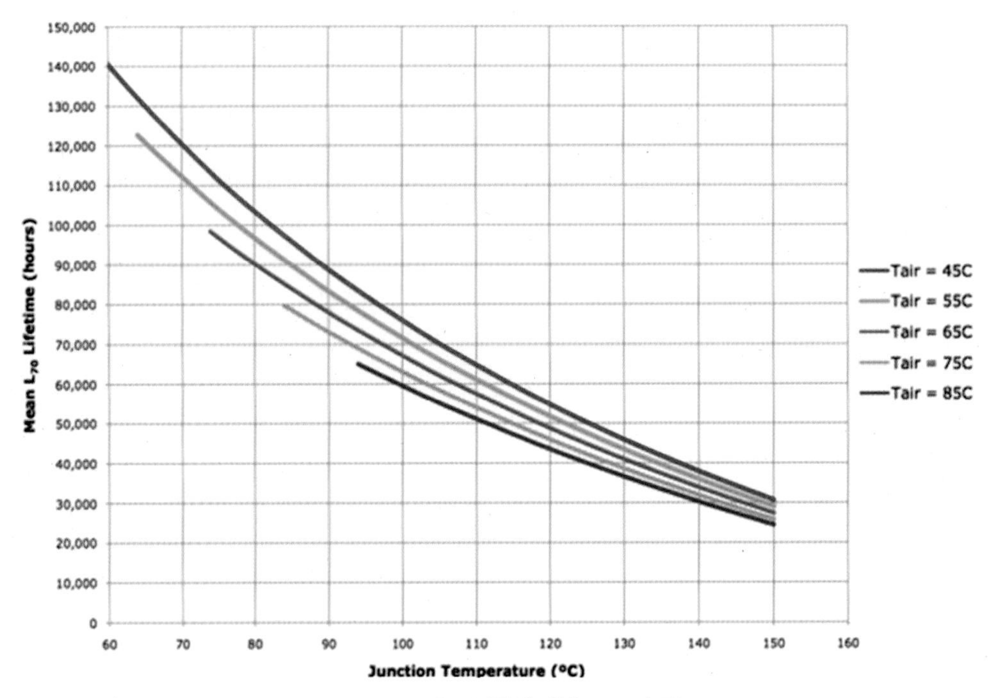


**그림 8-4** LED 온도변화에 대한 LED 수명[2]

## 8.1.2 다면체 구조 LED에서 전류변화를 통한 LED 파장 가변

온도 조절을 통한 LED의 파장 가변은 온도가 증가함에 따라 광 출력이 감소하며 온도를 조절하기 위해서는 외부에 온도 조절 장치가 있어야 하므로 LED 패키지의 부피가 증가되는 단점도 가지고 있다. 이를 해결하기 위해 LED의 구조 및 발광 특성을 조절하여 파장을 가변시키는 연구가 진행되었다. 그림 8-5(a)는 기존의 박막 형태의 LED가 아닌 피라미드 모양의 LED를 보여준다. 피라미드 모양의 LED는 MOCVD로 성장 시 하부층에 있는 전위의 전파를 억제할 수 있으므로 기존 박막 형태의 LED보다 높은 결정성을 보여준다.[2] 피라미드 LED의 꼭짓점에는 양자점quantum dot이 존재하며 모서리 부분에는 양자선quantum wire 그리고 각각의 측면에는 양자우물quantum well이 존재한다. 이런 구조로 성장 시 각 부위의 InIndium 조성량은 달라진다[그림 8-5(b)].

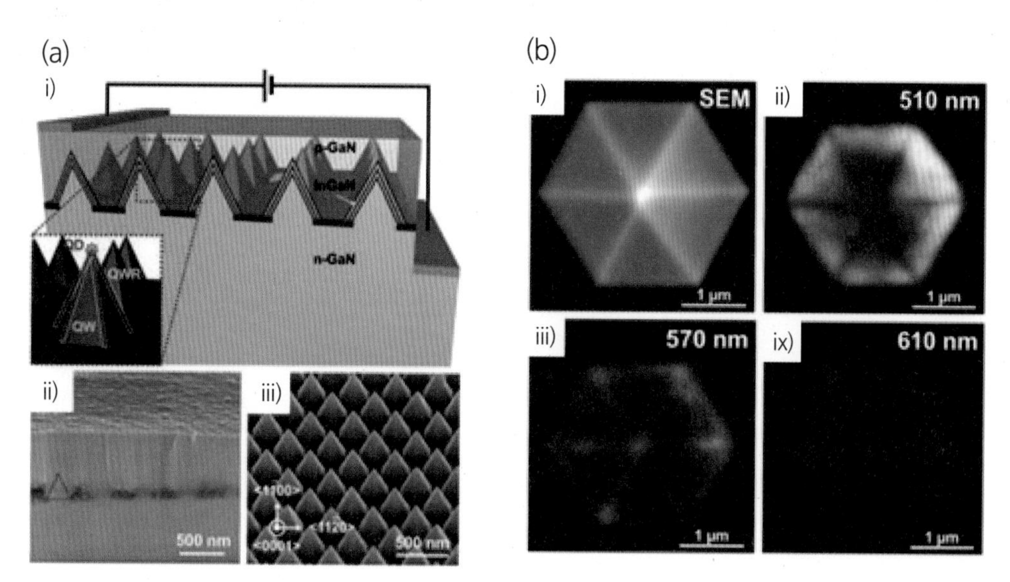


**그림 8-5** (a) 피라미드 LED의 구조도 및 SEM 이미지 (b) 피라미드 LED의 다양한 파장에 따른 CL 이미지[2]

피라미드 LED에 전류를 인가하게 되면 낮은 전류에서는 In 함유량이 많은 꼭짓점 부분에서 우선적으로 발광이 일어나게 되며 전류량이 증가할수록 In 조성이 상대적으로 낮게 함유된 모서리 부분과 측면에서 발광이 일어나게 된다. 즉, LED로 인가되는 전류량의 변화에 따라 발광되는 부분이 변하게 되어 파장이 가변되는 것이다. 그림 8-6은 피라미드 LED에서 전류 주입에 따른 발광 파장의 변화를 보여준다.

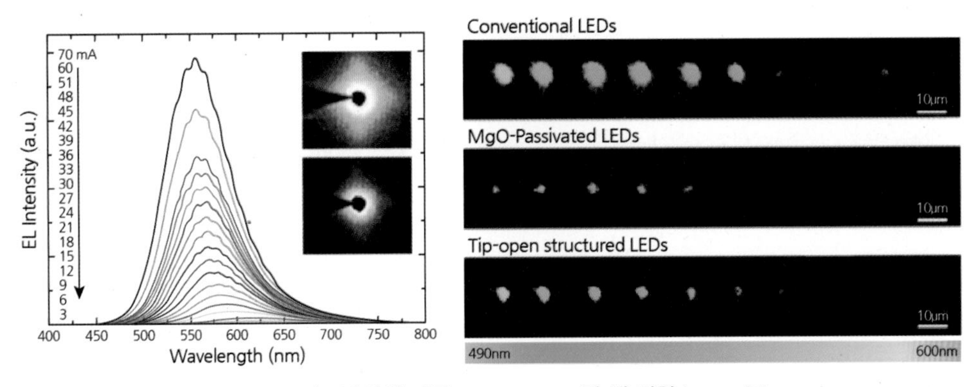


**그림 8-6** 전류변화에 따른 EL spectra 및 색 변화 image[2]

또한 LED 성장 시 facet plane의 방향을 조절하여 파장 가변 소자를 제작할 수도 있다. 그림 8-7(a)는 다중양자우물Multiple Qauntum Well, MQW 성장 전에 $SiO_2$층을 삽입하여 인위적으로 facet 면을 형성하는 구조를 보여주고 있다.[3] 발광층은 c-plane {0001}, 반극성seimpolar {11-22}, 반극성 {1-101}로 구성되어 각 면에 함유되는 In 조성량이 변하게 된다. 피라미드 형태의 LED와 유사하게 전류가 50mA인 경우 650nm의 파장이 600nm로 가변됨을 확인할 수 있다[그림 8-7(b)].

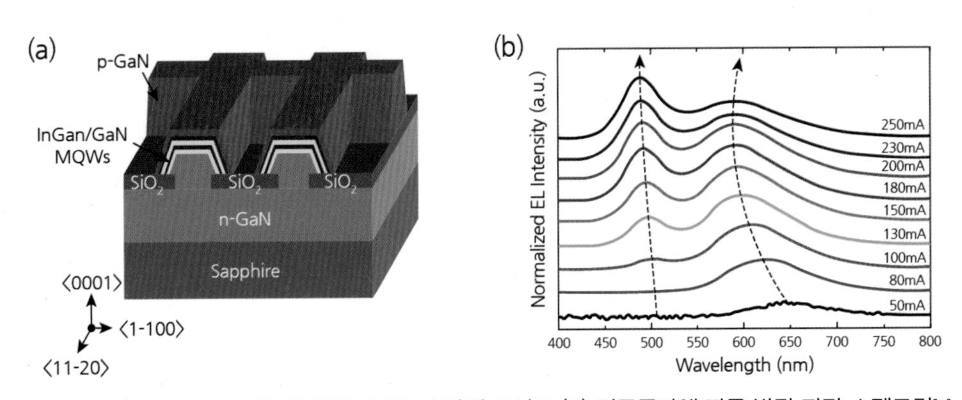


**그림 8-7** (a) facet plane을 이용하는 LED 소자의 모식도 (b) 전류증가에 따른 발광 파장 스펙트럼[3]

따라서 단면체 구조를 갖는 LED에 전류변화를 통한 LED의 파장 가변은 온도를 이용한 파장 가변 방법보다 파장 가변 폭이 크지만 각각 파장에 따라 발광 세기가 100배 이상 차이가 나는 단점이 존재한다.

## 8.1.3 스트레인을 이용한 LED 파장 가변

LED 내부의 활성층에는 일반적으로 화합물 반도체를 성장할 때 화합물을 구성하는 원자의 적층 구조에 따른 자발 분극과 활성층을 구성하는 발광층 및 장벽층 간의 격자불일치 lattice mismatch에 의한 압전 분극이 형성되며 이러한 분극에 의해 형성된 전계는 활성층의 에너지 밴드를 변형시키고 양자 구속 스타크 효과Quantum Confined Stark Effect, QCSE를 야기하여 LED의 발광 파장이 본래의 파장과 비교하여 적색 편이red shift가 된다.[3] 이때 LED에 스트레인이 인가되면 내부 분극에 의한 전계를 변화시켜 활성층의 에너지 밴드의 변형을 증가 또는 완화시킬 수 있으며 결과적으로 스타크 시프트가 조절되어 발광 파장의 가변이 가능하게 된다[그림 8-8].

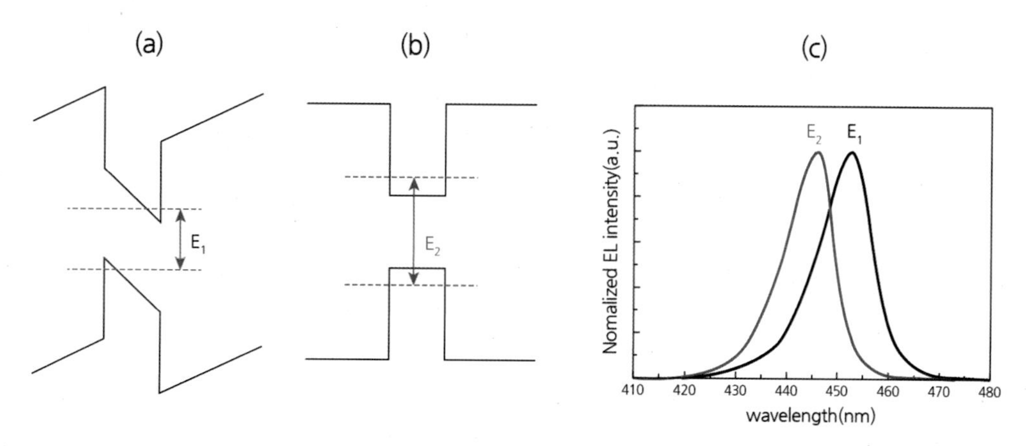


**그림 8-8** (a), (b) 스트레인이 발광층에 인가될 경우 밴드갭의 변화 및 (c) 이에 따른 파장 변화

### 8.1.3.1 압전 기판을 이용한 LED 파장 가변

압전 효과piezoelectric effect는 압전체를 매개로 기계적 에너지와 전기적 에너지가 상호 변환하는 작용이다. 즉, 압력을 가하면 전압이 생기고 그림 8-12와 같이 전압을 인가하면 압전체의 변위가 생기는 효과이다. 이를 이용하여 압전 기판 위에 LED를 전사 후 압전 기판에 전압을 인가하면 그림 8-9와 같이 압전 기판의 변위가 발생하게 된다. 즉, 압전 기판에 전사되어 있는 LED는 압전 기판의 stretching에 의해 파장이 가변 되는 원리이다. 압전 기판을 이용한 LED는 그림 8-10과 같이 제작된다.

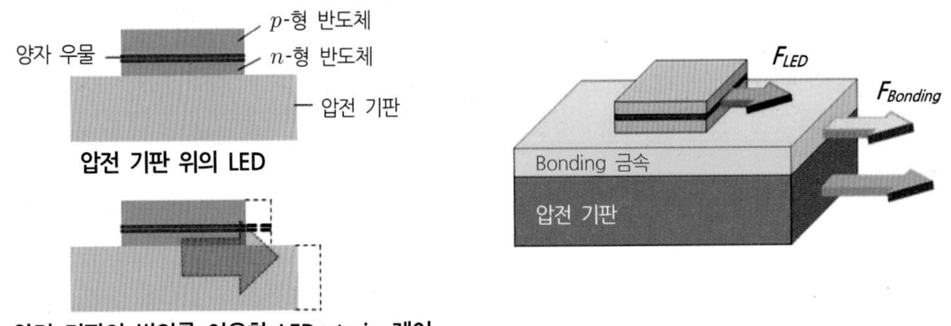


**그림 8-9** 압전 기판을 이용한 LED 파장 가변 모식도

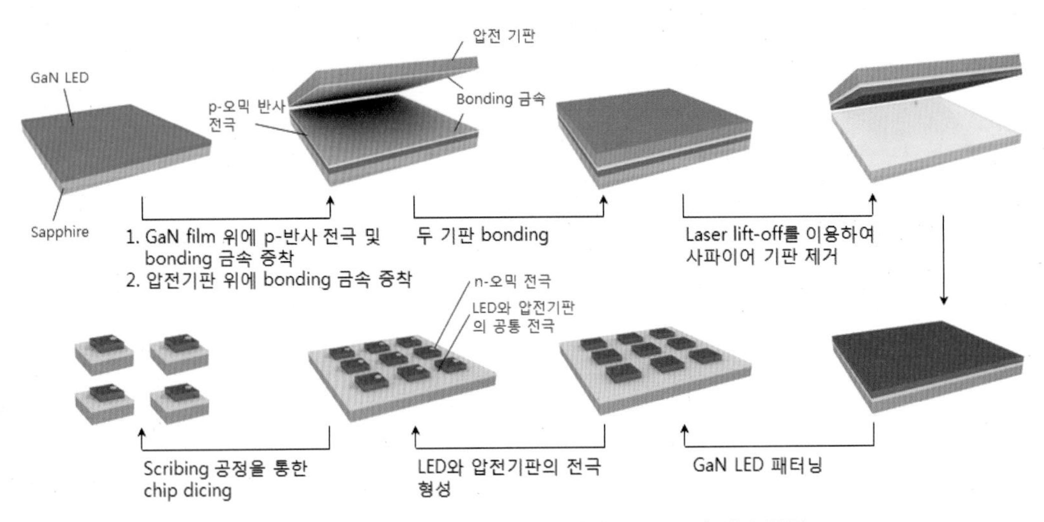


**그림 8-10** 압전 기판을 이용한 파장 가변 LED 소자 제작 공정

전압에 따른 압전 기판의 외력을 LED에 인가하기 위해서는 그림 8-10과 같이 LED가 본딩 물질로 압전 기판과 접합되어야 한다. 사파이어 위에 성장된 LED를 금속 본딩층을 이용하여 접합시킨 후 Laser Lift-OffLLO를 통하여 성장된 사파이어 기판을 분리한다. 분리된 LED는 압전 기판 위에 전사되어 있으므로 리소그래피 및 에칭 공정을 통하여 LED 소자를 제작할 수 있다[그림 8-11].

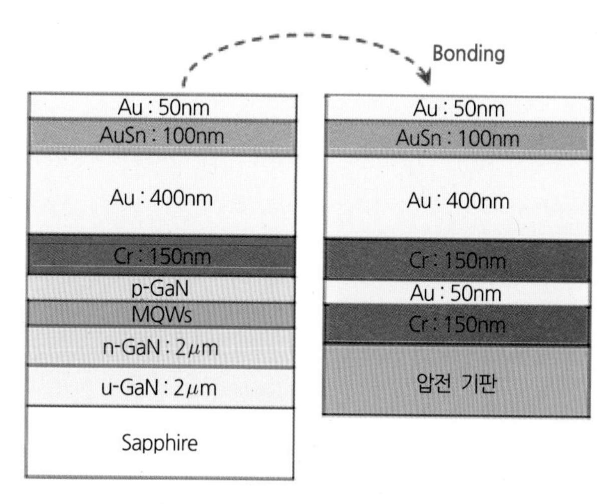


**그림 8-11** 유텍틱 본딩 구조도

LED를 압전 기판에 본딩할 때 외부 압력이 너무 강한 경우에는 LED에 크랙crack이 발생하게 되는 문제가 발생하게 되고 외부 압력이 약한 경우에는 본딩 금속층 사이에 유텍틱eutectic 본딩이 이루어지지 않아 압전 기판의 변형력이 LED에 전달되지 않는 문제가 발생하게 된다.

파장 가변 LED를 동작시키기 위해서는 그림 8-12와 같이 압전 기판과 LED가 접합되는 금속 본딩층을 공통 전극으로 하여 $n$-GaN층에 마이너스(−) 전압을 인가하여 LED를 작동시키고 압전 기판 하부층에 플러스 (+)전압을 인가하여 압전 기판에 스트레인을 발생시킨다.

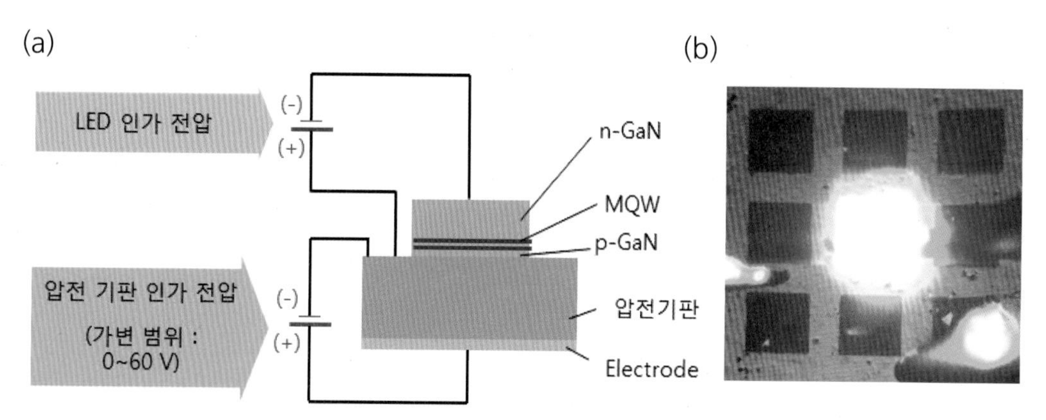


**그림 8-12** (a) 압전 기판을 이용한 파장 가변 LED 측정 모식도 및 (b) 파장 가변 LED 소자의 광학현미경 사진

압전 기판에 의해 발생하는 스트레인의 방향은 poling 방향과 인가되는 전압의 방향에 따라 그림 8-13과 같이 결정된다. LED 내부의 압전장piezoelectric field을 완화하여 LED의 중심 파장을 단파장 방향으로 변화시키기 위해서는 LED에 인장 응력tensile stress이 필요하므로 poling 방향과 반대 방향의 전압이 인가되어야 한다.[4]

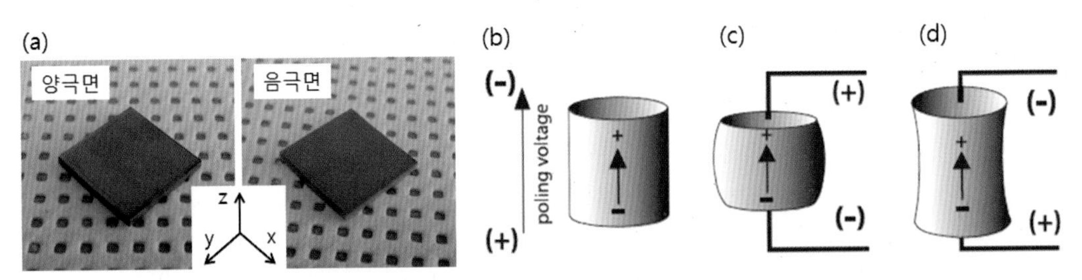


**그림 8-13** (a) 압전 기판의 양극면과 음극면 (b)-(d) 전계 방향에 따른 압전 기판의 변형

파장 가변 측정 결과 그림 8-14와 같이 압전 기판에 인가되는 전압이 증가할수록 LED의 중심 파장이 단파장 방향으로 선형적인 변화가 확인되었으며 60V에서 최대 2.77nm의 파장 가변된다.

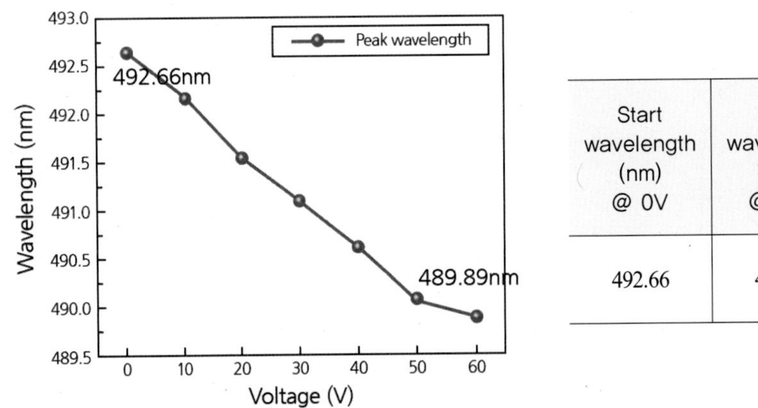


| Start wavelength (nm) @ 0V | End wavelength (nm) @ 60V | 파장 가변 정도 (nm) |
|---|---|---|
| 492.66 | 489.89 | 2.77 |

**그림 8-14** 압전 기판을 이용한 LED의 전압에 대한 파장 가변

### 8.1.3.2 Bending을 이용한 파장 가변

LED에 외부적인 스트레인을 전달하는 구조는 8.1.3.1에서 설명한 압전 기판을 이용한 stretching뿐만 아니라 bending 방식을 이용하는 구조가 있다. 그림 8-15(a)와 같이 금속 기판에 LED를 전사하여 bending을 할 경우 금속기판의 곡률반경에 따라 LED에 인가되는 스트레인을 정밀하게 조절하여 LED의 발광 파장을 가변할 수 있다.

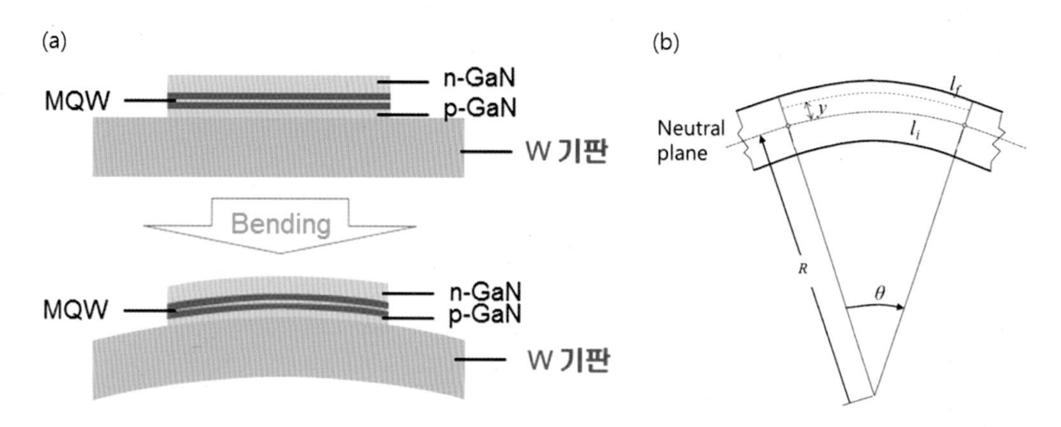


**그림 8-15** (a) 금속 기판과 bending을 통한 LED의 가변 파장 모식도 (b) bending에 의한 스트레인 계산에 사용되는 인자

Bending에 의해 스트레인이 발생하는 경우 이를 계산하기 위해서는 중립면neutral plane을 알아야 한다[그림 8-16]. 그리고 LED 파장이 가변될 수 있는 스트레인을 인가하기 위해서는 금속 기판의 영률Young's modulus 값이 큰 물질을 선정해야 한다. 금속 기판 위에 전사된 LED가 bending에 의해 받는 스트레인은 그림 8-16과 같이 중립면에 의해 결정되며 그림 8-15(b)와 식 8-2로부터 LED 활성층에 전가되는 스트레인을 계산할 수 있다.

$$\text{Strain} = \frac{l_F - l_i}{l_i} = \frac{(R+y)\theta - R\theta}{R\theta} = \frac{y}{R}$$

$$= \frac{\text{distance between active region and neutral plane(s)}}{\text{bending radius}}$$

**식 8-2** bending radius로부터 LED에 인가되는 스트레인 계산

Position of neutral planes(S)

The neutral plane is located between top and bottom surface of substrate and it has zero strain.

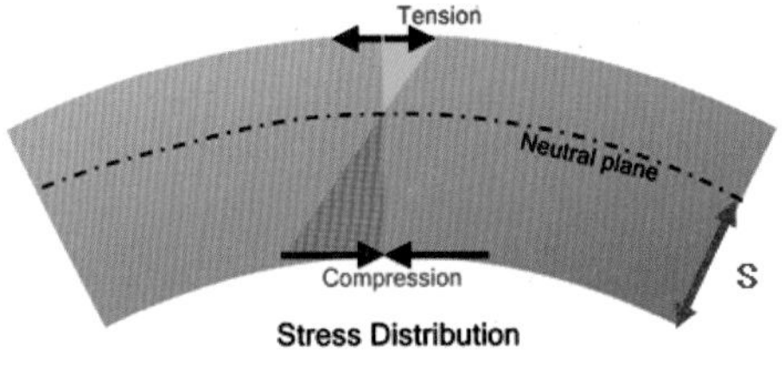


$$S = \frac{\Sigma s_i A_i}{\Sigma A_i}$$

$S$ = neutral plane - reference position
$s$ = centroid in each material - reference position
$A$ = thickness of each material × equivalent section

**그림 8-16** Neutral plane 계산

그동안 LED를 bending하여 스트레인을 조절하는 연구는 그림 8-17과 같이 진행되어왔다. 그림 8-17(a)는 Ni 기판에 위치에 따라 전사되는 LED의 곡률curvature이 다르기 때문에 LED에 인가되는 스트레인이 달라지는 양상을 보여주고 있으며 그림 8-17(b)는 사파이어 위에 성장된 LED가 지그jig를 사용하여 bending되는 모양을 보여주고 있다.

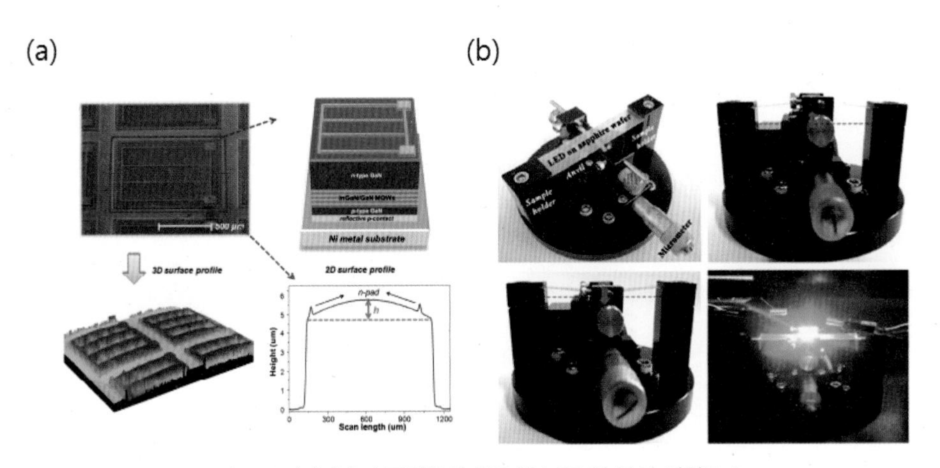


**그림 8-17** (a) (b) 스트레인을 이용한 LED의 특성 변화[4-5]

압전 기판의 스트레인은 압전 계수piezoelectric charge coefficient인 $d_{31}$ 값과 인가전압에 의해 결정되며 특정 전압에서의 LED에 인가되는 스트레인은 식 8-3에 의해 계산된다. 압전 계수가 180 pC/N인 PZT 기판에 인가되는 전압이 90V일 때 LED에 인가되는 스트레인은 $3.24 \times 10^{-5}$이다.

$$d_{31} = 180\left[\frac{pC}{N}\right] = 180\times10^{-12}\left[\frac{C}{N}\right] = 180\times10^{-12}\left[\frac{Nm}{NV}\right] = 180\times10^{-12}\left[\frac{m}{V}\right]$$

$$\varepsilon_p = \frac{\Delta L}{L} = \frac{d_{31}}{\text{두께}}V = \frac{180\times10^{-12}\left[\frac{m}{V}\right]\times 90\,[V]}{5\times10^{-4}\,[m]} = 3.24\times10^{-5}$$

**식 8-3** 압전 계수로부터 스트레인 계산

식 8-2는 금속기판의 bending을 이용하는 방식에서 스트레인은 금속 기판의 영의 계수와 곡률에 의해서 결정된다. 식 8-2에서 영의 계수가 410GPa인 텅스텐W을 이용하고 곡률반경bending radius가 11.3mm일 때 LED에 인가되는 스트레인은 $6.57\times10^{-3}$으로 압전 기판의 stretching 방식보다 금속기판의 bending 방식이 LED에 인가되는 스트레인이 더 크다는 것을 알 수 있다.

압전 기판을 이용하는 파장 가변 LED 소자 제작 공정 중 금속 본딩층은 압전 기판의 변형력을 손실 없이 LED의 활성층에 전달해야 한다. 하지만 금속 본딩층의 낮은 영률로 인해 두께가 두꺼울 경우 압전 기판의 변형력이 금속 본딩층에서 완화되므로 두께가 얇아야 한다. 그러나 얇은 금속 본딩층은 본딩 및 LLO 공정 시 크랙을 발생시키고 LED가 기판에서 분리되는 문제를 야기시킨다. 이와는 다르게 금속 기판을 이용하는 파장 가변 LED 에서는 금속 본딩층의 두께에 따라 스트레인이 좌우되지 않으므로 안정적인 금속 본딩이 가능한 장점이 있다. 그림 8-18(a)는 텅스텐 기판 위에 제작된 LED 소자이며 우측은 버니어 켈리퍼스를 사용하여 bending된 LED의 발광 사진이다.

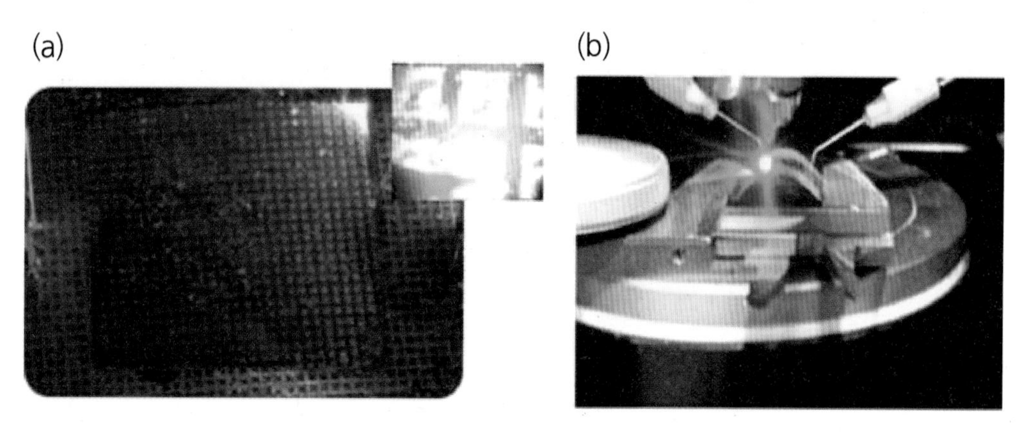


**그림 8-18** (a) 금속 기판 위에 제작된 파장 가변 소자 및 (b) bending을 이용한 LED 측정

그림 8-19는 중심파장이 473nm LED에서 bending에 따른 전계 발광Electroluminescence, EL 세기 및 중심파장의 변화를 보여준다. 스트레인이 없는 평평한 LED에서 곡률curvature이 증가하면 인장tensile 스트레인이 인가된다. LED의 QW에 걸려 있는 압축compressive 스트레인은 bending에 의한 외부 인장 스트레인에 의해 완충되어 양자 구속 스타크 효과가 완화된다. 이에 따라 전자와 정공의 파동 함수wavefunction 중첩overlap의 향상으로 인해 재결합 확률의 증가로 EL 세기가 증가하게 되며 발광 파장은 높은 에너지(짧은 파장) 방향으로 움직이게 된다. Bending으로 곡률이 $64.89m^{-1}$일 때 EL 세기는 가장 많이 증가하게 되며 발광 파장은 11.39nm만큼 가변된다.

스트레인에 의한 LED 파장 가변은 GaN 기반 LED뿐만 아니라 AlGaInP 기반 LED(적색~근적외선 영역)에서도 특성을 확인할 수 있다. AlGaInP 기반 LED는 그림 8-20과 같이 GaN 기반 LED와 다르게 성장 기판으로부터 발생되는 스트레인이 없다. 하지만 외부에서 스트레인이 인가되는 경우 energy band state가 변하게 된다. 압축 스트레인을 받는 경우 valence band의 heavy hole state가 높아지게 되어 발광 파장은 적색 편이red shift된다. 반대로 인장 스트레인을 인가하는 경우에는 전자와 light hole 사이의 재결합이 일어나게 되며 발광 파장은 청색 편이blue shift된다[그림 8-20(b), (d)].[6]

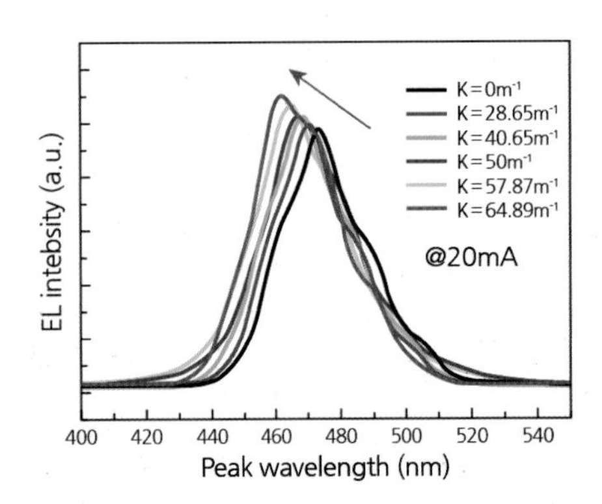


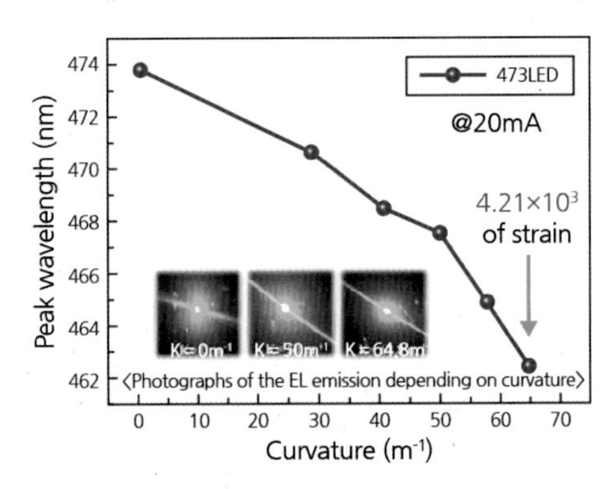


**그림 8-19** bending 반경에 따른 청색 LED의 파장 변화

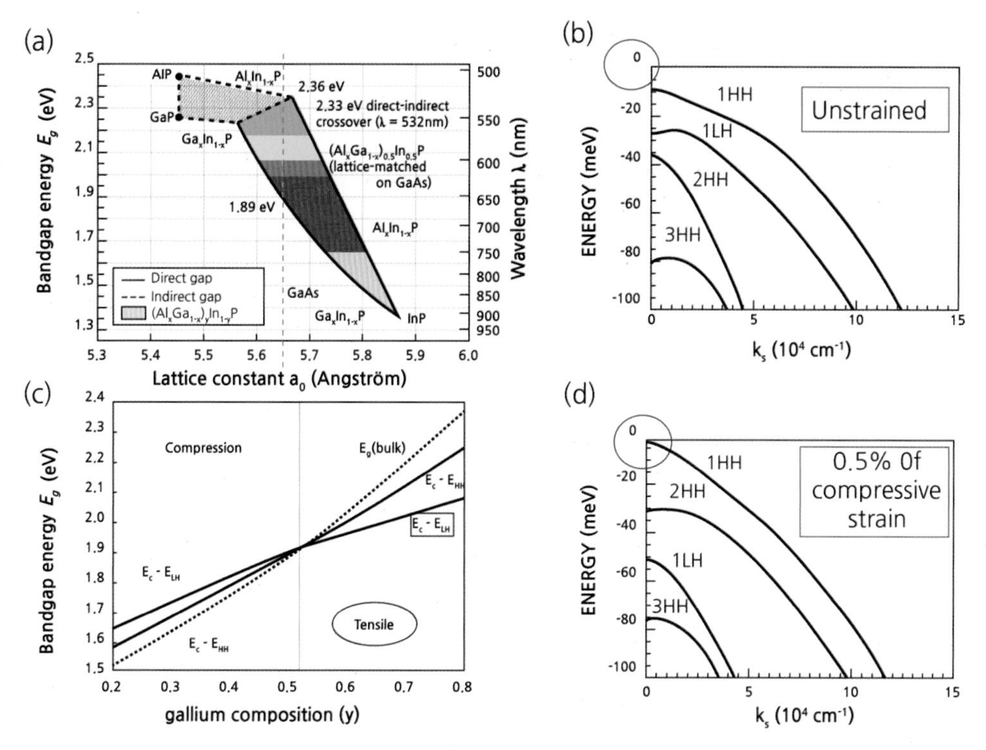


**그림 8-20** (a) AlGaInP 기반 격자에 따른 bandgap (b) Ga 조성 변화에 따른 energy gap (c) 스트레인이 없는 경우의 valence band states (d) 압축 스트레인 존재 시 valence band states[6]

AlGaInP 기반 LED 파장 가변 소자 제작 시 GaN 기반 LED와 차이점은 기판 제거 공정이다. GaN 기반 LED의 성장 기판을 제거하기 위해서 LLO 공정을 진행하지만 AlGaInP 기반 LED는 밴드갭이 작은 GaAs 기판에 성장되기 때문에 LLO 공정을 진행하지 못하므로 화학적 리프트오프Chemical Lift-Off, CLO 공정을 통해 기판을 제거한다. CLO 공정은 GaAs 기판을 화학적으로 제거하는 방식으로 $NH_4OH$, $H_2O_2$, 그리고 $H_2O$가 혼합된 용액을 사용한다.

금속 기판의 bending을 이용한 적색 LED에서의 파장 가변을 보면 그림 8-20에서 보이듯이 압축 스트레인을 인가하는 경우 전자와 heavy holeHH과의 결합으로 인해 에너지가 낮아져 발광 파장은 적색 편이를 보인다. 반대로 압축 스트레인을 인가하는 경우 전자와 light holeLH의 결합으로 에너지가 높아져 발광 파장은 청색 편이한다. 가변 폭을 보면 금속 기판의 곡률이 −50에서 $64.89m^{-1}$로 변할 때 14.67nm의 파장 가변을 보였다[그림 8-21].

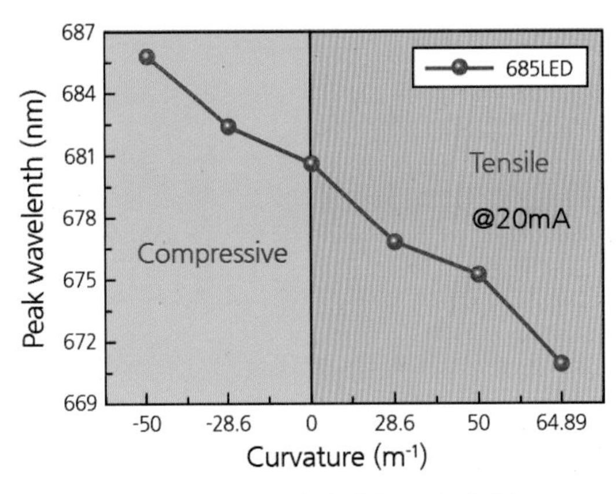


**그림 8-21** 곡률 변화에 따른 파장 가변 폭

# 8.2 파장 가변 LED의 응용

## 8.2.1 의료용 파장 가변 LED

### 8.2.1.1 광 치료의 기원

광 치료light therapy는 다양한 질병 치료를 위해 오래 전부터 이용된 의료기술이다. 피부병 치료를 위해 태양빛을 이용하는 방법은 수천 년 전부터 이집트, 인도 그리고 중국에서 이용되었다. 태양광을 이용한 치료법은 1903년 노벨 의학상 수상자인 Niels Ryberg Finsen에 의해 재조명되었으며, 이후 인공광을 이용한 광선요법phototheraphy의 태동을 낳게 된다.

의료용으로 사용된 인공광의 시작은 레이저로부터 시작되었다. 레이저의 명칭은 사용되는 물질에 의해 결정된다. 이를테면, 아르곤, 크립톤, 이산화탄소 등의 기체와 루비, YAG, KTP 등의 크리스털을 사용하기도 하며, dye와 반도체 같은 특별한 물질을 사용한다[그림 8-22].

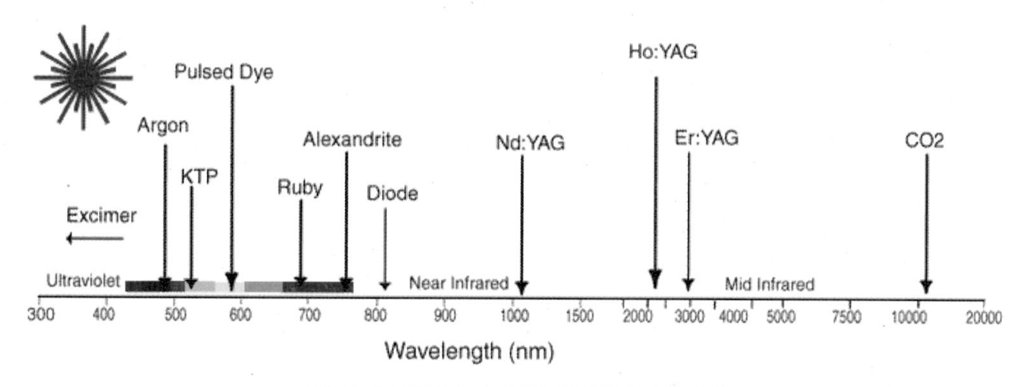


**그림 8-22** 레이저 광원 종류에 따른 파장 영역

### 8.2.1.2 LED를 이용한 광 치료 및 효과 파장

레이저를 이용한 치료는 작은 면적에 높은 에너지를 사용하기 때문에 부기, 통증, 피부각질, 피부알러지, 과색소침착 및 흉터가 발생하게 된다. 또한 레이저 치료의 종류에 따라 짧게는 30분~1시간부터 길게는 2~4주 이상까지 치료통증이 유발될 수 있는 단점을 가지고 있다.

최근에는 피부질환 치료를 위한 광원 중 LED 광원을 이용한 방법도 활발하게 연구되고 있다. LED를 이용하면 레이저가 제한된 국소부위를 집중적으로 치료하는 것과 달리 상대적으로 낮은 광 출력으로 넓은 면적의 피부질환 부위를 효과적으로 치료할 수 있다. 가시광 LED는 반치전폭full width at half maximum이 20~40nm 정도로 좁은 특정 파장의 빛을 방출하므로 피부에 유해한 자외선이나 불필요한 적외선이 방출되지 않아서 부작용이 적고, 에너지가 낮아 피부 조직이나 눈을 손상시키지 않는 장점이 있다. 이런 장점으로 미국 FDA는 가시광선과 근적외선 영역의 LED 광원을 이용한 치료를 할 수 있도록 허가하고 있다. LED 광원은 소비전력이 적고 사용 시간이 길어 환경 친화적이며, 레이저를 이용한 치료보다 부피가 작아 공간 활용이 용이한 장점이 있다. LED 광원을 이용한 치료는 저준위 레이저 치료Low Level Laser Therapy, LLLT로 분류되며 광 에너지가 세포 내에서 생리화학상의 치료 목적을 위해 화학적, 운동역학적 또는 열에너지로 변화되는 것을 기반으로 한다. 이때 가장 중요한 것은 세포 내의 원소 또는 분자에 의해 빛이 흡수되는 것이다. 따라서 특정 파장의 빛이 세포 내에 있는 특정 색소포chromophore에 효율적으로 흡수되는 것이 중요하다.[7, 8] 생화학적인 효과는 광원의 파장, 조사량, 세기, 조사시간, 광 조사방법(연속 광 또는 펄스 광) 등 다양한 변수들에 의존한다. 의학적으로는 광원의 조사 주기, 치료의 횟수 및 치료 주기 등에 의존한다. 따라서 피부질환 치료를 위한 광원의 특성을 피부 특성에 맞게 조절하는 것 또한 중요하다.

① 405~420nm 파장 : 피부의 상피조직epidermal에 흡수된다. 포피린porphyrin을 자극하여 세포내의 단일 산소를 보다 많이 생산하게 만들어 박테리아를 괴멸시킨다. 여드름 치료에 유용하다.

② 630~640nm 파장 : 피부의 진피조직dermal까지 침투하고, 약 80%의 광에너지가 2mm 내에서 흡수된다. 붉은색의 광은 미토콘드리아를 자극하고 ATP 생성을 활성화시킨다. 이를 통해 세포 전도, 표면 순환 및 반염증 방출 등을 유도한다.

③ 800~900nm 파장 : 파란색 또는 붉은색 계통의 광선보다 피부 깊이 침투하고, 50% 정도가 4mm까지 침투한다. 이 파장을 흡수한 세포는 온도가 올라가고 통증 완화의 효과를 유도한다.

| Endogenous | Wavelength(nm) | Exogenous | Wavelength(nm) |
|---|---|---|---|
| Nucleic acid | 260~280 | Psopralens | 340~370 |
| Protein | 280~300 | India ink | 400~800 |
| Hemoglobin | 400, 542, 554, 576 | Indocyanine green | 805 |
| Melanin | 400~800 | Porphyrins | 400, 630 |
| Water | 1,400~10,000 | Chlorins | 650~690 |
| Lipid | – | Bacteriochlorins | 720~780 |
| Flavins | 420~500 | Phthalocyanines | 670~740 |
| Porphyrins | 400, 630 | Methylene blue | 660 |
| Cytochrome | 620~900 | Rose bengal | 540 |

**표 8.1** 피부조직 내 색소포의 종류 및 광 흡수 파장[10]

또한 선택된 광선의 파장이 피부로 침투하는 깊이도 고려되어야 한다. 그림 8-23과 같이 빛의 피부 침투 깊이는 세포 조직의 종류에 따라 다르지만, 400nm 파장의 광은 1mm 이하의 투과 깊이를, 514nm 파장의 광은 0.5~1mm의 투과 깊이를, 630nm 파장의 광은 1~2mm의 투과 깊이를 갖고, 700~900nm 파장의 광은 4mm까지 더 깊이 침투할 수 있다. 세포와 세포

조직은 각각의 고유한 광 흡수 특성을 갖고 있다. 즉, 특정 파장의 광만을 흡수하는 것이다. 광선요법의 최대 효율을 위해서는 광이 목적하는 세포나 세포조직까지 침투할 수 있는 파장을 선정해야 한다. 붉은색은 피부의 깊은 층에 있는 피지선sebaceous glad의 활성화에 이용되고, 파란색은 PDT 방법을 이용해 표피epidermis에 있는 각질keratoses을 활성화하여 피부의 표면 상태를 조절하는 데 이용될 수 있다.[9]

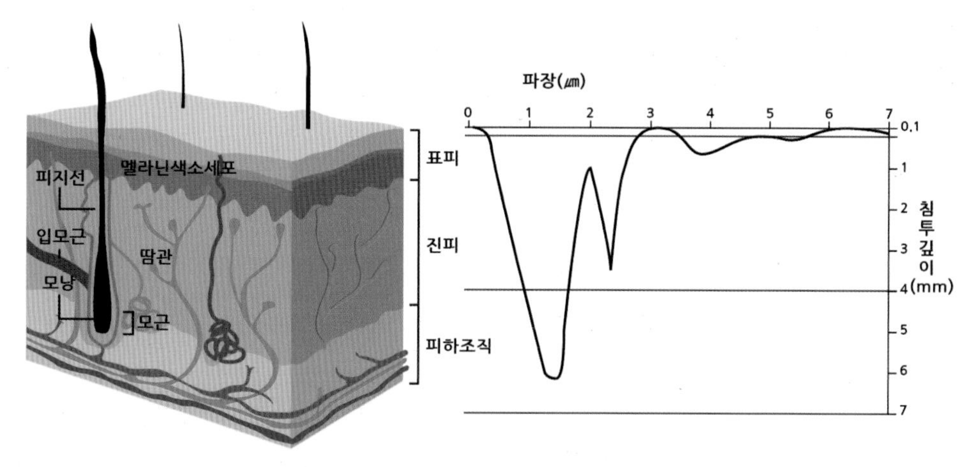


**그림 8-23** 파장에 대한 세포 침투 깊이

### ① 상처 치료

LED 광원을 이용한 피부질환 치료는 상처 치료를 목적으로 하였다. 가시광 및 근적외선 영역의 다양한 파장을 갖는 LED 광원은 뮤린murine 섬유아세포fiberblast, 쥐 골아세포osteoblast, 쥐골근세포skeletal muscle cell 및 휴먼 상피epithelial cell 등의 다양한 세포선cell line에 존재하는 세포의 성장을 증가시켰다. 상처의 크기 감소 및 상처의 봉합 속도 증가에 대한 연구결과가 발표되었으며, 인간 피부 세포의 빠른 상처 치유와 봉합에 대한 긍정적인 연구 결과들도 속속 발표되었다. 특히, 외과적 수술 이후 LED 광원을 조사하였을 때, 부기swelling, 삼출성oozing, 각질화crusting, 고통pain, 홍반erythema의 부작용이 현저히 감소한다는 결과가 보고되었다.[11] 괴저성necrotic 상처를 갖는 피부의 치유에서는 근적외선 영역의 파장을 통한 metalloproteinases 생산의 증가가 상처치유에 도움이 된다. 또한 상처 부위에 적색에서 근적외선 영역(630~1,000nm)의 매우 낮은 광세기의 LED 빛을 조사하면 세포의 기능을 활성화시켜 외상의 회복,

손상된 광 신경 열화의 완화 그리고 허혈성 상처의 회복에 효과가 있는 것으로 나타났다.

### ② 여드름 치료

태양 빛은 여드름 치료에 많은 도움이 된다고 알려져 있다. 하지만 어떤 파장의 빛이 효과가 있지는 잘 알려져 있지 않다. 백색광, 녹색광 그리고 보라색 광을 이용하여 7주 동안 1주에 3번 치료를 받은 환자 중 백색광은 14%, 녹색광은 22% 그리고 자색광은 30%의 치료 효과가 있음을 확인하였다. 염증 치료에 효과가 있다고 알려진 415nm 단일 파장의 LED 광을 660nm LED 광과 합성하여 동시에 여드름 환자에게 조사하는 경우, 76% 이상의 염증성 피부염 환자의 피부가 치료됨을 확인한 임상 실험이 있다. 아토피 피부염에 걸린 생쥐에 630nm와 830nm 파장의 LED 광을 일주일 동안 조사하면 염증이 줄어들고 피부상태가 호전됨이 확인되었고,[12] 635nm 파장의 주황색 LED 광을 사람의 잇몸에 조사하면 염증이 현저히 완화되는 사실이 보고되었다.[13] 이는 635nm 파장의 빛이 통증을 일으키는 PGE2 물질의 합성을 억제하기 때문이다. 염증성 여드름 치료에는 파랑-빨강의 두 색이 합쳐진 LED 광원을 이용하는 경우 항박테리아 활동 및 항염증 활동이 강화된다고 알려져 있다.[14]

LED 광을 이용한 여드름 치료는 안전하고 효과적이며 치료과정 중 환자가 받는 고통이 적어진다. 하지만 단기간의 치료를 통해서는 효과를 볼 수 없고 장기적이며 복합적인 치료가 요구된다[그림 8-24].

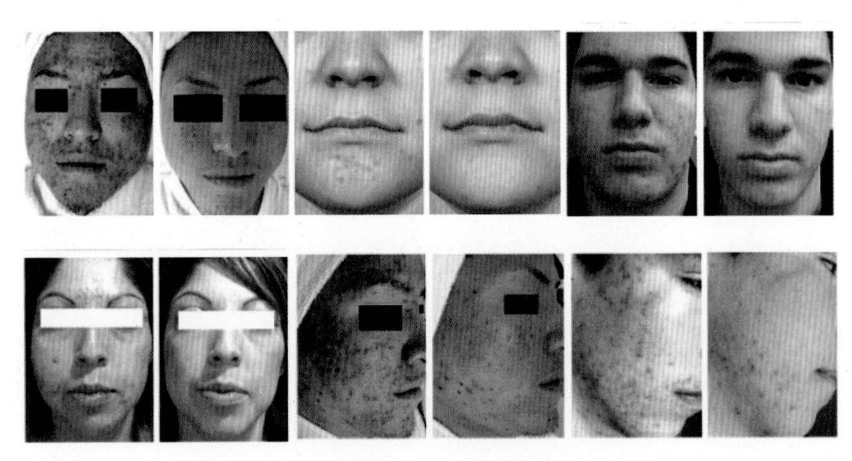

**그림 8-24** 광을 이용한 여드름 피부 치료 효과 사례[15]

### ③ 피부 회복(rejuvenation)

피부 속의 콜라겐 파괴는 피부 주름의 주요 원인이다. 여러 가지 방법을 통해 피부 주름을 개선하는 피부 회복rejuvenation이 가능하지만, 콜라겐의 합성을 증진시키거나 파괴되는 것을 지연시키는 방법이 주요한 기술이다. 피부 회복에서 사용되는 LED 광원은 다른 피부회복 방법과 병행하여 최대의 효과를 보여주는 데 기여하고 있다. 콜라겐 합성을 목적으로 400~800nm 파장 대역의 매우 넓은 가시광영역의 LED를 24~27J/cm$^2$의 세기로 조사하는 경우, 콜라겐은 수산기 라디칼의 형태를 가지는 것이 확인되었다. 이 실험을 통해 광-유도 활성산소종reactive oxygen species 생산에 기초한 광 회복 메커니즘을 정립하였다. 활성산소종은 20~30J/cm$^2$의 세기를 갖는 가시광을 통해 보다 많이 만들어지며, 노화된 콜라겐 섬유질은 제거하고 신생 콜라겐 섬유질의 합성과 성장을 촉진시킨다. 일정 깊이 이상의 피부에는 도달하는 광의 세기가 약화되므로 적은 양의 활성산소종이 생성되는데, 이때는 섬유아세포의 생성을 촉진시킨다. LED 광을 피부에 조사하면 진피와 표피조직의 세포를 자극하여 피부 노화를 어느 정도 방지할 수 있다고 알려져 있다.[15, 16] 또한 NASA에서의 연구 결과는 LED 광이 림프액 흐름과 국소 혈액 흐름을 비침습적이고 비열활성적으로 촉진하는 것을 보여주었다. 독일의 한 연구팀은 LED 조명과 황산화 작용이 있는 에피갈로카테킨 갈레이트라는 녹차 추출 성분을 함께 사용해 한 달간 진행된 임상 실험에서 실험군의 안면 주름이 크게 개선되는 것을 확인하기도 하였다. 피부 강화증 LED 기반의 광역동 치료Photodynamic Therapy, PDT를 통해 임상적 치료 효과가 확인되고 있는 분야이다. 120mW/cm$^2$(40J/cm$^2$)의 LED 광을 자외선 각화증 환자에게 조사하는 경우, 6개월 후에 80.3%에 달하는 환자의 치유가 확인되었다. 이러한 연구 결과는 LED 광 기반의 PDT 치료가 안전하고 효과적임을 확인하였고, 향후 피부 각화증 치료에 LED 광이 효과적인 대체 광원으로 사용될 수 있음을 보여주고 있다.

### ④ 알레르기 비염(allergic rhinitis)

660nm 파장의 LED 광원을 이용하여 알레르기 비염을 갖고 있는 환자에게 하루에 4.4분 동안 3번씩, 14일 동안 조사시킨 결과 72%의 환자가 증상이 호전됨을 보고하였다. 이때 하루 동안 환자에게 조사된 LED 광 에너지는 6J이다. 임상적 실험을 통해 코 점막에 660nm의

LED 광을 매일 아주 조금씩 꾸준히 조사하면 알레르기 비염을 치료할 수 있는 가능성을 확인한 것이다. 구강 점막염이 있는 환자에게 880nm 파장의 LED 칩이 어레이로 형성된 기구를 입속에 넣고 3.6J/cm$^2$, 74mW의 광세기로 화학요법을 실시한 후 5일 동안 조사를 하면 구강 점막염 확산이 방지되는 임상적 결과를 보고하였다. 이 결과를 바탕으로 880nm 파장의 LED 광을 이용한 광선요법은 구강 점막염을 예방할 수 있는 안전하고 효과적인 방법임을 확인하였다. 660nm 파장과 890nm 파장의 LED 광을 정맥 궤양 치료를 위해 조사하는 경우, 정맥 치유에 효과적임을 보고하였다.[15]

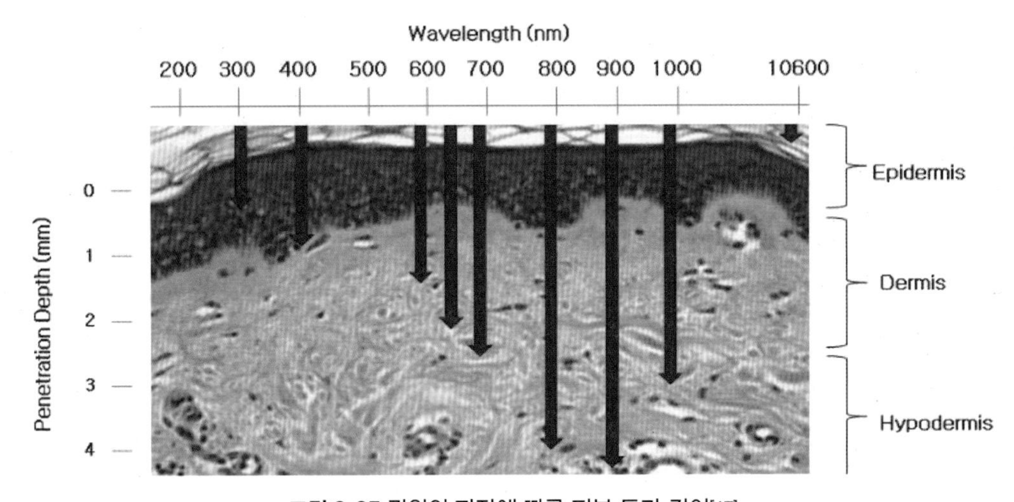


**그림 8-25** 광원의 파장에 따른 피부 투과 깊이[17]

지금까지 살펴본 바와 같이, 광의 파장별 광-치료 적용성은 대표성을 중심으로 파악할 수 있으나, 현재까지 매우 복합적인 요소가 작용하고 있어 적용성만 검토되고 있다. 표 8-2와 표 8-3에 LED 광원 파장별 광 치료 응용 분야와 LED 치료기의 품목 및 적용 파장대역을 정리하였다.

| 파장범위 | 구분 | 작용효과 및 응용 분야 | 활용광원 |
|---|---|---|---|
| UV-C | 원자외선<br>(100~280nm) | • 살균 및 청정<br>• Bio-medical sensor | LED(250nm) |
| UV-B | 중자외선<br>(280~320nm) | • 비타민 D 형성<br>• 백반증, 건선 치료기 | LED(315nm) |
| UV-A | 근자외선<br>(320~400nm) | • 아토피 피부염 치료<br>• 경피증, 진균증 치료 | LED(362, 380nm) |
| 가시광선 | R, G, B<br>(400~780nm) | • 신생아 황달 치료<br>• 여드름, 기미 치료<br>• 피부개선, 시신경 치료<br>• 우울증, 심미 치료 | LED 전 파장대 |
| IR | 근적외선<br>(780nm~2.5$\mu$m) | • 통증완화<br>• 피부재생 촉진<br>• 수술 후 환부봉합 촉진 | LED(830nm) |

**표 8-2** LED 파장별 작용효과 및 응용 분야

| | | |
|---|---|---|
| 피부 치료<br>외과적 치료<br>광역학 | 광살균기, 여드름 치료기 | • 살균성은 원자외선<br>• 치료성은 근자외선<br>• 기능성은 전 영역 |
| | 피부 치료기(아토피, 주름, 황달) | • 내적 피부질환은 근자외선<br>• 외적 피부질환은 가시광선 |
| | 심미 치료기, 광욕기기 | • 심미 작용은 가시광선<br>• 생체기능은 가시광선 |
| | 비염, 중이염 치료기 | • 이비인후과는 근적외선<br>• 직접 살균은 근자외선 |
| | 수술 환부 광조사기(세포성장촉진기) | • 환부 세포 재생은 근적외선 |
| | 통증 완화기 | • 통증 완화, 통증 치료 근적외선 |

**표 8-3** LED 치료기의 품목 및 적용 파장대역

### 8.2.1.3 의료용 파장 가변 LED 제품의 필요성

현재 의료용 LED 광원을 탑재한 광선 치료기는 그림 8-26과 같이 단일파장 또는 두 가지 파장의 LED 광원모듈로 구성되어 있어 피부질환별로 LED 발광 시스템을 선택해서 사용해야 하는 번거로움이 있다. 또한 동일한 파장을 사용하더라도 사람마다 피부의 특성이 다르기 때문에 치료에 따른 미량의 파장 가변은 필연적이다. 그러나 앞에서 살펴본 바와 같이 현재 판매되고 있는 의료용 LED 파장은 가변적이지 않아서 치료 및 효과 검증에 있어 어려움이 있다. 파장 가변 LED는 단일 및 복합적인 질병 및 개인에 대한 최적화된 파장을 제공하

여 치료 시간을 줄일 수 있으므로 하나의 파장 가변 LED 모듈을 이용하여 다양하고 복합적인 광 치료가 가능하다. 또한 제품의 크기가 최소화되어 있으므로 미래에는 병원뿐만 아니라 집에서도 편리하게 사용이 가능할 것으로 예측된다.

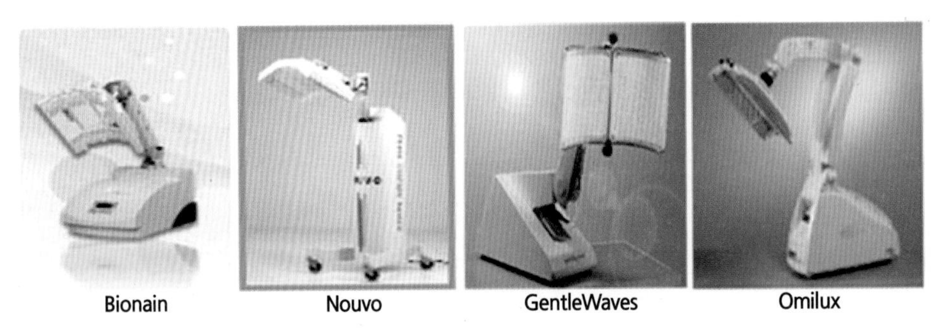


**그림 8-26** 현재 시장에 출시된 LED 광 치료기기

### 8.2.2 LED를 이용한 가시광통신

최근 들어 가시광 영역 LED 소자의 빛에 디지털 정보를 실어서 보내는 LED 통신기술이 주목을 받으면서, 조명이나 디스플레이 기능과 동시에 디지털 정보를 전달하는 분야에 적용되는 노력이 이루어지고 있다. LED 가시광통신의 원리는 그림 8-27과 같이 조명을 유지하면서 데이터에 의해 빠르게 깜박이는 것으로 가능해진다. LED에서 전기적 신호를 빛의 신호로 바꾸는 데 걸리는 속도가 약 30ns에서 250ns인데, 이렇게 빠른 on-off 스위칭을 통한 모듈레이션에 의해 데이터 통신이 가능해진다. 사람은 LED가 초당 100회 이상 on-off되면 계속적으로 on이 되어 있는 상태로 인식하게 되어 조명이나 디스플레이의 기능도 유지하게 된다.[18]

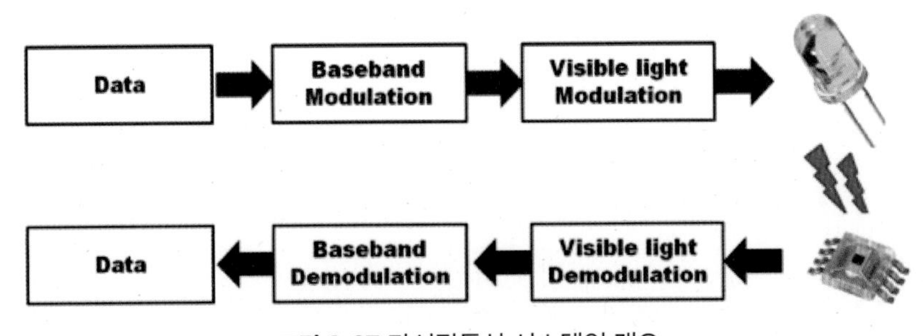


**그림 8-27** 가시광통신 시스템의 개요

가시광통신의 효율을 높이기 위해 파장 분할 다중화 방식Wavelength Division Multiplexing, WDM 기술이 연구되고 있다. 파장 분할 다중화 방식은 파장이 다른 광원 여러 개를 사용하여 한 번에 많은 데이터를 전송하는 기술이다[그림 8-28]. 그러나 다양한 파장을 사용하기 위해서는 파장이 다른 여러 가지 광원이 필요하게 되어 모듈의 크기가 증가하는 단점이 발생한다.

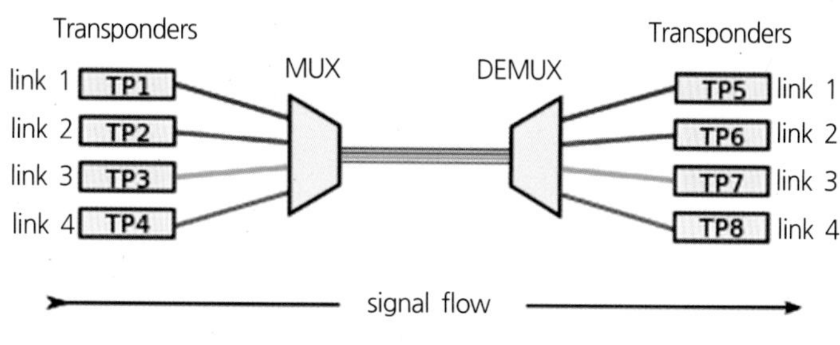


**그림 8-28** 파장 분할 다중 기술 모식도

### 8.2.2.1 가시광통신에서의 파장 가변 LED

앞에서 설명했던 파장 가변 기술을 LED 광원에 적용하면 0.1nm 정도로 가변시킬 수 있어 조밀 파장 분할 다중화 방식Dense Wavelength Division Multiplexing, DWDM도 가능하다[그림 8-29].[19]

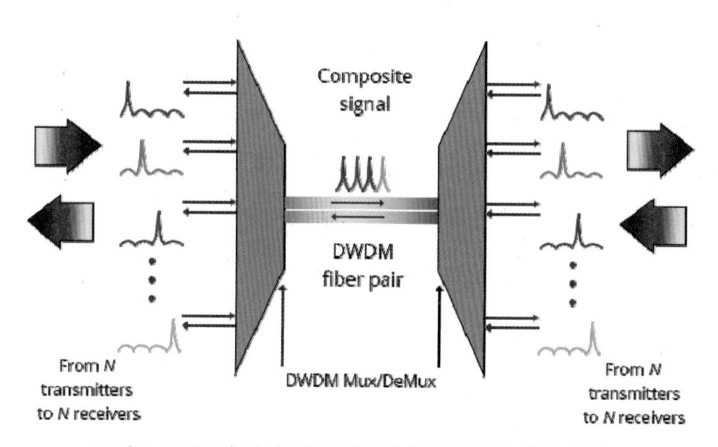


**그림 8-29** 조밀 파장 분할 다중화 방식(DWDM)의 모식도

조밀 파장 분할 다중화 방식은 일정 파장 대역에 걸쳐 수십, 수백 개의 파장의 광 신호를 변조시키는 기술로 LED를 이용하여 100개 이상의 채널을 만들어도 사람의 눈으로는 하나의 파장으로 보여, 기존 조명의 역할을 하면서 단일 파장을 이용한 LED보다 더 많은 데이터를 전송할 수 있는 기술이다[그림 8-29].[20]

### 8.2.3 의료영상(Optical Coherence Tomography, OCT)

의료영상기술은 질병의 진단과 치료에 필수적이며, 초음파, computerized tomography[CT], magnetic resonance imaging[MRI], positron emission tomography[PET] 등이 대표적으로 활용되고 있다. 이 기술들은 3차원 영상을 제공함으로써 관심 영역의 질병 유무를 진단하게 한다. 그렇지만 공간해상도가 밀리미터 수준이기 때문에 미세조직의 형상을 관찰하기에는 부족하다. 공초점 현미경을 이용하면 마이크로미터 분해능으로 영상을 얻을 수 있지만, 수백 nm 깊이 이상의 조직 내부를 관찰하기는 어렵다. 한편, 고주파 펄스를 이용한 초음파기법을 안구에 적용할 경우 20nm 정도의 분해능까지 얻을 수 있지만, 지나친 감쇄 때문에 안구 겉 부분만의 영상을 얻을 수 있다. 스캐닝 레이저 단층술을 이용하면, 망막 부위까지 미세조직을 관찰할 수 있지만, 깊이 방향의 분해능은 수백 nm에 불과하다.[21]

생체조직에 대해 깊이 수 mm까지도 미세조직 관찰이 가능한 기술이 광 결맞음성 단층촬영법[OCT]이며, 지난 십여 년간 광섬유 및 레이저의 개발로 많은 발전이 이루어졌다[그림 8-30].

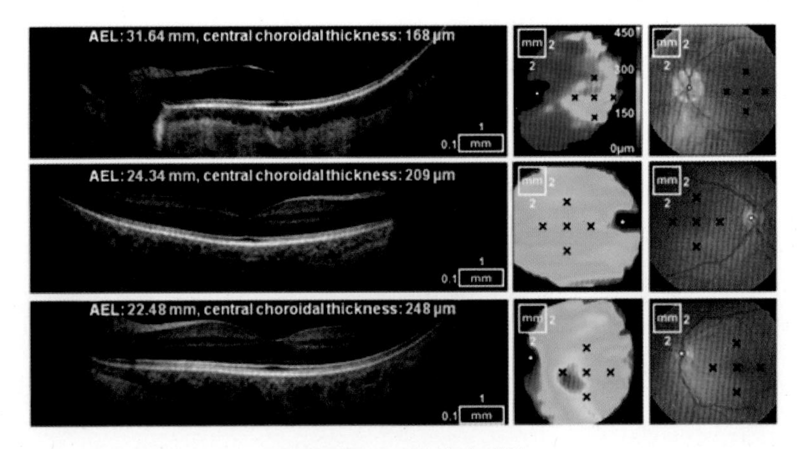


**그림 8-30** OCT 촬영 영상

짧은 광파장에 의한 높은 공간분해능과 간섭계 원리에 의한 높은 동적 범위로 인하여 미세한 3차원 영상을 제공할 수 있으며, 비접촉 비침습적인 장점을 가지고 있다. 빛에 반응하는 안구의 경우에는 산란이 적고 투명하고, 비접촉에 의한 쉬운 접근 때문에 광학적 방법이 많이 적용되고 있으며 표 8-4는 OCT의 다양한 응용 분야를 보여준다.[22]

| 응용 분야 | 응용 내용 |
|---|---|
| 안과 | • 망막 관련(AMD(노화성 시력감퇴), 당뇨성 망막증, 녹내장 진단, 망막황반원공)<br>• 전안부 관련(라식 수술 전/후 플랩 두께 측정, 안내렌즈 측정, 녹내장의 좁은 전방각 측정) |
| 심혈관계 | 위험 혈전 진단, 스텐트 가시화, 말초혈관질환 진단 |
| 치과 | X-ray 장비 대체(10배 정도 높은 분해능) |
| 피부과 | 피부/두피 진단 및 치료, 비침습 혈당 측정 |
| 암 진단 | (보통 내시경 타입을 이용한 진단) 방광, 이비인후, 위장, 폐, 자궁, 유방, 피부 등에 발생한 암 진단 및 처치 |
| 비뇨기과 | 전립선, 방광 등 관련 질환 진단 및 수술 |
| 의학 이외 분야 | 보석 감정, 지문 검출, 의료 장비 검사, 산업 측정기기, MEMS 장비용 측정 장치, 의약품 코팅 상태 분석, 고분자 특성 분석, 박막 두께 측정, 와이퍼 검사 등 |

**표 8-4** OCT 응용 분야[22]

OCT의 기술 발전은 스캐닝 속도와 영상을 표현하는 방법을 개선하는 방향으로 진행되어 왔다. 초기에는 광섬유 기반의 마이켈슨 간섭계 구성으로 time domain 방식의 TD-OCT가 연구되었는데, 낮은 신호 감도와 느린 스캔 속도의 한계 때문에 최근에는 거의 연구되지 않고 있다. 1995년 Fourier domain 방식의 FD-OCT가 등장하면서 지금까지 활발하게 연구가 진행되고 있는데, 광의 파장 성분을 검출하여 푸리에 변환을 시킴으로써 깊이 정보를 획득하는 원리를 이용한다.[22] 여기에서 광검출기로 분광기를 사용하여 이미지를 얻는 spectral domain 방식은 SD-OCT라고 부르고, 광원 자체의 중심 파장을 바꾸면서 하나의 검출기를 사용하는 swept source 방식은 SS-OCT로 불린다.[23]

### 8.2.3.1 파장 가변 LED를 이용한 의료영상 OCT

2009년에 일본의 나고야 대학에서는 기존 레이저를 이용한 OCT 시스템의 깊이 분해능을 2배로 만들 수 있는 기술을 LED 광을 이용하여 구현하였다. LED는 출력이 높고, 크기가 작고, 가격이 저렴하여 OCT 시스템에 통합하기가 용이하다. 하지만 OCT의 광소스를 LED로 사용할 경우 고분해능 영상화를 수행하기에는 반치 전폭이 충분치 않다. 하지만 근적외선을 방출하는 인광체phosphor를 590nm LED와 결합시킴으로써 반치폭을 4.6μm로 증가시켰다[그림 8-31].[24] 레이저 광의 파장 가변 방식인 SS-OCT를 LED에 적용할 수 있으면 현재 LED를 이용한 OCT의 깊이 분해능을 현저히 향상시킬 수 있을 것이다.

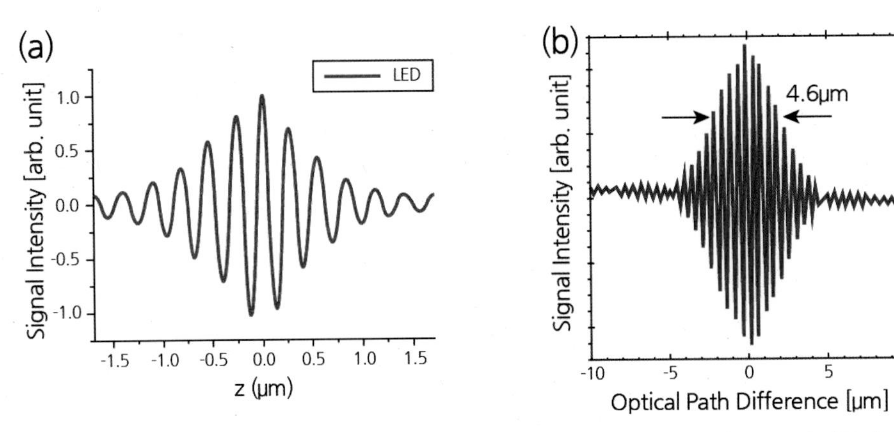


**그림 8-31** (a) LED를 이용한 OCT의 반치전폭[23] (b) LED와 인광체를 적용한 OCT의 반치전폭[24]

## 〔참고문헌〕


1. S. Chhajed, Y. Xi, Y. -L. Li, Th. Gessmann, and E. F. Schubert, *J. Appl. Phys.* **97**, 054506 (2005).
2. Y. H. Ko, J. H. Kim, L. H. Jin, S. M. Ko, B. J. Kwon, J. Kim, T. Kim, and Y. H. Cho, *Adv. Mater.* **45**, 5331 (2011).
3. C. Y. Cho, I. K. Park, M. K. Kwon, J. Y. Kim, D. R. Jung, K. W. Kwon, and S. J. Park, *Appl. Phys. Lett.* **93**, 241109 (2008).
4. https://m.blog.naver.com/PostView.nhn?blogId=kt9411&logNo=150165849100&proxyReferer=https%3A%2F%2Fwww.google.com%2F
5. J. H. Son and J. L. Lee, *Opt. express*, **18**(6) 5466 (2010).
6. W. Z. Tawfik, S. J. Bae, S. B. Yang. T. Jeong, and J. K. Lee, *Appl. Surf. Sci.* **283**, 727 (2013).
7. S. Kamiyama, T. Uenoyama, M. Mannoh, Y. Ban, and K. Ohnaka, *IEEE J. Quant. Electron.* **30** (6) (1994).
8. 김진태, 배성법, 윤두협, 피부질환 치료용 LED 치료기, 전자통신동향분석 25권 5호 (2010).
9. 황규석, 강보안, 황보승, 김진태, 의료/환경용 LED 기술 동향, 정보통신산업진흥원, 주간기술동향 1457호 (2010).
10. A. Bibikova and U. Oron, *Anat. Rec.* **241**, pp.123-128 (1995).
11. 정완영, 서용수, 김종진, 권태하, LED 가시광 통신시스템과 그 응용, 한국해양정보통신학회논문지 14권 6호 (2010).
12. D. Barolet, "Light-Emitting Diodes(LEDs) in Dermatology," Seminars in Cutaneous Medicine and Surgery, **27**, pp.227-238 (2008).
13. S. J. Jekal, M. S. Park, and D. J. Kim, *Kor. J. Clin. Lab. Sci.* **49**, 150 (2017).
14. 김한일, 김인애, 정민아, 임원봉, 이성기, 김병국, 황윤찬, 황인남, 오원만, 최홍란, 김옥준, Kor. *Oral Maxillo. fac. Pathol.* **32**, 1 (2008).
15. K. Kalka, H. Merk, and H. Mukhtar, *J. Am. Acad. Dermatol.* **42**, pp.389-413 (2000).
16. C. R. Simpson, M. Kohl, M. Essenpreis, Phys. Med. Biol. 43, pp.2465-2478. (1998). http://m.blog.daum.net/mohuman2/52
17. B. W. Pogue, L. Lilge, and M. S. Patterson, *Appl. Opt.* **36**, pp.7257-7269 (1997).
18. RAND Corporation: Annual Report, p.21, (2003).
19. 강태규, 김태완, 정명애, 손승원, LED 조명과 가시광무선통신의 융합–기술동향 분석, 전자통

신동향분석 23권 5호 (2008).

20. D. Teng, M. Wu, L. Liu, and G. Wang, *IEEE Wireless communications*, April (2015).

21. D. Tsonev, H. Chun, S. Rajbhandari, D. Jonathan, D. Mckendry, *IEEE Photonics Tech. Lett.* **26**, 7 (2014).

22. 김유일, 광간섭 단층 영상 기기, KISTI MARTKET REPORT, **3**, 2 (2012).

23. 이병하, 광학단층영상술의 기본원리와 다양한 적용분야로의 초대, 물리학과 첨단기술 3월호 (2017).

24. M. A. Choma, M. V. Sarunic, C. Yang, and J. A. Izatt, *Opt. Express* **11**, 18 (2003).

25. S. Fuchi, A. Sakano, R. Mizutani, and Y. Takeda, *Appl. Phys. Express* **2,** 032102 (2009).

CHAPTER

# 09 나노기공성 GaN을 이용한 LED 효율 향상

## 9.1 서 론

질화갈륨GaN을 기반으로 하는 III-nitride(III = In, Ga, Al) 화합물들은 직접천이 반도체 물질로서 넓은 밴드갭(0.7~6.0eV)을 가지는 특성 때문에 적외선에서 자외선까지 광범위한 파장 영역에서 다양한 광소자로 응용이 가능한 장점을 가지고 있다. 아카사키, 아마노, 나카무라 교수는 III-nitride 화합물을 이용한 청색 LED를 개발하였고, 이후 진보된 유기금속화학증착법Metal-Organic Chemical Vapor Deposition, MOCVD기술이 개발됨으로써 GaN의 양자우물구조를 가지는 LED의 발광 효율이 획기적으로 향상되게 되었다. 전 세계적인 연구에 의해 지속적인 효율 증가로 GaN 기반 LED는 조명, 디스플레이, 웨어러블 디바이스 그리고 광통신과 같은 다양한 응용 분야에 활용되고 있고 사회/문화, 군사, 바이오/의료 분야까지 광반도체 관련 산업 시장의 판도를 크게 변화시켰다. 현재에도 GaN을 기반으로 하는 LED는 다양한 응용 분야에서 계속 진화 중에 있으며 이를 위한 LED 소자의 연구도 꾸준히 진행 중이다.

## 9.2 나노기공성 GaN(Nanoporous GaN)

### 9.2.1 나노기공성 물질

예전부터 재료에 다공성을 부여하는 기술은 잘 알려져 있었고, 그림 9-1(a)와 같이 재료에 다공성을 부여하면 다공도에 따라 재료의 열전도도, 탄성, 굴절률, 전기전도도 등의 특성이 크게 변화된다는 것이 보고되었다[그림 9-1(b)].[1-4] 특히 여러 재료 중 나노기공성 질화갈륨 nanoporous GaN은 에피탁시 성장이나 포토닉스 관점에서 매우 흥미로운 재료이다. GaN 기반 LED에도 나노기공성 질화갈륨을 도입하면 내부양자효율과 광 추출효율을 동시에 향상시킬 수 있다고 알려져 있다.

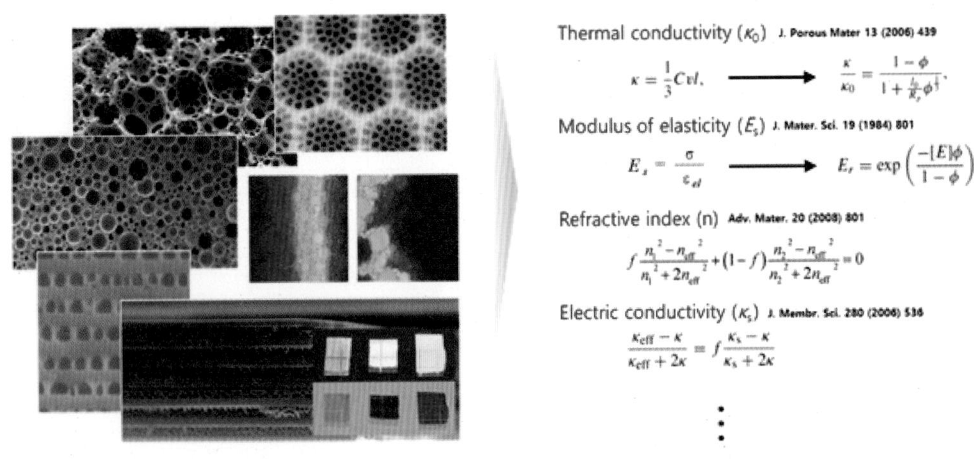


**그림 9-1** (a) 다양한 유·무기 물질에 적용된 나노기공 (b) 나노기공 물질 내부에 부여된 다공도에 따른 물성의 변화

또한 실리콘, indium tin oxideITO, ZnO, $TiO_2$ 등 다양한 물질이 나노기공을 가지도록 제작하고 GaN 기반 LED에 접목하면 내부양자효율 및 광 추출효율을 크게 향상 시킨 결과가 보고된 바 있다.[5-12] 예를 들면 Schubert 그리고 Steiner 연구그룹들에서는 $TiO_2$ 물질을 이용하여 에폭시의 굴절률을 조절하거나 무반사 막을 구현하는 데 성공하였고[그림 9-2(a), (b)], 이를 통하여 LED의 광 추출효율을 크게 향상시켰다.[5] 김종규 연구그룹에서는 나노기공성 ITO를 GaN 기반 LED 상부에 삽입함으로써 LED 내부에서 발생된 빛의 내부전반사를 감소시켜 광 추출효율을 증가시켰다[그림 9-2(c)]. Han 연구그룹은 마그네트론 플라즈마 가스를 이용하여

나노기공성 ZnO 필름 제작 기술을 개발하였고[그림 9-2(d)], LED 상부에 필름을 형성함으로써 30%의 전계발광 향상결과를 보여줬다. 이와 같이 나노기공성 재료 기술들은 기존의 재료가 갖는 물성적/광학적 한계를 극복함으로써 광소자의 효율을 크게 향상시켰다.

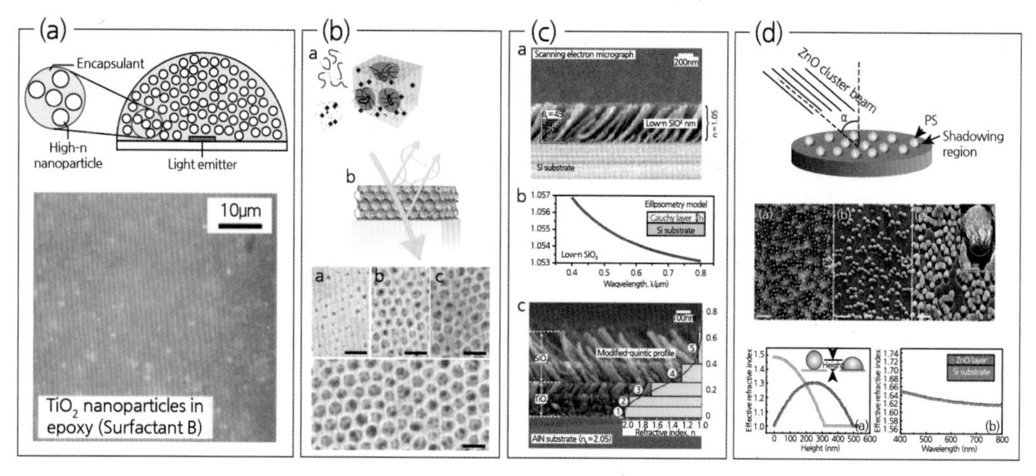


**그림 9-2** 다양한 물질선택과 구조형성을 통한 나노기공 제작 및 광소자 응용 예 (a) 에폭시 굴절률 조절을 위해 삽입된 $TiO_2$ 나노입자,(b)무반사 코팅을 위한 $TiO_2$ 나노 결정. LED 광 추출효율 향상을 위한 (c) 나노기공성 ITO 투명전극과 (d) 나노기공성 ZnO 필름

## 9.2.2 나노기공성 GaN 제작

나노기공성 GaN는 GaN 반도체 물질 내부에 수 나노 또는 수백 나노 크기의 기공을 가지고 있다. 나노기공성 GaN 제조방법으로는 대표적으로 photon-assisted electrochemicalPEC 또는 electrochemicalEC 에칭 방법이 있다. 그림 9-3(a)는 GaN의 EC 에칭법 모식도로서 전해질electrolyte 내부에 $n$-type GaN와 백금Pt 선이 각각 power supply의 양극과 음극에 연결된 것을 보여주고 있다. 이러한 EC 에칭 법은 인가된 전압 또는 시간에 따라 점진적으로 $n$-type GaN을 에칭하는데, 그림에서와 같이 수 나노에서 수백 나노 크기의 기공까지 다양한 크기로 다공도를 부여하는 장점을 가지고 있다. 그림 9-3(b)는 전압 조절을 통해 4인치 크기의 기판에 형성된 나노기공성 GaN의 SEM 이미지와 에칭 공정 모식도를 보여주고 있다. 이러한 나노기공은 GaN와 전해질 내 $OH^-$ 이온과의 화학반응에 의해서 형성된다. 산화환원 반응 시 인가된 전압에 의해 GaN 샘플 표면에 전해질로부터 정공hole이 주입되게 되고, 주입된 캐리어에 의

해 형성된 $Ga_2O_3$ 중간화합물이 전해질에 용해되면서 나노기공성 GaN가 형성된다[그림 9-3(c)]. 나노기공성 GaN 형성 시 $n$-type GaN에 실리콘의 도핑농도, 전해질 용액의 온도, 인가전압의 세기, 에칭 시간 등 다양한 변수들이 나노기공성 GaN 제작에 관련되어 있지만, GaN에 인가된 전압 조절만으로도 쉽게 나노기공의 밀도를 제어할 수 있다.[13]

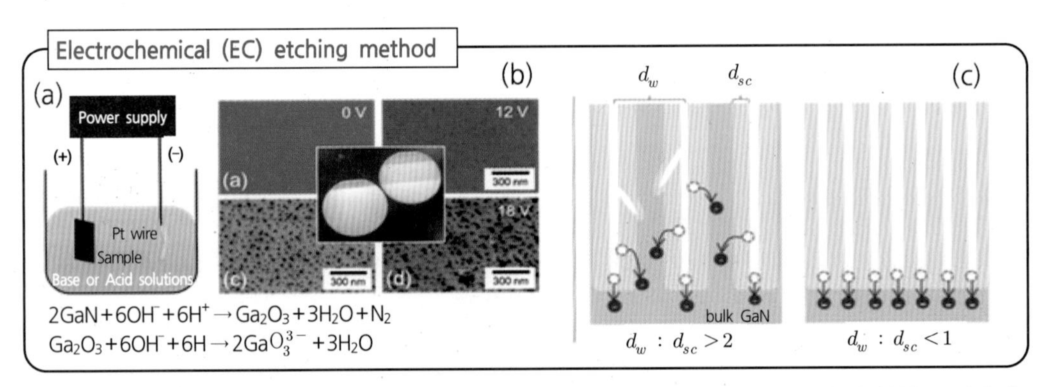


**그림 9-3** (a) 나노기공성 GaN 형성을 위한 EC 에칭장치 구성 (b) EC 에칭 시 조절 가능한 전압변수로 달라지는 나노기공도 변화의 SEM 이미지 (c) EC 에칭 시 GaN에서 진행되는 나노기공 형성 모식도[13]

Han 연구그룹이 보고한 바와 같이[그림 9-4], 인가되는 전압의 크기와 GaN 내 실리콘 도핑농도는 나노기공성 GaN 에칭 특성에 큰 영향을 준다.[14] 두 가지 변수에 따라 I(Non-etched 영역), II(나노기공성 GaN 영역), 그리고 III (Polished 영역)으로 나눌 수 있고, 0.3M의 oxalic acid을

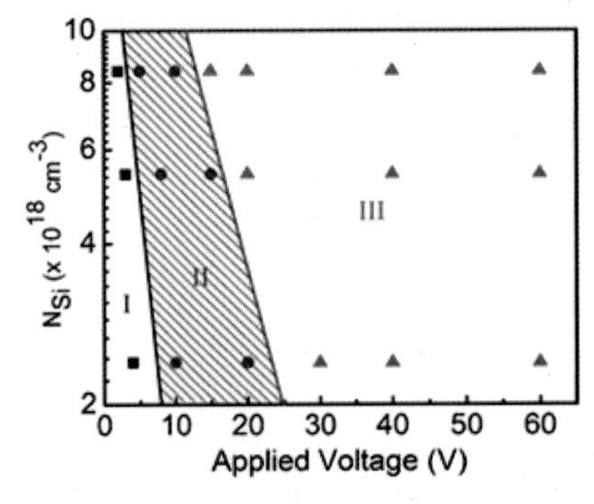


**그림 9-4** EC 에칭 주요변수인 인가전압과 Si 도핑 농도에 따른 나노기공성 GaN 특성(I: Non-etched 영역, II: 나노기공성 GaN 영역, III: Polished 영역)[14]

이용할 경우, GaN는 $10^{18} \sim 10^{19}/cm^3$의 도핑농도 영역에서 5~60V의 인가전압 조절에 따라 I, II, 그리고 III 영역으로의 조절이 쉽게 가능하다. 특히 II 영역 내에서의 에칭은 기공의 균일성 및 크기 조절이 가능하므로, 다양한 형태의 나노기공성 GaN을 제조할 수 있다.

그림 9-5는 II 영역에 해당하는 나노기공성 GaN의 SEM 이미지를 보여준다. 나노기공성 GaN은 실리콘이 도핑된 $n$-type GaN만을 선택적으로 에칭하므로 에칭된 $n$-type GaN과 undoped-GaN($u$-GaN)의 경계가 나타남을 볼 수 있다[그림 9-5(a)]. $n$-type GaN 표면으로부터 형성되는 나노기공들은 균일한 형태 및 크기를 유지하며 $n$-type GaN 전체에 형성됨을 알 수 있다[그림 9-5(b)].

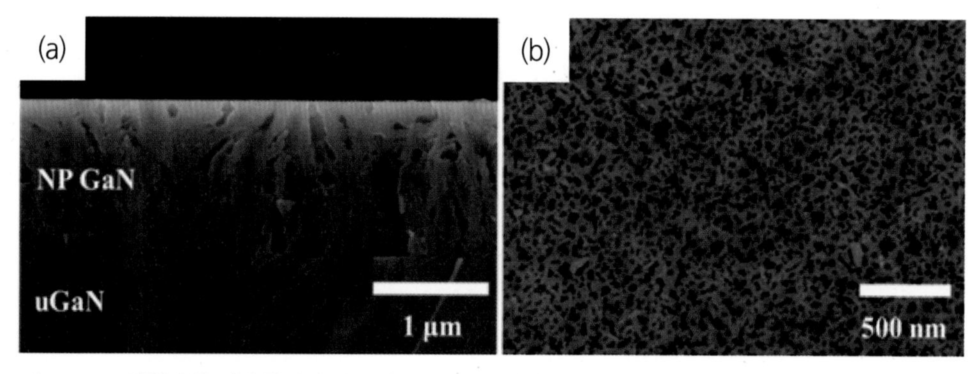

**그림 9-5** EC 에칭법에 의해 형성된 나노기공성 GaN의 (a) SEM side view 이미지 (b) top-view 이미지

이렇게 형성된 나노기공성 GaN은 다음과 같이 구조적/광학적 특성변화를 보여준다. 일반적으로 GaN은 사파이어 기판 위에 이종접합으로 성장을 하게 되므로 이로 인하여 박막 내에 압축 잔류응력이 발생한다. 이러한 잔류응력은 박막 내부에 전계를 발생시키고, bandgap energy의 변형을 가져온다. 그림 9-6은 나노기공성 GaN에 의해 잔류응력이 완화되는 현상을 보여준다.[15] 라만 스펙트럼의 $E_2$(TO) 포논 피크는 나노기공성 GaN 유무에 따라 각각 568.1 $cm^{-1}$과 569.2 $cm^{-1}$의 값을 보여주는데, 이러한 포논 피크의 변화는 0.25 ± 0.05 GPa 정도의 잔류응력이 완화되었음을 보여준다[그림 9-6(b)]. 이렇듯 나노기공을 제작하는 기술은 기존 GaN에 구조제어 및 응력변화 등 새로운 물성을 부여할 수 있는 중요한 방법이다.

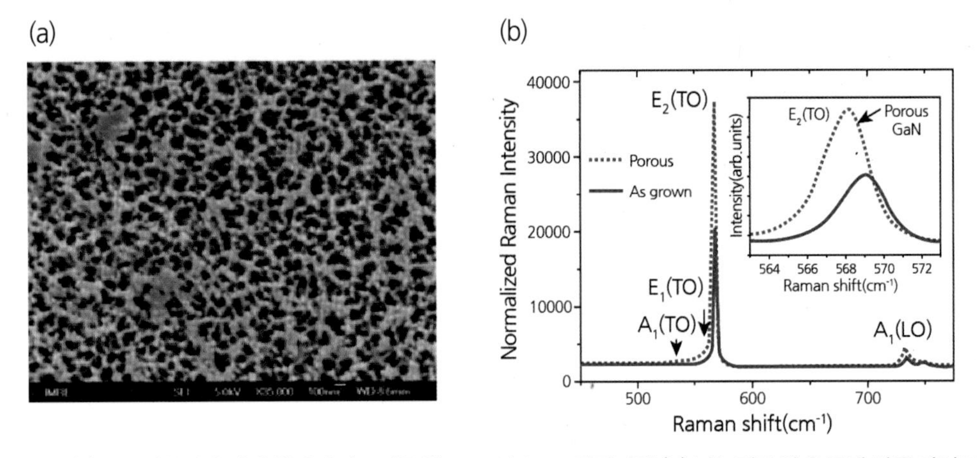


**그림 9-6** (a) EC 에칭법에 의해 형성된 나노기공성 GaN의 SEM 이미지와 (b) 나노기공의 유무에 따른 마이크로 라만 스펙트럼[15]

## 9.3 나노기공성 GaN을 이용한 LED

### 9.3.1 기판 제거기술

LED 제작 시, 기존의 mesa 구조나 flip chip 구조는 수평방향의 전류흐름을 가지고 있어 고전류 동작에서 광손실 및 current crowding에 의한 작동전압 상승 또는 열 발생 등의 문제를 가지고 있다. 또한 GaN 박막성장에 사용되는 사파이어 기판은 절연체이므로 높은 전류주입에서는 $p-n$ 접합부에서 발생하는 열을 LED 밖으로 방출하기 어려운 점이 있다. 이에 반해 수직형 LED는 사파이어 기판 제거 과정을 통해 낮은 동작전압, 높은 열 방출, 광 출력 향상 등의 장점을 기대할 수 있다. 더불어 수직형 LED는 $n$-GaN 층의 요철 및 $p$형 금속 오믹 전극을 통한 빛의 반사를 통해 광 추출효율을 극대화하는 장점을 가지고 있다. 이러한 수직형 LED 제작을 위해서는 기판 제거기술의 개발은 필수적이다. 현재 일반적으로 laser lift-offLLO 방법이 상용화되어 사파이어 기판의 제거기술로 사용되고 있지만, 레이저의 불균일한 강도와 빛의 초점 크기로 인하여 기판이 제거된 LED 표면의 형상이 거칠고, 레이저가 조사되는 국부 영역에서 높은 온도(~1,000°C)로 인한 열응력으로 박막 내 크랙을 유발할 수 있는 단점을 가지고 있다. 또한 LLO를 통하여 분리된 GaN 박막은 표면에 Ga 금속의 잔유물이 남아 있어 LED 제작을 위한 후속 공정 시 이를 제거해야 하는 문제점이 있다. 이에 따라서 그림 9-7과 같이 나노기공성 GaN을 이용한 전기습식 기판 분리electrochemical lift-off 방법이 새롭게 제시되었다. 이와 같이 나노기공성 GaN을 기판 제거에 이용하면 박막의 손상을 최소화하고 고품위 GaN 박막을 확보할 뿐만 아니라, 사파이어 기판의 재사용도 가능하다.

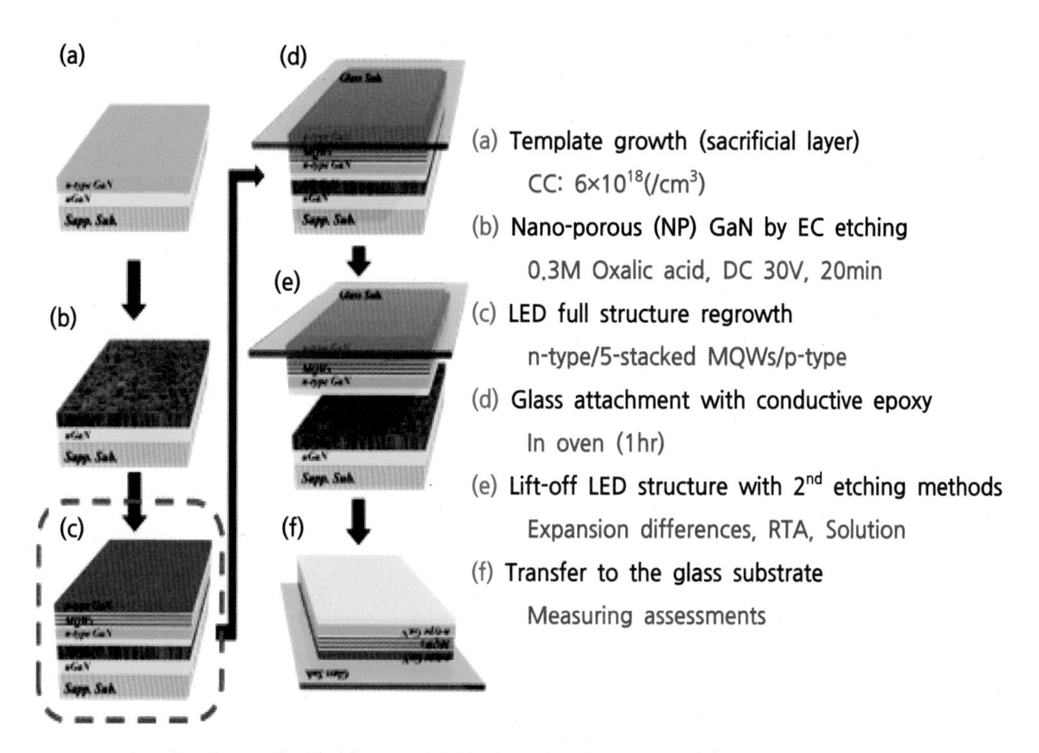


**그림 9-7** 나노기공성 GaN을 희생층으로 이용한 기판 제거기술 공정도. (a) $n$-type GaN 성장(전자 농도: 6× $10^{18}/cm^2$), (b) EC 에칭 진행, (c) LED 박막 성장, (d) 대체기판(glass) 위 LED 웨이퍼 접착, (e) 물리적/화학적 에칭을 통한 기판 제거, (f) 표면처리를 통한 Ga residue 제거

류상완 연구그룹에서는 기판 제거 시 나노기공성 GaN의 형상변화 과정을 분석함으로써 희생층으로의 나노기공성 GaN 역할을 증명하였다.[16] 20V 인가전압으로 형성된 나뭇가지 또는 실린더 형태의 나노기공들은 고온에서 샘플을 유지한 시간에 따라 구형으로 변화됨을 보였고[그림 9-8(a)], 이러한 변화가 기판 분리에 유리한 형태임을 증명하였다[그림 9-8(b)].

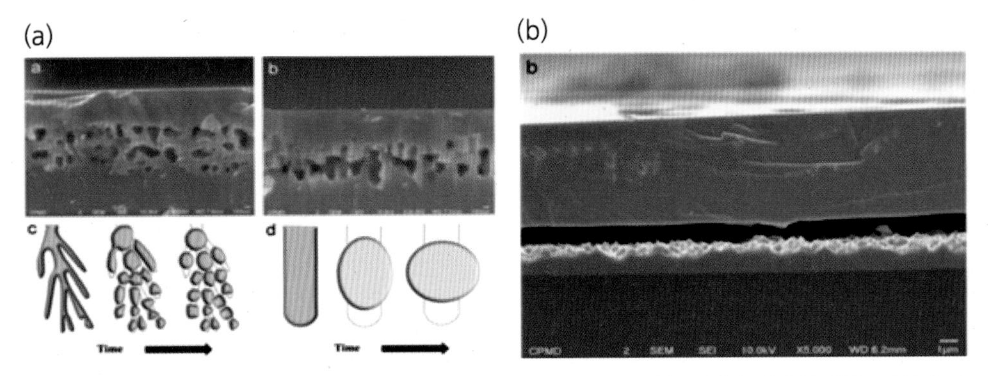


**그림 9-8** (a) 나노기공 형성 후 열처리에 따른 나노기공성 GaN의 구조적 변화와 (b) 기판 분리를 보여주는 SEM 이미지

그림 9-9는 EC 에칭을 기반으로 하는 electrochemical lift-off 기술을 보여주고 있다.[17] GaN 내부에 선택적으로 도핑된 $n$-type GaN을 희생층으로 도입함으로써, 상부의 GaN 박막이 기판으로부터 분리되고 있다. 그림 9-9(a)는 EC 에칭 진행 후 나노기공성 GaN 박막 절단면 방향을 보여주는 모식도이다. 각 도식된 방향에 따라[그림 9-9(b), (c), (d)], 나노기공성 GaN을 희생층으로 이용하여 사파이어 기판으로부터 분리가 진행되는 GaN 박막 SEM 이미지를 확인할 수 있다. 이러한 기판 분리방법은 12$\mu$m/min의 높은 에칭속도와 300 × 300$\mu$m$^2$ 면적의 기판 분리 능력을 보여주었다[그림 9-9(e)].

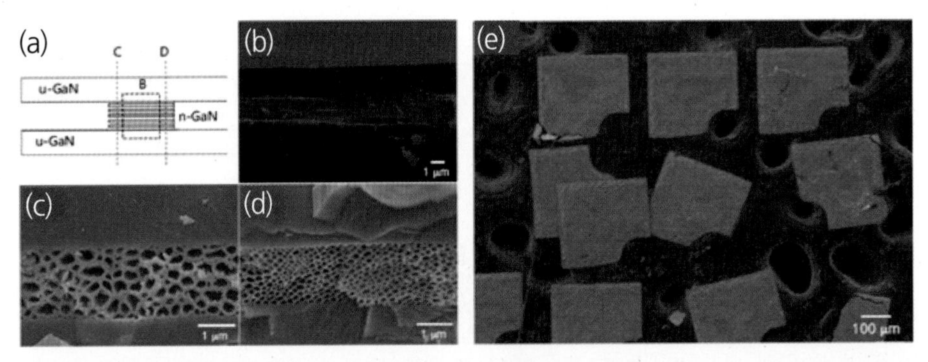


**그림 9-9** (a) EC 에칭진행 후 나노기공성 GaN 박막 절단면 방향을 보여주는 모식도와 (b), (c), (d) 그에 따른 SEM 이미지. (e) 나노기공성 GaN을 희생층으로 이용하여 사파이어 기판으로부터 분리된 GaN 박막

최근까지도 나노기공성 GaN을 희생층으로 사용하여 기판을 제거하는 연구가 지속되고 있다. Han 연구그룹은 그림 9-10(a)과 같이 기판 제거 시 필요한 기계적 힘에 대해 체계적으로 조사하였다.[18] 희생층의 단위면적 대비 다공도를 제어함으로써 기판 제거 시 필요한 힘을 실험하였고, GaN 표면 형태가 초기 나노기공성 GaN 형성과 더불어 균일한 기판 제거에 크게 영향을 주는 것을 발견하였다[그림 9-10(b)]. 또한 적절한 기계적인 힘을 이용하여 2인치 면적의 GaN 박막을 분리하는 데 성공하였고, 나노기공성 GaN을 희생층으로 이용한 기판 분리기술의 실용화에 기여하였다.

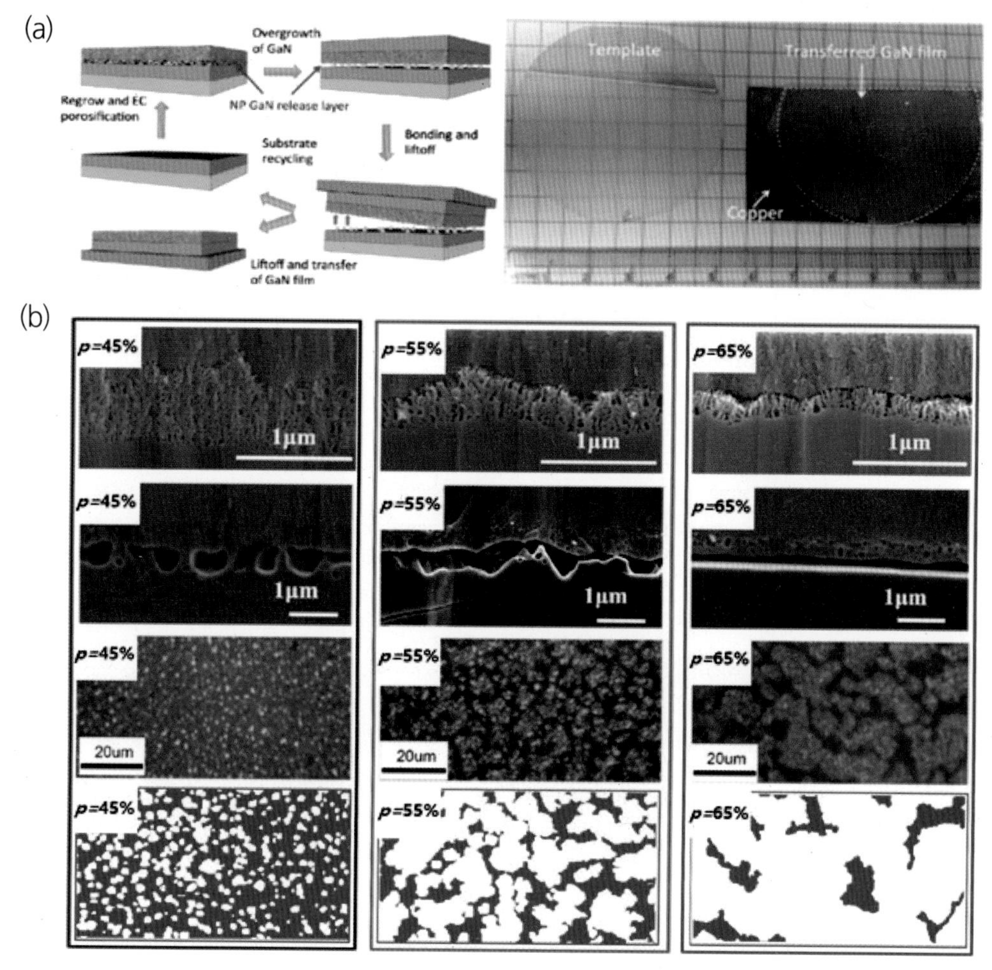


**그림 9-10** (a) 나노기공성 GaN을 희생층으로 이용한 기계적인 방식의 기판 분리법 (b) 나노기공성 GaN의 나노기공도($p$) 정도에 따른 기판 분리 과정 분석

하지만 기계적 분리방법은 물리적인 충격을 주기 때문에 얇은 두께의 LED 박막에 크랙을 야기할 수 있다. 그림 9-11은 이러한 기계적 분리에 대한 단점을 보완하는 방식으로 $SiO_2$패턴이 주기적으로 삽입된 나노기공성 GaN의 습식에칭 기판 분리법을 보여준다.[19] 이는 나노기공성 GaN와 상부의 LED 박막과의 접합 면적을 최소화하는 것으로[그림 9-11(a)], LED 제작부터 기판 분리까지 공정상 습식에칭이 용이한 $SiO_2$를 먼저 제거함으로써, 기판 분리에 대한 신뢰성과 재현성을 확보하였다[그림 9-11(b)]. 이와 같이 소개한 나노기공성 GaN은 광소자와 기판 사이에 희생층으로 사용되어 기판 분리기술에서 중요한 소재가 될 수 있음을 알 수 있다.

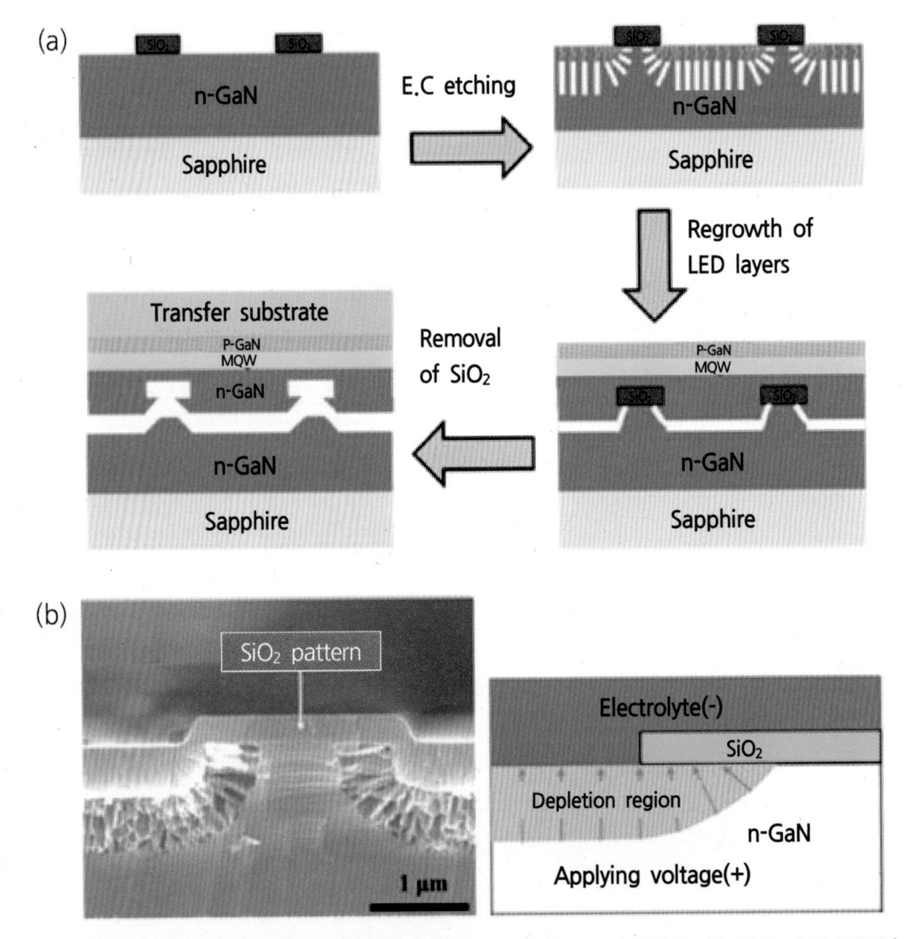


**그림 9-11** (a) 나노기공성 GaN 내 $SiO_2$ 패턴이 주기적으로 삽입되어 습식에칭이 가능해진 기판분리법 (b) 나노기공성 GaN 내 $SiO_2$ 패턴 삽입 공정 모식도

## 9.3.2 외부양자효율 향상 기술

최근 GaN 기반 LED는 에너지 효율, 광 출력 및 신뢰성 등에서 급속한 발전을 이뤄왔다. 특히 LED 분야의 많은 연구자들은 내부양자효율과 광 추출효율 관점에서 LED의 출력 및 외부양자효율 증가를 위해 노력해왔다. LED는 격자 부정합 및 열 팽창계수 차이로 많은 결함이 박막 내에 존재하며 이들은 비방사 재결합을 야기하므로 LED의 소자 효율을 저해한다. 또한 GaN의 높은 굴절률은 LED 내부에서 발생한 광을 내부전반사로 인하여 대기에 방출하지 못하게 하여 LED가 낮은 광 추출효율을 갖게 한다. 이러한 문제를 해결하기 위해서 나노기공성 GaN을 LED 내부에 삽입하게 되었고, 이는 내부양자효율 뿐만 아니라 광 추출효율까지 크게 향상됨을 보여준다. 그림 9-12(a)는 나노기공성 GaN이 LED 내부에 삽입된 형태를 보여주고 있고 이로 인하여 광량이 크게 향상됨을 보여주고 있다[그림 9-12(b)].[20] 나노기공성 GaN는 박막 내부의 잔류응력을 감소시켜 양자우물 내 인듐의 조성을 증가시키고 이로 인한 캐리어의 국부화localization 효과로 운반자의 구속력이 증가되어 내부양자효율을 향상시킨다. 이와 더불어 나노기공성 GaN을 구성하는 나노기공들은 활성층으로부터 발생한 광의 산란을 유도하여 광 추출효율을 크게 향상시킬 수 있다.

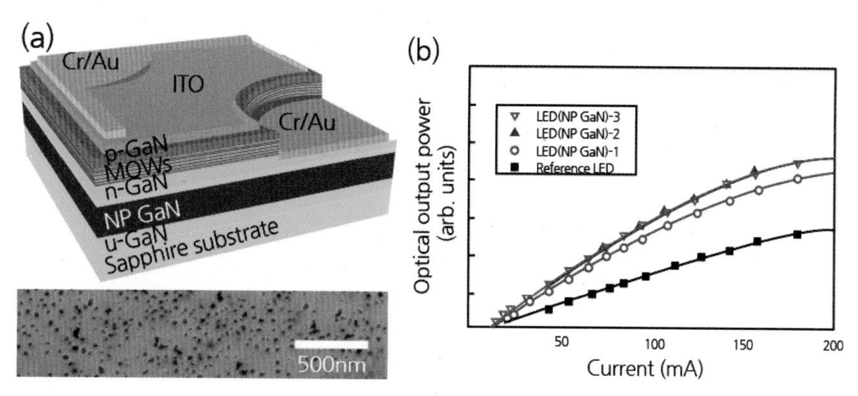


**그림 9-12** (a) 나노기공성 GaN이 삽입된 GaN 기반 LED와 (b) 삽입된 나노기공성 GaN의 나노기공도에 따른 광 출력 향상

이러한 나노기공성 GaN의 외부양자 효율 특성은 LED 소자에서 다양한 형태로 관찰되었다. 그림 9-13(a)에서는 mesa LED 구조의 버퍼층 모서리에 나노기공성 GaN이 삽입됨을 볼

수 있다. LED 성장 후 EC 에칭을 함으로써 air-gap 구조를 형성하였고,[21, 22] 이를 통하여 58%의 광량 향상과 함께 내부의 air-gap 구조에 의한 band-pass filter 효과가 있음이 보고되었다[그림 9-13(b)].

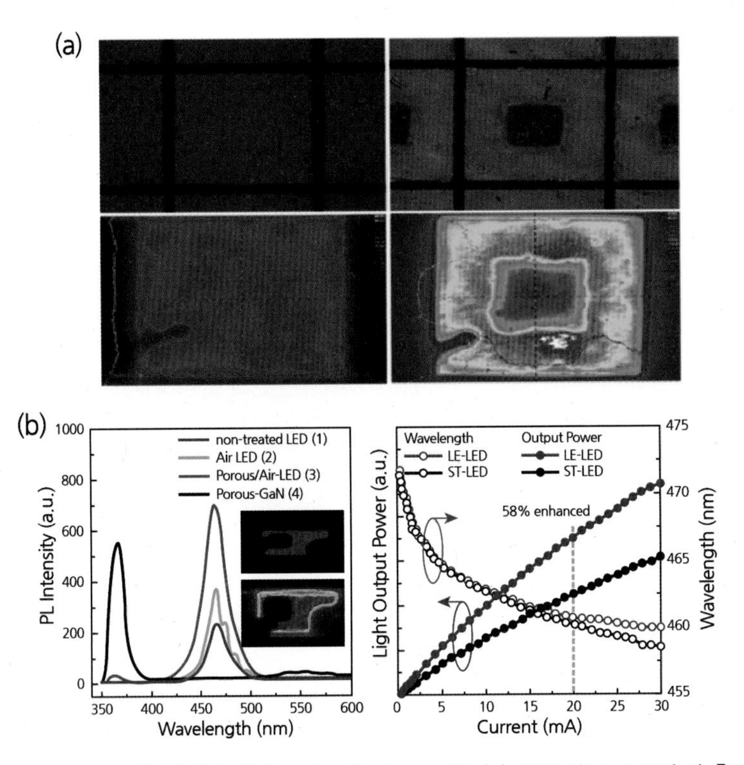


**그림 9-13** (a) LED 칩 하부에 삽입된 나노기공성 GaN과 (b) 이에 따른 LED의 광 출력 향상

그림 9-14는 flip-chip LED에 적용된 나노기공성 GaN을 보여준다.[23] LED는 소자 구조에 따라 효율이 다른데, 특히 flip-chip LED는 사파이어 기판으로 빛을 방출하므로 사파이어와 GaN 사이에 존재하는 큰 굴절률 차이가 광 추출효율을 저해한다. 따라서 사파이어와 GaN 사이의 큰 굴절률 변화를 줄이기 위해 나노기공성 GaN을 삽입하는 기술이 연구되었다. 나노기공성 GaN는 다공도에 따라 굴절률이 변화하는 특성을 가지고 있으므로, 사파이어와 GaN 사이의 급작스러운 굴절률 변화($\Delta n = 0.8$, 중심파장: 450nm)를 완화시키면 내부전반사율을 감소시키고, LED의 광 추출효율을 크게 향상시킬 수 있다. 그림 9-14(a)는 flip-chip LED의 사파이어기판과 GaN 박막 사이에 삽입된 나노기공성 GaN과 나노기공성 GaN 삽입 유무에

따라 LED 외부로 추출되는 광분포를 비교하여 보여주고 있고, 이에 따른 LED의 광 출력 향상 정도를 EL 스펙트럼으로 확인할 수 있다[그림 9-14(b)].

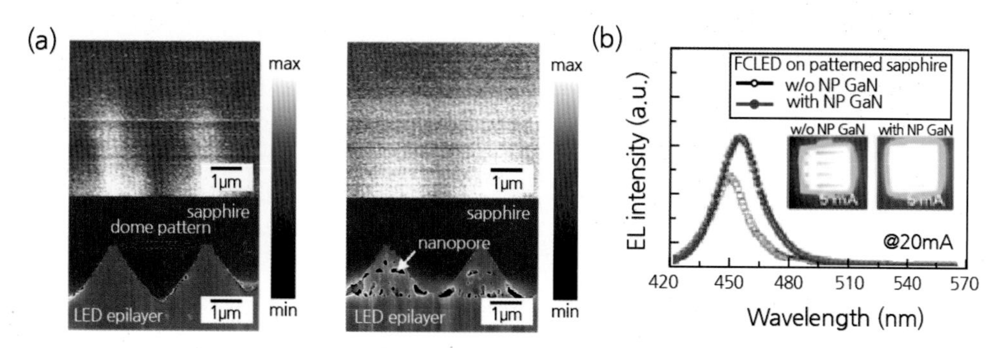


**그림 9-14** (a) flip-chip LED의 사파이어기판과 GaN 박막 사이에 삽입된 나노기공성 GaN과 나노기공성 GaN 삽입 유무에 따라 LED 외부로 추출되는 광분포 비교 (b) 나노기공성 GaN 삽입 유무에 따른 EL 스펙트럼과 LED의 광세기 비교 이미지[23]

## 9.3.3 실리콘 기판 위에 GaN buffer layer를 이용한 LED

최근에는 LED 성장 시 사파이어 기판 대신 Si 기판을 이용하는 연구가 활발하게 진행 중이다. 이는 Si 기판이 저비용, 대구경화, 높은 열전도도 등의 이점을 가지고 있기 때문이다. 하지만, GaN 성장 시 Si기판은 GaN와의 큰 격자 부정합과 열팽창계수 차이로 GaN 박막에 크랙을 형성하고, 많은 결정결함을 발생시킨다. Si 기판의 이러한 단점은 고품위의 LED 박막의 형성을 저해하고 LED가 현저히 낮은 양자 효율을 갖게 한다. 또한 Si 기판은 1.1 eV의 낮은 밴드갭을 가지므로 가시광 흡수가 필연적이어서 LED가 낮은 광 추출효율을 갖게 한다. 그림 9-15(a)와 15(b)는 Si 기판에 성장된 LED에 적용된 나노기공성 GaN 층을 보여주고 있다.[24] 나노기공성 GaN 층은 Si 기판에 의해 발생하는 팽창응력을 감소시켜 LED에 발생하는 크랙을 제거할 뿐만 아니라, 고품위의 LED 박막 형성을 가능케 한다. 이와 같이 GaN on Si LED에 적용된 나노기공성 GaN는 XRD omega scan [그림 9-15(c)]과 라만 스펙트럼 [그림 9-15(d)] 분석을 통하여 증명된 바와 같이 LED 박막의 결정성 향상 그리고 내부잔류응력 완화에 기여한다. 또한 나노기공성 GaN는 LED에서 발생한 빛을 상부로 반사시켜 Si 기판에 의한 광 흡수를 차단하여 광 출력을 향상시킨다.

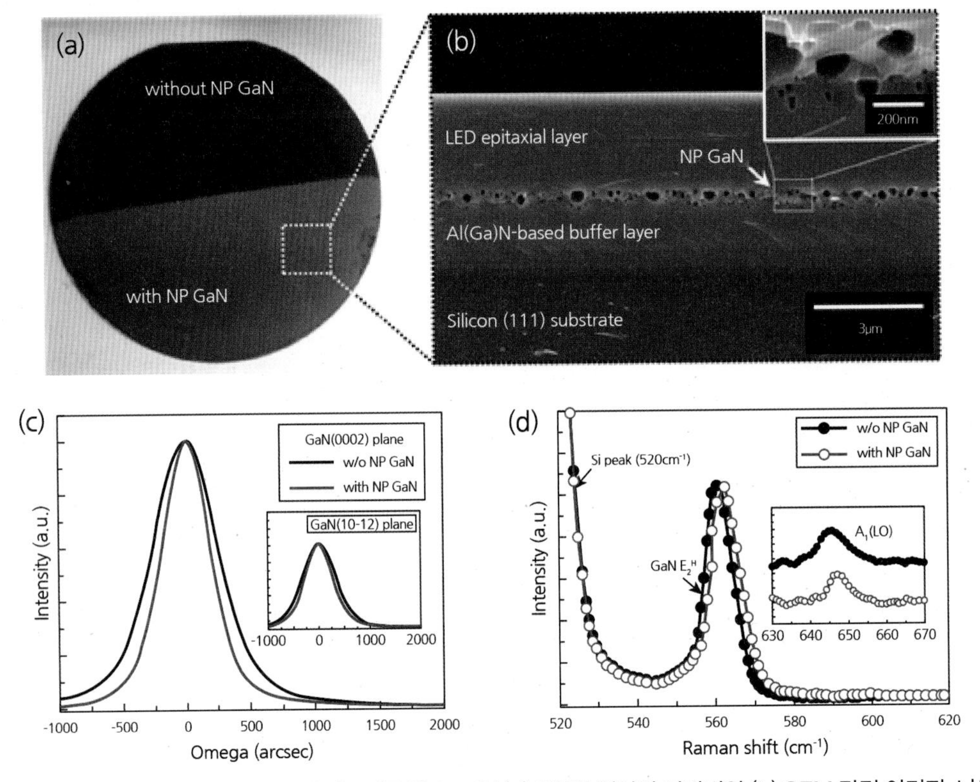


**그림 9-15** GaN on Si LED에 적용된 나노기공성 GaN의 (a) 2인치 웨이퍼 이미지와 (b) SEM 단면 이미지. 나노기공성 GaN 삽입 유무에 따른 (c) XRD omega scan과 (d) 라만 스펙트럼

## 9.3.4 Distributed Bragg Reflector

Distributed Bragg Reflector[DBR]는 광소자 및 포토닉스 분야에서 잘 알려진 중요한 구조이다. 나노기공성 GaN을 이용한 DBR은 공기와 GaN 사이의 큰 굴절률 차를 이용하여 96%에 해당하는 반사도를 보이는 데 성공하였고, 균일한 특성으로 wafer-scale의 공정도 가능하게 하였다. 또한 다공도나 두께 변수 제어가 쉽기 때문에 UV에서 자외선까지 다양한 파장의 선택도 가능함이 있음을 증명하였다. 이러한 DBR은 LED/LD에 적용되어 다양한 광소자 응용으로의 발전가능성을 보여주고 있다.[25-29] 예로 그림 9-16은 나노기공성 GaN을 이용한 레이저를 소개하고 있다. 그림 9-16(a)은 DBR을 이용하여 blue-violet resonant cavity-LED를 제작할 수 있고, 나노기공성 GaN의 굴절률을 조절함으로써 공진기로 사용될 수 있음을 보여주고 있다.[14, 30] 또한 그림 9-16(b)는 나노기공을 이용한 whispering gallery mode resonator를 통한 레이저

응용을 제시하고 있다. 이렇듯 나노기공성 GaN는 광학적/구조적 제어능력으로 다양한 광소자에의 응용에 적합한 재료임을 알 수 있다.

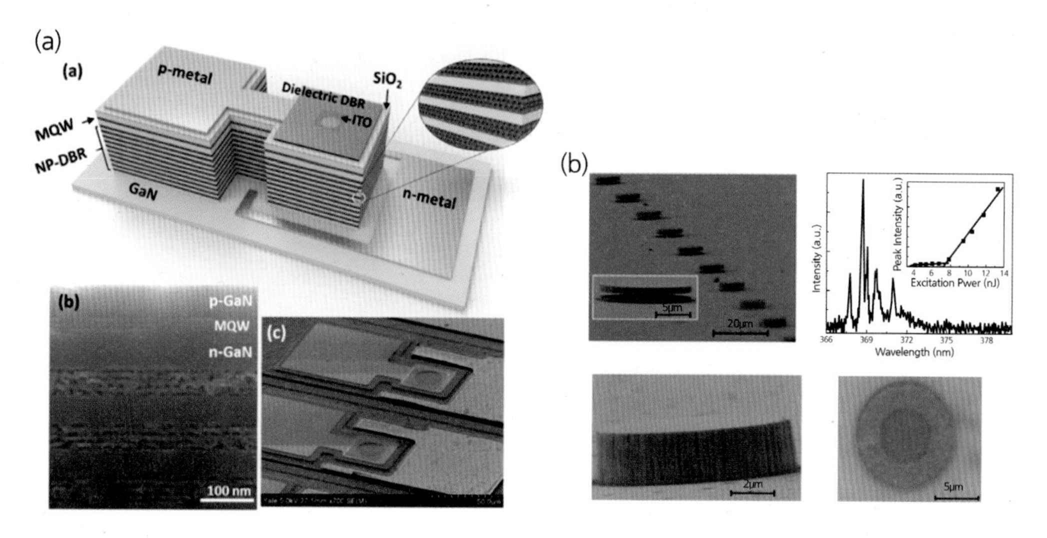


**그림 9-16** 나노기공성 GaN을 이용한 resonant cavity LED의 (a) DBR 구조 및 (b) SEM 이미지[14, 30]

〔참고문헌〕

1. I. Sumirat, Y. Ando, and S. Shimamura, *J. Porous Mater.* **13**, 439-443 (2006).
2. J. Wang, *J. Mater. Sci.* **19**, 801-808 (1984).
3. J. K. Kim, S. Chhajed, M. F. Schubert, E. F. Schubert, A. J. Fischer, M. H. Crawford, J. Cho, H. Kim, and C. Sone, *Adv. Mater.* **20**, 801-804 (2008).
4. M. Garcia-Gabaldon, V. Perez-Herranz, E. Sanchez, and S. Mestre, *J. Membrane Sci.* **280**, 536–544 (2006).
5. F. W. Mont, J. K. Kim, M. F. Schubert, E. F. Schubert, and R. W. Siegel, *J. Appl. Phys.* **103**, 083120 (2008).
6. S. Guldin, P. Kohn, M. Stefik, J. Song, G. Divitini, F. Ecarla, C. Ducati, U. Wiesner, and U. Steiner, *Nano Lett.* **13**, 5329−5335 (2013).
7. P. Mao, F. Sun, H. Yao, J. Chen, B. Zhao, B. Xie, M. Han, and G. Wang, *Nanoscale* **6**, 8177-8184 (2014).
8. C. Lin, J. Wang, P. Cheng, W. Tseng, F. Fan, K. Wu, W. Lee, and J. Han, *Thin Solid Films* **570**, 293 (2014).
9. J. Q. Xi, M. F. Schubert, J. K. Kim, E. F. Schubert, M. Chen, S. Y. Lin, W. Liu, and J. A. Smart, *Nat. Photonics* **1,** 176-179 (2007).
10. P. Mao, M. Xu, J. Chen, B. Xie, F. Song, M. Han, and G. Wang, *Nanotechnology* **26**, 185201 (2015).
11. P. Mao, A. K. Mahapatra, J. Chen, M. Chen, G. Wang, and M. Han, *ACS Appl. Mater. Interfaces* **7**, 19179-19188 (2015).
12. C. Y. Fang, Y. L. Liu, Y. C. Lee, H. L. Chen, D. H. Wan, and C. C. Yu, *Adv. Funct. Mater.* **23**, 1412-1421 (2013).
13. D. Chen, H. Xiao, and J. Han, *J. Appl. Phys.* **112**, 064303 (2012).
14. Y. Zhang, S. W. Ryu, C. Yerino, B. Leung, Q. Sun, Q. Song, H. Cao, and J. Han, *Phys. Status Solidi B* **247**, 1713-1716 (2010).
15. A. P. Vajpeyi, S. J. Chua, S. Tripathy, and E. Fitzgerald, *Electrochem. Solid-State Lett.* **8,** G85-G88 (2005).
16. J. H. Kang, J. K. Lee, and S. W. Ryu, J. Cryst. Growth **361,** 103-107 (2012).

http://m.blog.daum.net/mohuman2/52

17. J. Park, K. M. Song, S. R. Jeon, J. H. Baek, and S. W. Ryu, *Appl. Phys. Lett.* **94** 221907 (2009).
18. S. Huang, Y. Zhang, B. Leung, G. Yuan, G. Wang, H. Jiang, Y. Fan, Q. Sun, J. Wang, K. Xu, and J. Han, *ACS Appl. Mater. Interfaces* **5,** 11074-11079 (2013).
19. J. H. Kang, M. Ebaid, J, K, Lee, T, Jeong, and S. W. Ryu, *ACS Appl. Mater. Interfaces* **6,** 8683–8687 (2014).
20. K. J. Lee, S. J. Kim, J. J. Kim, K. Hwang, S. T. Kim, and S. J. Park, *Optics Express* **22,** A1164-A1173 (2014).
21. K. P. Huang, K. C. Wu, P. F. Cheng, W. P. Tseng, B. C. Shieh, C. F. Lin, B. Leung, and J. Han, *J. Phys. D: Appl. Phys.* **47,** 145101 (2014).
22. K. Y. Zang, Y. D. Wang, H. F. Liu, and S. J. Chua, *Appl. Phys. Lett.* **89,** 171921 (2006).
23. K. J. Lee, S. Oh, S. J. Kim, S. H. Hong, and S. J. Park, unpublished paper
24. K. J. Lee, J. Chun, S. J. Kim, S. Oh, C. S. Ha, J. W. Park, S. J. Lee, J. C. Song, J. H. Baek, and S. J. Park, *Opt. Express* **24,** 4391-4398 (2016).
25. G. Y. Shiu, K. T. Chen, F. H. Fan, K. P. Huang, W. J. Hsu, J. J. Dai, C. F. Lai, and C. F. Lin, *Sci. Rep.* **6,** 29138 (2016).
26. T. Zhu, Y. Liu, T. Ding, W. Y. Fu, J. Jarman, C. X. Ren, R. V. Kumar, and R. A. Oliver, *Sci. Rep.* **7,** 45344 (2017).
27. D. Chen and J. Han, *Appl. Phys. Lett.* **101,** 221104 (2012).
28. C. Zhang, S. H. Park, D. Chen, D. W. Lin, W. Xiong, H. C. Kuo, C. F. Lin, H. Cao, and J. Han, *ACS Photonics* **2,** 980-986 (2015).
29. F. H. Fan, Z. Y. Syu, C. J. Wu, Z. J. Yang, B. S. Huang, G. h. Wang, Y. S. Lin, H. Chen, C. H. Kao, and C. F. Lin, *Sci. Rep.* **7,** 4968 (2017).
30. C. Zhang, K. Xiong, G. Yuan, and J. Han, *Phys. Status Solidi. A* **214,** 1600866 (2017).

CHAPTER

# 10 ZnO 기반 LED

한국산업기술진흥원의 IT 전략기술 로드맵 기획 보고서에 따르면, 세계 LED 시장은 2010년 343억 달러에서 2020년 2,650억 달러로 지속적인 고도성장이 예상되며, 미국, 일본 등 선진국에서는 이미 LED 산업을 고부가가치 산업으로서 인식하여 국가의 전략적 산업으로 육성하고 있다. 특히 풀 칼라full-color 조명, LED 교통신호등, 디스플레이, 무선 송수신 데이터 시스템, 대용량 데이터 저장 및 전송 등에 LED 수요가 급증하면서 관련 산업은 급속히 발전할 것으로 기대하고 있다.

LED 가운데 가장 대표적인 GaN LED의 경우 고도의 기술력을 요하며 고부가가치를 창출하는 고휘도 청색 및 자외선 LED, 백색 LED 등은 해가 갈수록 시장 성장 속도가 가파르게 증가하고 있다. 따라서 GaN LED와 함께 차세대 LED를 위한 새로운 물질에 대한 필요성이 요구되며 그 대안으로 산화아연ZnO이 연구되고 있다. 본 장에서는 ZnO LED의 연구 현황 및 성능 향상에 대한 이론적인 예측을 기술하고자 한다.

# 10.1 ZnO LED의 개요

## 10.1.1 ZnO LED의 장점

ZnO는 상온에서 60meV의 큰 엑시톤 재결합 에너지를 가지고 있으므로(GaN : 28meV) 발광이 용이하고, 비교적 낮은 공정 온도에서(600℃) 박막 성장이 가능하다. 또한 소자 제작을 위한 박막 성장이 다양한 방법으로도 가능하고 습식 에칭이 가능한 장점 등 때문에 광전자 소자로의 응용 가능성이 높다. 따라서 현재 GaN을 대체할 차세대 광소자로 ZnO에 대한 연구가 활발히 이루어진다면 ZnO 박막을 이용한 LED 개발 분야에서 미국, 일본 등 선진국에 대해 기술 우위를 점할 수 있고 원천 기술도 확보할 수 있을 것으로 기대된다.

## 10.1.2 ZnO LED 발전 현황

현재까지 ZnO를 이용한 LED 개발은 한국, 일본, 미국의 연구그룹들에 의해 주도되고 있다. 그림 10-1, 10-2에서 볼 수 있듯이 ZnO homo-junction LED는 Kawasaki 그룹에서 분자선 에피택시Molecular Beam Epitaxy, MBE 방법을 이용하여 발표하였으며[1] 국내에서는 박성주 연구그룹에서 인P을 도핑한 $p$형 ZnO 박막을 스퍼터링 방법으로 성장하였고, 후 열처리를 통한 ZnO homo-junction LED를 제작하였다.[2]

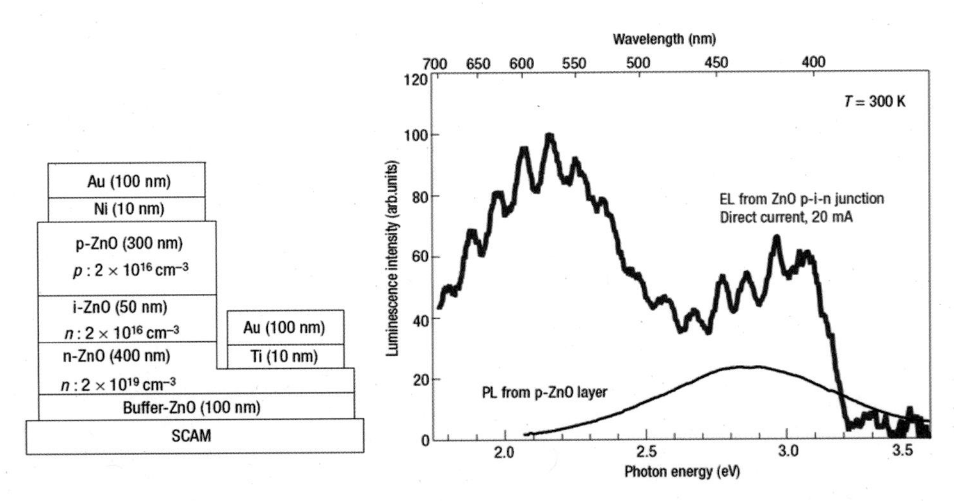


**그림 10-1** Kawasaki 그룹에서 발표한 ZnO $p-n$ homojunction LED[1]

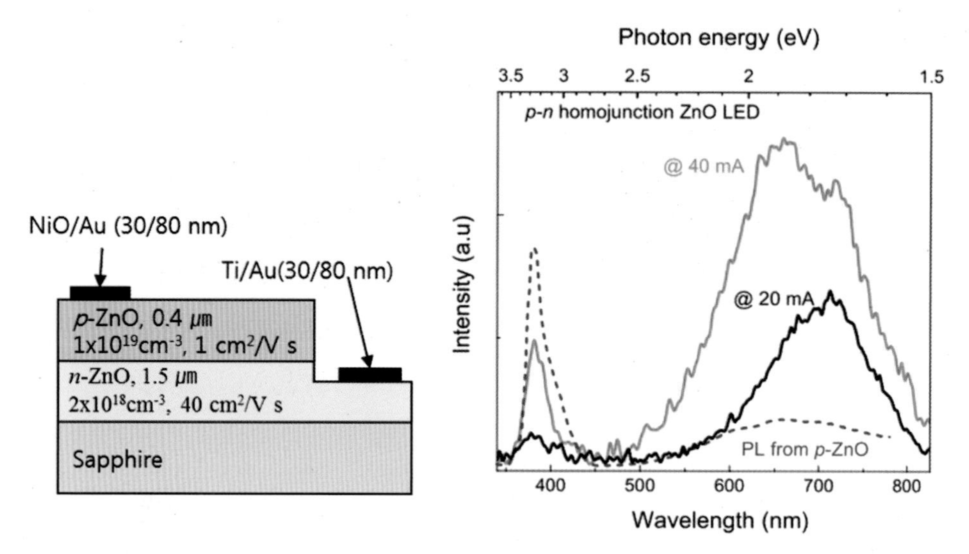


**그림 10-2** 박성주 그룹에서 RF sputtering 방법과 후 열처리 공정으로 제작한 ZnO $p-n$ homojunction LED[2]

Ryu 그룹에서는 그림 10-3과 같이 Ryu 그룹에서 펄스 레이저 증착법Pulsed Laser Deposition, PLD 법을 이용하여 비소Arsenic, AS를 도핑한 $p$형 ZnO 박막을 성장하였고, BeZnO/ZnO 양자우물 Quantum Well구조를 활성층으로 사용하여 ZnO LED를 제작한 결과를 보고하였다. As 도펀트 dopant를 사용한 $p$형 ZnO 박막 역시 낮은 정공 농도 및 불안정성의 문제를 갖기 때문에 구동 전압이 상당히 높은 결과를 보여주었다. 그림 10-3(c), (d)와 같이 BeZnO/ZnO 양자우물구조에서 자외선 발광을 보여주었으나, 이 소자 역시 그림 10-3(b)에서 볼 수 있듯이 10V 이상의 높은 구동전압을 보여줌으로써 해결해야 할 많은 과제들을 보여주고 있다.[3]

이어서 Kawasaki 그룹은 Laser MBE법을 이용한 고품질의 ZnO 박막을 성장시키기 위한 연구를 진행하였다. CdO-MgO계 물질을 이용하는 밴드갭 제어에 관한 연구를 진행하였으며, 질소Nitrogen 도펀트를 사용하는 modulation doping 기술을 사용하여 $p$형 ZnO를 성장하고 ZnO LED를 제작하였다. 하지만 질소로 도핑된 $p$형 ZnO는 낮은 정공 농도 및 불안정성의 문제로 LED 구동 전압이 높고 이로 인해 발광 효율이 낮은 문제점을 가지고 있다.[4]

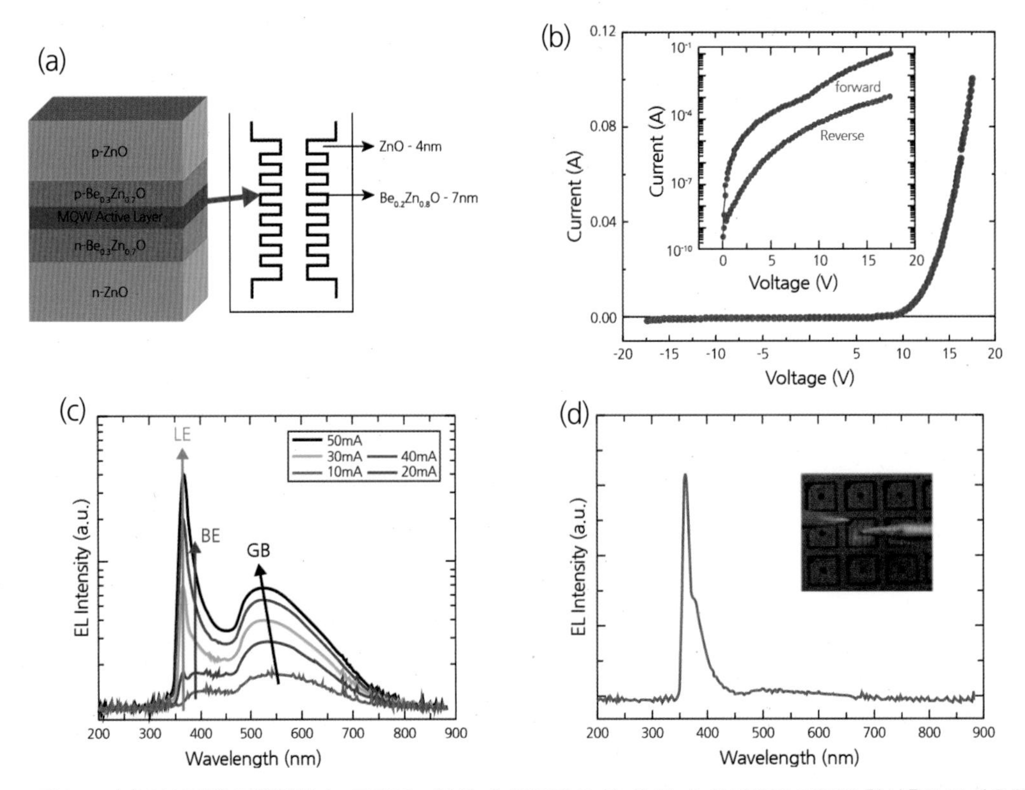


**그림 10-3** (a) PLD법을 이용하여 As 도핑된 $p$형 ZnO 박막과 BeZnO/ZnO 양자우물 구조를 활성층으로 사용한 ZnO LED의 구조 및 상기 구조의 (b) I-V 특성 그래프 (c) 주입 전류에 따른 전계발광 그래프 (d) 50mA 전류주입 조건에서 전계발광 그래프와 사진[3]

ROHM사에서는 그림 10-4(a), (b)에서 보는 바와 같이 MBE법을 이용하여 성장시킨 $p$형 MgZnO와 $n$형 ZnO 기판과의 접합을 통해 $p$-$n$ 접합 및 $p$-$i$-$n$ 구조를 갖는 LED를 제작하였고, 그림 10-4(d)-(f)에서 볼 수 있듯이 70$\mu$W의 자외선 발광을 보고하였다. 그러나 그림 10-4(c)와 같이 10V 이상의 높은 구동전압을 보여주는 등 개선해야 할 문제들이 남아 있다.[4]

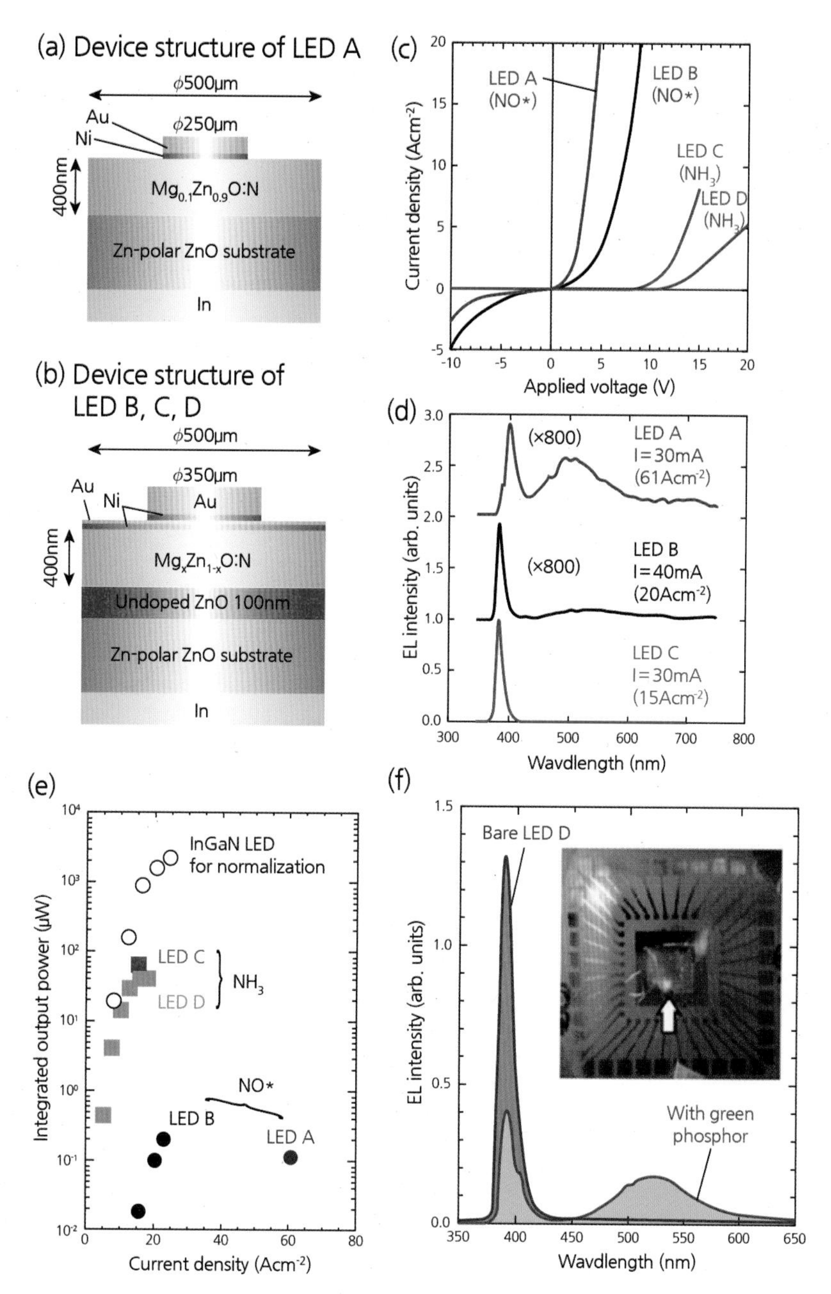


**그림 10-4** ROHM사에서 MBE법을 이용하여 제작한 $n$도핑된 $p$형 MgZnO와 $n$형 ZnO 기판과의 (a) $p-n$ 접합과 (b) $p-i-n$ 접합을 이용해 제작한 ZnO LED 구조 및 제작된 ZnO LED의 (c) I-V 특성 그래프 (d) 전계발광 그래프 (e) 광 출력 그래프 (f) 녹색 형광체를 이용한 전계발광[4]

한편 막스트로닉스는 한국광기술원과의 공동연구를 통하여 비소가 도핑된 $p$형 ZnO 박막을 개발하였고 ZnO LED를 제작하였다.[5] 광주과학기술원에서는 그림 10-5와 같이 $n$형 ZnO 기판 위에 MgZnO/ZnO 다중양자우물구조와 $p$형 MgZnO 전자차단층Electron Blockin Layer, EBL을 이용하여 2.6$\mu$W의 광 출력을 갖는 ZnO LED를 개발하였다.[6]

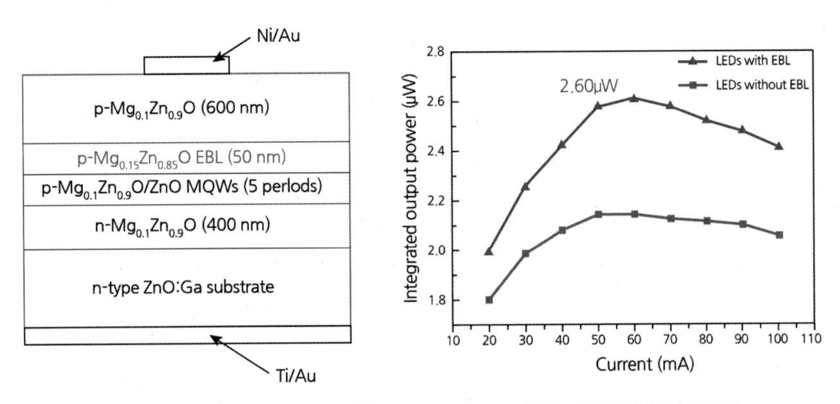


**그림 10-5** EBL구조가 적용된 ZnO/MgZnO 기반 다중양자우물 LED[6]

그 외에도 많은 연구 그룹에서 ZnO LED 제작 및 그 발광 특성에 대한 연구를 하고 있으며 문헌으로 보고된 ZnO LED 발광출력을 그림 10-6에 정리하였다. ZnO LED는 아직 발광에 대한 재료 수준 연구에 집중되고 있어서 LED 발광출력에 대한 보고는 상대적으로 많지 않다. 현재까지 보고된 결과를 비교해보면 가장 높은 발광출력이 70$\mu$W 수준으로 수십 mW 수준의 광 출력을 보여주고 있는 GaN LED 대비 낮은 발광 효율을 보여주고 있다.

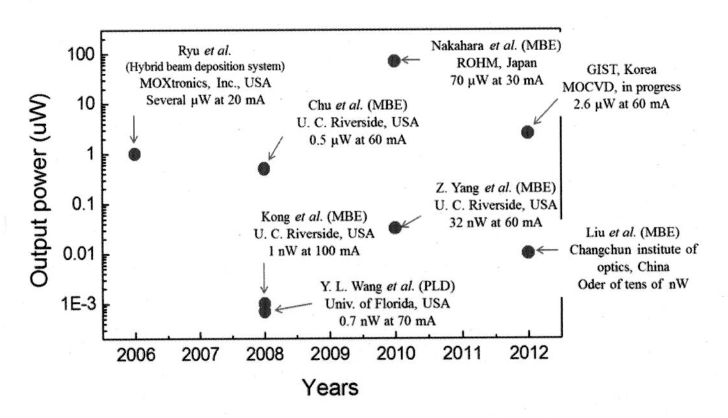


**그림 10-6** 문헌에 보고된 ZnO LED의 광 출력 정리[3, 6-12]

## 10.2 ZnO LED의 광 효율 향상에 대한 이론적 분석 및 예측

ZnO LED는 다양한 장점을 갖고 있음에도 불구하고 아직 GaN LED 만큼의 광 출력을 보여주지 못하여 상용화되지 못하고 있다. 박성주 그룹에서는 이를 극복할 수 있는 방안을 수치 해석적으로 접근하여 다음과 같이 앞으로 나아갈 연구방향을 모색하였다. 수치 해석적 분석을 위하여 SilenSe 5.4 시뮬레이션 프로그램을 활용하였고, 사용된 LED의 구조와 물성은 그림 10-7과 같다.

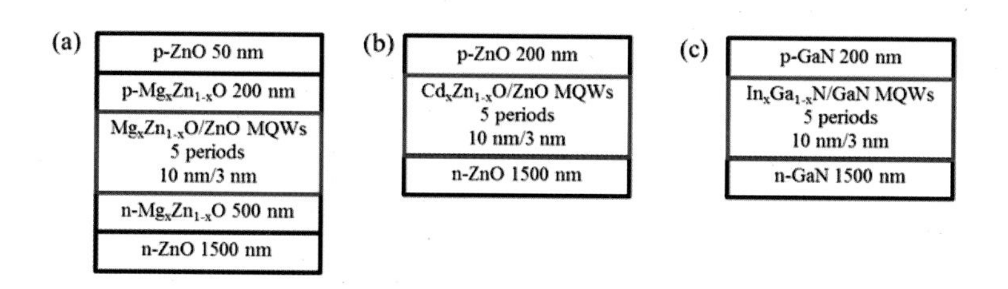


**Electrical properties**

| films | Mobility ($cm^2/Vs$) | Concentration ($/cm^3$) |
|---|---|---|
| n-MgZnO & n-ZnO | 74 | $-3\times10^{18}$ |
| p-MgZnO & p-ZnO | 0.7 | $+5\times10^{17}$ |
| n-GaN | 200 | $-3\times10^{18}$ |
| p-GaN | 10 | $+5\times10^{17}$ |

**그림 10-7** ZnO LED 시뮬레이션에 사용된 ZnO 및 GaN LED의 구조 및 전기적 특성 (a) $Mg_xZnO_{1-x}$/ZnO MQW 구조, (b) $Cd_xZn_{1-x}O$/ZnO MQW 구조 및 (c) $In_xGa_{1-x}N$/GaN MQW 구조를 가진 LED

사용된 시뮬레이션 프로그램은 $n$형과 $p$형 반도체에서 생성된 전자와 정공이 결합할 때 주어진 초기 조건에서 방사 재결합radiative recombination 또는 비방사 재결합non-radiative recombination을 잘 알려진 물리적 공식을 기반으로 계산하여 내부양자효율internal quantum efficiency을 예측하는 프로그램이다.

이를 이해하기 위해 기본적으로 필요한 운반자의 재결합률에 대한 식은 다음과 같다.

$$R = R_{rad} + R_{SRH} + R_{Auger}$$

여기서 $R$은 총결합률이고, $R_{rad}$는 방사 재결합에 해당하는 방사 결합률을 말하며 $R_{SRH}$

과 $R_{Auger}$는 각각 Shockly-Read-HallSRH 결합률과 오제 결합률로서 비방사 재결합에 해당한다. 이때 방사 재결합은 LED에서 전자와 정공이 만나 빛을 생성하는 결합으로서 방사성 결합 비율은 $R_{rad}/R$로 나타낼 수 있으며, 이는 실제 LED의 내부양자효율의 이론적인 값에 해당한다. 이 같은 이론과 물성을 기반으로 각 물성과 소자의 변화가 방사 재결합과 비방사 재결합의 변화에 어떻게 작용하는지 확인하고 또한 이들이 광 추출 효율에 미치는 영향을 분석하여 광 효율 향상을 위한 연구방향을 기술하였다.

### 10.2.1 결함 밀도의 영향

LED가 갖는 결함은 그림 10-8에서 보는 바와 같이 크게 두 가지로 나눌 수 있는데, 첫 번째로는 불순물impurity에 의해 생성되는 점결함point defect과 두 번째로 LED 박막 성장 시 결정 성장 방향의 불일치로 생성되는 선결함line defect, dislocation이 있다.

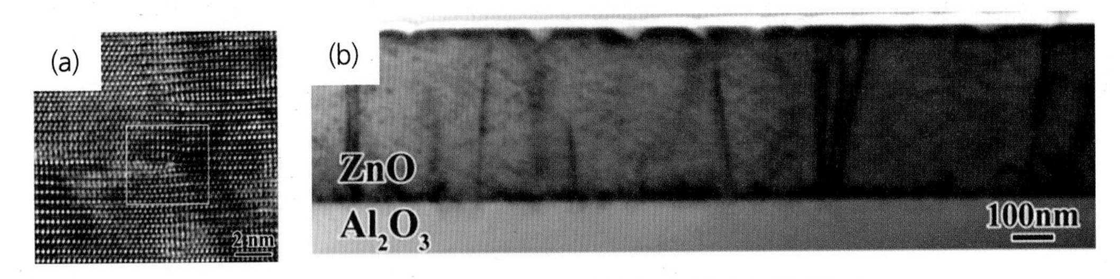


**그림 10-8** ZnO 박막에서 발견되는 (a) 점결함 (b) 선결함[13]

이 장에서는 두 번째 선결함의 영향에 대해서 설명하고자 한다. 선결함은 나선형 결함screw dislocation과 모서리 결함edge dislocation으로 나뉘지만 형태의 차이만을 갖기 때문에 발광 효율에 대한 효과는 동일할 것으로 간주하였다. 다만 일반적으로 모서리 결함의 결함 밀도가 나선형 결함의 결함 밀도보다 매우 커서 모서리 결함 밀도가 주결함 밀도라고 볼 수 있다.

이 결함 밀도는 SRH 결합률과 관련이 있으며 관련된 식은 다음과 같다.

$$R_{SRH} = \left(\frac{\tau_n}{n} + \frac{\tau_p}{p}\right) \cdot \left[1 - \exp\left(\frac{F_n - F_p}{kT}\right)\right]$$

이 식에서 볼 수 있듯이 SRH 결합률은 전자와 정공의 농도($n$, $p$), 전자와 정공의 quasi 페르미 에너지($F_n$, $F_p$)와 관계되어 있다. 뿐만 아니라 운송전하의 수명($\tau$)과 관련되어 있으며, 이때 운송전하는 다음과 같은 식을 따른다.

$$\tau_{n,p} = \left[ \frac{1}{\tau_{n,p}^{\mathrm{dis}}} + \frac{1}{\tau_{n,p}^{\mathrm{def}}} \right]^{-1}$$

운송전하의 수명carrier lifetime은 각 결함의 종류에 따라 선결함에 의한 운송전하 수명($\tau^{\mathrm{dis}}$)과 점 결함에 의한 운송전하 수명($\tau^{\mathrm{def}}$)이 위의 식과 같은 관계를 가진다. 여기서는 선결함의 변화에 따른 효과만을 확인하였다. 선결함에 의한 운송전하 수명은 선결함 밀도와 다음과 같은 관계를 가진다.

$$\tau_{n,p}^{\mathrm{dis}} = \frac{1}{4\pi D_{n,p} N_{dis}} \left\{ \ln\left( \frac{1}{\pi a^2 N_{dis}} \right) - \frac{3}{2} + \frac{2D_{n,p}}{a V_{n,p}} \right\}$$

여기서 $D_{n,p}$는 전자와 정공의 확산계수, $a$는 격자상수, $V_{n,p}$는 운송전하의 속도이며, 이들은 물질의 특성과 관계된 상수이다. $N_{\mathrm{dis}}$는 선결함 밀도이며 이 장에서 다루는 주요 변수이다. 종합해볼 때 선결함 밀도가 증가하면 SRH 결합이 급격히 증가하는 결과를 보인다. 이는 총결합에서 SRH 결합의 증가로 방사 재결합이 감소하는 결과를 만들고 이는 LED의 효율 저하를 야기한다. 기본적인 ZnO LED 구조에서 선결함 밀도에 따른 내부양자효율에 대한 시뮬레이션 결과는 그림 10-9와 같다.

ZnO 박막이 가지는 결함 밀도는 성장방법이나 조건에 따라 다양하게 보고되고 있다. 그 중에 대표적인 결함 밀도에 관한 결과를 소개하면 다음과 같다. 먼저 기판과의 격자상수 불일치를 줄이기 위해 MgO 완충층buffer layer을 도입해 MBE 방법으로 성장한 ZnO 박막의 나선형 결함과 모서리 결함 밀도는 각각 $8.1\times10^5/cm^2$와 $1.1\times10^{10}/cm^2$이며 그림 10-9에서와 같이 16%에 해당하는 내부양자효율을 가질 수 있다.

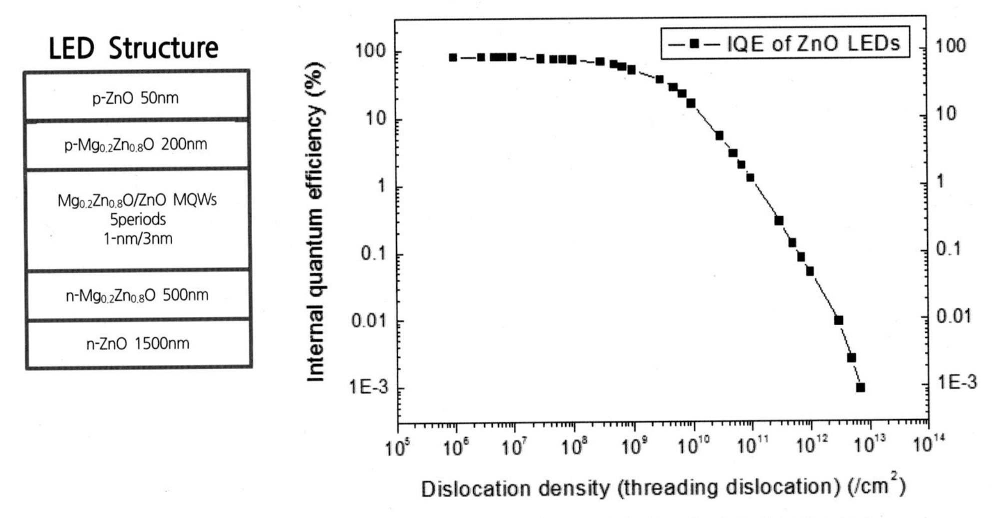


**그림 10-9** 시뮬레이션에 사용된 ZnO LED 구조 및 결함 밀도에 따른 내부양자효율

현재 광주과학기술원에서 metalorganic chemical vapor depositionMOCVD방법을 통해 성장된 ZnO 박막은 X-선 회절X-ray Diffraction, XRD 측정을 통해 분석한 결과, 나선형 결함 밀도는 $8.1\times10^{8}/cm^{2}$ 였고 모서리 결함 밀도는 $1.64\times10^{10}/cm^{2}$였으며 이는 그림 10-10에서 보는 바와 같이 9.6%에 해당하는 내부양자효율을 기대할 수 있다.

또한 가장 좋은 박막 특성을 보였던 플라즈마를 이용한 분자선결정성장방법plasma-assisted MBE로 성장된 ZnO의 경우 $4.35\times10^{8}/cm^{2}$의 나선형 결함 밀도와 $3.38\times10^{9}/cm^{2}$의 모서리 결함 밀도를 가지므로 33.1%의 높은 내부양자효율을 보일 수 있다.

LED 효율 측면에서 보면 결함 밀도가 $10^{9}/cm^{2}$에서 $10^{11}/cm^{2}$ 구간에서는 결함 밀도가 감소하면 내부양자효율이 증가한다. 따라서 LED 발광 효율 개선을 위해서는 낮은 결함 밀도를 갖는 ZnO 박막의 제조가 매우 중요한 것을 알 수 있다. 예를 들면 박막성장기술 개발을 통해 $1\times10^{8}/cm^{2}$ 수준의 결함 밀도를 갖는 ZnO 박막을 성장시킬 수 있다면 약 72.3%의 매우 높은 효율의 내부양자효율도 기대할 수 있을 것이다.

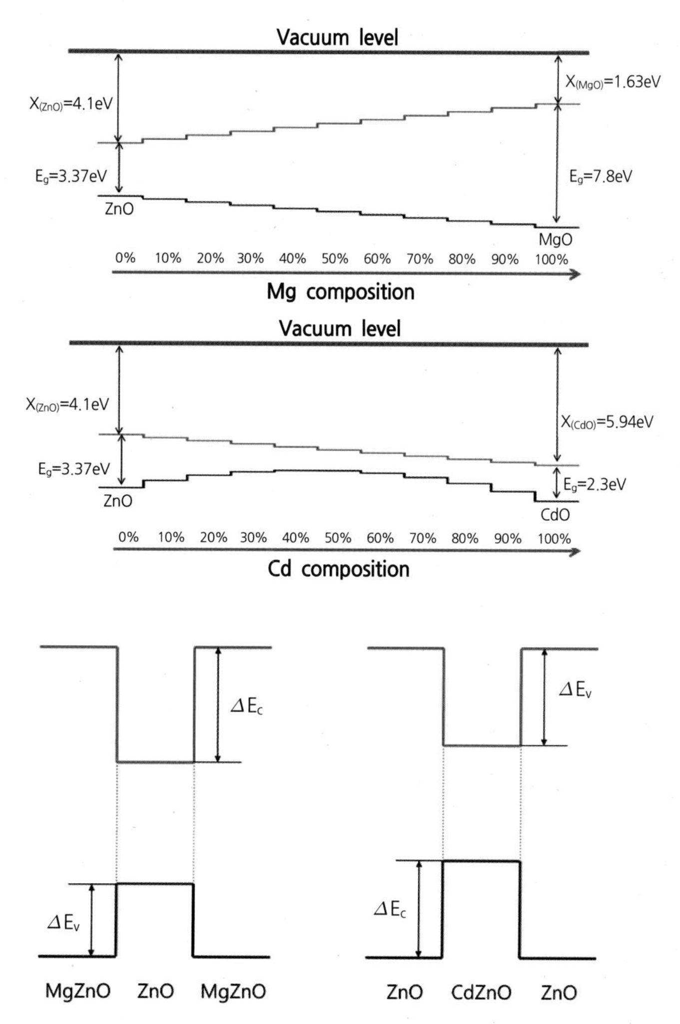


**그림 10-10** Mg과 Cd 합금함량에 따른 밴드갭과 MgZnO/ZnO 양자우물, ZnO/CdZnO 양자우물

## 10.2.2 다중양자우물(multiple quantum well)의 합금함량의 영향

고효율 LED를 구성하는 필수불가결한 요소는 효율적인 발광결합을 위한 다중양자우물구조이다. 대부분의 ZnO LED는 그림 10-11과 같이 밴드갭 조절을 위해 밴드갭을 증가시키는 Mg와 밴드갭을 감소시키는 Cd을 사용하여 MgZnO 장벽층barrier과 ZnO 우물well로 구성된 MgZnO/ZnO 다중양자우물구조 또는 ZnO 장벽층과 CdZnO 우물로 구성된 ZnO/CdZnO 다중양자우물구조로 구성되어 있다.[14, 15]

MgZnO를 이용하여 밴드갭이 증가된 장벽층은 양자우물에서 전하의 구속이 원활하게 이

뤄지도록 한다. CdZnO를 이용하여 밴드갭이 감소된 양자우물에서는 구속에너지가 증가하며 발광하는 빛의 파장도 증가한다. 구속에너지의 증가라는 장점에도 불구하고 MgO와 CdO는 rock salt 결정 구조를 가지므로 ZnO의 wurtzite 구조와의 차이로 인해 에피 성장에 저해 요소로 작용한다.

먼저 시뮬레이션을 통해 5개의 다중양자우물의 Mg과 Cd의 조성 변화에 따른 내부양자효율의 변화를 알아보았다. wurtzite 구조를 유지하는 MgZnO와 CdZnO에서 MgO와 CdO의 완전고용률solid solubility은 각각 27%와 10% 내외로 알려져 있다. Mg과 Cd의 합금함량은 완전고용률을 고려하여 Mg 합금함량은 1~20%, Cd 합금함량은 1~7%로 변화시켰다. Mg 조성이 5%, 10%, 15%, 20%로 증가함에 따라 전도대(가전자대)conduction band(valence band)의 구속에너지confinement energy인, $\Delta E_C(\Delta E_V)$는 71meV(42meV), 141meV(82meV), 212meV(122meV), 284meV(162meV)로 선형적으로 증가하였다. 그에 따른 내부양자효율은 그림 10-11(a)에서 볼 수 있듯이 20A/cm2의 전류밀도 조건에서 1.3%, 23.0%, 49.1%, 51.0%로 증가하였다. Cd의 경우 합금함량이 1%, 3%, 5%, 7%로 증가함에 따라 전도대(가전자대)의 구속에너지인 $\Delta E_C(\Delta E_V)$는 33meV(36meV), 96meV(105meV), 161meV(169meV), 226meV(228meV)로 증가하였다. 그에 따른 내부양자효율은 그림 10-11(b)에서 볼 수 있듯이 20A/cm2의 전류밀도 조건에서 0.5%, 10.3%, 58.1%, 69.4%로 증가하였다.

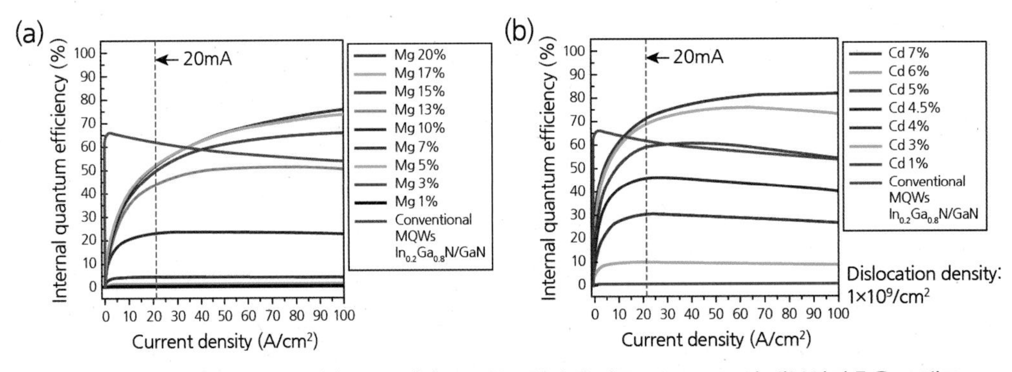


**그림 10-11** 다중양자우물의 (a) Mg과 (b) Cd 합금함량에 따른 ZnO LED의 내부양자효율 그래프

동일한 합금함량을 가지는 조건에서 Mg보다 Cd 기반의 다중양자우물이 좀 더 높은 내부

양자효율을 보여주었다. 이는 가전자대의 구속에너지의 증가로 LED에 주입되는 정공을 좀 더 효율적으로 구속할 수 있기 때문인 것으로 보인다. 기존에 보고된 ZnO LED에서 MgZnO/ZnO 다중양자우물에 사용된 Mg 합금함량이 약 10% 정도임을 감안하였을 때,[12] Mg 합금함량이 15~20%인 다중양자우물을 적용한다면 광 출력이 현재 수준보다 약 2배 향상된 ZnO LED를 제작할 수 있을 것으로 기대된다. 또한 CdZnO/ZnO 경우 6% 이상의 Cd 합금함량에서는 본 시뮬레이션에서 사용한 조건에서 계산된[그림 10-11(a)] GaN LED의 내부양자효율(63.5%)보다 더 높은 내부양자효율을 보여주고 있다. 향후 연구에서는 Mg이 합금된 장벽층과 Cd이 합금된 우물이 동시에 적용된 양자우물구조를 개발한다면 좀 더 적은 합금함량으로 최대의 광 출력을 보여주는 ZnO LED 구현이 될 수 있을 것으로 기대된다.

### 10.2.3 정공 농도 및 이동도의 영향

ZnO LED를 제작함에 있어서 가장 큰 어려운 과제 중 하나는 $p$형 ZnO의 제작이다. 자연 상태에서 $n$형 특성을 갖는 ZnO의 성질과 낮은 $p$형 도펀트의 용해도 때문에 높은 재현성과 전도 특성을 갖는 $p$형 ZnO의 구현은 매우 어렵다. 광주과학기술원에서는 2003년 급속열처리 방법을 이용하여 재현성 높은 $p$형 ZnO의 구현을 보고하였고[16] 그 이후로 많은 $p$형 ZnO 관련 연구가 이루어지고 있으며 현재까지도 높은 재현성과 전도 특성을 갖는 $p$형 ZnO 개발이 진행 중이다.

$p$형 ZnO의 대표적인 전도 특성들로는 저항resistivity, 정공 농도hole concentration, 정공 이동도hole mobility 등이 있다. 이들 중 정공 농도 및 이동도는 내부양자효율에 중요한 역할을 하는 방사 재결합에 영향을 미치는 중요한 요인이다. 방사 재결합은 다음과 같은 식으로 표현할 수 있다.

$$R_{rad} = B \cdot np \cdot \left[1 - \exp\left(-\frac{F_n - F_p}{kT}\right)\right]$$

여기서 $B$는 온도의존 결합상수이고 $F_n$ 및 $F_p$는 각각 전자 정공의 페르미 에너지이다. 위 식에서 보는 바와 같이 전자 및 정공 농도에 각각 비례하는 특성을 보이지만 앞서 언급한 바와 같이 ZnO의 물질 특성상 전자의 농도는 쉽게 높일 수 있는데 반해 정공 농도는 쉽게 높이기가 힘들고, 전자의 이동도 대비 정공의 이동도 또한 매우 낮아 전자는 다중양자우물에 주입하는 것이 용이하지만 정공의 경우 다중양자우물에 주입하는 것이 매우 어렵다. 따라서 정공을 양자우물에 효율적으로 주입하는 것이 ZnO LED의 성능 향상에 매우 중요하다고 할 수 있겠다.

이와 같은 이유로 정공의 농도 및 이동도에 대한 ZnO LED의 내부양자효율의 영향을 그림 10-12에서 보여주는 바와 같이 시뮬레이션을 통해 분석해보았다. 기존에 보고된 논문을 기반으로 $p$형 정공 농도를 $1\times10^{17}/cm^3$에서 $5\times10^{18}/cm^3$까지 변화시켰고, 이때 내부양자효율은 $20A/cm^2$의 전류밀도에서 9.9%에서 46.2%까지 증가하였다. 정공의 이동도는 0.5 $cm^2/V\cdot s$에서 $7cm^2/V\cdot s$까지 변화시켰으며, $20A/cm^2$의 전류밀도에서 정공 이동도가 증가함에 따라 내부양자효율이 감소하였다[그림 10-12(b)]. 이러한 내부양자효율 감소는 앞서 결함 밀도에서 설명한 $R_{SRH}$이 운송전하의 수명과 밀접관계를 갖는다는 것을 의미한다. 그중에서 전자 및 정공의 확산계수 $D_{n,p}$는 전자 또는 정공 이동도와 선형적으로 비례하므로 정공 이동도의 증가는 확산계수를 증가시키고, 확산계수의 증가는 결함에 따른 수명을 감소시키므로 결과적으로 비방사 재결합인 $R_{SRH}$이 증가하는 원인이 된다. 이러한 원인으로 정공 이동도가 증가하면 저전류 조건에서는 내부양자효율이 감소한다. 반면 정공 이동도가 증가할 경우 주입 전류가

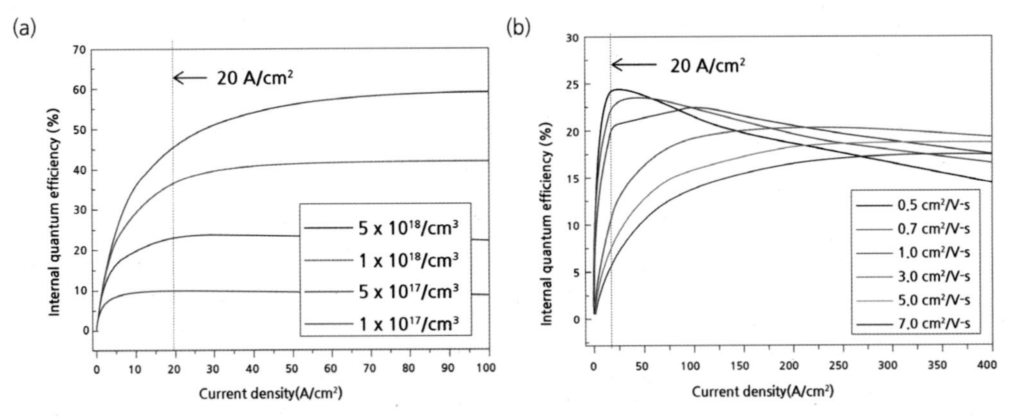


**그림 10-12** (a) 정공의 농도와 (b) 정공의 이동도에 따른 ZnO LED의 내부양자효율

증가함에 따라서 전자와 정공의 결합률이 크게 증가하므로 높은 전류 밀도에서 내부양자효율이 감소하는 efficiency droop 현상이 더 적게 일어남을 알 수 있었다.

### 10.2.4 기판 극성(polarity)의 영향

ZnO LED는 일반적으로 사파이어 기판 또는 ZnO 기판 위에서 성장된다. 일반적으로 기판의 면방향에 따라 ZnO의 면방향도 대부분 결정된다. 그림 10-13과 같이 ZnO은 O와 Zn이 전기적으로 비대칭을 이루는 극성물질로 c축 방향을 따라 극성을 갖게 된다. ZnO의 면방향은 c축과 직교하여 극성을 갖는 c면과 c축과 평행한 방향으로 극성을 갖지 않는 무극성인 a면 또는 m면이 존재한다. 이때 성장면에 따른 ZnO 극성이 LED 효율에 어떠한 영향을 미치는지를 조사하기 위해서 극성면과 무극성면을 갖는 LED의 내부양자효율 특성을 비교해보았다.

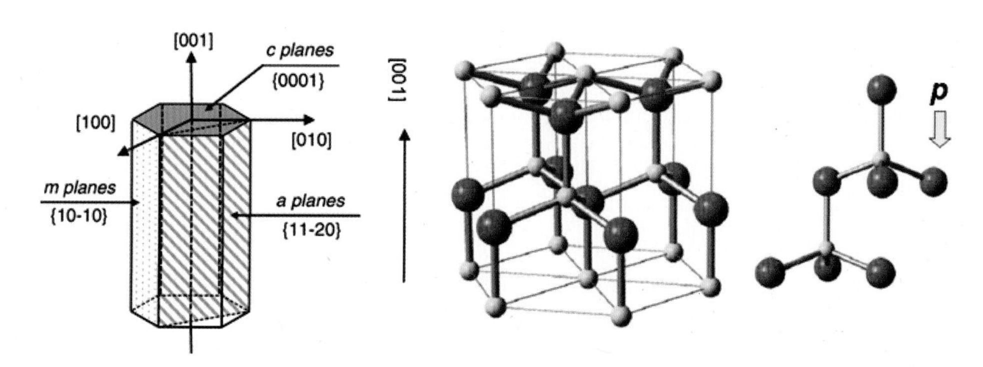


**그림 10-13** ZnO LED의 면방향에 따른 극성의 특징[17, 18]

ZnO 에피택시epitaxy는 이전 GaN의 에피택시와 마찬가지로 주로 c축 성장이 주를 이루었다. 같은 이유로 ZnO 다중양자우물구조 역시 c축을 갖는 극성면을 활용한 성장이 먼저 이루어졌고 이후 무극성을 띄는 m면과 a면 그 외에도 대각선의 면방향을 갖는 r면까지 다양한 연구가 이루어졌다. 그림 10-14는 c면과 m면 방향으로 성장된 다중양자우물구조의 결과를 보여주고 있다. 그림에서 알 수 있듯이 극성방향의 성장에 대한 최적화 연구가 잘 되어 있으므로 아직은 다중양자우물의 에피택시 성장기술 개발이 무극성nonpolar면보다 극성면에서 더 잘 이루어졌음을 알 수 있다.

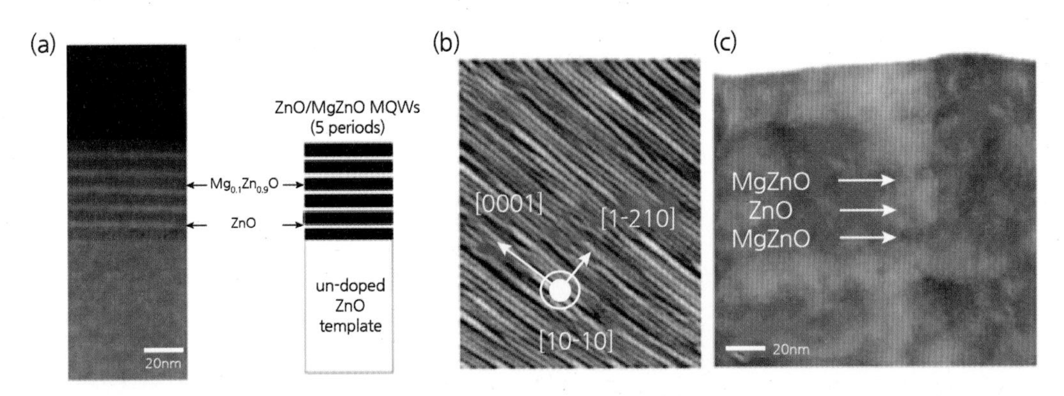


**그림 10-14** (a) 극성면인 c면과 (b) (c) 무극성면인 m면 방향으로 성장된 다중양자우물구조의 성장 이미지[14,19]

그림 10-15는 극성면인 c면과 무극성면인 m면을 갖는 LED의 다중양자우물의 밴드다이어그램을 보여주고 있다. 극성 특성을 갖는 소자의 경우 20A/cm$^2$의 전류밀도 조건에서 내부전계internal electric field가 큰 기울기를 갖는 반면 무극성 소자의 경우 완만한 기울기를 갖는다. 산소 극성O-polar면을 갖는 극성 소자의 경우 20A/cm$^2$의 전류밀도 조건에서 22.9%의 내부양자효율을 보였으며, 아연 극성Zn-polar면을 갖는 소자의 경우 전계가 반대로 걸리는 특성을 가지므로 같은 전류밀도 조건에서 19.7%의 내부양자효율을 보였다.

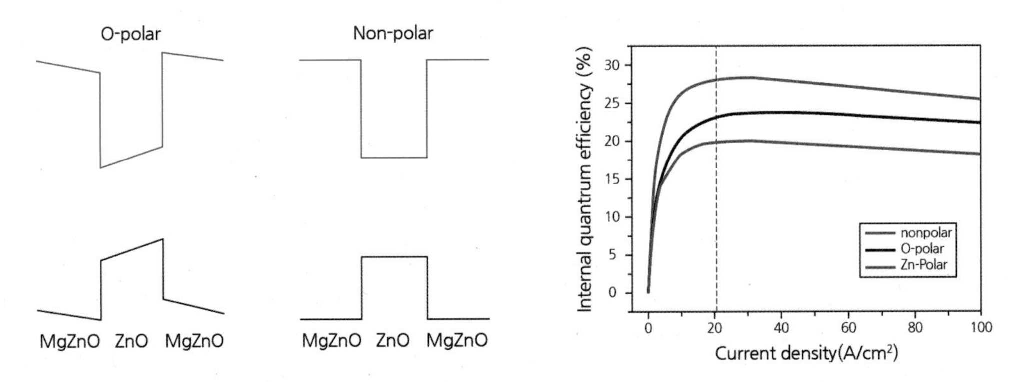


**그림 10-15** 극성과 무극성면에서 성장된 양자우물의 밴드 다이어그램 및 극성에 따른 내부양자효율 시뮬레이션 결과

무극성 LED의 경우 20A/cm$^2$의 전류밀도 조건에서 27.9%의 내부양자효율을 보여주었는데, 이는 산소 극성면을 갖는 소자대비 약 21.8% 향상된 결과이다. 이렇게 향상된 결과는 양자우물 내에서 운송전하의 효율적인 분표에 의한 것으로 예상된다. 그림 10-16(a)에서 볼 수 있듯이 극성 소자와 무극성 소자의 경우 20A/cm$^2$의 전류밀도 조건에서 양자우물에 걸리는 기울기의 유무를 확실히 구분할 수 있다. 그림 10-16(b)에서 보는 바와 같이 극성 소자에서는 전계에 기울기가 생기며 운송전하의 분포가 전도대 최저점과 가전자대 최대점에서 높아진다. 전자와 정공이 만나 빛을 발광하는 LED 특성상 운송전하 분포의 중첩은 좀 더 높은 효율의 발광을 보장하는데, 이런 운송전하 분포의 중첩이 극성 소자의 경우 53.1% 무극성 소자의 경우 98.1%로 계산되었다. 이러한 운송전하의 분포 중첩의 차이가 내부양자효율의 차이를 만든 것으로 판단된다.

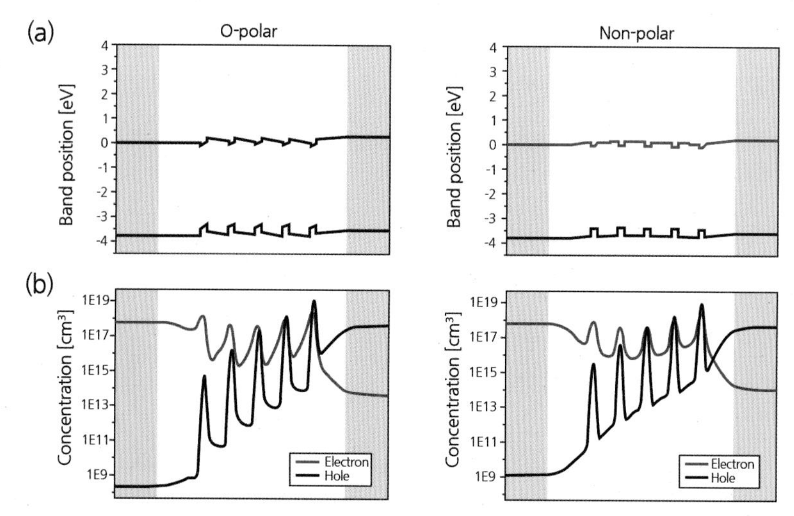


**그림 10-16** MgZnO/ZnO 다중양자우물구조를 갖는 ZnO LED의 20A/cm$^2$ 전류밀도 조건에서 O-polar와 Non-polar에 따른 (a) 밴드 다이어그램과 (b) 전자 및 정공의 분포

## 10.2.5 ZnO LED의 광 추출효율의 영향

ZnO LED 소자는 일반적으로 ZnO 완충층이 적용된 사파이어 기판 또는 ZnO 기판 위에 성장되며, 그 위에 MgZnO/ZnO 다중양자우물구조를 갖는 경우가 많다. 여기에 전자와 정공을 제공하기 위하여 $n$형과 $p$형 ZnO를 사용한다. 이 경우 MgZnO/ZnO 다중양자우물구조에

서 생성된 빛은 우물에 해당하는 ZnO 양자우물 및 기판에서 생성되었으므로 소자를 구성하는 모든 ZnO층에서 흡수가 일어난다.

그림 10-17(a)에서 볼 수 있듯이 MgZnO/ZnO 다중양자우물구조가 적용된 ZnO LED의 전계 발광 파장에서 ZnO 기판의 투과도가 매우 낮음을 알 수 있다. 이러한 구조적한계에 따른 광 추출효율을 알아보기 위해 발광선 추적이 가능한 'Light Tools' 시뮬레이션 프로그램을 사용하여 그림 10-17(b)와 같은 결과를 보였다. 시뮬레이션에 사용한 기본 조건은 그림 10-17(b)와 같이 LED 소자 구조를 가정하여 광 추출에 영향을 줄 수 있는 실제 크기의 전극을 소자 위에 형성하고 전극으로는 금Au의 물질 특성을 사용하였다. 소자의 하부는 ZnO 기판으로 발광되는 빛의 파장인 373nm에 불투명하므로 흡수체로 설정하였다. 이렇게 계산된 소자의 광 추출효율은 3.11%로 매우 낮은 값을 보여주었다. 일반적인 GaN LED에서는 InGaN/GaN 다중양자우물을 사파이어 기판에 성장시키므로, 밴드갭이 작은 InGaN에서 발광된 빛이 그 외의 GaN와 기판 층에서 흡수되는 양이 적어 약 60% 정도의 광 추출효율을 보여주는 것과 매우 차이가 있는 결과이다.[20] 만약 광 추출효율을 GaN LED 수준으로 끌어올린다면 약 20배 정도의 성능 향상을 기대할 수 있다.

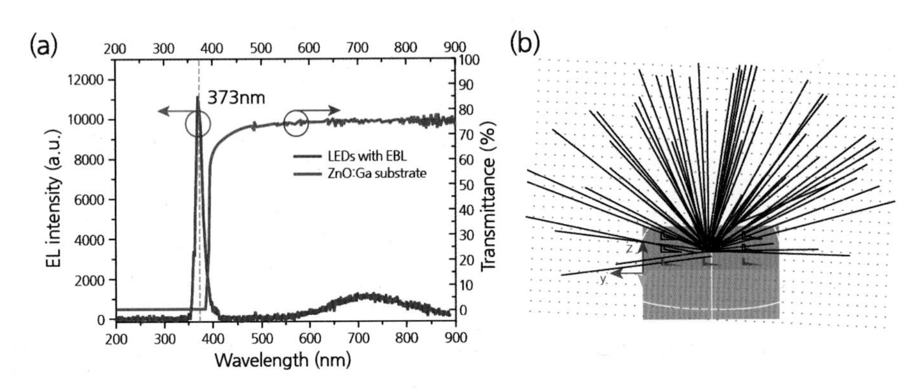


**그림 10-17** (a) ZnO LED의 EL과 ZnO기판의 투과도 그래프 (b) ZnO 기판 위에 성장된 ZnO LED의 광 추출 시뮬레이션 결과

현재 ZnO LED 연구에서도 ZnO 기판이 아닌 사파이어 기판을 사용하고, ZnO 완충층 대신 밴드갭이 매우 큰 MgO과 같은 물질을 사용하는 연구가 진행되고 있다.[21] 더불어 전자와 정공 주입층injection layer으로 사용되는 $p$형 ZnO 대신 $p$형 MgZnO에 대한 연구도 많이 진행되

고 있다. 또 다른 접근방법으로는 InGaN/GaN 다중양자우물을 갖는 GaN LED에서 언급했던 대로 MgZnO/ZnO를 대신해서 ZnO에서의 광흡수가 일어나지 않는 MgZnO/CdZnO 다중양자우물의 개발이 필요할 것으로 생각된다.

### 10.2.6 ZnO LED의 전망

ZnO LED는 뛰어난 물성에도 불구하고 약 70$\mu$W 수준의 낮은 광 출력을 보여주고 있어 수십 mW의 광 출력을 보여주는 GaN LED에 크게 못 미치고 있다. 본 장에서는 차세대 LED로서 ZnO LED가 앞으로 어떤 방향으로 연구가 진행되어야 하는지에 대하여 시뮬레이션을 통해 알아보았다.

먼저 ZnO에 최적화된 에피 성장 방법 및 조건을 찾아 결함 밀도를 줄이는 것이 가장 중요한 요소로 판단되었다. II-VI족 반도체가 갖는 물성에 적합한 성장 방법, 결함을 줄일 수 있는 완충층 관련 연구 개발을 통해 낮은 결함을 갖는 고품질 $n$형, $p$형 그리고 다중양자우물 박막을 성장할 수 있는 기술을 확보한다면 추가적으로 약 3~7배 정도 향상된 광 출력을 기대할 수 있다.

두 번째는 다중양자우물구조에서 생성된 빛이 다른 에피층에서 흡수되지 않는 에피구조 구현이 이루어져야 할 것으로 생각된다. 현재는 에피품질 확보 등의 여러 가지 이유로 ZnO 기판이나 ZnO 완충층, $n$형 및 $p$형 ZnO을 주로 사용하고 있지만, 발광된 빛이 이러한 ZnO 층들에서 흡수되는 양이 매우 크므로 이를 대체할 수 있는 방안이 필요하다. ZnO기판 대신 사파이어 기판에서 성장할 수 있도록 에피 또는 완충층에 관한 연구와 밴드갭을 증가시켜 발광빛의 흡수를 막는 $n$형 및 $p$형 ZnO 합금에 관한 연구 등이 필요할 것으로 생각된다. 또한 ZnO를 발광층으로 사용하는 대신 CdZnO를 발광층으로 사용하면 ZnO층에서 흡수를 줄일 수 있다. 이러한 방법들을 사용하면 약 20배 이상의 추가적인 광 출력 향상을 기대할 수 있을 것으로 예상되었다.

세 번째로 고효율의 발광 특성을 보여줄 수 있는 다중양자우물구조의 개발이 필요하다. 현재 개발되고 있는 MgZnO/ZnO 및 ZnO/CdZnO 다중양자우물구조의 합금함량을 증가시켜 양자우물의 전하 구속력을 증가시켜 안정적인 발광 결합을 유도한다면 5~10배의 추가적인 광 출력 향상을 기대할 수 있다. 더불어 MgZnO/CdZnO 다중양자우물을 개발 한다면 낮은 합금함량으로 고효율 양자우물을 구현할 수 있다.

마지막으로 $p$형 ZnO의 전하 농도 향상 및 무극성 ZnO 에피 성장 등의 기술 개발이 이루어진다면 각각 2배, 1.2배의 광 출력 향상을 기대할 수 있다.

이러한 기술 개발이 모두 이루어진다면 현재 상용화된 GaN 발광 다이이오드 수준 이상의 광 출력을 갖는 ZnO LED의 구현이 가능할 것으로 판단된다. 고효율 ZnO LED는 생활, 바이오, 첨단우주 관련 분야까지 기존 LED보다 많은 장점을 가져 그 활용성이 극대화될 것으로 예상된다.

## 〔참고문헌〕


1. A. Tsukazaki, A. Ohtomo, T. Onuma, M. Ohtani, T. Makino, M. Sumiya, K. Ohtani, S. F. Chichibu, S. Fuke, Y. Segawa, H. Ohno, H. Koinuma, and M. Kawasaki, *Nat. Mater.* **4(1)**, 42, (2005).
2. J. H. Lim, C. K. Kang, K. K. Kim I. K. Park, and S. J. Park, *Adv. Mater.* **18**, 2720 (2006).
3. Y. R. Ryu, T. S. Lee, J. A. Lubguban, H. W. White, B. J. Kim, Y. S. Park, and C. J. Youn, *Appl. Phys. Lett.* **88**, 241108, (2006).
4. K. Nakahara, S. Akasaka, H. Yuji, K. Tamura, T. Fujii, Y. Nishimoto, D. Takamizu, A. Sasaki, T. Tanabe, H. Takasu, H. Amaike, T. Onuma, S. F. Chichibu, A. Tsukazaki, A. Ohtomo, and M. Kawasaki, *Appl. Phys. Lett.* **97**, 013501 (2010).
5. Y. R. Ryu, T. S. Lee, and H. W. White, *Appl. Phys. Lett.* **83**, 87 (2003).
6. Y. S. Choi, J. W. Kang, B. H. Kim, and S. J. Park, *Opt. Express* **21(25)**, 31560 (2013).
7. K. Nakahara, S. Akasaka, H. Yuji, K. Tamura, T. Fujii, Y. Nishimoto, D. Takamizu, A. Sasaki, T. Tanabe, H. Takasu, H. Amaike, T. Onuma, S. F. Chichibu, A. Tsukazaki, A. Ohtomo, and M. Kawasaki, *Appl. Phys. Lett.* **97**, 013501 (2010).
8. S. Chu, M. Olmedo, Z. Yang, J. Kong, and J. Liua, *Appl. Phys. Lett.* **93**, 181106 (2008).
9. J. Kong, S. Chu, M. Olmedo, L. Li, Z. Yang, and J. Liu, *Appl. Phys. Lett.* **93**, 132113 (2008).
10. Y. L. Wang, H. S. Kim, D. P. Norton, S. J. Pearton, and F. Ren, Electrochem. *Solid State Lett.* **11**, H88 (2008).
11. Z. Yang, S. Chu, W. V. Chen1, L. Li, J. Kong, J. Ren, P. K. L. Yu, and J. Liu, *Appl. Phys. Express* **3**, 032101 (2010).
12. J. S. Liu, C. X. Shan, H. Shen, B. H. Li, Z. Z. Zhang, L. Liu, L. G. Zhang, and D. Z. Shen, *Appl. Phys. Lett.* **101**, 011106 (2012).
13. W. Guo, A. Allenic, Y. B. Chen, X. Q. Pan, Y. Che, Z. D. Hu, and B. Liu, *Appl. Phys. Lett.* **90**, 242108 (2007).
14. Y. S. Choi, J. W. Kang, B. H. Kim, and S. J. Park, *ECS J. Solid State Sci. Technol.* **2(1)**, R21-R23, (2013).
15. A. V. Thompson, C. Boutwell, J. W. Mares, W. V. Schoenfeld, A. Osinsky, B. Hertog, J. Q. Xie, S. J. Pearton, and D. P. Norton, *Appl. Phys. Lett.* **91**, 201921 (2007).
16. K. K. Kim, H. S. Kim, D. K. Hwang, J. H. Lim, and S. J. Park, *Appl. Phys. Lett.* **83**, 63 (2003).

17. L. Museur, A. Manousaki, D. Anglos, T. Chauveau, and A. Kanaev, *J. Opt. Soc. Am. B* **31**, C44 (2014).

18. "Advances in Ferroelectrics", book edited by Aimé Peláiz Barranco, ISBN 978-953-51-0885-6, Published: November 19 (2012).

19. H. Matsui, N. Hasuike, H. Harima, and H. Tabata, *J. Appl. Phys.* **104**, 094309 (2008).

20. S. Oh, K.S. Shin, S.W. Kim, S. Lee, H. Yu, S. Cho, and K. K. Kim, *J. Nanosci. Nanotechnol.* **13**, 3696 (2013).

21. Y. Chen, H. J. Ko, S. K. Hong, and T. Yao, *Appl. Phys. Lett.* **76**, 559 (2000).

## ■ 찾아보기

ㅈ



ㅊ



ㅋ



ㅌ



ㅍ



ㅎ



B



D

## ■ 저자 소개


**대표 저자**

**박성주** Seong-Ju Park
GIST 석좌교수
GIST 특훈교수
GIST 신소재공학부 교수
GIST 중앙연구기기센터 센터장
GIST 신재생에너지연구소 소장
GIST 과학기술응용연구소 소장
GIST LED 연구센터 센터장
한국전자통신연구원(ETRI) 책임연구원
IBM T. J. Watson 연구소 연구원
Cornell 대학교 화학과 박사
서울대학교 화학과 석사, 학사

**상훈 및 봉사 활동**
대한민국 과학기술 포장, 훈장(웅비장)
한국과학기술한림원(KAST) 공학부 정회원
한국광기술원 이사, 한국광전자학회 회장, APEX/JJAP 국제편집위원
E-mail: sjpark@gist.ac.kr

**저 자**

**김나영** Na-Yeong Kim
SK 하이닉스 책임연구원
고등광기술연구소 바이오광학연구실 박사후 연구원
광주과학기술원 나노바이오재료전자공학과 박사
광주과학기술원 나노바이오재료전자공학과 석사
인하대학교 섬유신소재공학과 학사
E-mail: twinklny@gmail.com

**김병혁** Byeong-Hyeok Kim
한국원자력연구원 첨단방사성연구소 박사후 연구원
광주과학기술원 나노바이오재료전자공학과 박사
전북대학교 물리학과 석사
전북대학교 물리교육과 학사
E-mail: bhkim.gist@gmail.com

**김상조** Sang-Jo Kim
광주과학기술원 신소재공학부 박사과정
광주과학기술원 나노바이오재료전자공학과 석사
충남대학교 재료공학과 학사
E-mail: prokimsj@gmail.com

**오세미** Semi Oh
University of Michigan 박사후 연구원
광주과학기술원 신소재공학부 박사
한국산업기술대학교 나노광공학과 학사
E-mail: ohsemi1230@gmail.com

**이광재** Kwang Jae Lee
King Abdullah University of Science and Technology 박사후 연구원
아주대학교 응용생명화학공학과 박사후 연구원
광주과학기술원 신소재공학과 박사
전북대학교 정보전자재료공학과 석사
E-mail: kwangjae.lee@kaust.edu.sa

**이효주** Hyo-Ju Lee
삼성전기 책임연구원
광주과학기술원 신소재공학부 박사
광주과학기술원 신소재공학부 석사
세종대학교 신소재공학부 학사
E-mail: hyoju85.lee@samsung.com

**정세희** Sehee Jeong
고등광기술연구소 박사후 연구원
광주과학기술원 나노바이오재료전자공학과 박사
광주과학기술원 나노바이오재료전자공학과 석사
충북대학교 전자공학부 학사
E-mail: sehee@gist.ac.kr

**한장환** Jang-Hwan Han
광주과학기술원 신소재공학부 박사과정
인하대학교 정보공학부 석사
가톨릭대학교 정보통신공학부 학사
E-mail: ayilt19@naver.com

ADVANCED TOPICS IN

# LED

TECHNOLOGY

**초 판 인 쇄** 2018년 12월 24일
**초 판 발 행** 2018년 12월 31일

**저 자** 박성주 외 8인
**발 행 인** 문승현
**발 행 처** GIST PRESS

**등 록 번 호** 제2013-000021호
**주 소** 광주광역시 북구 첨단과기로 123, 행정동 207호(오룡동)
**대 표 전 화** 062-715-2960
**팩 스 번 호** 062-715-2969
**홈 페 이 지** https://press.gist.ac.kr/
**인쇄 및 보급처** 도서출판 씨아이알(Tel. 02-2275-8603)

**I S B N** **979-11-964243-3-6 93560**
**정 가** **28,000원**

이 도서의 국립중앙도서관 출판예정도서목록(CIP)은 서지정보유통지원시스템 홈페이지(http://seoji.nl.go.kr)와 국가자료공동목록시스템(http://www.nl.go.kr/kolisnet)에서 이용하실 수 있습니다. (CIP제어번호: CIP2018041394)